기사·산업기사 기출문제 수록

전자기학의 이해

박주태 저

D.B.Info

머 리 말

급속히 변화하는 AI시대 중심에서도 전자기 분야의 여러 현상들은 물리학의 과제로 많은 학자와 기술자에 의해 연구되어 지금의 전자기학으로서 중요한 학문이 되었다. 하지만 대부분의 공학도들은 전자기학을 일반물리학보다 어렵다고 생각한다. 이는 전자기학의 기본 원리들이 개념적으로 추상화되어 있고 이에 사용되는 수식이 다소 어려운 수학지식을 요구하기 때문인 듯하다. 하지만 수학적인 차원에서만 너무 깊이 생각할 필요 없이 단지 그 식들의 물리적인 개념만 파악한다면 이해가 빠를 것이다.

"교수는 학생들을 가르칠 수 없다. 다만 배우려는 학생을 도와주는 역할을 할 수 있을 뿐이다." 이 말은 과학을 공부하는 사람들은 스스로 생각해가며 공부해야만 그 원리를 깨우칠 수 있다는 뜻이다. 그런 의미에서 책을 읽기만 한다고 해서 전자기학이나 물리학의 기본 개념들을 이해할 수 없다는 점을 강조하고 싶다. 누군가가 가르쳐주는 대로 길을 따라가기만 하면, 조금만 시간이 지나도 그 길을 기억해내기 어렵다고 한다. 이처럼 스스로 생각하면서 학습하느냐 그렇지 않느냐의 차이가 매우 크다고 볼 수 있다.

앞서 말한 점들을 고려하여 이 책에서는 힘과 일을 바탕으로 전자기에너지를 쉽게 설명하였으며, 학생들의 이해도를 높이고 스스로 이론내용을 학습하도록 예제를 충분히 많이 다루었다. 아울러 실전능력을 증진시킬 수 있도록 각 장마다 학습한 내용과 관련된 과년도 기사자격증시험에 기출 문제들을 정선하여 수록함으로써 전기전자관련 자격증 시험을 준비하는 많은 학생들에게도 도움이 되도록 최선을 다했다.

그럼에도 부족한 점이나 잘못 표기된 부분이 많이 있으리라 생각한다. 미비한 점은 앞으로 계속 수정 보완해갈 것을 약속드리며, 여러분들의 많은 지도를 부탁드리는 바이다.

2020년 1월

저자 씀

차 례

01 CHAPTER 벡 터

02 CHAPTER 정전계

03 CHAPTER 전계와 전위

04 CHAPTER 도체계와 정전용량

05 CHAPTER 유전체

06 CHAPTER 전기 영상법

07 CHAPTER 전류

08 CHAPTER 정자계

09 CHAPTER 전류와 자계

10 CHAPTER 자성체

11 CHAPTER 전자유도

12 CHAPTER 인덕턴스

13 CHAPTER 전자계

14 CHAPTER 부록

01 CHAPTER

벡터

1.1 스칼라량과 벡터량

물리학에서 나타내는 양에는 크게 두 종류가 있다.

① 스칼라량(scalar quantity)
일, 에너지, 전력, 밀도, 길이, 속력, 온도, 체적, 면적, 전위, 전하, 시간, 각도, 질량 등과 같이 크기만 가지고 있는 양

② 벡터량(vector quantity)
힘($\boldsymbol{F}$), 속도(v), 가속도(a), 변위(위치의 변화 = 길이 l), 전계의 세기($\boldsymbol{E}$), 자계의 세기($\boldsymbol{H}$) 등과 같이 크기와 방향을 가지고 있는 양

· 스칼라량 표기 : a, b, c 또는 A, B, C로 표시

· 벡터량 표기 : $\boldsymbol{A}, \boldsymbol{B}, \boldsymbol{C}$(볼딕체 문자), $\vec{A}$, $\vec{B}$, $\vec{C}$로 표기

1.2 벡터의 표시

벡터를 그림으로 도시하면 그림 1-1과 같고, 기준 방향에 대한 각도 θ를 벡터 $\boldsymbol{A}$의 방향, 화살표의 선분 $\overline{OP}$(화살 길이)는 벡터 $\boldsymbol{A}$의 크기를 나타내며, 점 O는 벡터 $\boldsymbol{A}$의 시작점, 화살촉은 벡터 $\boldsymbol{A}$의 끝점(종점)이다.

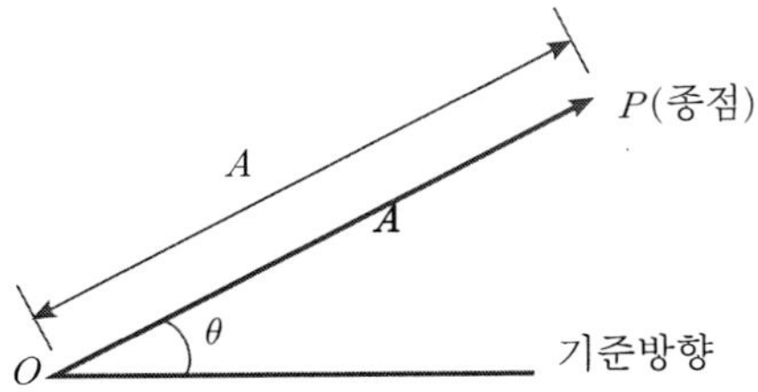

그림 1-1 벡터의 도시

그림 1-1에서 설명된 벡터량 $\boldsymbol{A}$를 문자로 표시하면 다음 식과 같다. A는 $\boldsymbol{A}$의 크기이고, $\angle\theta$는 $\boldsymbol{A}$의 방향이다.

$$\boldsymbol{A} = A\angle\theta \tag{1-1}$$

1.3 단위벡터

단위란 크기가 1인 양을 의미하며, 모든 양은 자기 자신의 크기로 나누면 1이 되며, 1에 길이, 면적, 체적의 단위를 붙여서 단위길이, 단위면적, 단위체적이라 부른다.

벡터 $\boldsymbol{A}$의 단위벡터(unit vector)란 벡터 $\boldsymbol{A}$의 방향과 동일한 방향을 갖고 있으며 크기가 1인 벡터를 말하고 $\boldsymbol{a}$로 표기한다. 따라서 단위벡터는

$$\boldsymbol{a} = a\angle\theta \tag{1-2}$$

로 표기된다.

단위벡터 $\boldsymbol{a}$의 크기는 a이므로 벡터 $\boldsymbol{A}$의 크기 A는 a의 A배가 되고, 같은 방향이기 때문에 벡터 $\boldsymbol{A}$는 다음과 같이 쓸 수 있다.

$$\boldsymbol{A} = A\boldsymbol{a} \tag{1-3}$$

단위벡터 $\boldsymbol{a}$와 벡터 $\boldsymbol{A}$의 상호 관계는 그림 1-2와 같다.

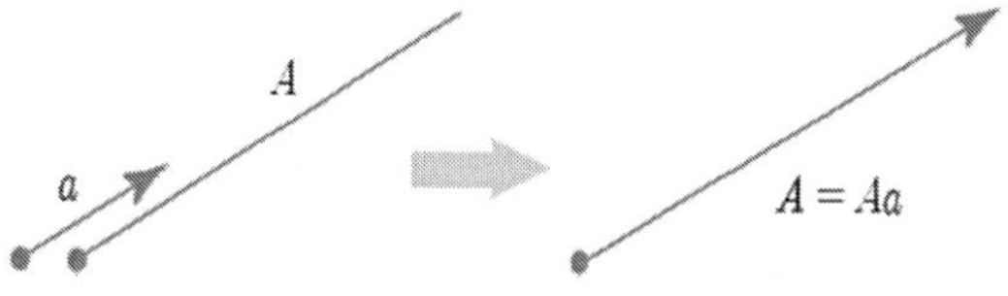

그림 1-2 단위벡터 $\boldsymbol{a}$와 벡터 $\boldsymbol{A}$의 관계

그리고 식 (1-3)을 변형하면

$$\boldsymbol{a} = \frac{\boldsymbol{A}}{A} = \frac{\boldsymbol{A}}{|\boldsymbol{A}|} \tag{1-4}$$

로 쓴다. 그리고 벡터 $\boldsymbol{A}$의 크기는 벡터량에 절대치를 취한 $|A| = \sqrt{A_x^2 + A_y^2 + A_z^2}$ 이다.

1.4 기본벡터

(1) 기본벡터

그림 1-3은 벡터 $\boldsymbol{A}$를 x축과 y축으로 만든 평면 속에 놓은 그림이다. 그림에서 x축과 y축으로 만들어진 직각좌표 원점 O에 벡터 $\boldsymbol{A}$의 시작점을 x축과 각도 α만큼 기울어지게 놓고, 이것을 x와 y방향으로 각각 수직으로 투영시켰다.

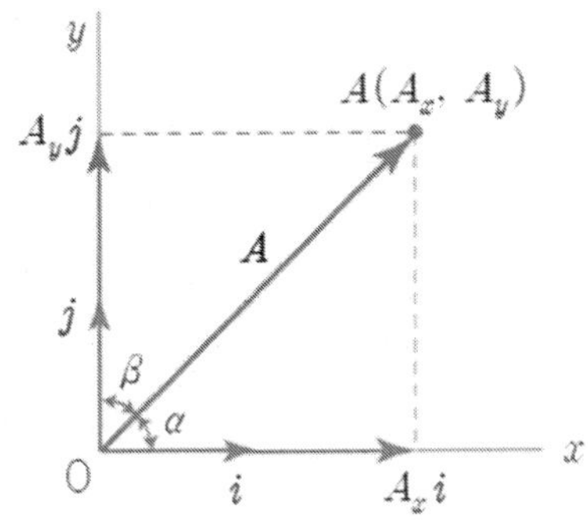

그림 1-3 직각 좌표 내에서 벡터의 표현

x축과 y축에 생기는 벡터 $\boldsymbol{A}$의 그림자 크기를 A_x, A_y이라 하고 각 축의 방향으로 방향 성분을 부가하면 벡터를 분해한 그림에서 벡터 $\boldsymbol{A}$의 x축과 y축 방향 벡터를 $\boldsymbol{A}_x$, $\boldsymbol{A}_y$로 나타낼 수 있다.

기본벡터(fundamental vector) : 각 방향으로 크기가 1인 단위 벡터, $\boldsymbol{i}$, $\boldsymbol{j}$로 표기

$$\boldsymbol{A}_x = A_x \boldsymbol{i} \tag{1–5}$$

$$\boldsymbol{A}_y = A_y \boldsymbol{j} \tag{1–6}$$

로 나타내고, 벡터 $\boldsymbol{A}$는 방향벡터 $\boldsymbol{A}_x$와 $\boldsymbol{A}_y$의 합으로 나타낸다.

$$\boldsymbol{A} = \boldsymbol{A}_x + \boldsymbol{A}_y = A_x \boldsymbol{i} + A_y \boldsymbol{j} \tag{1–7}$$

벡터 $\boldsymbol{A}$의 크기는 피타고라스 정리(Pythagoras theorem)에 의해서

$$A = |\boldsymbol{A}| = \sqrt{A_x^{\,2} + A_y^{\,2}} \tag{1–8}$$

로 되고, 벡터 $\boldsymbol{A}$와 x축이 이루는 각과 y축이 이루는 각을 α, β라 한다면 벡터 $\boldsymbol{A}$의 방향 성분은

$$A_x = A\cos\alpha \tag{1-9}$$

$$A_y = A\cos\beta \tag{1-10}$$

이며, $\cos\alpha$, $\cos\beta$를 $\boldsymbol{A}$의 방향여현(directional cosine)이라 한다.

(2) 공간벡터와 기본벡터

공간은 가로(x)와 세로(y), 높이(z)로 구성되므로, 공간 내의 모든 점들은 공간 직각좌표계를 이용하여 x축의 값과 y축의 값 그리고 z축의 값, 즉 (x, y, z) 좌표로 나타낼 수 있다.

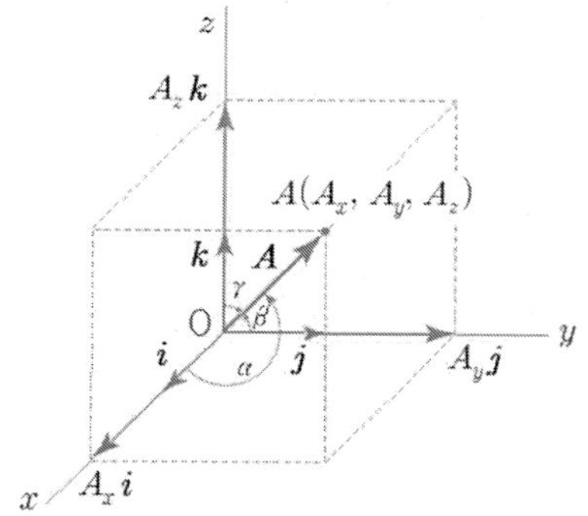

그림 1–4 공간 직각 좌표상의 벡터와 단위벡터

그림 1-4는 공간 직각 좌표 원점에 임의의 벡터 $\boldsymbol{A}$의 시작점을 놓고 벡터 $\boldsymbol{A}$가 x, y, z축과 α, β, γ의 각도를 이루도록 한 그림이다.

평면 벡터에서 설명된 것과 마찬가지로 그림 1-4에서 x, y, z축 상의 크기가 1이고 양(+)의 방향으로 향하는 각각의 기본벡터를 $\boldsymbol{i}, \boldsymbol{j}, \boldsymbol{k}$로 정의한다.

그리고 벡터 $\boldsymbol{A}$를 x, y, z 방향으로 분해하면 $\boldsymbol{A}_x, \boldsymbol{A}_y, \boldsymbol{A}_z$로 되고 이것을 크기 A_x, A_y, A_z와 기본벡터를 사용하여 표시하면 다음과 같다.

$$\boldsymbol{A} = \boldsymbol{A}_x + \boldsymbol{A}_y + \boldsymbol{A}_z = A_x\boldsymbol{i} + A_y\boldsymbol{j} + A_z\boldsymbol{k} \tag{1-11}$$

벡터 $\boldsymbol{A}$의 크기를 피타고라스의 정리(Pythagoras theorem)로 나타낼 수 있다.

$$A = |\boldsymbol{A}| = \sqrt{A_x^{\ 2} + A_y^{\ 2} + A_z^{\ 2}} \tag{1-12}$$

그리고 벡터 $\boldsymbol{A}$의 방향 성분을 x축, y축, z축과 이루는 각 α, β, γ와 벡터 $\boldsymbol{A}$의 크기 A로 나타내면

$$A_x = A\cos\alpha \tag{1-13}$$

$$A_y = A\cos\beta \tag{1-14}$$

$$A_z = A\cos\gamma \tag{1-15}$$

가 된다.

이때 $\cos\alpha, \cos\beta, \cos\gamma$는 벡터 $\boldsymbol{A}$의 방향여현(directional cosine)이고, 이들을 각각 l, m, n으로 표기하며 다음 식과 같이 된다.

$$l = \cos\alpha = \frac{A_x}{A} = \frac{A_x}{\sqrt{A_x^{\ 2} + A_y^{\ 2} + A_z^{\ 2}}} \tag{1-16}$$

$$m = \cos\beta = \frac{A_y}{A} = \frac{A_y}{\sqrt{A_x^{\ 2} + A_y^{\ 2} + A_z^{\ 2}}} \tag{1-17}$$

$$n = \cos\gamma = \frac{A_z}{A} = \frac{A_z}{\sqrt{A_x^{\ 2} + A_y^{\ 2} + A_z^{\ 2}}} \tag{1-18}$$

【예제 1.1】

$A = 4i - 5j + 6k$의 크기와 단위벡터를 구하라.

【풀이】

크기 $A = \sqrt{4^2 + (-5)^2 + 6^2} = \sqrt{77} \fallingdotseq 8.77$

단위벡터 $u_0 = A/A = i\frac{A_x}{A} + j\frac{A_y}{A} + k\frac{A_z}{A}$에 의하여 구하면

$u_0 = i\frac{4}{\sqrt{77}} - j\frac{5}{\sqrt{77}} + k\frac{6}{\sqrt{77}}$이 된다.

【예제 1.2】

A(-2, 4, 3)에서 B(1, 4, 0)에 이르는 단위벡터를 구하라.

【풀이】

$D = B - A = 3i + 0j - 3k$

$|D| = D = 2\sqrt{3}$ $\qquad u_0 = \frac{3}{2\sqrt{3}}i - \frac{3}{2\sqrt{3}}k$

1.5 벡터의 계산

1.5.1 가감법

(1) 기하학적 방법

두 벡터를 더한 합성 벡터를 도형으로 구하는 방법은 두 가지가 있다.

① 평행사변형법 : 그림 1-5 (a)에서 벡터 $\boldsymbol{A}$의 시작점으로 벡터 $\boldsymbol{B}$를 평행 이동시켜 시점을 일치시킨 후 두 벡터 $\boldsymbol{A}, \boldsymbol{B}$를 변으로 하여 만들어지는 평행사변형의 대각선 크기인 벡터 $\boldsymbol{C}$가 두 벡터를 더한 합성 벡터이다.

② 삼각형법 : 그림 1-5의 (b)와 같이 벡터 $\boldsymbol{B}$를 평행 이동시켜 벡터 $\boldsymbol{A}$의 종점에 벡터 $\boldsymbol{B}$의 시점을 일치시킨 후 벡터 $\boldsymbol{A}$의 시점에 벡터 $\boldsymbol{B}$의 종점을 연결한 벡터 $\boldsymbol{C}$가 두 벡터를 더한 합성 벡터이다.

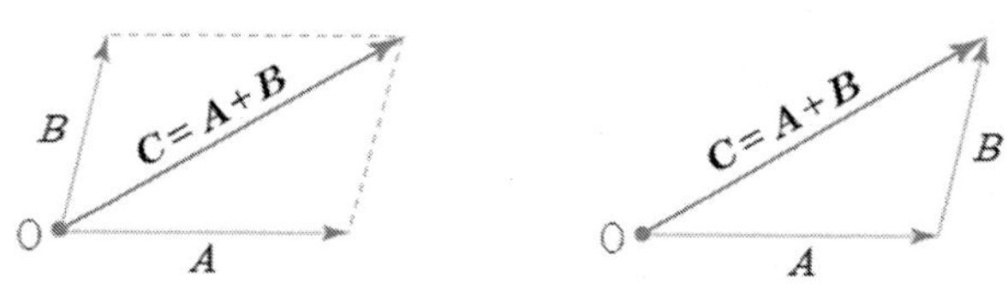

(a) 평행사변형법 (b) 삼각형법

스칼라의 합($A+B$) : 대수의 합
벡터의 합($\boldsymbol{A}+\boldsymbol{B}$) : 벡터의 합성

그림 1–5 두 벡터의 덧셈

그리고 그림 1-6은 벡터 $\boldsymbol{A}$의 방향을 반대로 하면 $-\boldsymbol{A}$로 되고 벡터 $\boldsymbol{B}$의 방향을 반대로 하면 $-\boldsymbol{B}$가 되므로 벡터의 뺄셈은 덧셈과 동일하게 실행하여 $\boldsymbol{C}=\boldsymbol{A}+(-\boldsymbol{B})$ 또는 $\boldsymbol{C}=(-\boldsymbol{A})+\boldsymbol{B}$가 된다.

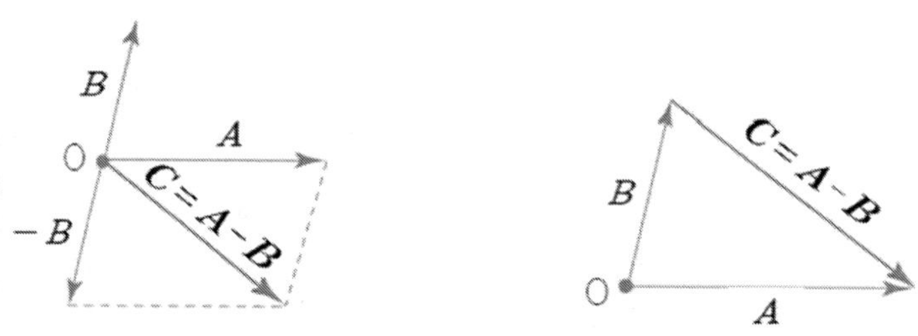

(a) 평행사변형법 (b) 삼각형법

그림 1–6 두 벡터의 뺄셈

(2) 대수학적 방법

좌표상에서 벡터 합과 차의 계산은 각 축에 대한 기본벡터의 동류항을 다음과 같이 더하고 빼면 된다.

$$\left.\begin{aligned} &\boldsymbol{A} = A_x \boldsymbol{i} + A_y \boldsymbol{j} + A_z \boldsymbol{k} \\ &\boldsymbol{B} = B_x \boldsymbol{i} + B_y \boldsymbol{j} + B_z \boldsymbol{k} \\ &\boldsymbol{A} \pm \boldsymbol{B} = (A_x \pm B_x)\boldsymbol{i} + (A_y \pm B_y)\boldsymbol{j} + (A_z \pm B_z)\boldsymbol{k} \end{aligned}\right\} \tag{1-19}$$

이 결과로부터 임의의 벡터 $\boldsymbol{A}$, $\boldsymbol{B}$, $\boldsymbol{C}$가 있을 때 식 (1-20)의 교환법칙(commutative law)과 식 (1-21)의 결합법칙(associative law)이 성립된다는 것도 알 수 있다.

$$\boldsymbol{A} + \boldsymbol{B} = \boldsymbol{B} + \boldsymbol{A} \tag{1-20}$$

$$(\boldsymbol{A} + \boldsymbol{B}) + \boldsymbol{C} = \boldsymbol{A} + (\boldsymbol{B} + \boldsymbol{C}) \tag{1-21}$$

【예제 1.3】

직각좌표의 원점과 점 P(1, 2, 3) 및 점 Q(6, 3, 5)가 주어졌을 때 선분 OP 및 OQ를 표시하는 벡터를 각각 A, B라 할 때 벡터 A와 B 합과 차를 구하시오.

【풀이】

벡터 A, B를 각각 x, y, z축방향의 성분으로 표시하면

$$A = i + j2 + k3,\ B = i6 + j3 + k5$$

로 되어 벡터 A, B의 합을 C라 하면

$$C = A + B = i(1+6) + j(2+3) + k(3+5) = i7 + j5 + k8$$

이다. 크기는

$$|C| = \sqrt{7^2 + 5^2 + 8^2} = 11.75$$

차의 벡터 D는

$$D = |D| = \sqrt{(-5)^2 + (-1)^2 + (-2)^2} = 5.48$$

이 된다.

1.5.2 곱셈

벡터를 곱셈하는 방법은 세 가지가 있다.

① 벡터의 실수 곱 : 일반적인 곱셈처럼 벡터 $\boldsymbol{A}$를 실수 배, 예를 들어 실수가 5이면 $5\boldsymbol{A}$가 되며 이것은 벡터 $\boldsymbol{A}$의 방향은 변하지 않고 크기만 5배 증가된다. 그러나 $-5\boldsymbol{A}$이면 $\boldsymbol{A}$의 반대 방향으로 5배의 크기가 된다.

② 벡터의 스칼라 곱(내적) : 두 벡터를 스칼라 곱하면 벡터의 방향은 없어지고 크기만 나타내는 스칼라 양이 된다.

③ 벡터의 벡터 곱(외적) : 두 벡터를 벡터 곱하면 새로운 벡터가 나타난다.

1.5.3 스칼라 곱(내적)

두 벡터 $\boldsymbol{A}$와 $\boldsymbol{B}$를 곱하여 생긴 물리양이 크기만 나타내는 스칼라량으로 되는 벡터의 곱을 스칼라 곱(scalar product, dot product) 또는 내적(inner product)이라 하며 다음과 같이 계산된다.

$$\boldsymbol{A} \cdot \boldsymbol{B} = AB\cos\theta \tag{1-22}$$

이 식처럼 벡터 사이에 점으로 표시하기 때문에 dot product라 하며 A dot B라 읽는다.

(1) 벡터의 스칼라 곱(내적) 계산

그림 1-7에서 벡터 $\boldsymbol{B}$의 방향으로 $\boldsymbol{A}$를 투영한 그림자를 x라 한다면 $\cos\theta = \boldsymbol{x}/\boldsymbol{A}$이기 때문에 $x = \boldsymbol{A}cos\theta$이고, x는 벡터 $\boldsymbol{A}$를 벡터 $\boldsymbol{B}$의 방향으로 바꾼 것이 된다. x와 $\boldsymbol{B}$가 같은 방향이므로 $\boldsymbol{A} \cdot \boldsymbol{B}$는 방향 성분을 고려할 필요가 없고, 크기만 고려하면 된다.

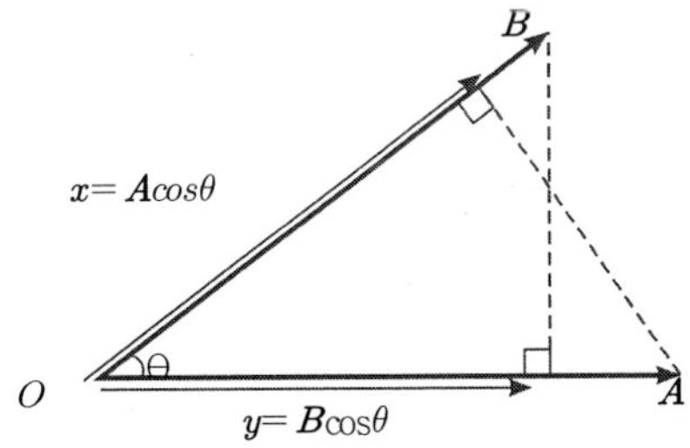

그림 1-7 벡터의 내적

그 크기는 $x \cdot B$이고, $x = A\cos\theta$이기 때문에

$$\boldsymbol{A} \cdot \boldsymbol{B} = x \cdot B = (A\cos\theta) \cdot B = AB\cos\theta \tag{1-23}$$

으로 되고, 벡터 $\boldsymbol{A}$의 방향으로 $\boldsymbol{B}$를 투영한 그림자를 $\boldsymbol{y}$라 하여도 식 (1-23)과 같은 식을 얻을 수 있다. 그리고 다음의 관계도 구해진다.

$$\cos\theta = \frac{\boldsymbol{A} \cdot \boldsymbol{B}}{|A||B|} \tag{1-24}$$

식 (1-23), (1-24)에서 두 벡터가 이루는 각도는

- $\theta = 0°$(두 벡터 방향이 동일)이면 : $\boldsymbol{A} \cdot \boldsymbol{B} = AB\cos 0° = AB$
- $\theta = 90°$(두 벡터 방향이 수직)이면 : $\boldsymbol{A} \cdot \boldsymbol{B} = AB\cos 90° = 0$
- $\theta = 180°$(두 벡터 방향이 반대)이면 : $\boldsymbol{A} \cdot \boldsymbol{B} = AB\cos 180° = -AB$

로 된다. 그리고 식 (1-24)와 식 (1-25)로부터 벡터의 스칼라 곱은 다음과 같이 교환법칙이 성립됨을 알 수 있다.

$$\boldsymbol{A} \cdot \boldsymbol{B} = \boldsymbol{B} \cdot \boldsymbol{A} \tag{1-25}$$

(2) 기본벡터의 스칼라 곱(내적) 계산

두 벡터 $\boldsymbol{A} = A_x\boldsymbol{i} + A_y\boldsymbol{j} + A_z\boldsymbol{k}$와 $\boldsymbol{B} = B_x\boldsymbol{i} + B_y\boldsymbol{j} + B_z\boldsymbol{k}$의 스칼라 곱은 일반 다항식의 곱셈과 같은 방법으로 전개할 수 있다.

$$\begin{aligned}\boldsymbol{A} \cdot \boldsymbol{B} &= (A_x\boldsymbol{i} + A_y\boldsymbol{j} + A_z\boldsymbol{k}) \cdot (B_x\boldsymbol{i} + B_y\boldsymbol{j} + B_z\boldsymbol{k}) \\ &= A_x\boldsymbol{i} \cdot B_x\boldsymbol{i} + A_y\boldsymbol{j} \cdot B_y\boldsymbol{j} + A_z\boldsymbol{k} \cdot B_z\boldsymbol{k} \\ &\quad + A_x\boldsymbol{i} \cdot B_y\boldsymbol{j} + A_x\boldsymbol{i} \cdot B_z\boldsymbol{k} + A_y\boldsymbol{i} \cdot B_x\boldsymbol{i} \\ &\quad + A_y\boldsymbol{j} \cdot B_z\boldsymbol{k} + A_z\boldsymbol{k} \cdot B_x\boldsymbol{i} + A_z\boldsymbol{k} \cdot B_y\boldsymbol{j}\end{aligned} \tag{1-26}$$

여기서 각도 θ는 기본벡터들이 이루는 각도이며, 각기 다른 방향의 기본벡터들 사이에는 $\theta = 90°$, 같은 방향의 기본벡터들 사이에는 $\theta = 0°$가 된다.

$$\left.\begin{aligned}\boldsymbol{i} \cdot \boldsymbol{i} = \boldsymbol{j} \cdot \boldsymbol{j} = \boldsymbol{k} \cdot \boldsymbol{k} = 1 \times 1 \times \cos 0° = 1 \\ \boldsymbol{i} \cdot \boldsymbol{j} = \boldsymbol{j} \cdot \boldsymbol{k} = \boldsymbol{k} \cdot \boldsymbol{i} = 1 \times 1 \times \cos 90° = 0\end{aligned}\right\} \tag{1-27}$$

따라서 두 벡터의 스칼라 곱은 크기만 존재하는 스칼라량이 됨을 알 수 있다.

$$\boldsymbol{A} \cdot \boldsymbol{B} = A_x B_x + A_y B_y + A_z B_z \tag{1-28}$$

【예제 1.4】
질점에 일정한 힘 $F = 5i + 6j + 8k[\mathrm{N}]$이 작용하여 점 A(1, -3, 4) [m]에서
점 B(-2, 1, -3)[m]로 이동했다. 이때 한 일은 얼마인가?

【풀이】
점 A에서 B로 변위한 벡터 D는 원점에서 점 A 및 B로 향하는 벡터 A, B의 벡터 차
$A = i - 3j + 4k,\ \ B = -2i + j - 3k$이므로
변위벡터 D는 $D = B - A = -3i + 4j - 7k$가 된다.

그리고 한 일 W는

$$W = F \cdot D = (5i + 6j + 8k) \cdot (-3i + 4j - 7k) = 47[\mathrm{J}]$$

1.5.4 벡터 곱(외적)

(1) 벡터의 벡터 곱(외적) 계산

두 개 벡터 $\boldsymbol{A}$, $\boldsymbol{B}$를 벡터 곱(외적)한 계산 결과 새로운 벡터 $\boldsymbol{C}$가 생긴다. 벡터와 벡터의 벡터 곱을 벡터의 외적(Outer product, Cross product)이라 부르기도 하며 벡터의 벡터 곱 또는 $\boldsymbol{A}$ 크로스 $\boldsymbol{B}$라 읽으며 ×로 표기한다.

두 벡터 $\boldsymbol{A}, \boldsymbol{B}$가 이루는 각도를 θ라 하면, 벡터 곱으로 구해진 벡터 $\boldsymbol{C}$는

$$\boldsymbol{A} \times \boldsymbol{B} = \boldsymbol{C} \tag{1-29}$$

$$\boldsymbol{B} \times \boldsymbol{A} = -\boldsymbol{A} \times \boldsymbol{B} = -\boldsymbol{C} \tag{1-30}$$

로 정의되고, 벡터 $\boldsymbol{C}$의 크기는 다음 식과 같다.

$$|\boldsymbol{C}| = |\boldsymbol{A} \times \boldsymbol{B}| = AB\sin\theta \tag{1-31}$$

그리고 θ의 크기에 따라서 다음과 같이 된다.

$\theta = 0°$(두 벡터가 동일한 방향) : $|\boldsymbol{A} \times \boldsymbol{B}| = AB\sin 0° = 0$

$\theta = 90°$(두 벡터가 수직한 방향) : $|\boldsymbol{A} \times \boldsymbol{B}| = AB\sin 90° = AB$

$\theta = 180°$(두 벡터가 반대 방향) : $|\boldsymbol{A} \times \boldsymbol{B}| = AB\sin 180° = 0$

그림 1-8의 (a)는 벡터 $\boldsymbol{A}$에서 벡터 $\boldsymbol{B}$로 곱하여(나사 회전 방향인 $\boldsymbol{A}$에서 $\boldsymbol{B}$로 곱한다) 생기는 $\boldsymbol{C}$ 벡터를, (b)는 벡터 $Z-\boldsymbol{A}$에서 $\boldsymbol{B}$로 곱하여(나사 회전 방향인 $-\boldsymbol{A}$에서 $\boldsymbol{B}$로 곱한다) 생기는 $'-\boldsymbol{C}$ 벡터를 나타내고 있다.

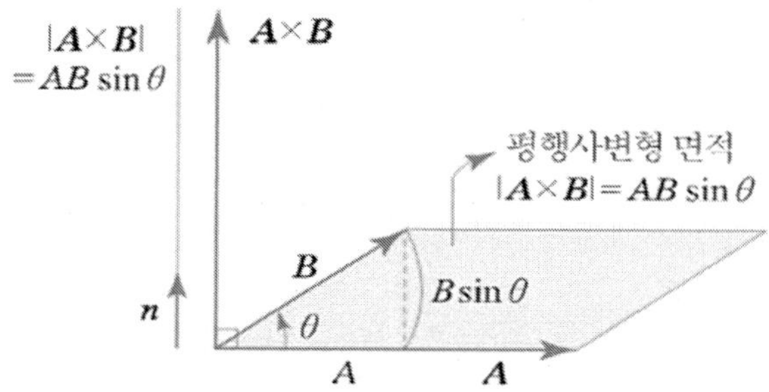

그림 1-8 벡터의 외적

그리고 두 벡터와 $\boldsymbol{A}, \boldsymbol{B}$ 점선으로 만들어진 평행사변형 면적의 크기는 식 (1-31)의 $AB\sin\theta$이다. 이때 θ는 두 벡터가 이루는 각이다.

따라서 벡터의 벡터 곱으로 생긴 새로운 벡터의 크기는 $AB\sin\theta$이며 방향은 그림에서와 같이 평행사변형에 수직 방향인 화살표 방향이다.

이것은 $AB\sin\theta$ 크기인 면이 새로운 벡터의 방향으로 전진한다는 의미이며 이를 단위 면벡터를 사용하여 표현하면 다음과 같다.

$$\left.\begin{aligned} \boldsymbol{C} &= \boldsymbol{A} \times \boldsymbol{B} = \boldsymbol{n} AB\sin\theta \\ -\boldsymbol{C} &= \boldsymbol{B} \times \boldsymbol{A} = -\boldsymbol{n} AB\sin\theta \end{aligned}\right\} \qquad (1\text{–}32)$$

여기서 $AB\sin\theta$는 회전의 크기이고, $\boldsymbol{n}$은 크기가 1×1인 면이며 오른나사를 회전시키면 나사가 진행하는 방향의 벡터로서 단위 면벡터라 한다.

(2) 기본벡터의 벡터 곱 계산

식 (1-32)를 공간좌표에서 계산할 때 기본벡터 $\boldsymbol{i}, \boldsymbol{j}, \boldsymbol{k}$ 사이의 벡터 곱 계산은 다음의 세 가지 식으로 분리시켜 설명할 수 있다.

$$\left.\begin{aligned} \boldsymbol{i} \times \boldsymbol{j} &= \boldsymbol{k} \\ \boldsymbol{j} \times \boldsymbol{k} &= \boldsymbol{i} \\ \boldsymbol{k} \times \boldsymbol{i} &= \boldsymbol{j} \end{aligned}\right\} \qquad (1-33)$$

식 $\boldsymbol{i} \times \boldsymbol{j} = \boldsymbol{k}$는 $\boldsymbol{i}$와 $\boldsymbol{j}$ 사이 각도가 90°이므로 $\boldsymbol{i} \times \boldsymbol{j} = \boldsymbol{n}\sin 90° = \boldsymbol{k}$가 되는데 이것은 1×1 크기의 면적이 $\boldsymbol{k}$ 방향으로 진행한다는 뜻이다.

여기서 $\boldsymbol{n}$은 x에서 y방향으로 오른나사를 회전시키면 나사가 z방향으로 진행하는 것처럼 $\boldsymbol{n}$은 z방향을 가진 벡터이고 크기가 $(1 \times 1)\sin 90° = 1$이므로 $\boldsymbol{n} = \boldsymbol{k}$가 된다.

식 (1-33)의 두 번째, 세 번째 식의 설명도 같은 방법이므로 생략하기로 한다.

곱하는 순서가 반대인 경우의 식 (1-34)는 다음 식과 같이 계산된다.

첫 번째 식은 y에서 x방향으로 오른나사를 회전시키는 결과가 되므로 나사의 진행 방향이 반대 즉, $-z$방향이 되므로 $\boldsymbol{n}$은 $-z$방향의 기본벡터인 $-\boldsymbol{k}$가 되고, 그 크기는 같다.

$$\left.\begin{aligned} \boldsymbol{j} \times \boldsymbol{i} &= -\boldsymbol{k} \\ \boldsymbol{k} \times \boldsymbol{j} &= -\boldsymbol{i} \\ \boldsymbol{i} \times \boldsymbol{k} &= -\boldsymbol{j} \end{aligned}\right\} \qquad (1-34)$$

두 개의 기본벡터 $\boldsymbol{i}$와 $\boldsymbol{i}$, $\boldsymbol{j}$와 $\boldsymbol{j}$, $\boldsymbol{k}$와 $\boldsymbol{k}$는 같은(평행한) 방향인 경우에는 식 (1-35)와 같이 계산된다.

여기서 $\boldsymbol{i}$와 $\boldsymbol{i}$ 사이의 각뿐만 아니라 $\boldsymbol{j}$와 $\boldsymbol{j}$, $\boldsymbol{k}$와 $\boldsymbol{k}$ 사이의 각이 0°이어서 식 (1-34)에서 $\sin\theta$의 값이 0이 되어 식 (1-35)와 같이 된다.

$$\left.\begin{aligned} \boldsymbol{i} \times \boldsymbol{i} &= 0 \\ \boldsymbol{j} \times \boldsymbol{j} &= 0 \\ \boldsymbol{k} \times \boldsymbol{k} &= 0 \end{aligned}\right\} \qquad (1-35)$$

(3) 공간벡터의 벡터 곱 계산

공간좌표 내에서 $\boldsymbol{A} = A_x\boldsymbol{i} + A_y\boldsymbol{j} + A_z\boldsymbol{k}$와 $\boldsymbol{B} = B_x\boldsymbol{i} + B_y\boldsymbol{j} + B_z\boldsymbol{k}$로 표시되는 벡터의 벡터곱 $\boldsymbol{A} \times \boldsymbol{B}$를 전개하면 다음의 식이 된다.

$$\begin{aligned} \boldsymbol{A} \times \boldsymbol{B} &= (A_x\boldsymbol{i} + A_y\boldsymbol{j} + A_z\boldsymbol{k}) \times (B_x\boldsymbol{i} + B_y\boldsymbol{j} + B_z\boldsymbol{k}) \\ &= A_x\boldsymbol{i} \times B_x\boldsymbol{i} + A_y\boldsymbol{j} \times B_y\boldsymbol{j} + A_z\boldsymbol{k} \times B_z\boldsymbol{k} \\ &\quad + A_x\boldsymbol{i} \times B_y\boldsymbol{j} + A_x\boldsymbol{i} \times B_z\boldsymbol{k} + A_y\boldsymbol{j} \times B_x\boldsymbol{i} \end{aligned}$$

$$+A_y\boldsymbol{j}\times B_z\boldsymbol{k}+A_z\boldsymbol{k}\times B_x\boldsymbol{i}+A_z\boldsymbol{k}\times B_y\boldsymbol{j} \tag{1-36}$$

이 식을 기본벡터에 대해 정리하면

$$\left.\begin{aligned} A_x\boldsymbol{i}\times B_x\boldsymbol{i}&=A_xB_x\boldsymbol{i}\times\boldsymbol{i}=0\\ A_y\boldsymbol{j}\times B_y\boldsymbol{j}&=A_yB_y\boldsymbol{j}\times\boldsymbol{j}=0\\ A_z\boldsymbol{k}\times B_z\boldsymbol{k}&=A_zB_z\boldsymbol{k}\times\boldsymbol{k}=0 \end{aligned}\right\} \tag{1-37}$$

$$\left.\begin{aligned} A_x\boldsymbol{i}\times B_y\boldsymbol{j}&=A_xB_y\boldsymbol{i}\times\boldsymbol{j}=A_xB_y\boldsymbol{k}\\ A_y\boldsymbol{j}\times B_z\boldsymbol{k}&=A_yB_z\boldsymbol{j}\times\boldsymbol{k}=A_yB_z\boldsymbol{i}\\ A_z\boldsymbol{k}\times B_x\boldsymbol{i}&=A_zB_x\boldsymbol{k}\times\boldsymbol{i}=A_zB_x\boldsymbol{j} \end{aligned}\right\} \tag{1-38}$$

$$\left.\begin{aligned} A_y\boldsymbol{j}\times B_x\boldsymbol{i}&=A_yB_x\boldsymbol{j}\times\boldsymbol{i}=A_yB_x(-\boldsymbol{k})\\ A_z\boldsymbol{k}\times B_y\boldsymbol{j}&=A_zB_y\boldsymbol{k}\times\boldsymbol{j}=A_zB_y(-\boldsymbol{i})\\ A_x\boldsymbol{i}\times B_z\boldsymbol{k}&=A_xB_z\boldsymbol{i}\times\boldsymbol{k}=A_xB_z(-\boldsymbol{j}) \end{aligned}\right\} \tag{1-39}$$

로 되고, $\boldsymbol{A}\times\boldsymbol{B}$는 식 (1-37), (1-38), (1-39)을 식 (1-36)에 대입하면 구해진다.

$$\left.\begin{aligned} \boldsymbol{A}\times\boldsymbol{B}=(A_yB_z-A_zB_y)\boldsymbol{i}+(A_zB_x-A_xB_z)\boldsymbol{j}\\ +(A_xB_y-A_yB_x)\boldsymbol{k} \end{aligned}\right\} \tag{1-40}$$

계산의 복잡성을 피하기 위해 다음과 같이 행렬식(determinant)을 사용하여 계산하여도 같은 결과를 얻을 수 있다.

$$\boldsymbol{A}\times\boldsymbol{B}=\begin{vmatrix} \boldsymbol{i} & \boldsymbol{j} & \boldsymbol{k}\\ A_x & A_y & A_z\\ B_x & B_y & B_z \end{vmatrix} \tag{1-41}$$

【예제 1.5】

$A = 2i - 3j + k, B = -4j - 2j + 5k$일 때 $A \times B$의 값, 두 벡터 간의 사이각과 두 벡터로 이루어지는 면적을 구하시오.

【풀이】

(1) $C = A \times B = \begin{vmatrix} i & j & k \\ 2 & -3 & 1 \\ -4 & -2 & 5 \end{vmatrix}$

$= [(-3)(5) - (1)(-2)]i + [(-4)(1) - (5)(2)]j + [(2)(-2) - (-3)(-4)]k$

$= -13i - 14j - 16k$

(2) A 벡터의 크기는

$A = \sqrt{(2)^2 + (-3)^2 + (1)^2} = \sqrt{14} = 3.74$

B 벡터의 크기는

$A = \sqrt{(-4)^2 + (-2)^2 + (5)^2} = \sqrt{45} = 6.7$

따라서

$$\sin\theta = \frac{\sqrt{621}}{\sqrt{14} \cdot \sqrt{45}} = \frac{\sqrt{621}}{\sqrt{630}}$$

이 되므로 $\theta = \sin^{-1} 0.9928 = 83.1^\circ$ 가 된다.

(3) $C = A \times B$ 의 단위벡터는

$$C = A \times B = u_0 AB \sin\theta$$

공식을 이용하는데 단위벡터는

$u_0 = C/C$

$C = \sqrt{(-13)^2 + (-14)^2 + (-16)^2} = \sqrt{621} = 24.9$

$u_0 = -\frac{13}{24.9}i - \frac{14}{24.9}j - \frac{16}{24.9}k$

【예제 1.6】

세 개의 벡터 $A=2i-3j+4k$, $B=i+2j-k$, $C=3x-j+2k$를 세 변으로 하는 평행육면체의 부피를 계산하시오.

【풀이】

3중벡터가 스칼라 3중적이므로

$$A \cdot (B\times C)=\begin{vmatrix} A_x & A_y & A_z \\ B_x & B_y & A_z \\ C_x & C_y & C_z \end{vmatrix} \text{이 되어}$$

$$v=A \cdot (B\times C)=\begin{vmatrix} 2 & -3 & 7 \\ 1 & 2 & -1 \\ 3 & -1 & 2 \end{vmatrix}=-7$$

그러므로 구하는 부피는 |-7|=7이다.

1.6 벡터의 미분

1.6.1 미분연산자와 스칼라의 기울기(gradient)

수학에서 사칙연산자란 말은 ±, ×, ÷와 같은 기호로서 덧셈, 뺄셈, 곱셈, 나눗셈을 실행하라는 명령어의 기호이다.

이러한 의미에서 벡터의 미분연산자란 말은 어떤 변화량을 벡터함수, 또는 스칼라 함수로 나타낼 수 있을 때 이 함수들을 벡터적으로 미분하라는 벡터 미분 명령어이며 다음과 같이 표기한다.

$$\nabla=\frac{\partial}{\partial x}\boldsymbol{i}+\frac{\partial}{\partial y}\boldsymbol{j}+\frac{\partial}{\partial z}\boldsymbol{k} \tag{1-42}$$

이때 ∇을 헤밀톤 연산자(Hamilton's operation) 또는 미분연산자라 하며 델(del), 나블라(nabla)로 읽는다.

$\frac{\partial}{\partial x}, \frac{\partial}{\partial y}, \frac{\partial}{\partial z}$는 변화량을 나타낸 함수를 x, y, z방향에 대해서 각각 미분하라는 편미분 기호로서 편미분하라는 명령어이다.

미분하면 기울기(gradient)가 구해지는데 이것은 함수의 변화율을 나타낸다.

물리적인 의미로 볼 때, 일을 하지 않으면 힘이 빠지지 않지만, 일을 할수록 힘이 빠지므로 힘이 빠지는 정도가 기울기이다.

부연해서 설명하면 ∇과 스칼라량의 곱셈은 ∇을 스칼라 배한 것과 같으며 스칼라량을 벡터로 미분한 것이다.

【예제 1.7】

$r = ix + jy + kz$일 때 $\nabla(r)$ 및 $\nabla(1/r)$을 구하라.

【풀이】

벡터 r의 크기는 $r = (r^2 + y^2 + z^2)^{-\frac{1}{2}}$ 이므로

(1) $\text{grad}\ r = \left(\frac{\partial}{\partial x} + j\frac{\partial}{\partial y} + k\frac{\partial}{\partial z}\right)(x^2 + y^2 + z^2)^{\frac{1}{2}}$ (a) 에서 1항의 미분을 먼저 하면

$\frac{\partial}{\partial x}(x^2 + y^2 + z^2)^{-\frac{1}{2}} = \frac{1}{2}(x^2 + y^2 + z^2)^{-\frac{1}{2}} \cdot 2x = \frac{x}{r}$ (b)가 얻어진다.

마찬가지로 계산하여 종합하면

$\text{grad}\ r = \frac{ix + jy + kz}{r} = \frac{r}{r} = u_0$ (c)가 되어 r벡터에 대한 단위벡터가 된다.

(2) $\frac{1}{r} = (x^2 + y^2 + z^2)^{-\frac{1}{2}}$ (a)이므로

$\text{grad}\frac{1}{r} = \left(i\frac{\partial}{\partial x} + j\frac{\partial}{\partial y} + k\frac{\partial}{\partial x}\right)(x^2 + y^2 + z^2)^{-\frac{1}{2}}$ (b)에서

$\frac{\partial}{\partial x}(x^2 + y^2 + z^2)^{-\frac{1}{2}} = -\frac{1}{2}(x^2 + y^2 + z^2)^{-\frac{1}{2}-1} \times 2x = -\frac{x}{r^3}$ (c)가 된다.

마찬가지로

$\frac{\partial}{\partial y}\left(\frac{1}{r}\right) = -\frac{y}{r^3},\ \frac{\partial}{\partial z}\left(\frac{1}{r}\right) = -\frac{z}{r^3}$ (d)가 얻어진다.

따라서

$\text{grad}\left(\frac{1}{r}\right) = \nabla\left(\frac{1}{r}\right) = -\frac{ix + jy + kz}{r^3} = -\frac{r}{r^3} = -\frac{1}{r^2}u_0$ (e)가 된다.

1.6.2 미분연산자와 벡터의 곱

벡터량을 벡터로 미분하는 방법은 벡터의 스칼라 곱을 적용시킨 미분과 벡터의 벡터 곱을 적용시켜 미분하는 두 가지 방법이 있다. 전자를 발산(divergence)이라 하고 후자를 회전(rotation)이라 한다.

(1) 벡터의 발산

임의의 벡터($v = v_x i + v_y j + v_z k$)와 벡터 미분연산자($\nabla$) 사이의 스칼라 곱(내적)을 발산(divergence)이라 하고 아래 식처럼 계산된다.

$$\nabla \cdot v = \mathrm{div} v = \left(\frac{\partial}{\partial x}\mathrm{i} + \frac{\partial}{\partial y}\mathrm{j} + \frac{\partial}{\partial z}\mathbf{k}\right) \cdot (\mathrm{v_x i} + \mathrm{v_y j} + \mathrm{v_z}\mathbf{k})$$

$$= \frac{\partial v_x}{\partial x} + \frac{\partial v_y}{\partial y} + \frac{\partial v_z}{\partial z} \qquad (1\text{–}43)$$

【예제 1.8】

V를 스칼라함수, A를 벡터 함수로 할 때 다음 식을 증명하시오.

$$\mathrm{div}(VA) = A\,\mathrm{grad}V + \mathrm{div}A$$

【풀이】

A를 직각좌표로 하여 $A = iA_x + jA_y + kA_z$로 할 때

$$\mathrm{div}(VA) = div\,V(iA_x + jA_y + kA_z) = \nabla \cdot (i\,VA_x + j\,VA_y + k\,VA_z)$$

$$= \frac{\partial(VA_x)}{\partial x} + \frac{\partial(VA_y)}{\partial y} + \frac{\partial(VA_z)}{\partial z}$$

$$= \frac{\partial V}{\partial x}A_x + V\frac{\partial A_x}{\partial x} + \frac{\partial V}{\partial x}A_y + V\frac{\partial A_y}{\partial y} + \frac{\partial V}{\partial x}A_z + V\frac{\partial A_z}{\partial z}$$

$$= \left(A_x\frac{\partial V}{\partial x} + A_y\frac{\partial V}{\partial y} + A_z\frac{\partial V}{\partial z}\right) + V\left(\frac{\partial A_x}{\partial x} + \frac{\partial A_x}{\partial x} + \frac{\partial A_x}{\partial x}\right)$$

$$+ V\left(i\frac{\partial}{\partial x} \cdot iA_x + j\frac{\partial}{\partial y} \cdot jA_y + kA_z \cdot k\frac{\partial}{\partial z}\right)$$

$$= (iA_x + jA_z + kA_z) \cdot \left(i\frac{\partial}{\partial x} + j\frac{\partial}{\partial y} + k\frac{\partial}{\partial z}\right)V + V\nabla \cdot A$$

$= A \cdot grad\,V + V\,divA$ 가 된다.

(2) 벡터의 회전

다음의 식 (1-44)와 같이 임의의 벡터($\boldsymbol{v} = v_x \boldsymbol{i} + v_y \boldsymbol{j} + v_z \boldsymbol{k}$)와 벡터 미분연산자($\nabla$) 사이의 벡터곱(외적 : 外積)을 회전(rotation)이라 한다.

$$\nabla \times \boldsymbol{v} = \mathrm{rot}\mathrm{v} = \left(\frac{\partial}{\partial \mathrm{x}}\mathbf{i} + \frac{\partial}{\partial \mathrm{y}}\mathbf{j} + \frac{\partial}{\partial \mathrm{z}}\mathbf{k}\right) \times (\mathrm{v_x}\mathbf{i} + \mathrm{v_y}\mathbf{j} + \mathrm{v_z}\mathbf{k}) \tag{1-44}$$

위의 식은 회전을 정의한 식 (1-45)의 행렬식을 사용하면 쉽게 계산된다.

$$\begin{aligned} \nabla \times \boldsymbol{v} = \mathrm{rot}\boldsymbol{v} &= \begin{vmatrix} \boldsymbol{i} & \boldsymbol{j} & \boldsymbol{k} \\ \dfrac{\partial}{\partial x} & \dfrac{\partial}{\partial y} & \dfrac{\partial}{\partial z} \\ v_x & v_y & v_z \end{vmatrix} \\ &= \left(\frac{\partial}{\partial x}\boldsymbol{i} + \frac{\partial}{\partial y}\boldsymbol{j} + \frac{\partial}{\partial z}\boldsymbol{k}\right) \times (v_x\boldsymbol{i} + v_y\boldsymbol{j} + v_z\boldsymbol{k}) \\ &= \left(\frac{\partial v_z}{\partial y} - \frac{\partial v_y}{\partial z}\right)\boldsymbol{i} + \left(\frac{\partial v_x}{\partial z} - \frac{\partial v_z}{\partial x}\right)\boldsymbol{j} + \left(\frac{\partial v_y}{\partial x} - \frac{\partial v_x}{\partial y}\right)\boldsymbol{k} \end{aligned} \tag{1-45}$$

지금까지 공부한 두 벡터 간의 곱과 미분연산자와 벡터 사이의 곱을 연관시켜 정리하면 표 1-1로 요약할 수 있다.

표 1-1 벡터 간의 곱과 미분연산자와 벡터 사이의 곱의 비교

벡터와 정수(스칼라)의 곱	미분연산자와 정수(스칼라)의 곱	스칼라 기울기
벡터의 스칼라 곱(내적)	미분연산자와 벡터의 내적	벡터 발산
벡터의 벡터곱(외적)	미분연산자와 벡터의 외적	벡터 회전

기사시험 기출문제

문제 1-1	91. 산업기사

어떤 물체에 $F_1 = -3i + 4j - 5k$와 $F_2 = 6i + 3j - 2k$의 힘이 작용하고 있다. 이 물체에 F_3을 가했을 때 세 힘이 평행이 되기 위한 F_3은?

㉮ $F_3 = -3i - 7j + 7k$ ㉯ $F_3 = -3i + 7j - 7k$
㉰ $F_3 = 3i - j - 7k$ ㉱ $F_3 = 3i - j + 3k$

풀이 '세 힘이 평형이 된다.' 함은 세 힘의 합=0이므로,

$F_1 + F_2 + F_3 = 0,\ F_3 = -(F_1 + F_2)$

$= -\{(-3i + 4j - 5k) + (6i + 3j - 2k)\} = -3i - 7j + 7k$ [답] ㉮

문제 1-2	05. 산업기사

$A = -7i - j,\ \ B = -3i - 4j$의 벡터가 이루는 각도는?

㉮ 30 ㉯ 45 ㉰ 60 ㉱ 90

풀이 $\cos\theta = \dfrac{A \cdot B}{|A||B|}$이므로 $|A| = \sqrt{(-7)^2 + (-1)^2} = \sqrt{50} = 5\sqrt{2}$

$|B| = \sqrt{(-3)^2 + (-4)^2} = \sqrt{25} = 5,$

$A \cdot B = (-7i - j) \cdot (-3i - 4j) = 21 + 4 = 25$

$\cos\theta = \dfrac{25}{5\sqrt{2} \times 5} = \dfrac{1}{\sqrt{2}} \quad \therefore \theta = \cos^{-1}\dfrac{1}{\sqrt{2}} = 45°$ [답] ㉯

문제 1-3	07. 산업기사

다음 중 옳지 않은 것은?

㉮ $i \cdot i = j \cdot j = k \cdot k = 0$ ㉯ $i \cdot j = j \cdot k = k \cdot i = 0$
㉰ $A \cdot B = AB\cos\theta$ ㉱ $i \times i = j \times j = k \times k = 0$

풀이 벡터의 내적(스칼라 곱) 설명 참조 [답] ㉮

문제 1-4	14. 산업기사

벡터 $\boldsymbol{A} = i - j + 3k$, $\boldsymbol{B} = -i - ak$일 때, 벡터 $\boldsymbol{A}$가 $\boldsymbol{B}$에 수직이 되기 위한 a의 값은?(단, i, j, k는 x, y, z 방향의 기본벡터이다.)

㉮ -2　　㉯ $-\frac{1}{3}$　　㉰ 0　　㉱ $\frac{1}{2}$

풀이 수직은 $90°$ 이므로 $\boldsymbol{A} \cdot \boldsymbol{B} = AB\cos\theta = 0$($\cos 90° = 0$이므로)

$\boldsymbol{A} \cdot \boldsymbol{B} = (i - j + 3k) \cdot (i + ak) = 1 + 0 + 3a$　∴ $1 + 3a = 0$이 되어 $a = -\frac{1}{3}$

[답] ㉯

문제 1-5	05. 산업기사

벡터 $\boldsymbol{A} = i + 4j + 3k$와 벡터 $\boldsymbol{B} = 4i + 2j - 4k$는 어떤 관계가 있는가?

㉮ 평행　　㉯ 면적　　㉰ 접근　　㉱ 수직

풀이 내적 $\boldsymbol{A} \cdot \boldsymbol{B} = AB\cos\theta$에서 $\cos\theta = \frac{\boldsymbol{A} \cdot \boldsymbol{B}}{|A||B|}$이고

$|A| = \sqrt{(1)^2 + (4)^2 + (3)^2} = \sqrt{26}$, $|B| = \sqrt{(4)^2 + (2)^2 + (-4)^2} = 6$,

$\cos\theta = \frac{\boldsymbol{A} \cdot \boldsymbol{B}}{|A||B|} = \frac{(i + 4j + 3k) \cdot (4i + 2j - 4k)}{6\sqrt{26}} = 0$

$\cos\theta° = 0$는 $90°$ 이므로 수직이다.

[답] ㉱

문제 1-6	12. 산업기사

두 단위 벡터 간의 각을 θ라 할 때 벡터 곱과 관계없는 것은?

㉮ $i \times j = -j \times i = k$　　㉯ $k \times i = -i \times k = j$

㉰ $i \times i = j \times j = k \times k = 0$　　㉱ $i \times j = 0$

풀이 벡터의 내적(스칼라 곱) 설명 참조　　[답] ㉱

문제 1-7	01, 02, 05. 산업기사

전계 $\boldsymbol{E}=3x^2i+2xy^2j+x^2yz\boldsymbol{k}$의 divE 의 값은 얼마인가?

㉮ $-6x+jxy+x^2y$

㉯ $i6x+j6xy+kx^2y$

㉰ $-(6x+4xy+x^2y)$

㉱ $6x+4xy+x^2y$

풀이 $\text{divE}=\nabla\cdot\text{E}=\left(\frac{\partial}{\partial \text{x}}\text{i}+\frac{\partial}{\partial \text{y}}\text{j}+\frac{\partial}{\partial \text{z}}\text{k}\right)\cdot(\text{E}_x\text{i}+\text{E}_y\text{j}+\text{E}_z\text{k})$

$=\frac{\partial E_x}{\partial x}i+\frac{\partial E_y}{\partial y}j+\frac{\partial E_z}{\partial z}k$이고,

여기서 $E_x=3x^2$, $E_y=2xy^2$, $E_z=x^2yz$이므로

$\text{divE}=\nabla\cdot\text{E}=\left(\frac{\partial(3\text{x}^2)}{\partial \text{x}}+\frac{\partial(2\text{xy}^2)}{\partial \text{y}}+\frac{\partial(\text{x}^2\text{yz})}{\partial \text{z}}\right)=6\text{x}+4\text{xy}+\text{x}^2\text{y}$

[답] ㉱

문제 1-8	01. 산업기사

V를 임의의 스칼라 함수할 때, grad$V$의 직각좌표에 있어서의 표현은?

㉮ $\frac{\partial V}{\partial x}+\frac{\partial V}{\partial y}+\frac{\partial V}{\partial z}$

㉯ $i\frac{\partial V}{\partial x}+j\frac{\partial V}{\partial y}+k\frac{\partial V}{\partial z}$

㉰ $\frac{\partial^2 V}{\partial x^2}+\frac{\partial^2 V}{\partial y^2}+\frac{\partial^2 V}{\partial z^2}$

㉱ $i\frac{\partial^2 V}{\partial x^2}+j\frac{\partial^2 V}{\partial y^2}+k\frac{\partial^2 V}{\partial z^2}$

풀이 $\text{grad V}=\left(\frac{\partial}{\partial \text{x}}\text{i}+\frac{\partial}{\partial \text{y}}\text{j}+\frac{\partial}{\partial \text{z}}\text{k}\right)\text{V}=i\frac{\partial V}{\partial x}+j\frac{\partial V}{\partial y}+k\frac{\partial V}{\partial z}$ [답] ㉯

문제 1-9	01. 산업기사

$\boldsymbol{A}=2i-5j+3\boldsymbol{k}$일 때, $\boldsymbol{k}\times\boldsymbol{A}$를 구하라.

㉮ $-5i+2j$ ㉯ $5i-2j$ ㉰ $-5i-2j$ ㉱ $5i+2j$

풀이 $\boldsymbol{A}, \boldsymbol{k}$ 두 벡터의 외적 $\boldsymbol{k}\times\boldsymbol{A}$은

$\boldsymbol{k}\times\boldsymbol{A}=\boldsymbol{k}\times(2i-5j+3\boldsymbol{k})=2(\boldsymbol{k}\times i)-5(\boldsymbol{k}\times j)+3(\boldsymbol{k}\times\boldsymbol{k})=2j+5i$ [답] ㉱

문제 1-10	01. 기사

$\int_s \boldsymbol{E} \cdot ds = \int_V \nabla \cdot \boldsymbol{E} dV$ 은 다음 중 어느 것에 해당되는가?

㉮ 발산의 정리　　㉯ 가우스의 정리
㉰ 스톡스의 정리　　㉱ 암페어의 정리

풀이 가우스의 발산정리는 면적분을 체적분으로 변환하는 정리이다. [답] ㉮

문제 1-11	13. 기사 / 90. 산업기사

스톡스의 정리를 표시하는 식은?

㉮ $\int_s \boldsymbol{A} \cdot d\boldsymbol{S} = \int_V \mathrm{div}\boldsymbol{A} dV$　　㉯ $\int_s \boldsymbol{A} \cdot dl = \int_V \mathrm{div}\boldsymbol{A} dV$

㉰ $\int_c \boldsymbol{A} \cdot dl = \int_s (\mathrm{rot}\,\boldsymbol{A})_n d\boldsymbol{S}$　　㉱ $\int_s \boldsymbol{A} \cdot d\boldsymbol{S} = \int_s \mathrm{rot}\,\boldsymbol{A} \cdot n d\boldsymbol{S}$

풀이 스톡스의 정리는 선적분을 면적분으로 변환하는 정리이다. [답] ㉰

문제 1-12	12. 산업기사

$\nabla \times (\nabla \rho) = \mathrm{curl}(\mathrm{grad}\,\rho)$의 값은?

㉮ 0　　㉯ -1　　㉰ 1　　㉱ ρ

풀이 $\nabla \times (\nabla \rho) = 0$ [답] ㉮

연 습 문 제

1.1 벡터(Vector)와 스칼라(Scalar)를 비교 설명하라.

1.2 벡터의 내적(Scalar 적)을 설명하라.

1.3 단위벡터에 대하여 설명하라.

1.4 기본벡터에 대하여 설명하라.

1.5 전위경도에 대하여 설명하라.

1.6 벡터의 외적(Vector 적)을 설명하라.

1.7 A × B = C인 벡터가 벡터 A에 대하여 수직임을 증명하라.

1.8 발산(divergence)을 설명하라.

1.9 $rot(A \times B)$의 값을 구하라.

02 CHAPTER 정전계

두 물체를 마찰하면 그 물체들은 전기를 띠게 되고, 대전된 물체는 가까운 곳에 있는 작은 물체를 끌어당기는 힘을 가지고 있다. 어떤 물체가 띠고 있는 전기를 전하(electric charge)라 하고, 이것이 미치는 힘을 전기력이라고 한다. 그리고 전기력이 미치는 공간을 전계(electric field) 또는 전기장이라 한다. 특히 전하가 정지하고 있는 경우의 전계를 정전계(electrostatic field)라 한다. 이장에서 진공 또는 자유공간 내의 정전계에 대해서 다루기로 한다.

2.1 정전유도

모든 물질은 분자로 구성되어 있고, 분자는 원자(atom)의 집합으로 이루어져 있다. 그림 2-1의 원자모델에서 원자는 양(+)전기(positive electricity)를 가진 원자핵과 그 주위를 회전하는 음(−)전기(negative electricity)를 가진 전자(electron)로 구성되어 있다. 원자핵 내에서는 전자와 같은 수의 양(+)전기를 가진 양성자(proton)와 전기를 띠지 않는 중성자(neutron)로 구성되어 있다. 그리고 원자의 모형은 마치 태양 주위를 지구와 같은 행성들이 돌고 있는 것과 비슷하며, 원자핵을 중심으로 몇 개의 전자가 각각의 적당한 궤도 위에서 자전하면서 돌고 있다.

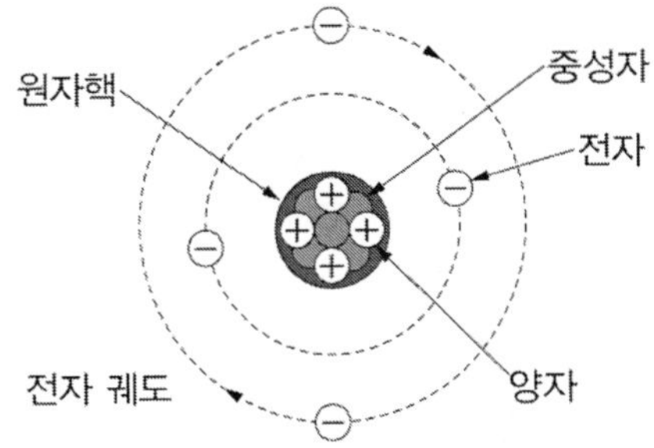

그림 2-1 원자 모델

원자가 외부로부터 에너지를 받으면 그림 2-2(c)와 같이 원자에서 전자가 외부로 이탈되면 전자가 부족해져서 '양(+)전기(positive electricity)로 대전되었다' 하고, 전기를 띄게 된 물체를 대전체(electrified body)라 한다.

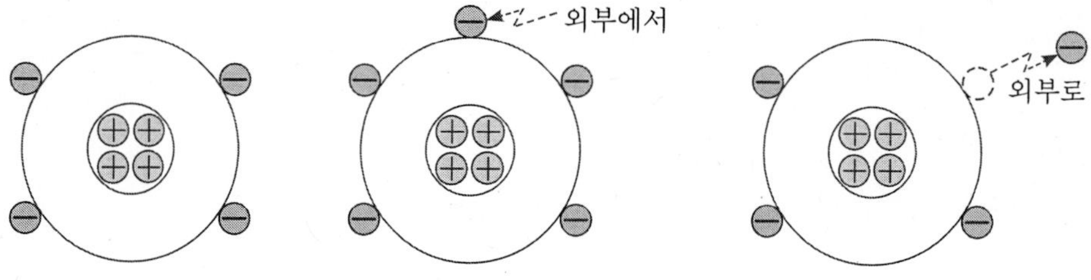

(a) 전기적 중성 상태　　(b) 음의 대전 상태　　(c) 양의 대전 상태

그림 2-2　원자의 대전

또 그림 2-2는 두 개의 물체 A와 B를 마찰시키면 A 물체의 원자가 핵의 구속력을 벗어나 자유 전자로 되고 이 자유 전자가 B 물체의 원자로 이동하여 마찰 전기가 발생함을 보여주고 있으며, 그림의 (b)처럼 전자를 잃어버린 쪽을 +전하(positive electric charge), 전자를 얻은 쪽은 −전하(negative electric charge)라 부른다.

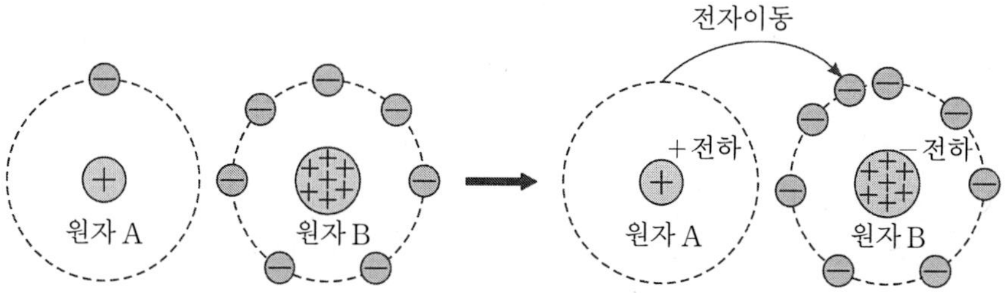

(a) 두 물체를 마찰시키기 전　　(b) 두 물체를 마찰시킨 후

그림 2-3　마찰에 의한 전하의 발생

전하의 가장 작은 최소 전하량은 물질을 구성하는 원자 내의 전자 또는 양성자 1개가 가지고 있는 전하량이다.

그러나 전하 단위로서는 전자 1개가 가지는 전하량이 너무 적어 비실용적이므로 실용단위계의 하나인 쿨롱(coulomb) 단위를 사용하는데, 일반적으로 [C]로 표기한다.

전자의 전하량은 $e=-1.602\times10^{-19}$[C]이고, 1[C]은 6.25×10^{18}개의 전자에 해당하는 전하량이다.

2.2 쿨롱의 법칙(Coulomb's low)

물체 내에서 움직이지 않고 정지되어 있는 전하를 정전하라 부르고, 서로 떨어져 있는 전하 사이에 생기는(작용하는) 힘을 정전기력(electrostatic force) 또는 정전력이라 한다.

쿨롱(Charles A. de Coulomb)은 전하 사이에 작용하는 정전기력을

① 두 전하량의 곱에 비례하고
② 두 전하 사이에 떨어진 거리의 제곱에 반비례하며
③ 두 전하가 같은 극성이면 반발력, 다른 극성이면 흡인력이 작용하고
④ 두 전하 사이에 힘은 두 전하를 연결하는 직선상에 존재하고
⑤ 두 전하가 놓여 있는 매질에 따라 달라진다.

라고 설명하였으며 이것을 쿨롱의 법칙(Coulomb's low)이라 부른다.

전하량 Q_1[C], Q_2[C]인 두 개의 전하가 직선으로 거리 r[m]만큼 떨어져 놓여 있을 때 두 전하 사이에 작용하는 정전기력의 크기를 F라 하면 쿨롱의 법칙에 따라 다음과 같이 된다.

$$F = \pm k\frac{Q_1 Q_2}{r^2} = \pm\frac{1}{4\pi\epsilon}\frac{Q_1 Q_2}{r^2}[\text{N}] \qquad (2\text{–}1)$$

여기서 부호 ±는 힘의 방향 즉, 흡인력과 반발력을 나타내고, k는 두 개의 전하 Q_1, Q_2가 놓여있는 매질(공기, 기름 등)에 의해 정해지는 비례상수이다.

또 ϵ(epsilon)은 전하가 놓여있는 매질의 유전율(permittivity)이다.

$$\epsilon = \epsilon_0\epsilon_s,\ \epsilon_0 = \frac{1}{4\pi\times 9\times 10^9} \fallingdotseq 8.855\times 10^{-12}[\text{F/m}] \qquad (2\text{–}2)$$

이 식에서 ϵ_0는 매질이 진공일 때의 유전율을 나타내어서 진공 유전율이라 부르고, ϵ_s는 진공 유전율 ϵ_0에 대해 매질이 가지는 상대적인 비(比)로서 비유전율(relative permittivity)이라 부른다.

매질에 따라 ϵ_s값이 달라지는데 진공은 $\epsilon_s = 1$이고, 공기는 $\epsilon_s = 1.00059$이어서 실용상 공기와 진공을 같다고 간주한다. 이에 대한 상세한 사항은 유전체에서 다루어질 것이다.

이를 사용하면 정전기력의 크기는 다음과 같다.

$$F = \pm 9\times 10^9\frac{Q_1 Q_2}{r^2} = \pm\frac{1}{4\pi\epsilon_0}\frac{Q_1 Q_2}{r^2}[\text{N}] \qquad (2\text{–}3)$$

정전기력은 전하의 부호에 따라 방향이 변하는 벡터이므로 1장에서 배운 단위벡터(a)를 사용하면 식 (2-3)은 다음과 같이 벡터로 표현된다.

$$\boldsymbol{F} = \frac{1}{4\pi\epsilon_0}\frac{Q_1 Q_2}{r^2}\boldsymbol{a} = \frac{1}{4\pi\epsilon_0}\frac{Q_1 Q_2}{r^2}\frac{\boldsymbol{r}}{r} = \frac{1}{4\pi\epsilon_0}\frac{Q_1 Q_2}{r^3}\boldsymbol{r}\,[\mathrm{N}] \qquad (2\text{-}4)$$

【예제 2.1】

공기 중에 원점과 점 $P(8, 6)$에 각각 $3[\mu\mathrm{C}]$과 $1[\mu\mathrm{C}]$의 점전하가 있을 때 점 P에 작용하는 힘을 구하라.

【풀이】

그림에서

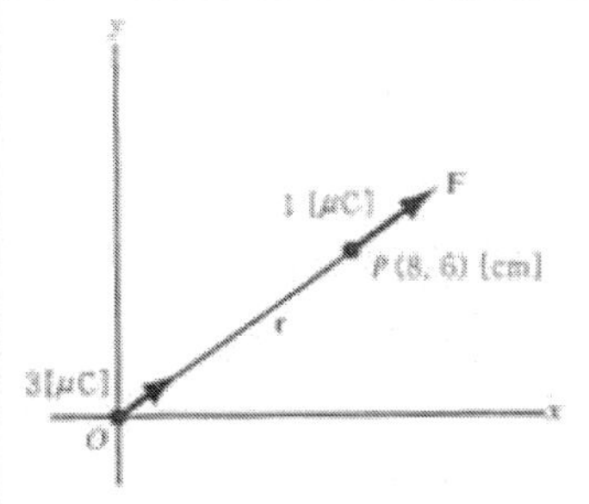

Coulomb의 힘

$r = 8i + 6j\,[\mathrm{cm}]$, $\mathrm{r} = 10\,[\mathrm{cm}]$, $r_0 = 0.8i + 0.6j$이므로

점 P의 전하에 작용하는 힘 F[N]는

$$F = 9 \times 10^9 \frac{3 \times 10^{-6} \times 10^{-6}}{(10^{-1})^2}(0.8i + 0.6j)$$
$$= 2.7(0.8i + 0.6j)[N]$$

힘의 크기 F = 2.7[N]이다.

【예제 2.2】

그림과 같이 $Q_A = 4 \times 10^{-6}[\mathrm{C}]$, $\mathrm{Q_B} = 2 \times 10^{-6}[\mathrm{C}]$, $Q_c = 5 \times 10^{-6}[\mathrm{C}]$의 전하를 가진 작은 도체구 A, B, C를 진공 중에서 직선상에 놓았을 때 B 구에 작용하는 힘을 구하라.

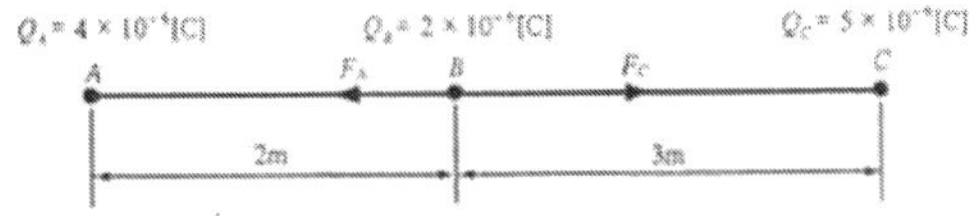

세 점에 작용하는 힘

【풀이】

B구가 A구에 의하여 받는 힘을 F_A라 하면

$$F_A = 9 \times 10^9 \frac{Q_A Q_B}{r^2}$$
$$= 1.8 \times 10^{-2}[\mathrm{N}]$$ (A에서 B의 방향으로 작용)

B구가 C구에 의하여 받는 힘을 F_C라 하면

$$F_C = 9 \times 10^9 \frac{Q_B Q_C}{r^2} = 1 \times 10^{-2}[\mathrm{N}]$$ (C에서 B의 방향으로 작용)이다.

B구가 받는 힘은 F_A와 F_C의 합성력이 되므로

$$F = F_A - F_C$$
$$= (1.8 - 1.0) \times 10^{-2} = 0.8 \times 10^{-2}[\mathrm{N}]$$ (B에서 C의 방향으로 작용)

2.3 전계(electric field)

2.3.1 전계의 세기(intensity of electric field)

어떤 지점에 Q[C]의 전하를 놓았을 그 주변의 다른 전하가 존재한다면 두 전하 사이에 정전기력이 생기게 되는 공간이 형성되는데, 이 공간을 전계라 부른다.

이 공간 내에서 전하가 정지되어 있을 때 이 공간을 정전계라 하며, 정전계는 전하들의 에너지가 최소화되는 전하 분포를 취한다.

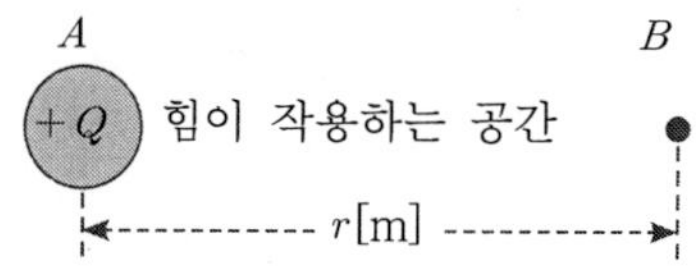

그림 2–4 전계의 세기

그림 2-5와 같이 A 지점에 전하 Q가 있고, 여기서 r[m] 떨어진 B점에 단위정전하(1[C])가 놓여 있다고 가정하였을 때 Q와 1[C] 사이에 생기는 정전기력 크기를 전하 Q에 의한 B점의 전계의 세기(intensity of electric field)라 하고, E로 표기한다.

따라서 B점의 전계의 세기 E는 쿨롱의 법칙으로 구하면 다음과 같다.

$$E = \frac{1}{4\pi\epsilon_0}\frac{Q\times 1}{r^2} = \frac{Q}{4\pi\epsilon_0 r^2}\,[\mathrm{N/C=V/m}] \tag{2–6}$$

그런데 전계의 세기도 단위정전하에 작용하는 정전기력, 즉 힘이므로 벡터임이 틀림없다. 따라서 식 (2-6)의 전계의 세기를 식 (2-4)처럼 단위 벡터를 사용하여 표시하면

$$\boldsymbol{E} = \frac{1}{4\pi\epsilon_0}\frac{Q}{r^2}\boldsymbol{a} = \frac{1}{4\pi\epsilon_0}\frac{Q}{r^2}\frac{\boldsymbol{r}}{r} = \frac{1}{4\pi\epsilon_0}\frac{Q}{r^3}\boldsymbol{r}\,[\mathrm{N/C}] \tag{2–7}$$

이고, 식 (2-5)와 같이 직각좌표계 내에서 기본벡터를 사용하여 다음처럼 x, y, z 방향으로 표시할 수 있다.

$$\boldsymbol{E} = E_x\boldsymbol{i} + E_y\boldsymbol{j} + E_z\boldsymbol{k} \tag{2–8}$$

그리고 식 (2-6)을 식 (2-1)과 비교하여 보면 쿨롱 힘인 정전기력과 전계 사이의 관계는 다음과 같음을 알 수 있다.

$$\boldsymbol{E} = \frac{\boldsymbol{F}}{Q} \quad \text{혹은} \quad \boldsymbol{F} = Q\boldsymbol{E} \tag{2–9}$$

2.3.2 두 개의 점전하에 의한 한 점의 전계의 세기

그림 2-6과 같이 점 A, B에 각각 Q_1, Q_2[C]의 점전하가 있는 경우에 P점의 전계의 세기를 구해 보자.

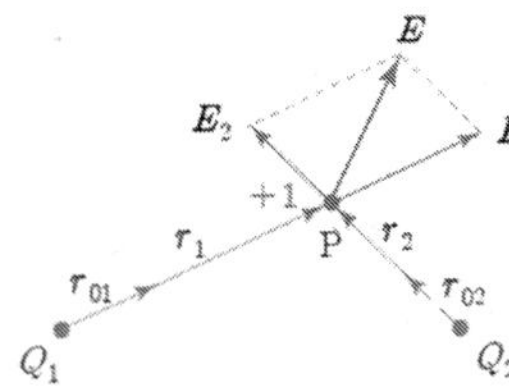

그림 2-6 두 개의 점전하에 의한 한 점의 전계

점 A에서 r_1[m], 점 B에서 r_2[m]의 거리에 있는 P점에 단위정전하(1[C])를 놓으면, 점전하 Q_1과 P점에 놓인 1[C] 사이에 쿨롱 힘의 크기가 Q_1에 의한 P점 전계의 세기 E_1이고, Q_2와 P점에 있는 1[C] 사이에도 쿨롱 힘의 크기가 Q_2에 의한 P점 전계의 세기 E_2이다.

이 힘들은 반발력이므로 전계 $\boldsymbol{E}_1$의 방향은 Q_1과 1[C]을 연결하는 직선 위에서 Q_1으로부터 멀어지는 방향이고, 전계 $\boldsymbol{E}_2$의 방향도 동일하게 생각하면 된다. 이처럼 전계는 방향을 가지고 있는 벡터량이므로 $\boldsymbol{E}_1, \boldsymbol{E}_2$로 표기된다. 이 두 힘(전계) 즉, $\boldsymbol{E}_1$과 $\boldsymbol{E}_2$의 합성 벡터를 $\boldsymbol{E}$라 한다면, $\boldsymbol{E}$는 P점에 놓여있는 단위전하에 작용하는 힘이며

$$\boldsymbol{E} = \boldsymbol{E}_1 + \boldsymbol{E}_2 \tag{2-10}$$

이다. 1장에서 배운 직각좌표 내에서 벡터를 표현하면 전계 $\boldsymbol{E}_1$과 $\boldsymbol{E}_2$는

$$\left.\begin{aligned} \boldsymbol{E}_1 &= E_{1x}\boldsymbol{i} + E_{1y}\boldsymbol{j} + E_{1z}\boldsymbol{k} \\ \boldsymbol{E}_2 &= E_{2x}\boldsymbol{i} + E_{2y}\boldsymbol{j} + E_{2z}\boldsymbol{k} \end{aligned}\right\} \tag{2-11}$$

로 쓸 수 있고, 전체 전계는 두 전계의 벡터 합으로 나타낸다.

$$\boldsymbol{E} = \boldsymbol{E}_1 + \boldsymbol{E}_2 = (E_1 + E_2)_x\boldsymbol{i} + (E_1 + E_2)_y\boldsymbol{j} + (E_1 + E_2)_z\boldsymbol{k} \tag{2-12}$$

그리고 점전하가 n개 있는 경우에 임의의 한 점의 전계 세기도 각각의 점전하에 의한 한 점의 전계 벡터를 구하고 이들 벡터를 합하면 된다.

$$\boldsymbol{E} = \boldsymbol{E}_1 + \boldsymbol{E}_2 + \boldsymbol{E}_3 + \cdots\cdots = \sum_n \boldsymbol{E}_n \tag{2-13}$$

【예제 2.3】

그림과 같이 진공 중에는 1[m]의 거리에 있는 2점 A, B에 각각 -6[μC] 및 8[μC]의 전하가 놓였을 때, 점 P에 있는 2[C]의 전하가 받는 힘은? (단, $AP = BP$, $\angle APB = \angle R$이다.)

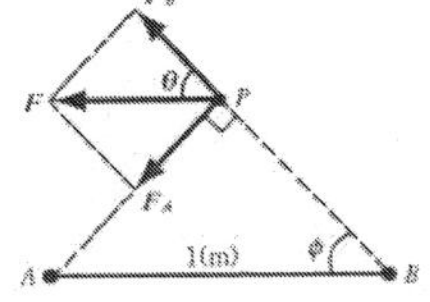

그림 합성력 해석

【풀이】

$AP = BP$, $\angle APB = \angle R$이므로 $AP = BP = \dfrac{1}{\sqrt{2}}[m]$이다. 전하 A에 의하여 받는 힘 F_A는

$$F_A = 9\times 10^9 \times \frac{(-6\times 10^{-6})\times 2}{\left(\frac{1}{\sqrt{2}}\right)^2} a_A \qquad \text{(a)}$$

전하 B에 의하여 받는 힘

$$F_B = 9\times 10^9 \times \frac{(8\times 10^{-6})\times 2}{\left(\frac{1}{\sqrt{2}}\right)^2} a_B \qquad \text{(b)}$$

따라서 전하 P에 작용하는 합력은

$$\begin{aligned} F &= F_A + F_B = 3.6\times 10^4(-6\ a_A + 8\ a_B) \\ &= 3.6\times 10^4 \sqrt{6^2+8^2}\, a \\ &= 3.6\times 10^5\ a[N] \qquad \text{(c)} \end{aligned}$$

그림에서 힘의 방향 (a)를 결정해 보자. $\phi = 45^\circ$ 이므로 θ를 정하면 된다.
a_A와 a_B는 그림에서와 같이 $\angle R$이다. 그러므로

$$\theta = \cos^{-1}\frac{F_B}{F} = \cos^{-1}\frac{2.88\times 10^5}{3.6\times 10^5} = 36.9^\circ \qquad \text{(d)}$$

【예제 2.4】

그림과 같이 각각 $Q_A = 6\times 10^{-8}[\mathrm{C}]$, $Q_B = -12\times 10^{-8}[\mathrm{C}]$인 두 개의 전하가 $r=10[\mathrm{cm}]$ 떨어져 있다.

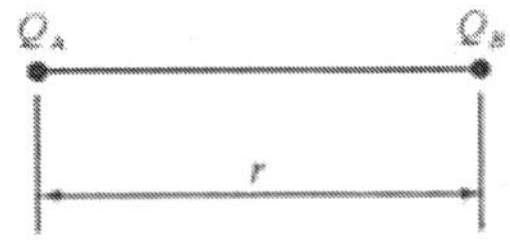

두 점전하에 의한 전계의 세기

(a) 두 점전하의 중점에서의 전계의 세기

(b) 전계의 세기가 0이 되는 점의 위치를 각각 계산하라.

【풀이】

(a) Q_A, Q_B 두 개의 점전하의 중점에서의 전계의 세기는

$$E = E_1 + E_2 = \frac{Q_1}{4\pi\varepsilon_0 (r/2)^2} - \frac{Q_2}{4\pi\varepsilon_0 (r/2)^2}$$

$= 6.48\times 10^5[\mathrm{V/m}]$, (방향은 Q_A에서 Q_B 쪽으로)

(b) Q_B에 의한 전계는 Q_A에 의한 전계보다 크기 때문에 양쪽의 전계가 서로 상쇄되어 0이 되는 위치는 Q_A에는 가깝고, Q_B에서는 먼 곳에 위치하게 될 것이다. 따라서 Q_A의 외측에 전계가 0인 점이 존재할 것이므로 이 거리를 x[cm]라고 하면 다음과 같은 관계가 성립한다.

$$\frac{6}{x^2} = \frac{12}{(r+x)^2}$$

즉

$$x^2 - 2rx - r^2 = 0 \qquad x = r(1\pm\sqrt{2})$$

이 x의 값 중 (-)를 취하면 Q_A의 내측에서 전계가 0이 되는 점을 갖게 되므로 문제의 뜻에 맞지 않는다. 따라서 전계의 세기가 0이 되는 점은

$x = r(1+\sqrt{2}) = 10(1+\sqrt{2}) = 24.14[\mathrm{cm}]$이다.

【예제 2.5】

점 O(0, 0, 0)에 2[μC], A (4, 0, 0)[m]에 -8[μC]의 점전하가 있을 때, 점 P(0, 3, 0)[m]의 전계를 구하시오.

【풀이】

각 점전하에 대한 점 P의 위치벡터 r_1, r_2 [m]는

$$r_1 = 3j \quad r = 3[\mathrm{m}]$$
$$r_2 = (0-4)i + (3-0)j = -4i + 3j[\mathrm{m}],\ \mathrm{r} = 5[\mathrm{m}]$$

각 점전하에 의한 전계

$$E_1 = 9 \times 10^9 \frac{2 \times 10^{-6}}{3^2} j = 2000j[\mathrm{V/m}]$$
$$E_2 = 9 \times 10^9 \frac{-8 \times 10^{-6}}{5^2} \cdot \left(-\frac{4}{5}i + \frac{3}{5}j\right)$$
$$= 2880(0.8i - 0.6j) = 2304i - 1728j[\mathrm{V/m}]$$

합성전계

$$E = E_1 + E_2 = 2304\,i - 272\,j\ [\mathrm{V/m}]$$
$$E = \sqrt{2304^2 + 272^2} = 2320[\mathrm{V/m}]$$

2.4 전기력선(line of electric force)

2.4.1 전기력선의 성질

전계도 힘이다. 힘의 모양과 크기를 볼 수 없기 때문에 다음에 열거한 전기력선의 성질을 사용하여 가상적으로 그릴 수 있으며 그림 2-7은 전기력선의 성질을 이용하여 여러 가지 점전하들 사이에 분포되는 전기력선의 형태들을 그린 것이다.

① 전기력선은 정(+)전하에서 수직으로 나와서 부(−)전하로 수직으로 들어간다.

② 전하가 없는 곳에서는 전기력선의 발생과 소멸이 없고 연속적이다.

③ 전위가 높은 곳에서 낮은 곳으로 향하며 폐곡선이 되지 않는다.

④ 전계가 0이 아닌 곳에서 2개의 전기력선은 교차하지 않는다.

⑤ 도체 내부에는 전기력선이 없다.

⑥ 진공에 놓여있는 단위정전하 1[C]에서 $1/\epsilon_0$개 전기력선이 나온다.

⑦ 어떤 면을 통과하는 전기력선의 밀도는 그 면의 전계의 세기이다.

⑧ 어떤 점에서 전기력선 접선방향이 그 점에서 전계 방향이다.

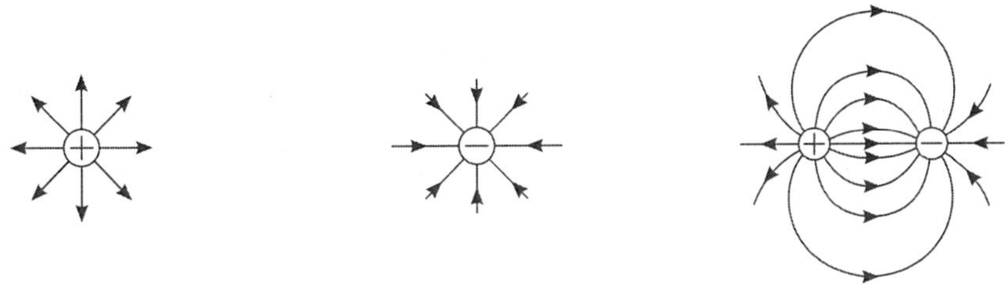

(a) 단독 양전하 (b) 단독 음전하 (c) 음·양 두 전하

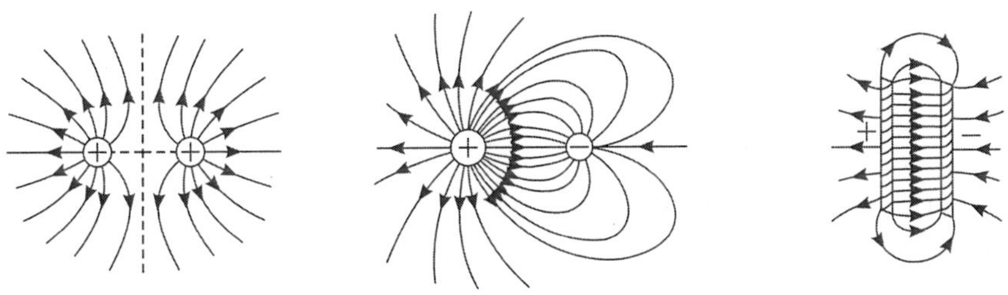

(d) 두 개의 정전하 (e) 크기가 다른 음·양전하 (f) 평판 음·양전하

그림 2-7 전기력선의 분포

2.4.2 전기력선의 밀도와 전계의 세기

그림 2-7에서 점전하에 가까울수록 전기력선이 조밀하게 분포된 것을 볼 수 있으며, 이것은 점전하에 가까운 지점일수록 식 (2-6)의 거리 r이 작아져서 전계의 세기가 커짐을 의미한다.

그림 2-8은 면적 $S\,[\mathrm{m}^2]$을 지나가는 전기력선 수가 N[개]일 때 면적 $S[\mathrm{m}^2]$상의 전기력선 밀도가 전계의 세기임을 보여 주고 있다.

$$E = \frac{\text{전기력선 수}(N)}{\text{전기력선이 지나가는면의 면적}(S)} = \text{전기력선 밀도} \tag{2-14}$$

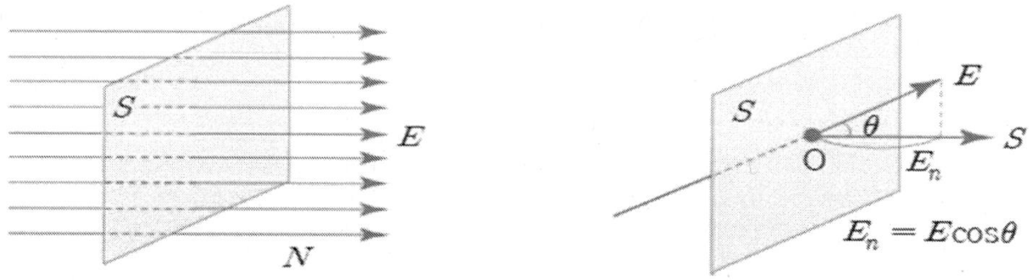

(a) 수직 관통　　　(b) 각 θ 관통

그림 2-8　전기력선 밀도

2.4.3 전기력선 방정식

전기력선의 여러 가지 성질 중에서, '어떤 점에서 전기력선의 접선 방향이 그 점에서 전계 방향이다.'는 성질이 있다. 따라서 전기력선 상의 한 점에서 접선 방향은 그 점에서 전계 방향과 일치한다고 할 수 있다.

그림 2-9는 직각좌표계의 x, y, z 공간 내에서 전기력선이 놓여있을 때, 전기력선 상의 한 점 O에서 미소 길이를 표시하는 접선벡터 dl와 전계벡터 $\boldsymbol{E}$의 방향이 일치(평행)함을 보여주고 있다.

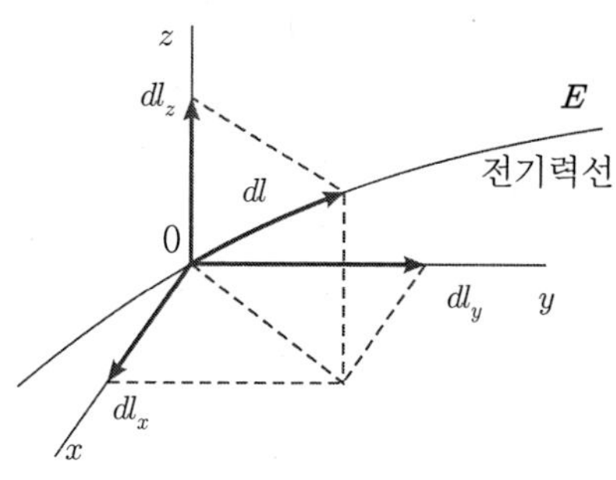

그림 2-9　전기력선과 전계

두 벡터를 다음과 같이 x, y, z 성분으로 표시하면 다음과 같다.

$$\left.\begin{aligned} dl &= dx\boldsymbol{i} + dy\boldsymbol{j} + dz\boldsymbol{k} \\ \boldsymbol{E} &= E_x\boldsymbol{i} + E_y\boldsymbol{j} + E_z\boldsymbol{k} \end{aligned}\right\} \qquad (2\text{–}15)$$

그리고 접선이란 선이 붙었다, 즉 평행하다는 뜻이므로 전계 $\boldsymbol{E}$와 전기력선의 미소길이 dl가 평행이기 때문에 $\boldsymbol{E}$와 dl가 이루는 각도가 $0°$이다.

따라서 두 벡터의 벡터곱은 $\boldsymbol{E} \times dl = E \cdot dl\sin\theta = 0$이 되기 때문에 식 (1-40)의 풀이에 의해

다음과 같이 된다.

$$\left.\begin{aligned} E_x dy - E_y dx = 0 \\ E_y dz - E_z dy = 0 \\ E_z dx - E_x dz = 0 \end{aligned}\right\} \tag{2-16}$$

이 식들을 정리한 식이 전기력선 방정식이다.

$$\frac{dx}{E_x} = \frac{dy}{E_y} = \frac{dz}{E_z} \tag{2-17}$$

2.4.4 전속과 전기력선

전기력선 성질에서 'Q[C]의 전하에서 Q/ϵ_0개의 전기력선이 나온다.'고 하였다.

ϵ_0는 공기(진공)의 유전율이기 때문에 전하가 놓여있는 곳이 공기가 아닌 기름이라면 기름의 유전율($\epsilon = \epsilon_0 \epsilon_s$: ϵ_s =기름의 비유전율) 때문에 Q[C]의 전하에서 나오는 전기력선의 개수는 달라진다.

그러므로 어떠한 매질 속에서도 동일한 전하에 의한 물리적인 양이 변하지 않도록 하기 위해 1[C]의 전하에서 1개의 선이 나오는 것으로 정하고 이 선을 전속선(electric flux line) 또는 전속(electric flux)이라 한다.

그러나 전하에 의해서 분포되는 전기력선수와 전속수는 다르지만 분포하는 모양은 같다.

따라서 전기력선과 전속은 그 수는 다르지만 선의 모양은 서로 같기 때문에 속은 '묶는다'는 뜻이므로 공기 중에서 $1/\epsilon_0$[개] 전기력선 한 묶음을 전속 한 개라 한다.

그리고 면적 S[m^2]인 면을 지나가는 전속수가 Φ개일 때, 이 면상의 전속밀도(electric flux density)를 $\boldsymbol{D}$라 하면

$$\boldsymbol{D} = \frac{\Phi}{\boldsymbol{S}} \left[\frac{\mathrm{C}}{\mathrm{m}^2} \right] \tag{2-18}$$

이 된다.

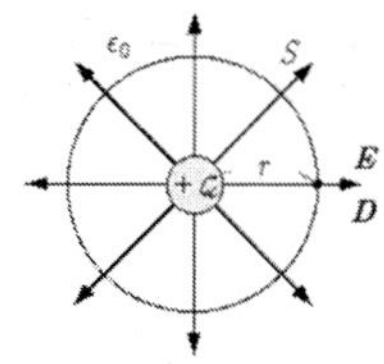

그림 2-10 반지름 r[m]인 구(球)의 중심에 놓인 Q[C]의 전하

예를 들어 그림 2-10처럼 Q[C] 전하가 반지름 r[m]인 구(球) 속에 놓여 있을 때 구면을 통과하는 전기력선수는 Q/ϵ_0개이고, 전속수는 Q개이다.

구면상의 전기력선 밀도는 구면상의 전계의 세기(E[N/C])이므로 다음의 식과 같다.

$$E = \frac{N}{S} = \frac{\frac{Q}{\epsilon_0}}{4\pi r^2} = \frac{Q}{4\pi \epsilon_0 r^2} \text{[N/C]} \tag{2-19}$$

그리고 구면상의 전속밀도는 다음과 같다.

$$D = \frac{Q}{S} = \frac{Q}{4\pi r^2} \text{[C/m}^2\text{]} \tag{2-20}$$

두 식에서 전계의 세기와 전속밀도 사이에는

$$\boldsymbol{D} = \epsilon_0 \boldsymbol{E}, \text{ 즉 전속밀도} = \epsilon_0 \text{(전계의 세기)} \tag{2-21}$$

인 관계가 성립되고, 전계가 벡터이므로 전속밀도도 벡터이다.

이상의 설명에서 폐곡면 속에 놓여있는 점전하 Q[C]에서 나오는 전기력선과 전속의 관계를 표로 제시하면 다음과 같다.

표 2-1 전기력선과 전속의 관계

선 속	$\Phi = Q$	전속(선) Φ [C]	$\frac{1}{\epsilon}$ $\rightarrow$	전기력선 N [선]	$N = \frac{\Phi}{\epsilon_0} = \frac{Q}{\epsilon_0}$
		$\frac{1}{S}$ $\downarrow$	대응 관계	$\downarrow$ $\frac{1}{S}$	
선속밀도	$D = \frac{\Phi}{S} = \frac{Q}{S}$	전속밀도 D [C/m²]	$\rightarrow$ $\frac{1}{\epsilon}$	전계의 세기 E [V/m]	· $E = \frac{N}{S} = \frac{Q}{S\epsilon_0} = \frac{D}{\epsilon_0}$ · $E = \frac{D}{\epsilon_0} = \frac{\Phi}{S\epsilon_0} = \frac{Q}{S\epsilon_0}$
특 징	매질(유전체)에 관계없이 일정 (유전율 ϵ 에 관계없이 일정)		매질(유전체)에 따라 변화 (유전율 ϵ 에 반비례)		
D, E 관계	$D = \epsilon E$ (전계의 세기 = 전기력선 밀도)				

2.5 전위(electric potential)

일(Work)은 물체에 가한 힘(Force) 벡터와 변위(물체의 위치 변화로 생긴 거리(range) = 최단 이동 거리)벡터를 스칼라 곱한 값이고 단위는 줄(Joule)을 사용한다.

일은 힘과 변위의 스칼라 곱으로 구해지고 이에 대한 일반적인 식은 다음과 같이 정의를 내릴 수 있다.

$$W = \boldsymbol{F} \cdot \boldsymbol{r} = Fr\cos\theta \,[\text{N·m}] \text{ 혹은 } [\text{J}] \qquad (2\text{–}22)$$

이처럼 물체에 가해진 힘 방향이나 변위 방향을 모두 고려하여 물체에 행해지는 일을 식 (2-22)로 구할 수 있기 때문에 역학에서 이 식이 일을 구하는 일반식으로 사용되고 있다.

쿨롱 힘 $\boldsymbol{F}$에 의해 전하 q가 이동된 거리를 r[m]라 한다면, 전하 q를 이동시키는 데 필요한 일의 양은 역학적인 일의 정의에 의해 식 (2-32)인 $W = \boldsymbol{F} \cdot \boldsymbol{r}$[J]이 된다. 여기에 $\boldsymbol{F} = Q\boldsymbol{E}$를 대입하여 정리하면 전계 내에서 전하를 이동시키는 데 필요한 일은 다음과 같이 구해진다.

$$W = \boldsymbol{F} \cdot \boldsymbol{r} = Q\boldsymbol{E} \cdot \boldsymbol{r} \qquad (2\text{–}26)$$

전하 Q에서 무한대 거리에 있는 전하 q를 Q까지 이동시키는 데 드는 일이다.

$$W_\infty = -\boldsymbol{F} \times \text{무한대 거리} = \int_\infty^0 -\boldsymbol{F} \cdot d\boldsymbol{r} \,[\text{J}] \qquad (2\text{–}29)$$

여기서 적분구간은 전하 q가 이동하기 시작한 최초지점(∞)과 이동한 최종지점(전하 Q가 놓여 있는 점, A점 혹은 B점)이 된다.

쿨롱 힘(정전기력)이 미치는 범위 내에서 일을 나타내는 식 (2-27), 식 (2-28)의 양변을 q로 나누면

$$\frac{W_{\infty A}}{q} = \int_{\infty}^{A} -\frac{\boldsymbol{F}}{q} \cdot dr = \int_{\infty}^{A} -\boldsymbol{E} \cdot dr \, [\mathrm{J/C}] \tag{2–30}$$

$$\frac{W_{\infty B}}{q} = \int_{\infty}^{B} -\frac{\boldsymbol{F}}{q} \cdot dr = \int_{\infty}^{B} -\boldsymbol{E} \cdot dr \, [\mathrm{J/C}] \tag{2–31}$$

이 된다. $-\boldsymbol{F}/q$는 전하 Q가 단위전하(1[C])에 작용하는 힘이므로 전계인 $-\boldsymbol{E}$로 바꾸어 쓸 수 있다. 그리고 −부호는 방향이 반대임을 나타내는 것이므로 $-\boldsymbol{E}$는 전계와 반대 방향을 의미한다.

또 $W_{\infty A}$와 $W_{\infty B}$를 q로 나눈 것은 q[C]이 놓인 자리에 1[C]의 단위정전하를 놓은 것이므로 단위정전하를 이동시키는 데 드는 일이다.

이 일들을 전하 Q에 의한 A점의 전위, B점의 전위라 한다.

$$\left.\begin{aligned} V_A &= \int_{\infty}^{A} -\boldsymbol{E} \cdot dr \\ V_B &= \int_{\infty}^{B} -\boldsymbol{E} \cdot dr \end{aligned}\right\} \tag{2–32}$$

어떤 전하 Q가 만든 전계 내의 점 A와 점 B의 전위를 V_A 및 V_B라 하였는데, $V_A - V_B$를 두 점 사이의 전위차(V_{AB}) 혹은 전압이라 한다.

$$V_{AB} = V_A - V_B = \int_{\infty}^{A} -\boldsymbol{E} \cdot dr - \int_{\infty}^{B} -\boldsymbol{E} \cdot dr$$

$$\therefore \; V_{AB} = \int_{B}^{A} -\boldsymbol{E} \cdot dr \, [\mathrm{V}] \tag{2–33}$$

【예제 2.6】

그림에서와 같이 점전하 q가 가속되지 않고 A에서 C를 거쳐 B까지 움직였다. A 와 B 사이의 전위차를 구하라.

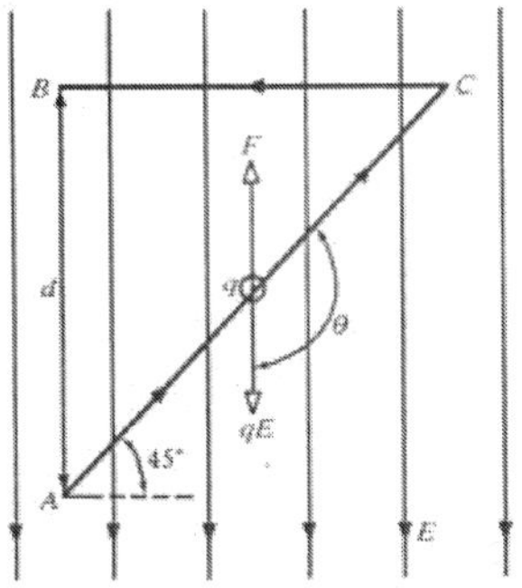

전위차 계산

【풀이】

경로 AC에서 $\theta = 135°$ 이며

$$V_C - V_A = -\int_A^C E \cdot dl = -\int_A^C Edl\cos 135°$$

$$= \frac{E}{\sqrt{2}}\int_A^c dl = \frac{E}{\sqrt{2}}\int_0^{\sqrt{2d}\,d} dl = \frac{E}{\sqrt{2}}(\sqrt{2}\,d)$$

$$= Ed \qquad \text{(a)}$$

경로 BC는 전기력선과 수직인 등전위이므로 전위차가 0이다. 따라서

$$V_B - V_A = -\int_A^B E \cdot dl = -\int_0^d Edl\cos 180°$$

$$= E\int_0^d dl = Ed \qquad \text{(b)}$$

이다. 이 결과는 전하 q를 점 A에서 C를 거쳐 B까지 운반하거나 직선 경로 A에서 점 B까지 운반하거나 결과는 같다. 즉, 경로에는 무관함을 보여준다.

【예제 2.7】

자유공간에 있어서 점전하 Q[C]에 의한 전계 내의 전위차 및 전위를 구하여라.

【풀이】

(1) 두 점 간의 전위차

Q[C]에 의한 전계 내에서 점 A, B 간의 전위차는 임의 점 P에 대한 전계와 미소변위

$$E = \frac{1}{4\pi\epsilon_0}\frac{Q}{r^2} r_0 [\mathrm{V/m}],\ \mathrm{dl} = \mathrm{dr}\ \mathrm{r_0}[\mathrm{m}] \quad \text{(a)}$$

(a)을 (b)에 대입하면

$$V_{AB} = -\int_B^A E \cdot dl = -\frac{Q}{4\pi\epsilon_0}\int_b^a \frac{dr}{r^2}$$

$$= \frac{Q}{4\pi\varepsilon_0}\left[\frac{1}{r}\right]_b^a = \frac{Q}{4\pi\epsilon_0}\left(\frac{1}{b} - \frac{1}{a}\right)[\mathrm{V}] \quad \text{(b)}$$

와 같이 구해지면, 여기서 a, $b[m]$는 점전하에서 점 A, B까지의 거리이다.

이 결과는 점 B에 대한 두 점 B, A 간의 전위차로 그림인 경우 $a > b$이므로 $V_{BA} > 0$가 되어 점 B보다 점 A의 전위가 높음을 의미한다. 반대로 점 A에 대한 점 A, B 간의 전위차는

$$V_{BA} = -\int_A^B E \cdot dl = -\frac{Q}{4\pi\varepsilon_0}\left(\frac{1}{b} - \frac{1}{a}\right)[\mathrm{V}] \quad \text{(c)}$$

가 되는데, 이 경우 $V_{BA} < 0$가 되어 점 B의 전위는 점 A의 전위보다 낮음을 의미한다.

(2) 한 점의 전위

그림에서 점 B가 무한으로 멀어지면 식 (c)의 경우가 되어

$$V_A = -\int_\infty^A E \cdot dl = \frac{Q}{4\pi\varepsilon_0}\ \frac{Q}{a}[\mathrm{V}] \quad \text{(d)}$$

가 된다.

【예제 2.8】

그림과 같이 가느다란 반지름 a의 원형 코일을 만들고 이 코일에 전하 Q가 균일하게 분포되어 있을 때, 원형 코일의 중심축 상에서 중심으로부터 x거리에 있는 점 P의 전위를 구하라.

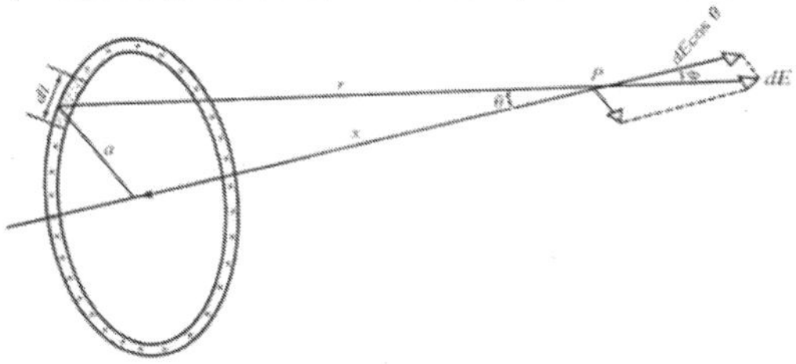

원형 코일

【풀이】

원형 코일에 미소한 성분 dl을 취하면, 이 dl부분의 저하 dq는

$$dq = \frac{Q}{2\pi a} dl \qquad \text{(a)}$$

dl 부분은 극히 미소한 길이를 가지므로, 이 dq는 점전하라 볼 수 있다. 따라서 dl부분의 전하 dq에 의한 P의 전위 dV_P는

$$dV_P = \frac{dq}{4\pi\epsilon_0 r} = \frac{1}{4\pi\epsilon_0 (a^2+x^2)^{-\frac{1}{2}}} \times \frac{Q}{2\pi a} dl \qquad \text{(b)}$$

원형 코일 전체에 의한 점 P의 전위 V_P는

$$V_p = \oint dV_p = \int_0^{2\pi a} \frac{1}{4\pi\epsilon_0 (a^2+x^2)^{\frac{1}{2}}} \times \frac{Q}{2\pi a} dl$$

$$= \frac{1}{4\pi\varepsilon_0 (a^2+x^2)^{\frac{1}{2}}} \times \frac{Q}{2\pi a} \int_0^{2\pi a} dl$$

$$= \frac{1}{4\pi\varepsilon_0 (a^2+x^2)^{\frac{1}{2}}} \times \frac{2\pi a}{2\pi a} = \frac{1}{4\pi\varepsilon_0 (a^2+x^2)^{\frac{1}{2}}} [\mathrm{V}] \qquad \text{(c)}$$

2.6 전위경도(potential gradient)

경도란 경사의 정도를 나타내는 말이므로 경도란 기울기이다.

그리고 미분과 기울기(구배 : gradient)의 관계는 '미분한다 = 기울기를 구한다'는 의미에서 전위경도는 전위를 거리로 미분한 것이며 전위의 기울기이다.

전하 Q에 의해 만들어진 전계 내에서 무한히 먼 지점에 놓여 있는 1[C]의 전하를 전하 Q쪽으로 (전계 반대방향으로) 거리 r만큼 옮기는 데 드는 일을 r 지점의 전위라 하였고

$$V = \int_r -\boldsymbol{E} \cdot dr \tag{2-34}$$

로 나타내었다. 이 식의 양변을 미분하면 다음 식과 같이 된다.

$$\left.\begin{aligned} dV &= -\boldsymbol{E} \cdot dr \\ \frac{dV}{dr} &= -\boldsymbol{E} \end{aligned}\right\} \tag{2-35}$$

위의 두 식에서 −부호는 일을 하면 힘이 감소됨을 의미하고, 힘이 감소되는 정도에 따라서 일의 양도 줄어들므로 일의 기울기란 표현을 도입할 수 있다.

이러한 의미에서 식 (2-35)를 전위의 기울기 혹은 전위경도라 부른다.

거리 r과 전계 $\boldsymbol{E}$는 벡터이므로 식 (1-11)과 같이 공간적으로 나타내면 다음과 같다.

$$\left.\begin{aligned} d\boldsymbol{r} &= dx\boldsymbol{i} + dy\boldsymbol{j} + dz\boldsymbol{k} \\ \boldsymbol{E} &= E_x\boldsymbol{i} + E_y\boldsymbol{j} + E_z\boldsymbol{k} \end{aligned}\right\} \tag{2-36}$$

식 (2-42)의 $-\dfrac{dV}{dr}$는 스칼라 함수 V를 벡터 함수 $\boldsymbol{r}$로 미분하는 것이므로

$$\begin{aligned} \boldsymbol{E} = E_x\boldsymbol{i} + E_y\boldsymbol{j} + E_z\boldsymbol{k} &= -\left(\frac{\partial V}{\partial x}\boldsymbol{i} + \frac{\partial V}{\partial y}\boldsymbol{j} + \frac{\partial V}{\partial z}\boldsymbol{k}\right) \\ &= -\left(\frac{\partial}{\partial x}\boldsymbol{i} + \frac{\partial}{\partial y}\boldsymbol{j} + \frac{\partial}{\partial z}\boldsymbol{k}\right)V \end{aligned} \tag{2-37}$$

로 되고, 여기서 미분연산자를 사용하여

$$\boldsymbol{E} = -\nabla V = -\text{grad}V \text{ [V/m]} \tag{2-38}$$

로 표기하기도 하며, 벡터 미분연산자에 스칼라량 V를 곱한 것이다.

【예제 2.9】

점전하 Q[C]에 의한 한 점의 전위 $V = \dfrac{1}{4\pi\epsilon_0}\dfrac{Q}{r}[\text{V}]$에서 전계를 구하라.

【풀이】

이 경우 변수는 r뿐이므로 r방향의 단위벡터를 r_0라 하면

$$E = -\frac{\partial V}{\partial r}r_0 = -\frac{dV}{dr}\ r_0 = -\frac{dV}{dr}r_0 \qquad \text{(a)가 되므로}$$

$$E = -\frac{Q}{4\pi\varepsilon_0}\frac{d}{dr}\left(\frac{1}{r}\right)r_0 = \frac{1}{4\pi\varepsilon_0}\frac{Q}{r^2}r_0[V/m] \qquad \text{(b)}$$

가 되어 쿨롱의 법칙에서 유도된 식과 같은 결과가 된다.

2.7 등전위면(equipotential surface)

전계 내에서 전위의 크기가 같은 점들을 연결하여 만든 가상적인 면을 등전위면(equipotential surface)이라 부른다. 그림 2-14는 Q[C]의 점전하가 만든 등전위 구면과 전기력선을 그린 것이고, 이 그림으로부터 등전위면의 성질을 알 수 있다.

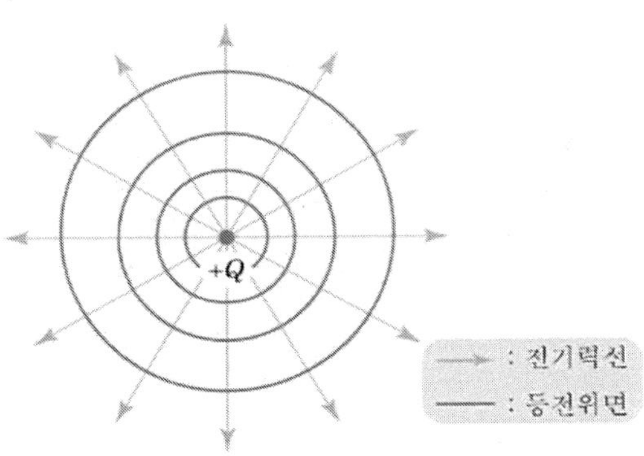

그림 2-14 등전위면($V_3 > V_2 > V_1$)과 전기력선

① 등전위면과 전기력선은 항상 직각으로 교차한다.
② 두 개의 등전위면은 결코 교차하지 않는다.
③ 등전위면은 폐곡면이다.
④ 등전위면을 따라 전하를 운반하는 데 필요한 일은 항상 0이다.
⑤ 등전위면에서 전계의 방향은 전위가 높은 곳에서 낮은 곳으로 향한다.

2.8 전계의 특성

식 (2-39)의 주회적분은 선(線)이 한 바퀴 회전된 길이를 구하는 선적분이므로 스톡스의 정리(Stocks' Theorem)를 이용하여 면적분으로 바꾸면 다음과 같다.

$$\oint -\boldsymbol{E} \cdot dr = \int_S (\text{rotE}) \cdot \text{dS} = (\text{rotE}) \cdot \int_{\text{S}} \text{dS} = 0 \qquad (2\text{–}40)$$

여기서 $\int_S d\boldsymbol{S}$는 면적분이고, 그 값은 위의 그림에 경로 I과 II로 둘러싸인 면적이다. 이 면적의 크기를 S라 하면 식 (2-40)에서 $S \neq 0$이 되어야 하므로

$$\text{rotE} = \nabla \times \text{E} = 0 \qquad (2\text{–}41)$$

이 되어야 된다.

rotE는 벡터 $\boldsymbol{E}$에 회전(Rotation)을 취한 것이고, 이 값이 0이 될 때 벡터 $\boldsymbol{E}$는 회전이 되지 않음을 의미하기 때문에 전계 $\boldsymbol{E}$는 비회전이다.

가우스 발산의 정리를 미분으로 나타내는 식 $\text{divE} = \frac{1}{\epsilon_0}\rho$에 전위경도를 나타내는 식 $\boldsymbol{E} = -\text{grad}\,V$을 대입하면 다음의 식이 만들어진다.

$$\text{divgradV} = -\frac{\rho}{\epsilon_0} \qquad (2\text{–}42)$$

이 식을 푸아송의 방정식(Poisson's equation)이라 하며, 벡터의 미분연산자 기호를 사용하여 표시하면 다음과 같다.

$$\mathrm{divgrad}V = \nabla \cdot (\nabla V) = \nabla^2 V = -\frac{\rho}{\epsilon_0} \tag{2-43}$$

여기서 ∇^2은 라플라시안(Laplacian)이라 한다.

$$\nabla^2 = \frac{\partial^2}{\partial x^2} + \frac{\partial^2}{\partial y^2} + \frac{\partial^2}{\partial z^2} \tag{2-44}$$

특히 전하가 존재하지 않으면 공간전하밀도 $\rho = 0$이 되어 식 (2-43)은

$$\mathrm{divgrad}V = \nabla \cdot (\nabla V) = \nabla^2 V = 0 \tag{2-45}$$

이 되는데 이 식을 라플라스 방정식(Laplace's equation)이라 한다.

기사시험 기출문제

문제 2-1	03. 기사 / 06. 산업기사

정전유도에 의해서 고립된 도체에 유기되는 전하는?

㉮ 정전하만 유기되며 도체는 등전위이다.

㉯ 정·부 동량의 전하가 유기되며 도체는 등전위이다.

㉰ 부전하만 유기되며 도체는 등전위가 아니다.

㉱ 정·부 동량의 전하가 유기되며 도체는 등전위가 아니다.

[답] ㉯

문제 2-2	13. 산업기사

점 $P(1,\ 2,\ 3)$[m]와 $Q(2,\ 0,\ 5)$[m]에 각각 4×10^{-5}[C]과 -2×10^{-4}[C]의 점전하가 있을 때, 점 P에 작용하는 힘은 몇 [N]인가?

㉮ $\frac{8}{3}(i-2j+2k)$　　㉯ $\frac{8}{3}(-i+2j-2k)$

㉰ $\frac{8}{3}(i+2j+2k)$　　㉱ $\frac{8}{3}(2i+j-2k)$

풀이 점 $P(1,2,3)$인 거리를 벡터로 나타내면 $i+2j+3k$, $Q(2,0,5)$를 벡터로 나타내면 $2i+5k$이다.

점 P를 기준으로 한 거리 벡터 $r=(i+2j+3k)-(2i+5k)=-i+2j-2k$이 된다.

힘 벡터는 $F=\frac{1}{4\pi\epsilon_0}\frac{Q_1Q_2}{r^3}r$이고,

$r=|r|=\sqrt{(-1)^2+(-2)^2-(-2)^2}=\sqrt{9}=3$이다.

$\therefore F=9\times10^9\times\frac{4\times10^{-5}\times(-2\times10^{-4})}{3^3}\times(-i+2j-2k)=\frac{8}{3}(i-2j+2k)$[N]

[답] ㉮

문제 2-3	95. 산업기사

한 변의 길이가 2[m] 되는 정 3각형의 3정점 A, B, C에 10^{-4}[C]의 점전하가 있다. 점 B에 작용하는 힘은 몇 [N]인가?

㉮ 29　　㉯ 39　　㉰ 45　　㉱ 49

풀이 점 A의 전하에 의한 작용력 F_1은 아래와 같다.

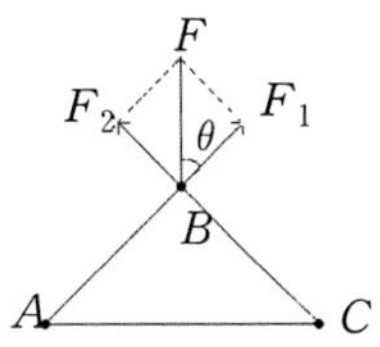

$$F_1 = \frac{1}{4\pi\epsilon_0}\frac{Q_1Q_2}{r^2} = 9\times10^9\times\frac{10^{-8}}{2^2} = 22.5[\mathrm{N}]$$

점 B에 있는 전하에 의한 작용력 F_2는 아래와 같다.

$$F = 2F_1\cos30° = 2(22.5\cos30°) = 2(22.5\frac{\sqrt{3}}{2}) = 38.9$$

[답] ㉯

문제 2-4	94. 산업기사

진공 중에 놓인 1[μC]의 점전하에서 3[m] 되는 점의 전계[V/m]는?

㉮ 10^{-3}　　㉯ 10^{-2}　　㉰ 10^2　　㉱ 10^3

풀이 '1[μC]의 점전하에서 3[m] 되는 점에 1[C]의 전하가 놓여있다.' 는 가정 하에 1[μC]과 1[C] 사이의 쿨롱 힘이 전계의 세기이다.

$$E = \frac{1}{4\pi\epsilon_0}\frac{Q\times1}{r^2} = \frac{Q}{4\pi\epsilon_0 r^2} = 9\times10^9\times\frac{1\times10^{-6}}{3^2} = 10^3[\mathrm{V/m}]$$

[답] ㉱

문제 2-5	93. 산업기사

전계 E[V/m] 내의 한 점에 Q[C]의 전하를 놓았을 때 이 전하에 작용하는 힘은 몇 [N]인가?

㉮ $\dfrac{E}{Q}$　　㉯ $\dfrac{Q}{4\pi\epsilon_0 E}$　　㉰ QE　　㉱ QE^2

풀이 $E = \dfrac{F}{Q}$ 혹은 $F = QE$

[답] ㉰

문제 2-6	93. 산업기사

평등전계 E 속에 있는 정지된 전자 e가 받는 힘은?

㉮ 크기는 e^2E이고 전계와 같은 방향

㉯ 크기는 e^2E이고 전계와 반대 방향

㉰ 크기는 eE이고 전계와 같은 방향

㉱ 크기는 eE이고 전계와 반대 방향

풀이 $F=QE$에서 $Q=-e$이므로 $F=-eE$가 되어 반대 방향이다. **[답]** ㉱

문제 2-7	06, 12. 산업기사

한 변의 길이가 a[m]인 정육각형 $ABCDEF$의 각 정점에 각각 Q[C]의 전하를 놓을 때 정육각형의 중심의 전계의 세기는 몇 [V/m]인가?

㉮ 0 ㉯ $\dfrac{3Q}{2\pi\epsilon_0 a}$ ㉰ $\dfrac{3Q}{2\pi\epsilon_0 a^2}$ ㉱ $\dfrac{Q}{4\pi\epsilon_0 a}$

풀이 그림처럼 2개의 전하가 3쌍으로 마주보고 있고, 각 쌍의 중심 O점의 전계의 세기는 같고 방향이 정반대이다. 즉, $\boldsymbol{E}_A=-\boldsymbol{E}_D$, $\boldsymbol{E}_B=-\boldsymbol{E}_E$, $\boldsymbol{E}_C=-\boldsymbol{E}_F$이므로 각 쌍의 합성 전계는 $\boldsymbol{E}=\boldsymbol{E}_A+\boldsymbol{E}_B+\boldsymbol{E}_C+\boldsymbol{E}_D+\boldsymbol{E}_E+\boldsymbol{E}_F=0$

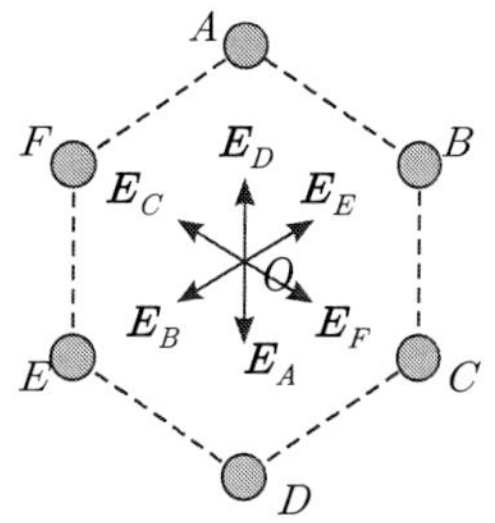

[답] ㉮

문제 2-8	05. 산업기사

5[C]의 전하가 비유전율 $\epsilon_s = 2.5$인 매질 내에 있다고 한다면, 이 전하에서 나오는 전체 전기력선의 수는?

㉮ $\frac{5}{\epsilon_0}$개 ㉯ $\frac{25}{2\epsilon_0}$개 ㉰ $\frac{2}{\epsilon_0}$개 ㉱ $\frac{1}{\epsilon_0}$개

풀이 진공 중에 있는 1[C]에서는 $1/\epsilon_0$개의 전기력선이 나온다.

유전율 ϵ인 매질 중에 있는 1[C]에서는 $1/\epsilon_0\epsilon_s$개의 전기력선이 나온다.

$Q/\epsilon_0\epsilon_s = 5/2.5\epsilon_0 = 2/\epsilon_0$개 [답] ㉰

문제 2-9	14. 기사 / 04. 산업기사

전기력선의 성질로 옳지 않은 것은?

㉮ 전기력선은 정전하에서 시작하여 부 전하에서 그친다.
㉯ 전기력선은 도체 내부에만 존재한다.
㉰ 전기력선은 전위가 높은 점에서 낮은 점으로 향한다.
㉱ 진공 중에서 단위전하에서는 $1/\epsilon_0$개의 전기력선이 출입한다.

풀이 본문 설명 참조 [답] ㉯

문제 2-10	13. 기사

중공 도체의 중공부에 전하를 놓지 않으면 외부에서 준 전하는 외부 표면에만 분포한다. 이때 도체 내의 전계는 몇 [V/m]가 되는가?

㉮ 0 ㉯ 4π ㉰ ∞ ㉱ $\frac{1}{4\pi\epsilon_0}$

풀이 도체 내부에는 전기력선이 없기 때문에 전계가 0이다. [답] ㉮

문제 2-11	94. 산업기사

진공 중에 놓인 1[μC]의 점전하에서 3[m] 되는 점의 전계[V/m]는?

㉮ 10^{-3} ㉯ 10^{-2} ㉰ 10^{2} ㉱ 10^{3}

풀이 1[μC]의 점전하에서 3[m] 되는 점에 1[C]의 전하가 놓여 있다는 가정을 하면 반지름이 3[m]인 구 표면을 지나가는 전기력선 밀도를 구하면 된다. 구 표면적은 $4\pi r^2$ [m^2]이므로 $E=\dfrac{N}{S}=\dfrac{\frac{Q}{\epsilon_0}}{4\pi r^2}=\dfrac{Q}{4\pi\epsilon_0 r^2}=9\times10^9\dfrac{1\times10^{-6}}{3^2}=10^3$[V/m] **[답]** ㉱

문제 2-12	00, 03. 산업기사

진공 중에 폐곡면을 통해 나가는 전기력선의 총수는 그 내부에 있는 점전하의 대수 화(代數 和)의 몇 배인가?

㉮ ϵ_0 ㉯ $\dfrac{1}{\epsilon_0}$ ㉰ 0 ㉱ 1

풀이 진공에 놓여있는 단위 전하 1[C]에서 $1/\epsilon_0$개 전기력선이 나오는 전기력선 성질로부터 점전하의 대수합의 $1/\epsilon_0$배이다. **[답]** ㉯

문제 2-13	99. 산업기사

전계의 세기가 $\boldsymbol{E}=E_x\boldsymbol{i}+E_y\boldsymbol{j}+E_z\boldsymbol{k}$인 경우 x, y평면 내의 전력선을 표시하는 미분방정식은?

㉮ $\dfrac{dy}{dx}=\dfrac{E_x}{E_y}$ ㉯ $\dfrac{dy}{dx}=\dfrac{E_y}{E_x}$

㉰ $E_x dx+E_y dy=0$ ㉱ $E_x dy+E_y dx=0$

풀이 전기력선의 방정식 $\dfrac{dx}{E_x}=\dfrac{dy}{E_y}=\dfrac{dz}{E_z}$에서 x, y평면이므로 $\dfrac{dy}{dx}=\dfrac{E_y}{E_x}$이다.

[답] ㉯

문제 2-14	97, 07. 산업기사

어느 점전하에 의해 생기는 전위를 처음 전위의 1/2이 되게 하려면 전하로부터의 거리를 몇 배로 하면 되는가?

㉮ $1/\sqrt{2}$ ㉯ $1/2$ ㉰ $\sqrt{2}$ ㉱ 2

풀이 점을 공간적으로 확대하면 구이므로 구 도체 표면 전계세기 : $E=\dfrac{Q}{4\pi\epsilon_0 r^2}$[V/m],

$V=E\times r=\dfrac{Q}{4\pi\epsilon_0 r}$ 로부터 V는 r에 반비례한다. 전위가 $\dfrac{1}{2}$배이면 r은 2배가 된다.

[답] ㉱

문제 2-15	98, 00. 산업기사

반지름 10[cm]인 구의 표면 전계가 3[kV/mm]라면 구의 전위는 몇 [kV]이겠는가?

㉮ 100 ㉯ 300 ㉰ 500 ㉱ 800

풀이 구 도체 표면 전계세기 : $E=\dfrac{Q}{4\pi\epsilon_0 r^2}$[V/m]

구 도체 표면 전위 : $V=\dfrac{Q}{4\pi\epsilon_0 r^2}\times r=E\times r$[V]가 된다.

$V=E\times r=3\times 10^3\times 10^3$[V/m]$\times 10\times 10^{-2}$[m]$=3\times 10^5$[V]$=300$[kV] **[답]** ㉯

문제 2-16	98, 13. 산업기사

등전위면을 따라 Q[C]을 운반하는 데 필요한 일은?

㉮ 전하의 크기에 따라 변한다.
㉯ 전위의 크기에 따라 변한다.
㉰ 등전위면과 전기력선에 의하여 결정한다.
㉱ 항상 0이다.

풀이 등전위면을 따라 전하를 운반하는 데 필요한 일은 항상 0이다. **[답]** ㉱

문제 2-17	99. 산업기사

50[V/m]인 평등 전계 중의 80[V] 되는 A점에서 전계방향으로 80[cm] 떨어진 B점의 전위는 몇 [V]인가?

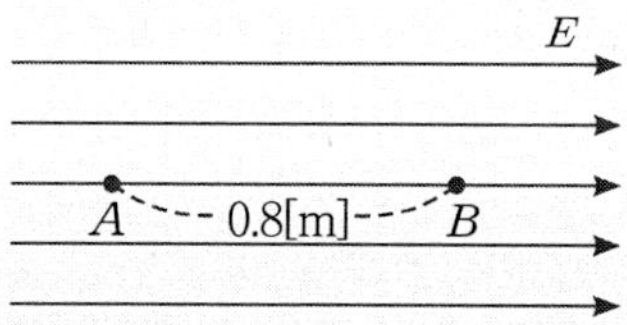

㉮ 20 ㉯ 40 ㉰ 60 ㉱ 80

풀이 A점과 B점의 전위차 $V_{BA} = V_B - V_A = \int_A^B -Edl$ 이다.

A점의 거리를 0으로 놓으면 B점의 거리가 0.8[m]이고 E=50[V/m]이므로

$V_{BA} = \int_0^{0.8} -Edl = -[50l]_0^{0.8} = -40$[V] $\therefore V_B = V_A + V_{BA} = 80 - 40 = 40$[V]

[답] ㉯

문제 2-18	97, 02. 산업기사

포아송(Poisson)의 방정식은?

㉮ $\div \mathrm{E} = -\dfrac{\rho}{\epsilon_0}$ ㉯ $\nabla^2 V = -\dfrac{\rho}{\epsilon_0}$ ㉰ $\boldsymbol{E} = -\mathrm{gradV}$ ㉱ $\div \mathrm{E} = \epsilon_0$

[답] ㉯

문제 2-19	95, 08, 11. 산업기사

시간적으로 변하지 않는, 보존적(conservative)인 전하가 비회전성이라는 의미를 나타낸 식은?

㉮ $\nabla E = 0$ ㉯ $\nabla \cdot \boldsymbol{E} = 0$ ㉰ $\nabla \times \boldsymbol{E} = 0$ ㉱ $\nabla^2 \boldsymbol{E} = 0$

풀이

$\boldsymbol{E} = -\nabla V$	$\boldsymbol{E} = -\mathrm{grad}\,V$(미분형)	$V = \int -\boldsymbol{E} \cdot dr$(적분형)
$\nabla \cdot \boldsymbol{E} = \dfrac{\rho}{\epsilon_0}$	$\div \boldsymbol{E} = \dfrac{\rho}{\epsilon_0}$	$\int_s \boldsymbol{E} \cdot dS = \dfrac{Q}{\epsilon_0}$
$\nabla \times \boldsymbol{E} = 0$	$\mathrm{rotE} = 0$	$\oint_c \boldsymbol{E} \cdot dr = 0$

[답] ㉰

문제 2-20	14. 산업기사

그림과 같이 $AB = BC = 1[\mathrm{m}]$일 때 A와 B에 동일한 $+1[\mu\mathrm{C}]$이 있는 경우 C점의 전위는 몇 [V]인가?

㉮ 6.25×10^3 ㉯ 8.75×10^3

㉰ 12.5×10^3 ㉱ 13.5×10^3

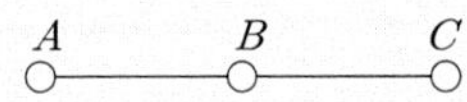

풀이 V_A : A에 있는 $+1[\mu\mathrm{C}]$이 ∞거리에 있는 +1[C]을 C점까지 옮기는 데 드는 일

V_B : B에 있는 $+1[\mu\mathrm{C}]$이 ∞거리에 있는 +1[C]을 C점까지 옮기는 데 드는 일

$$V_C = V_A + V_B = \frac{Q}{4\pi\epsilon_0 r_A} + \frac{Q}{4\pi\epsilon_0 r_B} = \frac{Q}{4\pi\epsilon_0}\left(\frac{1}{r_A} + \frac{1}{r_B}\right)$$

$$= 9\times10^9\times1\times10^{-6}\left(\frac{1}{2}+\frac{1}{1}\right) = 9\times10^3\left(\frac{3}{2}\right) = 13.5\times10^3[\mathrm{V}]$$

[답] ㉱

문제 2-21	16. 산업기사

10^{-5}Wb와 1.2×10^{-5}Wb의 점자극을 공기 중에서 2cm 거리에 놓았을 때 극간에 작용하는 힘은 약 몇 N인가?

㉮ 1.9×10-2 ㉯1.9×10-3 ㉰ 3.8×10-2 ㉱ 3.8×10-3

풀이

[답] ㉮

문제 2-22	13. 기사 / 98. 산업기사

전위 분포가 $V = 5 + 3z^2[\mathrm{V}]$로 주어졌을 때 점 $(12,\ 0,\ a)$에서의 전계의 크기는 몇 [V/m]이며 그 방향은 어떻게 되는가?

㉮ $6a$ ㉯ $-6a$ ㉰ $3a$ ㉱ $-3a$

풀이 $$E = -\mathrm{grad}\,V = -\left(\frac{\partial}{\partial x}i + \frac{\partial}{\partial y}j + \frac{\partial}{\partial z}k\right)V$$

$$= -\left\{\frac{\partial}{\partial x}(5+3z^2)i + \frac{\partial}{\partial y}(5+3z^2)j + \frac{\partial}{\partial z}(5+3z^2)k\right\} = -6zk = -6ak$$

크기는 $-6a$이며 방향은 z방향이다.

[답] ㉯

문제 2-23	98, 06. 산업기사

그림과 같이 등전위면이 존재하는 경우, 전계의 방향은?

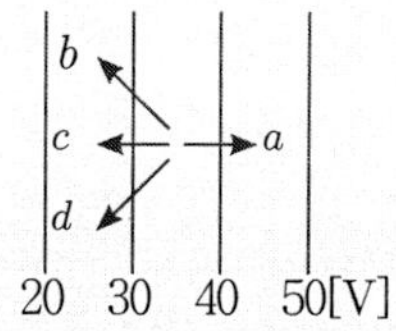

㉮ a방향 ㉯ b방향

㉰ c방향 ㉱ d방향

풀이 등전위면의 성질에서 전기력선의 방향은

· 등전위면과 전기력선은 항상 직각으로 교차한다.

· 등전위면에서 전계 방향은 전위가 높은 곳에서 낮은 곳으로 향한다.

전기력선의 방향=전계의 방향. **[답]** ㉰

문제 2-24	92, 97. 산업기사

공간적인 전하 분포를 갖는 유전체 중의 전계 $\boldsymbol{E}$에 있어서, 전하밀도 ρ와 전하 분포 중의 한 점에 대한 전위 V와의 관계 중 전위를 생각하는 고찰 점에 전하 분포가 없다면 $\nabla^2 V=0$ 이 된다는 것은?

㉮ Laplace의 방정식 ㉯ Poisson의 방정식

㉰ Stockes의 정리 ㉱ Thomson의 정리

[답] ㉮

문제 2-25	13. 산업기사

진공(유전율$=\epsilon_0$)의 전하 분포 공간 내에서 전위가 $V=(x^2+y^2)$[V]로 표시될 때, 전하밀도는 몇 [C/m^3]인가?

㉮ $-4\epsilon_0$ ㉯ $-\dfrac{4}{\epsilon_0}$ ㉰ $-2\epsilon_0$ ㉱ $-\dfrac{2}{\epsilon_0}$

풀이 $\nabla^2 V=-\dfrac{\rho}{\epsilon_0}$: Poisson의 방정식, $\nabla^2=(\dfrac{\partial^2}{\partial x^2}+\dfrac{\partial^2}{\partial y^2}+\dfrac{\partial^2}{\partial z^2})$이므로

$\nabla^2 V=(\dfrac{\partial^2}{\partial x^2}+\dfrac{\partial^2}{\partial y^2}+\dfrac{\partial^2}{\partial z^2})(x^2+y^2)=2+2+0=-\dfrac{\rho}{\epsilon_0}$ $\therefore \rho=-4\epsilon_0$ **[답]** ㉮

문제 2-26	98. 산업기사

$V(x, y, z) = 3x^2y - y^3z^2$에 대하여 grad$V$의 점 (1, −2, −1)에서의 값을 구하면?

㉮ $12i + 9j + 16k$　　㉯ $-12i - 9j + 16k$
㉰ $-12i - 9j - 16k$　　㉱ $-12i + 9j - 16k$

풀이

$$\text{grad}\,V = \left(\frac{\partial}{\partial x}i + \frac{\partial}{\partial y}j + \frac{\partial}{\partial z}k\right)V$$
$$= \left\{\frac{\partial}{\partial x}(3x^2y - y^3z^2)i + \frac{\partial}{\partial y}(3x^2y - y^3z^2)j + \frac{\partial}{\partial z}(3x^2y - y^3z^2)k\right\}$$
$$= \{6xyi + (3x^2 - 3y^2z^2)j - 2y^3z)k\}$$

$x = 1,\ y = -2,\ z = -1$을 대입하면 grad$V = -12i - 9j - 16k$

[답] ㉰

문제 2-27	17. 산업기사

마찰전기는 두 물체의 마찰열에 의해 무엇이 이동하는 것인가?

㉮ 양자　　㉯ 자하
㉰ 중성자　　㉱ 자유전자

풀이

[답] ㉱

문제 2-28	17. 산업기사

그림과 같이 도체구 내부 공동의 중심에 점전하 Q[C]가 있을 때 이 도체구의 외부로 발산되어 나오는 전기력선의 수는? (단, 도체 내외의 공간은 진공이라 한다.)

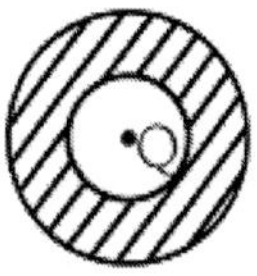

㉮ 4π　　㉯ Q/ϵ_o　　㉰ Q　　㉱ $\epsilon_o Q$

풀이

[답] ㉯

문제 2-29	93, 00, 14. 산업기사

전계 내에서 폐회로를 따라 전하를 일주시킬 때 하는 일은 몇 [J]인가?

㉮ ∞ ㉯ 0 ㉰ 부정 ㉱ 산출 불능

풀이 이동시키는 전하량을 q[C]라 하면 전하 q를 이동시키는 데 필요한 일은

$$W = q\int_{\text{이동 시작 지점}}^{\text{도착 지점}} -Edr = -qE\int_{\text{이동 시작 지점}}^{\text{도착 지점}} dr$$ 이 된다.

여기서 qE는 힘이고 $\int_{\text{이동 시작 지점}}^{\text{도착 지점}} dr$은 전하 q를 이동시킨 거리이다.

폐회로(閉回路)를 따라서 일주(一週)한다는 것은 전하가 이동되기 시작한 최초 지점으로 돌아오는 것이므로 이동한 거리는 0이 된다. 따라서 '일=힘×거리' 에서 거리가 0이므로 전하를 일주시키는 일은 0이 된다. **[답]** ㉯

문제 2-30	03, 14. 산업기사

전위 함수 $V = 2xy^2 + x^2yz^2$[V]일 때 점 (1, 0, 0)[m]의 공간전하밀도는 몇 [C/m³]인가?

㉮ $4\epsilon_0$ ㉯ $-4\epsilon_0$ ㉰ $6\epsilon_0$ ㉱ $-6\epsilon_0$

풀이 $\nabla^2 V = -\frac{\rho}{\epsilon_0}$: Poisson의 방정식, $\nabla^2 = (\frac{\partial^2}{\partial x^2} + \frac{\partial^2}{\partial y^2} + \frac{\partial^2}{\partial z^2})$이므로

$$\nabla^2 V = (\frac{\partial^2}{\partial x^2} + \frac{\partial^2}{\partial y^2} + \frac{\partial^2}{\partial z^2}) V = (\frac{\partial^2}{\partial x^2} + \frac{\partial^2}{\partial y^2} + \frac{\partial^2}{\partial z^2})(2xy^2 + x^2y^2) = -\frac{\rho}{\epsilon_0}$$

x, y에 대해서 각각 두 번 미분하여 (1, 0, 0)를 대입하면 $4 = -\frac{\rho}{\epsilon_0}$

$\therefore \rho = -4\epsilon_0$ **[답]** ㉯

문제 2-31	17. 산업기사

임의의 절연체에 대한 유전율의 단위로 옳은 것은?

㉮ F/m ㉯ V/m ㉰ N/m ㉱ C/m^2

풀이 **[답]** ㉮

문제 2-32	16. 산업기사

정전계에 대한 설명으로 옳은 것은?

㉮ 전계 에너지가 최소로 되는 전하분포의 전계이다.
㉯ 전계 에너지가 최대로 되는 전하분포의 전계이다.
㉰ 전계 에너지가 항상 0인 전기장을 말한다.
㉱ 전계 에너지가 항상 ∞인 전기장을 말한다.

풀이

[답] ㉮

문제 2-33	16. 산업기사

진공 중 1[C]의 전하에 대한 정의로 옳은 것은? (단, Q1, Q2는 전하이며, F는 작용력이다.)

㉮ Q1=Q2, 거리 1[m], 작용력 F=9×109[N]일 때이다.
㉯ Q1<Q2, 거리 1[m], 작용력 F=6×109[N]일 때이다.
㉰ Q1=Q2, 거리 1[m], 작용력 F=1[N]일 때이다.
㉱ Q1>Q2, 거리 1[m], 작용력 F=1[N]일 때이다.

풀이

[답] ㉰

연 습 문 제

2.1 MKS 단위계에서 쿨롱(Coulomb)의 힘을 정의하라.

2.2 전기력선의 일반적인 성질에 대해 설명하라.

2.3 등전위면의 성질에 대해 설명하라.

2.4 전계를 정의하라.

2.5 전위를 정의하라.

2.6 힘[N], 전계[V/m], 전속밀도[C/m^2], 전위[V]의 상호관계를 설명하라.

03 CHAPTER 전계와 전위

전하가 균일하게 대전된 모든 대전체의 전계 세기는 가우스 정리를 이용하여 구할 수 있으므로, 대전체의 모양을 크게 점, 선, 면을 입체적으로 확대한 구 전하, 원통 전하, 면 전하와 전기 쌍극자, 전기 이중층의 전계 세기를 가우스 정리를 이용하여 구하고 이로부터 전위를 구해보기로 한다.

3.1 가우스 정리(Gauss' s law)

그림 3-1과 같이 점 O를 중심으로 한 반지름 1[m]인 단위구를 그려 미소면적 dS_o의 주변과 점 O를 연결하면, dS를 밑면으로 하는 원추체가 된다. 이 원추체가 점 O를 중심으로 하는 반지름 r의 구면에 투영한 면적 dS'이라 한다. 이와 같이 r을 반지름으로 하는 구의 표면적은 $4\pi r^2[m^2]$이므로 dS'와 dS_o의 비는 다음의 관계가 성립한다.

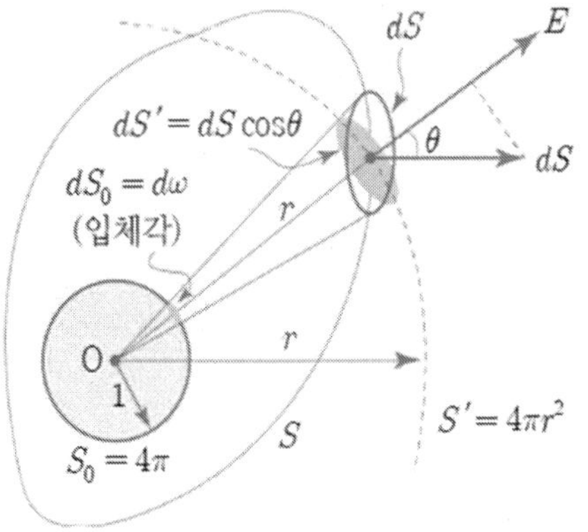

그림 3-1 입체각

$$\frac{dS'}{dS_o} = \frac{4\pi r^2}{4\pi} = r^2 \tag{3-1}$$

중심 O에서 dS'를 바라본 입체각 $d\omega$는 투영면적 dS'를 단위 구면 상의 면적 dS_o로 환산한

면적 $d\omega = dS_o$로 정의한다. 즉, 원추의 정점에서 원추의 빗면이 만드는 원추각과 같은 공강적인 각을 입체각(solid angle)이라 하고, 식 (3-1)에 의해 입체각은

$$d\omega = dS_0 = \frac{dS'}{r^2} = \frac{dS\cos\theta}{r^2} = \frac{r_0 \bullet dS}{r^2} = \frac{r \bullet dS}{r^3}[sr, steradian] \quad (3\text{-}2)$$

으로 표시된다. 여기서 r_0는 r 방향의 단위벡터이고, dS는 면벡터로서 dS면에 수직인 외향 법선방향이다.

만약 $\boldsymbol{S}$가 구면일 때 중심 O에서 전구면($S = 4\pi r^2$) 반구면($S = 2\pi r^2$)을 바라본 입체각 $\boldsymbol{\omega}$는 식(3-2)에 의해 각각 다음과 같이 구해진다.

$$\begin{cases} \text{전구면의 입체각} : \omega_1 = S_0 = \dfrac{S}{r^2} = \dfrac{4\pi r^2}{r^2} = 4\pi \\ \text{반구면의 입체각} : \omega_2 = S_0 = \dfrac{S}{r^2} = \dfrac{2\pi r^2}{r^2} = 2\pi \end{cases}$$

가우스 정리는 임의의 폐곡면을 관통하는 전기력선수 또는 전속수와 폐곡면 내부의 전하와의 상관관계를 나타내는 법칙이다.

그림 3-2와 같이 공기 중에서 면적 $S[\mathrm{m}^2]$인 폐곡면 속에 Q[C]의 전하가 놓여 있고, Q[C]에서 나온 모든 전기력선이 폐곡면 밖으로 나간다.

식 (2-14)에서 '전기력선 밀도=전계의 세기' 라 하였으므로 전기력선 밀도에 전기력선이 지나가는 면적을 곱하면 전기력선수가 구해진다.

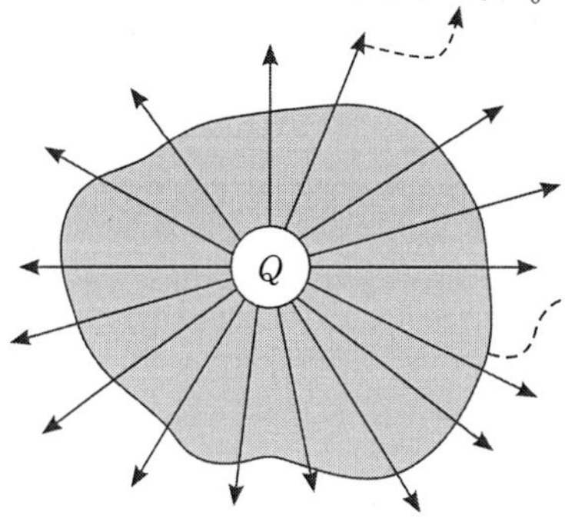

그림 3-2 폐곡면 속에 놓인 전하 Q[C]과 전기력선

위의 그림에서 전기력선이 지나가는 폐곡면의 면적 $\boldsymbol{S}$를 적분으로 바꾸어 표기하면 다음 식이 된다.

$$\boldsymbol{E}\cdot\boldsymbol{S}=\int_s \boldsymbol{E}\cdot d\boldsymbol{S} \tag{3-3}$$

또 이 식이 Q[C]의 전하에서 나오는 전기력선수, 즉 $\dfrac{Q}{\epsilon_0}$개와 같으므로

$$\int_s \boldsymbol{E}\cdot d\boldsymbol{S}=\frac{Q}{\epsilon_0}[\text{개}] \tag{3-4}$$

가 된다.

이것이 가우스 정리이며 '공기 중에서 폐곡면 내에 Q [C]의 전하가 놓여 있을 때 폐곡면을 나오는 전기력선수는 폐곡면 속에 있는 전하량의 $1/\epsilon_0$배와 같다.' 는 것을 의미하고 가우스 정리의 적분형이라고 한다. 그리고 식 (2-21)의 전계와 전속밀도 관계를 식 (3-4)에 대입하면

$$\int_s \boldsymbol{D}\cdot d\boldsymbol{S}=Q \tag{3-5}$$

인 관계도 성립된다.

면적분을 체적적분으로 변환시키는 벡터 발산 정리를 사용하면 면적분으로 표현된 식 (3-4)과 식 (3-5)를 체적적분으로 바꿀 수 있다.

$$\left.\begin{aligned}\int_S \boldsymbol{E}\cdot d\boldsymbol{S}&=\int_V \nabla\cdot\boldsymbol{E}\,dV=\int_V \div\boldsymbol{E}\,dV=\frac{Q}{\epsilon_0}\\ \int_S \boldsymbol{D}\cdot d\boldsymbol{S}&=\int_V \nabla\cdot\boldsymbol{D}\,dV=\int_V \div\boldsymbol{D}\,dV=Q\end{aligned}\right\} \tag{3-6}$$

전하가 들어가 있는 폐곡면의 체적을 V[m³]이라 한다면, 체적 V에 대한 적분 $\int_V dV$값이 V이므로

$$\left.\begin{aligned}\int_V \div\boldsymbol{E}\,dV&=\div\boldsymbol{E}\,V=\frac{Q}{\epsilon_0}\\ \int_V \div\boldsymbol{D}\,dV&=\div\boldsymbol{D}\,V=Q\end{aligned}\right\} \tag{3-7}$$

이며, $\div\boldsymbol{E}$는 전기력선 발산, $\div\boldsymbol{D}$를 전속 발산이라 한다.

위의 식 양변을 체적 V로 나누면 $\div \boldsymbol{E}$와 $\div \boldsymbol{D}$는 다음과 같이 된다.

$$\left.\begin{aligned} \div \boldsymbol{E} = \nabla \cdot \boldsymbol{E} = \frac{1}{\epsilon_0}\frac{Q}{V} = \frac{1}{\epsilon_0}\rho \\ \div \boldsymbol{D} = \nabla \cdot \boldsymbol{D} = \frac{Q}{V} = \rho \end{aligned}\right\} \tag{3-8}$$

이때 $\nabla \cdot \boldsymbol{E}$는 벡터 미분연산자와 벡터 $\boldsymbol{E}$의 내적이며,

$$\rho = \frac{Q}{V}[\mathrm{C/m^3}] \tag{3-9}$$

를 체적전하밀도(공간전하밀도, 단위체적당 전하량)이라 부른다.

식 (3-8)은 임의의 전하 Q[C]이 폐곡면 내에 존재할 때 폐곡면 외부로 나가는 전속의 발산량이 단위체적 내에 포함되는 전하량(체적전하밀도, 공간전하밀도)과 같음을 의미하며, 식 (3-8)의 두 식을 가우스 정리의 미분형이라 한다.

【예제 3.1】

그림과 같이 모선의 길이가 R, 정각이 $2\theta_0$인 원추가 있다. 밑면이 정점 O에서 펼치는 입체각은 얼마인가?

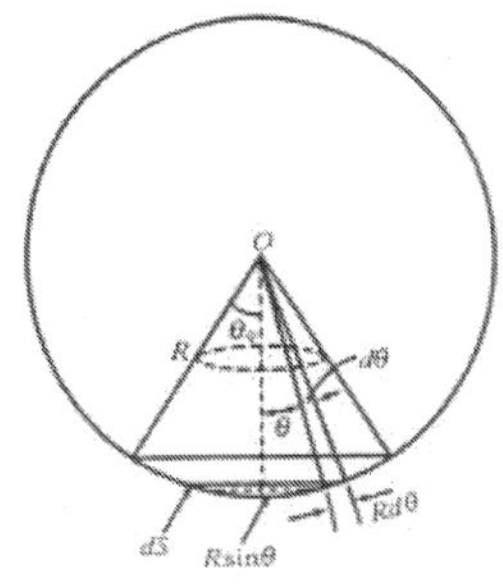

입체각의 계산

【풀이】

이 경우의 입체각은 반경 R의 구면이 원추체의 원추면에 의해 도려내지는 구(球)의 면적을 R^2으로 나눈 값이다. 여기서 먼저 그림과 같은 미소각 $d\theta$사이에 끼워지는 미소면적 dS를 구한다. 정각 2θ의 원추체를 보면 그 밑면의 주변 길이는 $2\pi R\sin\theta$이고 $d\theta$에 끼워지는 호의 길이는 $Rd\theta$이므로 $d\theta$ 사이의 구대의 면적은 dS는

$$dS = 2\pi R\sin\theta\, Rd\theta = 2\pi R^2 \sin\theta\, d\theta \qquad \text{(a)}$$

가 된다.

따라서 주어진 원추체의 추면에 의해 잘리는 구의 면적은

$$S = \int_0^{\theta_0} dS = 2\pi R^2 \int_0^{\theta_0} \sin\theta\, d\theta = 2\pi R^2(1-\cos\theta_0)[\mathrm{m}^2] \qquad \text{(b)}$$

이 되며, 구하는 입체각 ω는

$$\omega = \frac{S}{R^2} = 2\pi(1-\cos\theta_0)[\mathrm{steradian}] \qquad \text{(c)}$$

3.2 구 전하의 전계

그림 3-3처럼 전하 Q[C]이 반경 a[m]인 구(球) 내에 균일하게 분포된 경우 구 표면, 외부 그리고 내부의 전계의 세기를 가우스 정리를 이용하여 구해보자.

3.2.1 구 표면($r=a$)의 전계의 세기(E_a[V/m])

그림 3-3에서 공기 중 반경 a[m]인 구 내부에 전하량 Q[C]이 균일하게 대전되어 있다면, 구 표면을 뚫고 나오는 전기력선 수는 Q/ϵ_0개이고, 구의 표면적은 $4\pi a^2$[m²]이다.

가우스 정리를 적용시키면 다음 식과 같다.

$$\int_s \boldsymbol{E}_a \cdot d\boldsymbol{S} = \boldsymbol{E}_a \cdot \int_s d\boldsymbol{S} = \boldsymbol{E}_a \cdot \boldsymbol{S} = \frac{Q}{\epsilon_0} \tag{3–10}$$

여기서 $d\boldsymbol{S}$는 반경 a[m]인 구 표면상의 미소 면적이고, $\int_s d\boldsymbol{S}$의 계산 값은 전기력선이 지나가는 면적이므로 반지름 a[m]인 구의 표면적 $S=4\pi a^2$[m²]이다.

위의 식에 대입하면 전하 Q[C]으로 균일하게 대전된 반지름 a[m]인 구 전하 표면의 전계 세기가 구해진다.

$$\therefore\ E_a = \frac{Q}{4\pi\epsilon_0 a^2}\,[\text{V/m}] \tag{3–11}$$

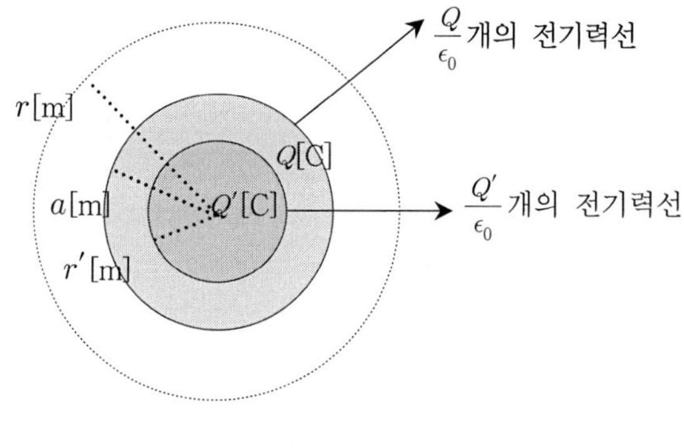

그림 3–3 균일하게 대전된 구의 전기력선

3.2.2 구 외부($r > a$)의 전계의 세기(E_r [V/m])

반경 a[m]인 구 외부는 그림 3-3에서 점선으로 표시된 반경 r[m]($r > a$)인 구 표면이다.

전하량이 Q[C]이고 반경 a[m]인 구 표면의 전계 세기를 나타내는 식 (3-9)를 구했던 방법과 비교하면 전하량 변화가 없기 때문에 전기력선 수는 변화되지 않고, 단지 구 반경이 a[m]에서 r[m]로 증가된 것과 같으므로 구 외부의 전계의 세기 (E_r)를 구하기 위해 가우스 정리를 사용하면 다음과 같다.

$$\int_s \boldsymbol{E}_r \cdot d\boldsymbol{S} = \boldsymbol{E}_r \cdot \int_s d\boldsymbol{S} = \boldsymbol{E}_r \cdot \boldsymbol{S} = \frac{Q}{\epsilon_0} \tag{3-12}$$

여기서 S는 반경 r[m]인 구의 표면적이므로 $S = 4\pi r^2$[m^2]를 대입하면 반경 r[m]($r > a$)인 구 표면의 전계 세기 E_r [V/m]를 구할 수 있다.

$$E_r = \frac{Q}{4\pi\epsilon_0 r^2}\text{[V/m]} \tag{3-13}$$

이 식에서 Q와 $4\pi\epsilon_0$는 정해진 값이고, 변화되는 값은 반지름 r이므로 구 전하 외부의 전계 세기 E_r은 거리 r^2에 반비례한다.

따라서 식 (3-13)을 다음과 같이 식으로 바꾸어 쓸 수 있다.

$$E_r = K\frac{1}{r^2} \tag{3-14}$$

3.2.3 구 내부($a > r'$)의 전계의 세기(E_r' [V/m])

구 전하 중심에서 r'[m] 떨어진 구 내부의 전계 세기 E_r'[V/m]를 구해보자.

위의 그림에서 구의 반지름이 줄어들었기 때문에 구의 부피도 줄어들게 되고, 이에 비례해서 구 전하에 대전된 전하량도 줄어든다.

반지름 a[m]인 구 전하 속에 Q[C]의 전하량이 균일하게 분포되어 있고, 구의 부피는 $\frac{4}{3}\pi a^3$[m^3]이다.

그리고 반경 r'[m]인 구 전하의 부피는 $\frac{4}{3}\pi r'^3$[m^3]이고, 이 속에 남아있는 전하량이 Q'[C]이면 전하량과 구의 부피 사이에는 다음의 비례 관계가 성립된다.

$$\frac{4}{3}\pi a^3 : Q = \frac{4}{3}\pi r'^3 : Q' \tag{3-15}$$

$$Q' = \frac{r'^3}{a^3} Q \tag{3-16}$$

그림 3-3의 가장 작은 구 표면의 전계 세기 E_r'을 구하기 위해 가우스 정리를 적용하면 다음과 같이 된다.

$$\int_s \boldsymbol{E_r}' \cdot d\boldsymbol{S} = \boldsymbol{E_r}' \cdot \int_s d\boldsymbol{S} = \boldsymbol{E_r}' \cdot \boldsymbol{S} = \frac{Q'}{\epsilon_0} \tag{3-17}$$

여기서 S는 반경 r'[m]인 구의 표면적이므로 $S = 4\pi r'^2$[m^2]를 대입하면 반경 r'[m]$(a > r')$인 구 표면의 전계 세기 E_r'[V/m]이 구해진다.

$$E_r' = \frac{Q'}{4\pi \epsilon_0 r'^2} \text{[V/m]} \tag{3-18}$$

식 (3-16)의 Q'를 위 식에 대입하면 아래의 식이 구해진다.

$$E_r' = \frac{r' Q}{4\pi \epsilon_0 a^3} \text{[V/m]} \tag{3-19}$$

Q와 $4\pi \epsilon_0 a^3$은 정해진 값이므로 구 전하 내부의 전계 세기 E_r'는 거리 r'에 따라 크기가 변한다. 따라서 E_r'는 거리 r'에 비례하게 되므로 식 (3-19)를 다음과 같이 바꾸어 쓸 수 있다.

$$E_r' = Kr' \tag{3-20}$$

3.1.4 균일하게 대전된 구의 반경변화와 전계의 세기 관계

구 표면, 외부 그리고 내부의 전계의 세기는 중심에서 전계를 구하려고 하는 지점까지의 거리에 따라 변화된다는 것을 알았다.

그림 3-4는 거리 변화에 따른 전계의 세기 변화를 그래프로 나타낸 그림이다.

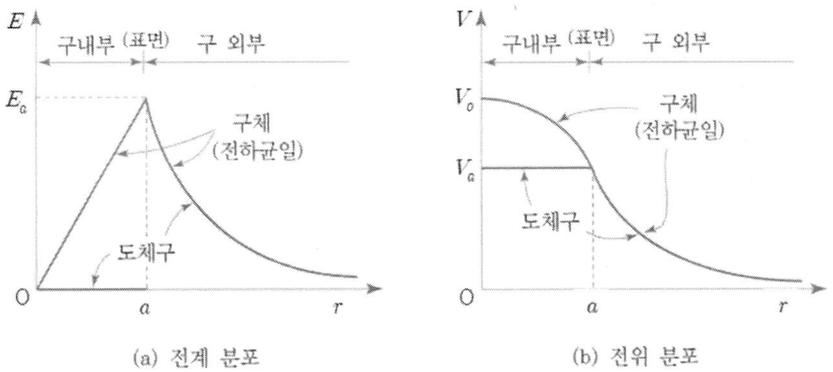

그림 3-4 거리 변화에 따른 전계의 세기 변화

그림에서 구 내부 전계의 세기는 거리 r'에 비례하고, 구 표면 전계의 세기는 일정한 값이고, 구 외부의 전계의 세기는 r의 제곱에 반비례함을 알 수 있다.

3.3 구 전하의 전위

3.3.1 구 도체 외부전위

그림 3-5에서 보듯이 대전된 구에서 r[m] 떨어진 외부 한 점 A의 전위(V_A)는 구 전하에서 무한히 먼 거리(∞[m])에 있는 전하 1[C]을 구 전하에 의한 전계 E_r를 거슬러서 A점까지 옮기는 데 필요한 일이다.

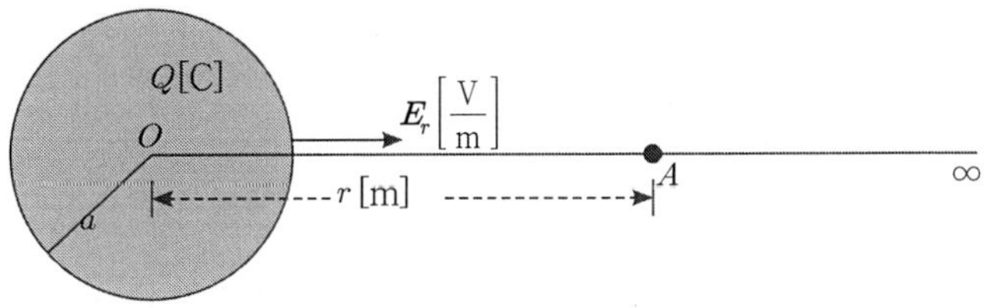

그림 3-5 균일하게 대전된 구 외부 한 점 A의 전위

$$V_A = \int_{\infty}^{r} -\frac{Q}{4\pi\epsilon_0 r^2}dr = -\frac{Q}{4\pi\epsilon_0}\int_{\infty}^{r}\frac{1}{r^2}dr$$

$$= -\frac{Q}{4\pi\epsilon_0}\left[-\frac{1}{r}\right]_{\infty}^{r} = \frac{Q}{4\pi\epsilon_0}\left[\frac{1}{r}-\frac{1}{\infty}\right] = \frac{Q}{4\pi\epsilon_0 r}[\text{V}] \qquad (3\text{-}21)$$

3.4 무한 원통의 전계

전하 Q[C]로 균일하게 대전된 무한히 길고 아주 가는 직선(直線) 원통 대전체의 그림 3-6은 원통의 반경 a[m], 원통의 내부 반경 r'[m]인 원통과 외부 반경 r[m]인 원통을 그린 것이다.

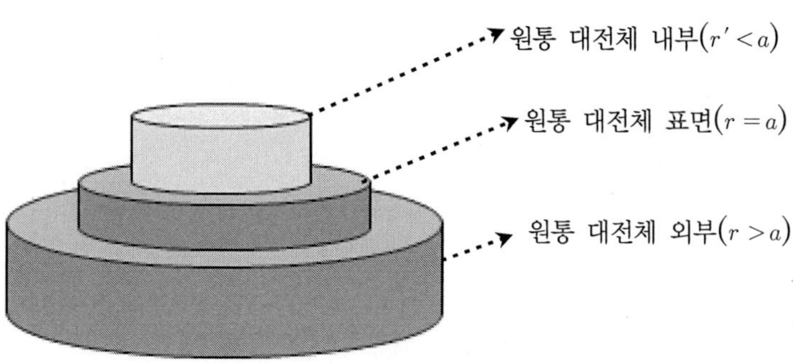

그림 3-6 반경 크기에 따른 원통 대전체 내부, 표면, 외부

3.4.1 원통 표면($a = r$)의 전계의 세기(E_a)

그림 3-7(a)는 반경 a[m]인 원통을 단위길이, 즉 1[m] 잘라서 그린 것이고 (b)는 이 원통을 펼친 그림이다.

이 원통에 단위길이당 λ[C/m]의 전하가 균일하게 대전되었다고 하자.

점선의 화살표는 전기력선을 표시하고, 이것은 원기둥의 옆면에서 수직 방향으로만 전기력선이 나오고, 원통의 길이가 무한대이므로 원통의 상·하면으로는 전기력선이 나올 수 없음을 보여주고 있다.

따라서 전기력선은 원기둥을 펼친 면적 중에서 직사각형 면적 $2\pi a$[m^2]에서만 나온다.

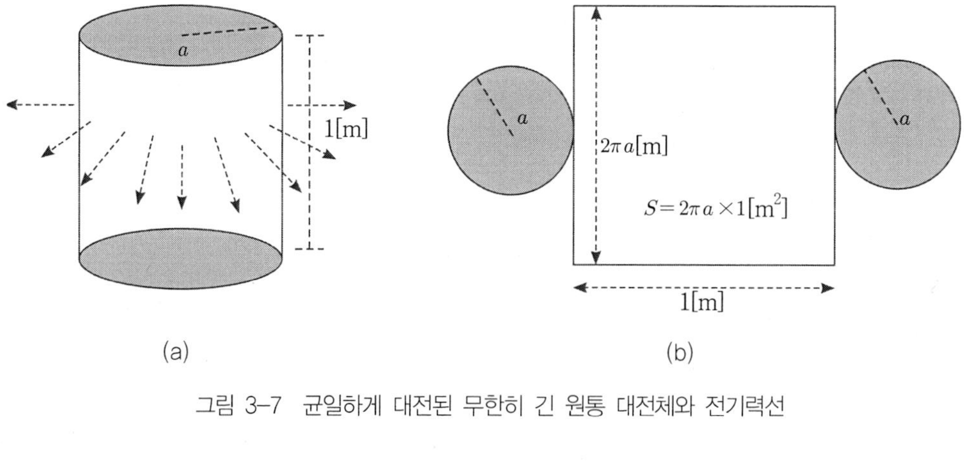

(a) (b)

그림 3-7 균일하게 대전된 무한히 긴 원통 대전체와 전기력선

가우스 발산 정리인 $\int_s \boldsymbol{E} \cdot d\boldsymbol{S} = \frac{Q}{\epsilon_0}$에서 $\int_s d\boldsymbol{S}$의 크기는 S[m²]이고, 이때 S는 전기력선이 지나가는 면적이다.

따라서 S는 그림 3-7의 반경 a[m]인 원통 표면적$(2\pi a + \pi a^2 + \pi a^2)$[m²]이기 때문에 가우스 정리에 대입하면

$$\boldsymbol{E}_a \cdot \int_s d\boldsymbol{S} = E(2\pi a + \pi a^2 + \pi a^2) = \frac{\lambda}{\epsilon_0} \tag{3-22}$$

이 된다. 이때 λ는 단위길이당 전하량으로 선전하밀도라 부른다.

원통 표면 중 전기력선이 원통 외부로 나올 수 없는 상·하면의 면적(πa^2)을 영으로 취급하면 원통 표면의 단위길이 당 전계의 세기는 다음과 같다.

$$E_a = \frac{\lambda}{2\pi \epsilon_0 a} \text{[V/m]} \tag{3-23}$$

3.4.2 원통 외부($a < r$)의 한 점에 대한 전계의 세기(E_r)

그림 3-6에서 외측의 원통은 반지름이 a[m]에서 r[m]로 증가된 것이므로 원통 속에 포함된 전하량은 변화가 없기 때문에 식 (3-21)에서 반지름을 a 대신에 r을 대입하면 원통 외부의 한 점에 대한 전계의 세기가 구해진다.

$$E_r = \frac{\lambda}{2\pi \epsilon_0 r} \text{[V/m]} \tag{3-24}$$

$\frac{\lambda}{2\pi \epsilon_0}$는 변화되지 않는 양이기 때문에 비례상수로 놓으면 원통 외부 전계의 세기 E_r는 다음 식처럼 원통 외부 반경 r에 반비례한다.

$$E_r = k\frac{1}{r} \tag{3-25}$$

3.4.3 원통 내부($a > r'$)의 한 점에 대한 전계의 세기(E_r')

그림 3-6에서 내측 원통은 반경 r'[m]은 원통 반지름 a[m]보다 작은 지점이므로 원통의 반지름이 감소되었음을 의미하고, 원통 반지름 감소에 따라서 원통의 체적이 비례적으로 감소되고, 선전하밀도 역시 λ[C/m]에서 λ'[C/m]로 비례적으로 감소되므로

$$\pi a^2[\text{m}^3] : \pi r'^2[\text{m}^3] = \lambda[\text{C}] : \lambda'[\text{C}] \tag{3-26}$$

의 비례식이 성립되고 풀이하면

$$\lambda' = \frac{r'^2}{a^2}\lambda[\text{C}] \tag{3-27}$$

이 된다.

원통 내부 한 점에 대한 전계의 세기 E_r'은 다음과 같이 구해진다.

$$E_r' = \frac{\lambda'}{2\pi\epsilon_0 r'} = \frac{1}{2\pi\epsilon_0 r'}\frac{r'^2}{a^2}\lambda = \frac{\lambda}{2\pi\epsilon_0 a^2}r'[\text{V/m}] \tag{3-28}$$

이 식에서 $\dfrac{\lambda}{2\pi\epsilon_0 a^2}$는 변화되지 않는 양이므로 비례 상수로 놓으면 원통 내부 전계의 세기 E_r'와 원통 내부 반경 r' 사이에 다음의 비례식이 성립된다.

$$E_r' = Kr' \tag{3-29}$$

이상에서 원통 내부, 표면, 외부 전계의 세기는 중심에서 거리에 따라 크기가 달라짐을 알 수 있고, 그림으로 나타내면 그림 3-8과 같다.

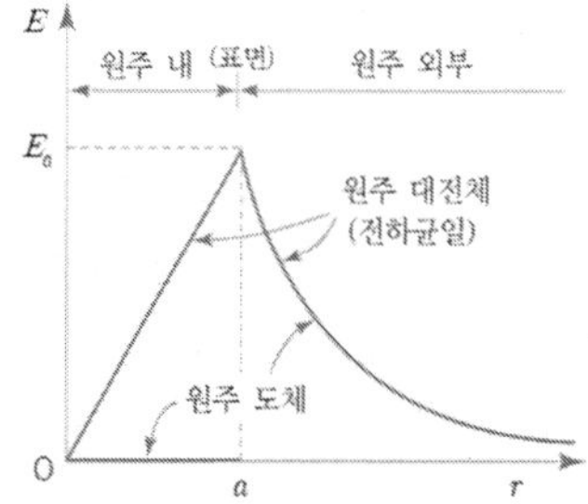

그림 3–8 거리 변화에 따른 전계의 세기 변화

3.5 무한 원통(무한장 직선 도체)의 전위

3.4.1 원통 외부 한 점의 전위

반지름이 a[m]인 원통 중심에서 거리 r[m]($a < r$[m]) 떨어진 원통 외부 한 점 P의 전위(V_r)는 원통 중심에서 원통 외부로 무한대 거리에 있는 전하 1[C]을 P점까지 옮기는 데 드는 일이며 다음과 같이 계산된다.

$$V_r = \int_{\infty}^{r} -\boldsymbol{E}_r \cdot dr = \int_{\infty}^{r} \frac{-\lambda}{2\pi\epsilon_0 r} dr = -\frac{\lambda}{2\pi\epsilon_0}[\ln r]_{\infty}^{r}$$

$$= \frac{\lambda}{2\pi\epsilon_0}(\ln\infty - \ln r) = \infty[\text{V}] \qquad (3\text{–}30)$$

3.5.2 원통 외부 r_1[m]에 있는 점 A와 r_2[m]에 있는 점 B 사이의 전위차($r_2 > r_1 > a$)

원통 외부의 두 점 A, B 사이의 전위차(V_{AB})는 원통 중심에서 무한대 거리에 있는 1[C]의 전하를 A점까지 옮기는 데 드는 일(V_A)에서 B점까지 옮기는 데 드는 일(V_B)의 차이다.

$$V_{AB} = \int_{\infty}^{r_1 = A} (-\boldsymbol{E}_r \cdot dr) - \int_{\infty}^{r_2 = B} (-\boldsymbol{E}_r \cdot dr)$$

$$= \int_{\infty}^{r_1}\left(-\frac{\lambda}{2\pi\epsilon_0 r}dr\right) - \int_{\infty}^{r_2}\left(-\frac{\lambda}{2\pi\epsilon_0 r}dr\right)$$

$$= -\frac{\lambda}{2\pi\epsilon_0}[\ln r]_{\infty}^{r_1} + \frac{\lambda}{2\pi\epsilon_0}[\ln r]_{\infty}^{r_2} = \frac{\lambda}{2\pi\epsilon_0} ln\frac{r_2}{r_1}[\text{V}] \qquad (3\text{–}31)$$

3.6 무한 평판 대전체의 전계와 전위

3.6.1 무한 평판 대전체의 전계의 세기

그림 3-9와 같이 면전하 밀도 σ[C/m^2]가 무한 평판에 균일하게 분포된 경우, 면적 S[m^2]에 대해서 가우스 정리를 적용시키면 전계의 세기를 구할 수 있다.

$$\int_s \boldsymbol{E} \cdot d\boldsymbol{S} = \frac{Q}{\epsilon_0} = \frac{\sigma S}{\epsilon_0} \tag{3-32}$$

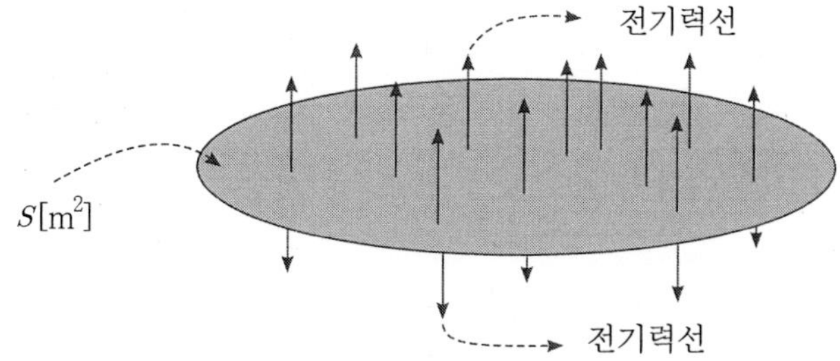

그림 3-9 평면 대전체의 전기력선

그림 3-9에서처럼 전기력선은 평면의 위·아래 두 방향으로 나오기 때문에 $\int_s d\boldsymbol{S}$ 값은 전기력선이 나오는 면적 $2S[m^2]$이므로 위의 식 풀이는 다음과 같다.

$$E \times 2S = \frac{\sigma S}{\epsilon_0} \tag{3-33}$$

$$E = \frac{\sigma}{2\epsilon_0} [V/m] \tag{3-34}$$

식 (3-34)에서 평판 대전체 전계의 세기는 면 전하밀도 $\sigma[C/m^2]$와 진공유전율에 따라 변화되고 거리에 관계없는 평등 전계이다.

3.6.2 두 개의 무한 평판 대전체의 전계의 세기

그림 3-10은 평면 대전체를 마주 보게 하고 각각 $+\sigma [C/m^2]$와 $-\sigma [C/m^2]$의 전하밀도로 대전시킨 평행 평판 대전체이다.

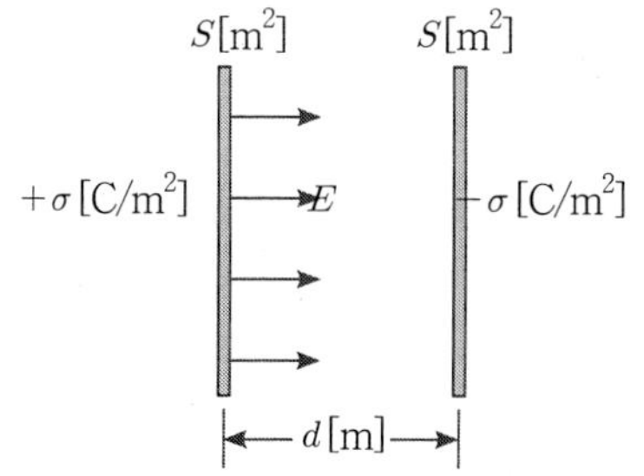

그림 3-10 평판 대전체(평행 평판 콘덴서)

그림에서처럼 두 평판 사이(내측)에는 전기력선이 존재하지만 평행 평판 외측에는 전기력선이 존재하지 않는다. 따라서 $+\sigma$[C/m^2]에서 나온 전기력선수는

$$N = \frac{Q}{\epsilon_0} = \frac{\sigma S}{\epsilon_0}[\text{개}] \tag{3-35}$$

이고, 이것이 $-\sigma$[C/m^2]로 들어가기 때문에 전기력선은 한 쪽 면에서만 나오므로 전기력선이 지나가는 면적은 S[m^2]이 된다.

이에 따라 식 (3-35) 좌변의 $2S$를 S로 바꾸면 2개의 무한 평판 대전체 사이의의 전계의 세기는

$$E = \frac{\sigma}{\epsilon_0}[\text{V/m}] \tag{3-36}$$

로 된다. 그리고 외부는 전기력선이 존재하지 않으므로 $\boldsymbol{E} = 0$[V/m]이다.

3.6.3 무한 평판 대전체의 전위

무한 평판에서 거리 r[m]에 있는 모든 점의 전위는 $V_r = \int_\infty^r -Edr$를 나타내는 일반식에 평판 전계의 세기 $E = \frac{\sigma}{2\epsilon_0}$를 대입하여 풀이하면 구해진다.

$$\begin{aligned} V_r &= \int_\infty^r -\frac{\sigma}{2\epsilon_0}dr = -\frac{\sigma}{2\epsilon_0}\int_\infty^r dr = -\frac{\sigma}{2\epsilon_0}[r]_\infty^r \\ &= -\frac{\sigma}{2\epsilon_0}[r-\infty] = \infty \end{aligned} \tag{3-37}$$

무한 평판 대전체로부터 거리 r_1[m], r_2[m]$(r_1 < r_2)$인 두 점 A, B 사이의 전위차는 A점 전위와 B점 전위의 차이며 다음과 같이 계산된다.

$$\begin{aligned} V_{AB} &= \int_{r_2}^{r_1} -\boldsymbol{E}_r \cdot d\boldsymbol{r} = -\int_\infty^{r_1}\frac{\sigma}{2\epsilon_0}dr - \left(-\int_\infty^{r_2}\frac{\sigma}{2\epsilon_0}dr\right) \\ &= \frac{\sigma}{2\epsilon_0}(r_2 - \infty - r_1 + \infty) = \frac{\sigma}{2\epsilon_0}(r_2 - r_1)[\text{V}] \end{aligned} \tag{3-38}$$

3.7 전기쌍극자(electric dipole)

3.7.1 전기쌍극자의 정의

그림 3-11과 같이 크기가 같고 부호가 반대인 점전하 $+Q$, $-Q$가 미소 거리 δ[m]만큼 떨어져 있을 때 이 한 쌍의 전하를 전기쌍극자(electric dipole)라 한다.

전기쌍극자에서는 전기쌍극자 모멘트(moment of electric dipole)가 나타나는데, 전기쌍극자 모멘트는 벡터량으로 다음과 같이 표기하기로 한다.

$$M = Q\delta\,[\mathrm{C{\cdot}m}] \tag{3-39}$$

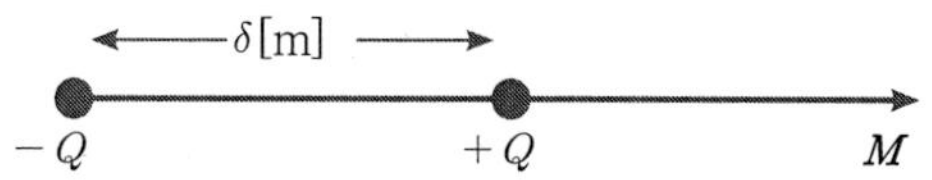

그림 3-11 전기쌍극자 모멘트(moment of electric dipole)

3.7.2 전기쌍극자의 전위

그림 3-11에서 쌍극자의 두 전하에서 각각 r_1, r_2[m]의 거리만큼 떨어진 점 P의 전위 V는 $+Q$에서 r_1[m] 거리에 있는 P점 전위 V_1과 $-Q$에서 r_2[m] 거리에 있는 P점 전위 V_2의 합이므로

$$V = V_1 + V_2 = \frac{Q}{4\pi\epsilon_0 r_1} + \frac{-Q}{4\pi\epsilon_0 r_2}\,[\mathrm{V}] \tag{3-40}$$

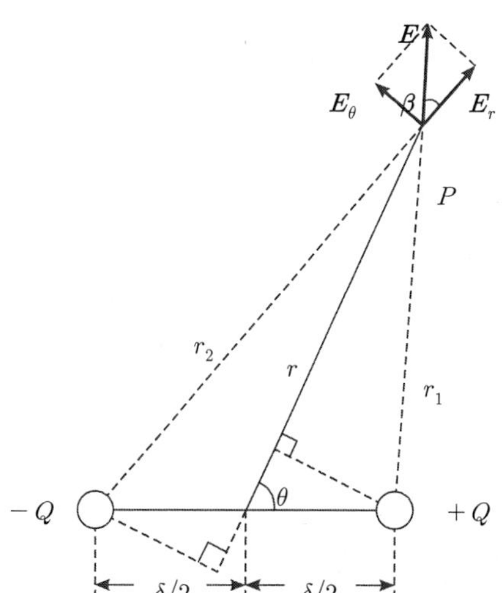

그림 3-12 전기쌍극자의 전계

그리고 그림에서 쌍극자 중심에서 점 P까지 거리 r과 쌍극자 축이 이루는 각을 θ라 하면 $r \gg \delta$ 이므로 대략

$$r_1 \fallingdotseq r - \frac{\delta}{2}cos\theta,\ r_2 \fallingdotseq r + \frac{\delta}{2}cos\theta \tag{3-41}$$

로 취급할 수 있다. 이것을 식 (3-40)에 대입하면

$$V = \frac{1}{4\pi\epsilon_0}\left(\frac{Q\delta\cos\theta}{r^2}\right)[\mathrm{V}] \tag{3-42}$$

가 된다. 여기에 전기쌍극자 모멘트 $M = Q\delta$을 대입하면 전기쌍극자 전위는

$$V = \frac{M\cos\theta}{4\pi\epsilon_0 r^2}[\mathrm{V}] \tag{3-43}$$

이고 전기쌍극자 전위는 거리 r^2에 반비례함을 알 수 있다.

3.7.3 전기쌍극자의 전계의 세기

식 (3-43)에서 P점 전위 V는 r과 θ의 함수로 표현되어 있기 때문에 P점 전계 $\boldsymbol{E}$는 그림 3-12처럼 r방향 성분 $\boldsymbol{E}_r$과 r에 수직한 θ방향성분 $\boldsymbol{E}_\theta$로 분해해서 생각할 수 있으므로 전기쌍극자 전계의 세기는

$$\boldsymbol{E} = -\nabla V = -\left(\frac{\partial V}{\partial r}\boldsymbol{a}_r + \frac{\partial V}{\partial \theta}\boldsymbol{a}_\theta\right) = E_r\boldsymbol{a}_r + E_\theta\boldsymbol{a}_\theta[\mathrm{V/m}] \tag{3-44}$$

가 된다. 여기서 $\boldsymbol{a}_r$과 $\boldsymbol{a}_\theta$는 r과 θ방향의 단위벡터이다.

따라서 각 방향에 대한 전계의 세기는

$$\left.\begin{aligned} E_r &= -\frac{\partial V}{\partial r} = \frac{1}{4\pi\epsilon_0}\frac{2M\cos\theta}{r^3} = \frac{M\cos\theta}{2\pi\epsilon_0 r^3}[\mathrm{V/m}] \\ E_\theta &= -\frac{\partial V}{r\partial\theta} = \frac{1}{4\pi\epsilon_0}\frac{M\sin\theta}{r^3} = \frac{M\sin\theta}{4\pi\epsilon_0 r^3}[\mathrm{V/m}] \end{aligned}\right\} \tag{3-45}$$

이고 합성 전계의 세기 E는 다음 식과 같고, 전기쌍극자 전계의 세기는 거리 r^3에 반비례함을 알 수 있다.

$$E = \sqrt{E_r^{\ 2} + E_\theta^{\ 2}} = \frac{M}{4\pi\epsilon_0 r^3}\sqrt{1+3\cos^2\theta}\ \text{[V/m]} \tag{3-46}$$

3.8 전기이중층(electric double layer)

그림 3-1과 같이 극히 얇은 판의 양면에 정·부의 전하가 분포되어 있는 것을 전기이중층(electric double layer)이라 하며 마치 전기쌍극자가 무수히 많이 분포되어 있는 것과 같다.

그림에서 전기이중층의 면전하 밀도를 $\pm\sigma$ [C/m^2], 두께를 δ [m], 미소면적을 ΔS[m^2]이라 한다면 ΔS의 미소전하량 $\pm\sigma\Delta S$[C]을 전기쌍극자로 간주할 수 있으므로 미소면적에 의한 점 P의 전위 dV는 식 (3-41)에 의하여

$$\Delta V = \frac{(\sigma\Delta S)\delta}{4\pi\epsilon_0}\frac{\cos\theta}{r^2} = \frac{\sigma\delta}{4\pi\epsilon_0}\frac{\Delta S\cos\theta}{r^2}\text{[V]} \tag{3-47}$$

가 된다.

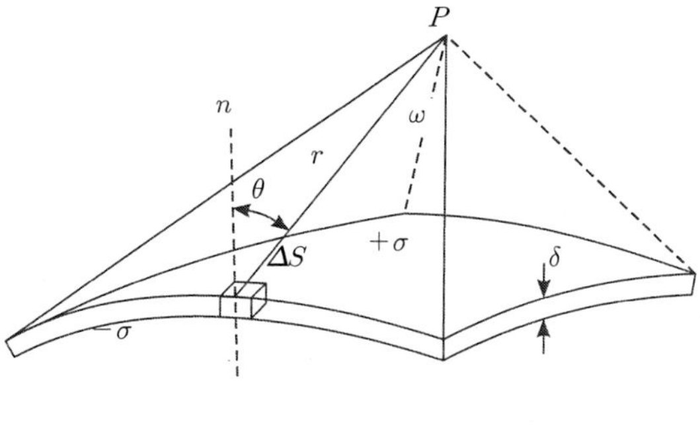

그림 3-13 전기이중층

그런데 P점에서 전기이중층 테두리 전체를 한 바퀴 둘러보는 각을 입체각(solid angle)이라 하고 ω로 표기한다면 P점에서 전기이중층의 미소부분 ΔS에 대한 입체각 $\Delta\omega$는 다음 식과 같다.

$$\Delta\omega = \frac{\Delta S\cos\theta}{r^2} \tag{3-48}$$

그리고 이 식을 식 (3-40)에 대입하면

$$\Delta V = \frac{\sigma\delta}{4\pi\epsilon_0}\Delta\omega[\mathrm{V}] \tag{3-47}$$

로 된다. 면전하 밀도 σ는 전하가 균일하게 분포된 것이므로

$$\boldsymbol{L} = \sigma\delta[\mathrm{C/m}] \tag{3-49}$$

라 놓으면, $\boldsymbol{L}$은 전기이중층의 단위면적당 모멘트이며, 이것을 전기이중층의 세기(intensity of electric double layer)라 한다.

따라서 식 (3-47)은

$$\Delta V = \frac{L}{4\pi\epsilon_0}\Delta\omega[\mathrm{V}] \tag{3-50}$$

가 된다.

점 P에서 전기이중층의 가장자리를 한 바퀴 둘러 본 전체의 입체각을 ω라 하면 P점에 대한 전기이중층의 전위는 다음의 식으로 구해진다.

$$V = \frac{L}{4\pi\epsilon_0}\omega[\mathrm{V}] \tag{3-51}$$

이와 같이 전기이중층에 의한 전위는 전기이중층을 보는 입체각 ω만으로 정해진다.

입체각 ω는 주변이 정해지면 면의 모양에 관계없이 정해지므로 주변이 동일하면 면의 모양과 상관없이 전위는 동일하다.

이때 그림 3-13처럼 ω는 정(+), 부(−)의 구별이 되어야 한다.

그림 3-14 동일 주변의 전기이중층

점 P에서 전기이중층의 정전하($+\sigma$)면을 보면 정(+)이 되지만 P'에서 부전하($-\sigma$)면을 보면 부(−)가 된다.

그림 3-13에서 점 P의 전위 V_p는 정전하측에 있으므로

$$V_p = \frac{L}{4\pi\epsilon_0}\omega_1 [\mathrm{V}] \tag{3-52}$$

이고, 점 P'의 전위 V_P'는 부전하측에 있으므로

$$V_P' = -\frac{L}{4\pi\epsilon_0}\omega_2 [\mathrm{V}] \tag{3-53}$$

가 된다.

위의 그림에서 2중층 양면 전위차는 점 P와 P'를 이중층 양측에서 각 면에 무한히 접근시키면, 입체각 크기는 각각 $\omega_1 = 2\pi$, $\omega_2 = 2\pi$가 되므로 두 점 사이의 전위차 V는 다음 식과 같이 계산된다.

$$V = V_P - V_P' = \frac{L}{4\pi\epsilon_0}(\omega_1 + \omega_2) = \frac{L}{\epsilon_0} [\mathrm{V}] \tag{3-54}$$

기사시험 기출문제

문제 3-1	93, 07. 기사 / 93, 12, 14. 산업기사

진공 중에 있는 반지름 a[m]인 도체구의 표면 전하밀도가 σ[C/m^2]일 때 도체 구 표면의 전계의 세기는 몇 [V/m]인가?

㉮ $\frac{\sigma}{\epsilon_0}$ ㉯ $\frac{\sigma}{2\epsilon_0}$ ㉰ $\frac{\sigma^2}{2\epsilon_0}$ ㉱ $\frac{\epsilon_0 \sigma^2}{2}$

풀이 $E \cdot S = \int_S E \cdot dS = \frac{Q}{\epsilon_0}$에서 전계 세기는 $E = \frac{Q}{\epsilon_0 S} = \frac{Q}{\epsilon_0 4\pi r^2}$가 된다.

$\frac{Q}{4\pi r^2} = \sigma$(표면 전하밀도)이므로 $E = \frac{\sigma}{\epsilon_0}$ **[답] ㉮**

문제 3-2	03. 산업기사

반지름 a[m]인 도체 구에 전하 Q[C]을 주었을 때 구 중심에서 r[m] 떨어진 구 밖($r > a$)의 전속밀도 D[C/m^2]는 얼마인가?

㉮ $\frac{Q}{2\pi\epsilon r}$ ㉯ $\frac{Q}{4\pi r^2}$ ㉰ $\frac{Q}{4\pi a^2}$ ㉱ $\frac{Q}{4\pi r}$

풀이 $E_r = \frac{Q}{4\pi \epsilon_0 r^2}$[V/m]와 식 $D = \epsilon_0 E$에서 $\epsilon_0 E_r = D_r = \frac{Q}{4\pi r^2}$[C/m^2] **[답] ㉯**

문제 3-3	98, 00. 산업기사

반지름 10[cm]인 구 도체의 표면 전계가 3[kV/mm]일 때, 이 구의 전위는 몇 [kV]이겠는가?

㉮ 100 ㉯ 300 ㉰ 500 ㉱ 800

풀이 $V = \frac{Q}{4\pi \epsilon_0 r^2} \times r = E \times r$[V]가 된다.

$V = E \times r = 3 \times 10^3 \times 10^3$[V/m] $\times 0.1$[m] $= 3 \times 10^5$[V] $= 300$[kV] **[답] ㉯**

문제 3-4	05. 산업기사

반지름 a[m]인 구 도체에 Q[C]의 전하가 주어졌을 때 구의 중심에서 $5a$[m]되는 점의 전위 V는 얼마인가?

㉮ $\dfrac{Q}{4\pi\epsilon_0 a}$ ㉯ $\dfrac{Q}{4\pi\epsilon_0 a^2}$ ㉰ $\dfrac{Q}{20\pi\epsilon_0 a}$ ㉱ $\dfrac{Q}{20\pi\epsilon_0 a^2}$

풀이 무한대의 거리에 있는 1[C]의 전하를 구 중심에서 $5a$[m] 되는 지점까지 옮기는 데 필요한 일을 구하면 된다. 따라서 $5a$[m]점의 전위는 식 (3-12)에 $r=5a$를 대입하면 $V=\dfrac{Q}{4\pi\epsilon_0 r}=\dfrac{Q}{4\pi\epsilon_0(5a)}=\dfrac{Q}{20\pi\epsilon_0 a}$[V] **[답]** ㉰

문제 3-5	92. 산업기사

공기 중에 놓인 도체 구의 전위가 60[kV]일 때 도체 표면의 전계 세기는 4[kV/cm]이었다. 도체 구에 대전된 전하량은 몇 [μC]인가?

㉮ 1 ㉯ 10^5 ㉰ 10^{-4} ㉱ 10^{-6}

풀이 $E=\dfrac{Q}{4\pi\epsilon_0 r^2}$, $V=\dfrac{Q}{4\pi\epsilon_0 r}$에서 $V=E\times r$이고 $r=\dfrac{V}{E}$, $Q=4\pi\epsilon_0 rV$이므로

$$Q=4\pi\epsilon_0 rV=4\pi\epsilon_0\frac{V}{E}V=\frac{(60\times10^3)^2}{9\times10^9\times4\times10^5}=10^{-6}[\mathrm{C}]=1[\mu\mathrm{C}]$$ **[답]** ㉮

문제 3-6	89, 95, 14. 기사 / 02, 03, 11. 산업기사

무한히 긴 직선 도체에 선 전하밀도 λ[C/m]의 전하가 분포되어 있는 경우 직선 도체를 축으로 하는 반경 r[m]의 원통 면상의 전계는 몇 [V/m]인가?

㉮ $E=\dfrac{\lambda}{4\pi\epsilon_0 r^2}$ ㉯ $E=\dfrac{\lambda}{2\pi\epsilon_0 r}$ ㉰ $E=\dfrac{\lambda}{2\pi\epsilon_0 r^2}$ ㉱ $E=\dfrac{\lambda}{4\pi\epsilon_0}$

풀이 선 전하의 전계의 세기는 $E=\dfrac{\lambda}{2\pi\epsilon_0 r}$[V/m]이다. **[답]** ㉯

문제 3-7	77, 94, 08. 산업기사

z축 상에 있는 무한히 긴 균일한 선 전하로부터 2[m]거리에 있는 점의 전계의 세기가 1.8×10^4[V/m]일 때의 선 전하밀도는 몇 [μC/m]인가?

㉮ 2 ㉯ 2×10^{-6} ㉰ 20 ㉱ 2×10^6

풀이 원통 중심에서 거리 r[m] 떨어진 원주(원통) 외부 한 점에 대한 전계의 세기는

$$E=\frac{\lambda}{2\pi\epsilon_0 r}=\frac{\lambda}{2\times\pi\times8.85\times10^{-12}r}=18\times10^9\frac{\lambda}{r}[\text{V/m}]$$

$$\therefore\ \lambda=\frac{rE}{18\times10^9}=\frac{2\times1.8\times10^4}{18\times10^9}=2\times10^{-6}=2[\mu\text{C/m}]$$

[답] ㉮

문제 3-8	92, 97. 산업기사

공기 중에 균일하게 대전된 반지름 a[m]인 선형 원환이 있을 때 그의 중심으로부터 중심축상 x[m] 거리에 있는 점의 전계의 세기는 몇 [V/m]인가? (단, 원환의 전체 전하는 Q[C]이라 한다.)

㉮ $\dfrac{Qx}{2\pi\epsilon_0(a^2+x^2)^{\frac{3}{2}}}$ ㉯ $\dfrac{Qx}{4\pi\epsilon_0(a^2+x^2)^{\frac{3}{2}}}$

㉰ $\dfrac{Qx}{2\pi\epsilon_0(a^2+x^2)}$ ㉱ $\dfrac{Qx}{4\pi\epsilon_0(a^2+x^2)^{\frac{1}{2}}}$

풀이 문제의 조건에 따른 선형 원환의 그림은 다음과 같다. 원형 선전하의 미소부분의 전하를 dQ라 하고 이것을 점전하라 생각하자. 이 점전하에 의한 P점 전계의 세기 dE'는

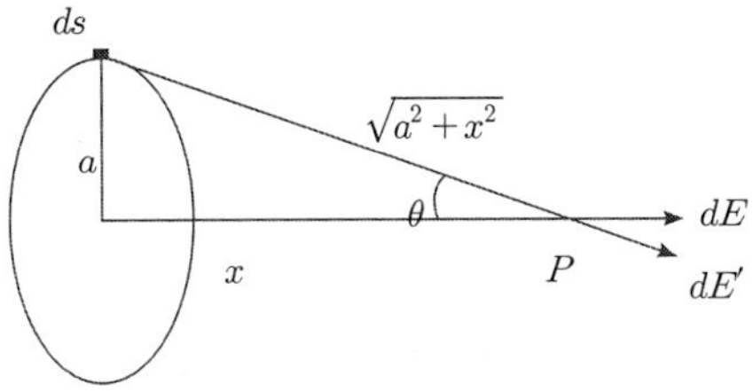

$$dE'=\frac{dQ}{4\pi\epsilon_0(\sqrt{a^2+x^2})^2}$$ 이고, dE'의 축 방향 전계 세기를 dE라 하면

$$dE=dE'\cos\theta=\frac{dQ}{4\pi\epsilon_0(\sqrt{a^2+x^2})^2}\frac{x}{\sqrt{a^2+x^2}}$$

축 방향 전체 전계의 세기 E는 dE를 적분하면 구해지는데, 적분구간은 $0\sim2\pi a$까지다.

$$E=\int_0^{2\pi a}dE=\int_0^{2\pi a}\frac{dQ}{4\pi\epsilon_0(\sqrt{a^2+x^2})^2}\frac{x}{\sqrt{a^2+x^2}}=\frac{Qx}{4\pi\epsilon_0(a^2+x^2)^{\frac{3}{2}}}[\text{V/m}]$$

[답] ㉯

문제 3-9	78, 90, 13. 산업기사

지구의 표면에 있어서 대지로 향하여 $E=300$[V/m]의 전계가 있다면 지표면의 전하밀도의 크기는 몇 [C/m^2]인가?

㉮ -1.33×10^{-9}　　㉯ -2.66×10^{-9}

㉰ -1.33×10^{-7}　　㉱ -2.66×10^{-7}

풀이 전계의 방향이 지표면이므로 지표면의 전하는 음(−)이고, 전계의 세기는

$E=-\dfrac{\sigma}{\epsilon_0}$ 이다.

$\therefore \sigma=-\epsilon_0 E=-8.85\times10^{-12}\times300=-2.66\times10^{-9}[C/m^2]$

[답] ㉯

문제 3-10	01. 기사 / 98. 산업기사

다음 중 옳지 <u>않은</u> 것은?

㉮ $V_p=\int_p^{\infty}\boldsymbol{E}\cdot dl$　　㉯ $\boldsymbol{E}=-\mathrm{grad}\,V$

㉰ $\mathrm{grad}\,V=i\dfrac{\partial V}{\partial x}+j\dfrac{\partial V}{\partial y}+k\dfrac{\partial V}{\partial z}$　　㉱ $\int_l \boldsymbol{E}\cdot d\boldsymbol{S}=Q$

풀이

[답] ㉱

문제 3-11	93. 기사

가우스(Gauss)의 정리를 이용하여 구할 수 있는 것은?

㉮ 자계의 세기　　㉯ 전하간의 힘　　㉰ 전계의 세기　　㉱ 전위

풀이 $\boldsymbol{E}\cdot\boldsymbol{S}=\int_S \boldsymbol{E}\cdot d\boldsymbol{S}=\dfrac{Q}{\epsilon_0}$에서 전계의 세기는 $\boldsymbol{E}=\dfrac{Q}{\epsilon_0\boldsymbol{S}}$가 된다.

[답] ㉰

문제 3-12	02. 03. 산업기사

전기쌍극자 모멘트가 M[C·m]인 전기쌍극자에 의한 임의의 점의 전위는 몇 [V]인가? (단, 전기쌍극자 간의 중심점에서 임의의 점까지 거리는 R[m]이고, 이들 간에 이루어진 각은 θ이다.)

㉮ $9\times10^9\dfrac{M}{R}\cos\theta$ ㉯ $9\times10^9\dfrac{M}{R^2}\cos\theta$

㉰ $9\times10^9\dfrac{M}{R}\sin\theta$ ㉱ $9\times10^9\dfrac{M}{R^2}\sin\theta$

풀이 $V=\dfrac{M}{4\pi\epsilon_0R^2}\cos\theta=\dfrac{1}{4\pi\epsilon_0}\dfrac{M}{R^2}\cos\theta=9\times10^9\dfrac{M}{R^2}\cos\theta$[V] **[답]** ㉯

문제 3-13	05. 기사

폐곡면을 통하는 전속과 폐곡면 내부의 전하와의 상관관계를 나타내는 법칙은?

㉮ 가우스의 법칙 ㉯ 쿨롱의 법칙

㉰ 푸아송의 법칙 ㉱ 라플라스의 법칙

풀이 폐곡면 내에 Q[C]의 전하가 놓여 있을 때 폐곡면을 통과하는 전속은 그 면내에 존재하는 전하량과 같다. 즉, $\int_s D\cdot dS=Q$ **[답]** ㉮

문제 3-14	93, 94, 02. 산업기사

전기쌍극자로부터 임의의 점까지 거리는 r이라 할 때 전계의 세기는 r과 어떤 관계가 있는가?

㉮ $\dfrac{1}{r}$ ㉯ $\dfrac{1}{r^2}$ ㉰ $\dfrac{1}{r^3}$ ㉱ $\dfrac{1}{r^4}$

풀이 $E=\dfrac{M}{4\pi\epsilon_0r^3}\sqrt{1+3\cos^2\theta}$ [V/m] **[답]** ㉰

문제 3-15	05. 산업기사

진공 중에 전하밀도 $\pm\sigma$[C/m^2]의 무한평면이 간격 d[m]로 떨어져 있다. $+\sigma$[C/m^2]의 평면으로부터 r[m] 떨어진 점 P의 전계의 세기[V/m]는?

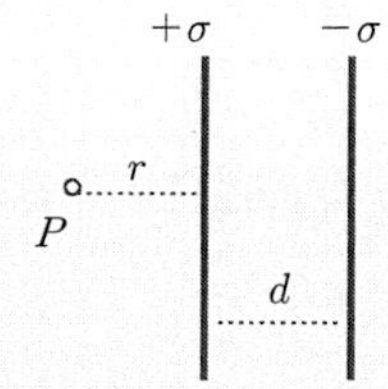

㉮ 0　　㉯ $\dfrac{\sigma}{\epsilon_0}$

㉰ $\dfrac{\sigma}{2\epsilon_0}$　　㉱ $\dfrac{\sigma}{2\epsilon_0}\left(\dfrac{1}{r}-\dfrac{1}{r+d}\right)$

풀이 $+\sigma$에서 나온 전기력선은 $-\sigma$로 들어가기 때문에 점 P로 나오는 전기력선이 없으므로 전기력선 밀도가 0이다. 전기력선 밀도=전계의 세기. **[답]** ㉮

문제 3-16	03, 12. 산업기사

원점에 점전하 Q[C]이 있을 때 원점을 제외한 모든 점에서 $\nabla \cdot D$의 값은?

㉮ ∞　　㉯ 0　　㉰ 1　　㉱ ϵ_0

풀이 원점을 제외한 모든 지점에 전하가 없다. 전하가 없으면 전속 밀도 $D=0$이므로
$\text{div} \cdot D = \nabla \cdot D = 0$ **[답]** ㉯

문제 3-17	00, 03, 09, 10. 산업기사

폐곡면을 통하여 나가는 전기력선의 총 수는 그 내부에 있는 점전하의 대수합의 몇 배와 같은가?

㉮ $\dfrac{1}{4\pi\epsilon_0}$　　㉯ $\dfrac{1}{2\pi\epsilon_0}$　　㉰ $\dfrac{1}{\pi\epsilon_0}$　　㉱ $\dfrac{1}{\epsilon_0}$

풀이 폐곡면 내에 Q[C]의 전하가 놓여 있을 때 폐곡면을 통과하는 전기력선수는 그 면 내에 존재하는 전하량의 $1/\epsilon_0$와 같다. 즉, $\displaystyle\int_S E \cdot dS = \frac{Q}{\epsilon_0}$ **[답]** ㉱

문제 3-18	97. 산업기사

그림과 같이 도체 구 내부 공동의 중심에 점전하 Q[C]이 있을 때 이 도체 구의 외부로 발산되어 나오는 전기력선의 수는 몇 개인가?(단, 도체 내외의 공간은 진공이라 한다.)

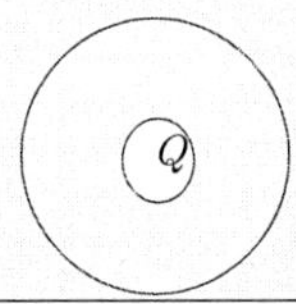

㉮ 4π　　㉯ $\dfrac{Q}{\epsilon_0}$

㉰ Q　　㉱ $\epsilon_0 Q$

풀이 진공 중에서 단위전하에서는 $1/\epsilon_0$개의 전기력선이 출입한다. [답] ㉯

문제 3-19	90. 산업기사

자유공간 내에서 전장이 $\boldsymbol{E} = (\sin x\, \boldsymbol{a}_x + \cos x\, \boldsymbol{a}_y)e^{-y}$로 주어졌을 때 전하밀도 ρ는?

㉮ 0　　㉯ e^{-y}　　㉰ $\cos x\, e^{-y}$　　㉱ $\sin x\, e^{-y}$

풀이 가우스 정리의 미분형 $\text{div}E = \dfrac{\rho}{\epsilon_0}$에서 $\rho = \epsilon_0 \text{div}E = \epsilon_0\left(\dfrac{\partial E_x}{\partial x} + \dfrac{\partial E_y}{\partial y} + \dfrac{\partial Ez}{\partial z}\right)$

$= \epsilon_0\left(\dfrac{\partial}{\partial x}\sin x\, e^{-y} + \dfrac{\partial}{\partial y}\cos x\, e^{-y}\right) = 0$ [답] ㉮

문제 3-20	98. 산업기사

다음 식 중 옳은 것은?

㉮ $\boldsymbol{E} = -\text{grad}\, V^2$

㉯ $V_p = \displaystyle\int_p^{\infty} \boldsymbol{E}^2 \cdot dx$

㉰ $\displaystyle\int_s \boldsymbol{E} \cdot ndS = \frac{Q}{\epsilon_0}$

㉱ $-\text{grad}\, V = i\dfrac{\partial V}{\partial x} + j\dfrac{\partial V}{\partial y} + k\dfrac{\partial V}{\partial z}$

[답] ㉰

문제 3-21	01. 산업기사

divD $=\rho$와 가장 관계가 깊은 것은?

㉮ Ampere의 주회 적분 법칙　　㉯ Faraday의 전자유도 법칙
㉰ Laplace의 방정식　　㉱ Gauss 정리

풀이 가우스 정리의 미분형 **[답]** ㉱

문제 3-22	92, 95, 96. 기사 / 99, 13. 산업기사

다음 식 중에서 틀린 것은?

㉮ 가우스 정리 : divD $=\rho$

㉯ 푸아송의 방정식 : $\nabla^2 V = \frac{\rho}{\epsilon_0}$

㉰ 라플라스의 방정식 : $\nabla^2 V = 0$

㉱ 발산 정리 : $\oint_s \boldsymbol{A} \cdot d\boldsymbol{S} = \int_v \text{divA dv}$

풀이 divD $=\rho$는 유전체에 대한 가우스 정리의 미분형이다. **[답]** ㉯

문제 3-23	04, 12. 산업기사

$\boldsymbol{E} = i + 2j + 3k$[V/m]로 표시되는 전계가 있다. 0.01[μC]의 전하를 원점으로부터 $\boldsymbol{r} = 3i$[m]로 움직이는 데 필요한 일[J]은?

㉮ 4.99×10^{-6}　㉯ 3×10^{-6}　㉰ 4.99×10^{-8}　㉱ 3×10^{-8}

풀이 $W = \boldsymbol{F} \cdot \boldsymbol{r} = Q\boldsymbol{E} \cdot \boldsymbol{r} = 0.01 \times 10^{-6}(i+2j+3k) \cdot 3i$

$= 0.01 \times 10^{-6}(3) = 0.03 \times 10^{-6} = 3 \times 10^{-8}$[J] **[답]** ㉱

문제 3-24	16. 산업기사

진공 중에 10^{-10} [C]의 점전하가 있을 때 전하에서 2[m] 떨어진 점의 전계는 몇 [V/m] 인가?

㉮ 2.25×10-1　　㉯ 4.50×10-1　　㉰ 2.25×10-2　　㉱ 4.50×10-2

풀이

[답] ㉮

문제 3-25	18. 산업기사

두 점전하 q, 1/2q가 a만큼 떨어져 놓여있다. 이 두 점전하를 연결하는 선상에서 전계의 세기가 영(0)이 되는 점은 q가 놓여있는 점으로부터 얼마나 떨어진 곳인가?

㉮ $\sqrt{2}\,a$　　㉯ $(2-\sqrt{2})a$

㉰ $\dfrac{\sqrt{3}}{2}a$　　㉱ $\dfrac{(1+\sqrt{2})a}{2}$

풀이

[답] ㉯

문제 3-26	16. 산업기사

지름이 2[m]인 구도체의 표면전계가 5[kV/㎜]일 때 이 구도체의 표면에서의 전위는 몇 [kV]인가?

㉮ 1×102　　㉯ 2×103　　㉰ 5×103　　㉱ 1×104

풀이

[답] ㉰

문제 3-27	17. 산업기사

전기 쌍극자에서 전계의 세기(E)와 거리(r)와의 관계는?

㉮ E는 r^2에 반비례　　㉯ E는 r^3에 반비례

㉰ E는 $r^{\frac{3}{2}}$에 반비례　　㉱ E는 $r^{\frac{5}{2}}$에 반비례

풀이

[답] ㉯

문제 3-28	17. 산업기사

전계의 세기가 1500[V/m]인 전장에 5[μC]의 전하를 놓았을 때 이 전하에 작용하는 힘은 몇 [N]인가?

㉮ 4.5×10^{-3}　　㉯ 5.5×10^{-3}

㉰ 6.5×10^{-3}　　㉱ 7.5×10^{-3}

풀이

[답] ㉱

연 습 문 제

3.1 가우스 정리를 정의하라.

3.2 가우스 정리의 적분형에 대해 설명하라.

3.3 가우스 정리의 미분형에 대해 설명하라.

3.4 전기쌍극자를 정의하라.

3.5 쌍극자 모멘트(M)를 정의하라.

3.6 전기이중층을 정의하라.

3.7 입체각을 설명하라.

3.8. 전계 내에서 폐회로를 따라 일주시키는 데 필요한 일[J]을 구하라.

04 CHAPTER

도체계와 정전용량

여러 개의 도체가 상호 작용할 때 생기는 여러 가지 성질 및 법칙들을 다룰 것이며, 나아가서 도체들 간의 상호 위치 관계에 따라 전기 용량이 변하는 문제나 도체들 간의 에너지 문제도 설명한다.

4.1 전위계수와 정전용량

공기 중에서 전하량 Q[C]으로 대전된 반경 r[m]인 구 전하 표면의 전위는 다음과 같다.

$$V = \frac{Q}{4\pi\epsilon_0 r} = \frac{1}{4\pi\epsilon_0 r}Q[\mathrm{V}] \tag{4–1}$$

이 식에서, 전위 V는 전하 Q의 크기에 따라 변하기 때문에 Q의 함수이며 비례상수가 $1/4\pi\epsilon_0 r$임을 알 수 있다.

이 비례상수를 구 전하의 전위계수라 한다.

식 (4-1)에서 Q와 V는 비례의 관계가 성립되므로 식 (4-2)로 표현할 수 있다.

$$Q = CV\left(V = \frac{1}{C}Q \text{ 또는 } C = \frac{Q}{V}\right) \tag{4–2}$$

이 비례상수 C를 정전용량(Electrostatic capacity)이라 정의한다.

정전용량이란 전위 V[V]의 일을 하여 도체에 전하 Q[C]을 저축시킬 수 있는 능력을 표시하는 것으로서 캐패시턴스(Capacitance)라 하며, 정전용량을 갖도록 만든 장치를 콘덴서(condenser) 또는 축전지(capacitor)라고 부른다.

정전용량의 단위는 식 (4-1)에서 [C/V]로 됨을 알 수 있고, 이 단위를 파라드(Farad)라 부르며 [F]로 표기하는데 1[F]는 실용적으로 너무 크기 때문에 보통 [μF], [pF] 단위를 사용한다.

식 (4-1)과 (4-2)를 비교한 다음 식으로부터 전위계수의 역수가 정전용량임을 알 수 있다.

$$\frac{1}{4\pi\epsilon_0 R} = \frac{1}{C} \tag{4–3}$$

정전용량의 역수를 엘라스턴스(elastance) 또는 역용량이라 한다.

4.2 도체계의 전위계수

다수의 도체가 한 공간 내에 존재하여 하나의 도체계를 형성하고 있을 때 도체 간에 서로 영향을 받는다.

만일 그림 4-1에서와 같이 공기 중에서 구 도체 간 거리 r[m]만큼 떨어져 있고 구 도체 I 및 II의 반지름이 R_1, R_2[m]이며, 또 이들의 전하량이 각각 Q_1 및 Q_2[C]이라면 구 도체 I, II의 전위 V_1, V_2[V]는 식 (4-4), (4-5)와 같이 쓸 수 있다.

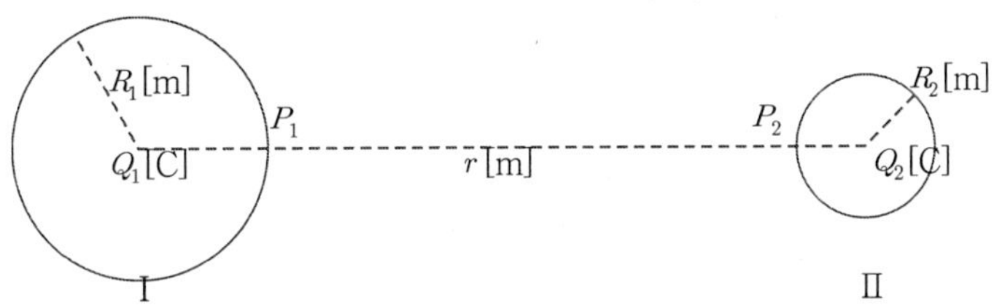

그림 4-1 두 개의 구 도체로 형성된 도체계

$$V_1 = V_{11} + V_{12} = \frac{Q_1}{4\pi\epsilon_0 R_1} + \frac{Q_2}{4\pi\epsilon_0 r} = p_{11}Q_1 + p_{12}Q_2 \tag{4-4}$$

$$V_2 = V_{21} + V_{22} = \frac{Q_1}{4\pi\epsilon_0 r} + \frac{Q_2}{4\pi\epsilon_0 R_2} = p_{21}Q_1 + p_{22}Q_2 \tag{4-5}$$

V_{11}은 도체 I에 의한 P_1점 전위이고, V_{12}는 도체 II에 의한 P_1점 전위이다.

동일한 개념으로 V_{21}은 도체 I에 의한 P_2점 전위이고, V_{22}는 도체 II에 의한 P_2점 전위이다. 이상을 세분화시켜 다음과 같이 설명할 수 있다.

① $V_{11} = \frac{Q_1}{4\pi\epsilon_0 R_1}$(도체 I에 의한 P_1점 전위, $\frac{1}{4\pi\epsilon_0 R_1} = P_{11}$)

도체 II가 없다고 가정하고 무한히 먼 곳에 있는 1[C]의 전하를 Q_1[C]이 만든 전계를 거슬러서 P_1점까지 이동시키는 데 드는 일.

② $V_{12} = \frac{Q_2}{4\pi\epsilon_0 r}$(도체 II에 의한 P_1점의 전위, $\frac{1}{4\pi\epsilon_0 r} = P_{12}$)

도체 I 이 없다고 가정하고 무한히 먼 곳에 있는 1[C]의 전하를 Q_2[C]이 만든 전계를 거슬러서 P_1점까지 이동시키는 데 드는 일.

③ $V_{21} = \dfrac{Q_1}{4\pi\epsilon_0 r}$(도체 I 에 의한 P_2점의 전위, $\dfrac{1}{4\pi\epsilon_0 r} = P_{21}$)

도체 II가 없다고 가정하고 무한히 먼 곳에 있는 1[C]의 전하를 Q_1[C]이 만든 전계를 거슬러서 P_2점까지 이동시키는 데 드는 일.

④ $V_{22} = \dfrac{Q_2}{4\pi\epsilon_0 R_2}$(도체 II에 의한 P_2점의 전위, $\dfrac{1}{4\pi\epsilon_0 R_2} = P_{22}$)

도체 I 이 없다고 가정하고 무한히 먼 곳에 있는 1[C]의 전하를 Q_2[C]이 만든 전계를 거슬러 P_2점까지 이동시키는 데 드는 일.

이상의 설명에 따라 식 (4-4)와 식 (4-5)에서 비례상수를

$$\left.\begin{aligned} \frac{1}{4\pi\epsilon_0 R_1} &= p_{11} \\ \frac{1}{4\pi\epsilon_0 r} &= p_{12} \\ \frac{1}{4\pi\epsilon_0 r} &= p_{21} \\ \frac{1}{4\pi\epsilon_0 R_2} &= p_{22} \end{aligned}\right\} \tag{4-6}$$

으로 나타내었으며, p_{11}, p_{12}, p_{21}, p_{22}는 도체의 놓인 위치와 모양(기하학적 상태)에 의하여 결정되는 계수로 전위계수(coefficient of potential)라 하고 전위계수의 단위는 [1/F]이다.

식 (4-6)에서 전위계수는 도체의 크기, 모양 상호간의 배치 상태 및 주위 공간의 매질에 따라서 정해지고, 도체의 대전량이나 전위와는 관계가 없음을 알 수 있다.

또, 그림 4-1에서 설명한 전위계수는 다음과 같은 성질이 있음을 알 수 있다.

$$\left.\begin{aligned} &p_{11} > 0 \\ &p_{11} \geqq p_{21} \\ &p_{21} \geqq 0 \\ &p_{12} = p_{21} \end{aligned}\right\} \text{일반적으로} \left\{\begin{aligned} &p_{rr} > 0 \\ &p_{rr} \geqq p_{sr} \\ &p_{sr} \geqq 0 \\ &p_{rs} = p_{sr} \end{aligned}\right. \tag{4-7}$$

이 성질 중에서 도체 II가 도체 I에 포위되었을 때에는 $p_{11} = p_{21}$의 관계가 있으며, 도체 I이 도체 II에 포위되었을 때는 $p_{22} = p_{21}$의 관계가 성립된다.

【예제 4.1】

두 도체 1은 +Q를, 도체 2는 -Q를 인가할 때 두 도체 사이의 정전용량을 전위계수로는 어떻게 표시할 수 있는가?

【풀이】

도체 1, 2의 전하를 $+Q$, $-Q$ 전위를 V_1, V_2라 하고 전위차를 V_0라 하면

$V_1 = p_{11}Q_1 + p_{12}Q_2$, $V_2 = p_{21}Q_1 + p_{22}Q_2$에서, $Q_1 = +Q$, $Q_2 = -Q$ 이므로,

$V_1 = (p_{11} - p_{12})Q$, $V_2 = (p_{21} - p_{22})Q$가 되고

$p_{12} = p_{21}$이므로 $V_o = V_1 - V_2 = (p_{11} - 2p_{12} + p_{22})Q$ 가 된다.

그러므로

$C = \dfrac{Q}{V_o} = \dfrac{1}{p_{11} - 2p_{12} + p_{22}}$ 가 된다.

4.3 용량계수와 유도계수

식 (4-4), (4-5)에서 각 도체의 전위를 전위계수로 나타내면

$$\left.\begin{aligned} V_1 &= p_{11}Q_1 + p_{12}Q_2 \\ V_2 &= p_{21}Q_1 + p_{22}Q_2 \end{aligned}\right\} \tag{4–8}$$

로 되며, 다음 식과 같이 행렬식으로 나타낼 수 있다.

$$\begin{bmatrix} V_1 \\ V_2 \end{bmatrix} = \begin{bmatrix} p_{11} & p_{12} \\ p_{21} & p_{22} \end{bmatrix} \begin{bmatrix} Q_1 \\ Q_2 \end{bmatrix} \tag{4–9}$$

그리고 역행렬을 사용하여 변환시키면 다음과 같다.

$$\begin{bmatrix} Q_1 \\ Q_2 \end{bmatrix} = \begin{bmatrix} p_{11} & p_{12} \\ p_{21} & p_{22} \end{bmatrix}^{-1} \begin{bmatrix} V_1 \\ V_2 \end{bmatrix} \tag{4–10}$$

식 (4-10)에서 전위계수 역행렬을 다음의 식처럼 바꾸어 표현할 수 있다.

$$\begin{bmatrix} p_{11} & p_{12} \\ p_{21} & p_{22} \end{bmatrix}^{-1} = \begin{bmatrix} q_{11} & q_{12} \\ q_{21} & q_{22} \end{bmatrix} \tag{4-11}$$

이때 q_{11}, q_{22}를 용량계수(coefficient of capacity)라 하고, q_{12}, q_{21}를 유도계수(coefficient of induction)라 부르고, 용량계수와 유도계수의 단위는 두 계수가 모두 [C/V]의 차원이므로 [F]이다.

식 (4-11)의 관계를 사용하여 전위 V에 대한 방정식을 전하 Q에 대한 방정식으로 변환시키면 다음과 같다.

$$\left.\begin{aligned} Q_1 &= q_{11}V_1 + q_{12}V_2 \\ Q_2 &= q_{21}V_1 + q_{22}V_2 \end{aligned}\right\} \tag{4-12}$$

식 (4-11)에서 역행렬을 전개하면 용량계수, 유도계수(q_{11}, q_{12}, q_{21}, q_{22})와 전위계수(p_{11}, p_{12}, p_{21}, p_{22}) 사이에 다음과 같은 관계가 성립된다.

$$\left.\begin{aligned} q_{11} &= \frac{p_{22}}{p_{11}p_{22} - p_{12}^{\ 2}} \\ q_{12} &= \frac{-p_{12}}{p_{11}p_{22} - p_{12}^{\ 2}} = q_{21} \\ q_{22} &= \frac{p_{11}}{p_{11}p_{22} - p_{12}^{\ 2}} \end{aligned}\right\} \tag{4-13}$$

용량계수 q_{11}, q_{22}, q_{33},……, $q_{nn} > 0$이므로 용량계수를 q_{rr}로 표기하고 $q_{rr} > 0$이다. 그리고 유도계수 q_{12}, q_{13}, q_{14},……,$q_{1n} \leqq 0$이므로 유도계수를 q_{rs}로 표기하고 $q_{rs} \leqq 0$이다.

그리고 $q_{rs} = q_{sr}$, $q_{rr} > q_{rs}$의 관계도 성립되고, $q_{rr} = q_{sr}$이면 그림 4-2처럼 도체 s가 도체 r속에 놓여 있는 것이 된다.

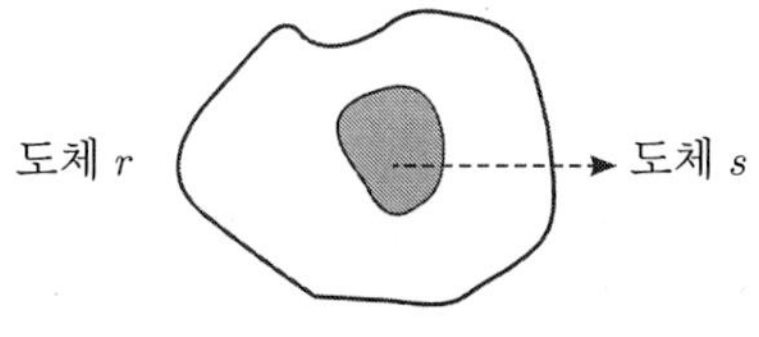

그림 4-2 포위된 도체계

【예제 4.2】

두 도체 1, 2 간의 정전 용량을 용량계수와 유도 계수로 표시하면 어떻게 표시할 수 있는가?

【풀이】

$$Q_1 = q_{11} V_1 + q_{12} V_2 = Q,\ Q_2 = q_{21} V_1 + q_{12} V_2 = -Q \qquad (a)$$

$$V_1 = \frac{\begin{vmatrix} Q & q_{11} \\ -Q & q_{22} \end{vmatrix}}{\begin{vmatrix} q_{11} & q_{12} \\ q_{21} & q_{22} \end{vmatrix}} = \frac{(q_{22} + q_{12})Q}{q_{21}q_{22} - q_{12}^2} \qquad (b)$$

$$V_2 = \frac{\begin{vmatrix} q_{11} & Q \\ q_{22} & -Q \end{vmatrix}}{\begin{vmatrix} q_{11} & q_{12} \\ q_{21} & q_{22} \end{vmatrix}} = \frac{-(q_{11} + q_{21})Q}{q_{21}q_{22} - q_{12}^2}$$

(c) 이다. 그러므로 전위차 V_{12}

$$V_{12} = V_1 - V_2 = \frac{(q_{22} + q_{12} + q_{11} + q_{21})Q}{q_{21}q_{22} - q^2{}_{12}} [\mathrm{V}] \qquad (d)$$

$$C = \frac{Q}{V_1 - V_2} = \frac{q_{11}q_{22} - q^2{}_{12}}{q_{11} + q_{22} + 2q_{12}} [\mathrm{F}]$$

(e)로 표시할 수 있다.

4.4 동심 구 도체계의 전위계수

그림 4-3과 같이 반경 a[m], Q_1[C]으로 대전된 도체 I과 내반경 b[m], 외반경 c[m]의 Q_2[C]으로 대전된 도체 II로 된 동심 구 도체계의 전위계수를 구해보기로 하자.

도체 I의 중심에서 도체계 외부 방향으로 볼 때, 도체 I의 전하 Q_1[C]에 의한 정전유도작용으로 도체 II의 내부 표면에 $-Q_1$[C]의 전하가 유도되고, 외부 표면에 Q_1[C]의 전하가 유도된다.

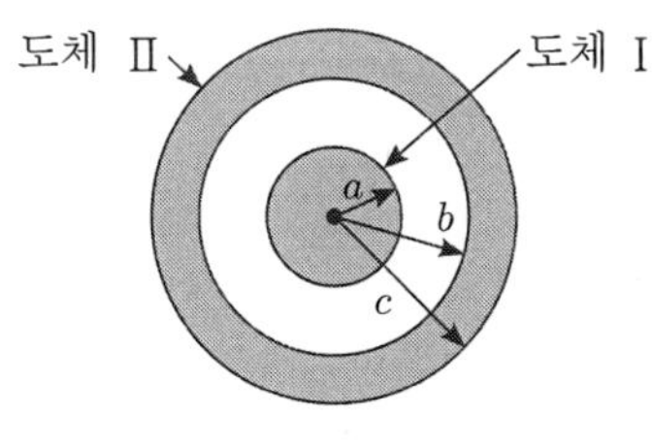

그림 4-3 동심 구 도체

이에 따라 도체계의 중심에서 도체 II까지 총 전하량은 도체 I과 도체 II에 대전된 전하량과 정전유도작용에 의해 유도된 전하량의 합이 되므로 설명 순서에 따라 도체 I에서 외부방향으로의 총 전하량은 이들의 합이 된다.

$$Q_1 + (-Q_1) + Q_1 + Q_2 \tag{4-14}$$

도체 II에서 도체계 내부 방향으로 볼 때, 도체 내부로 전기력선이 나갈 수 없고 도체 외부로만 전기력선이 나갈 수 있다. 다시 말하면 도체 II의 내부 표면(내반경이 b[m])에서 도체 I 쪽으로 전기력선이 나갈 수 없고, 도체 II의 외부 표면(외반경이 c[m])에서 도체계 외부로 전기력선이 나갈 수 있다.

따라서 도체 II에 유도된 $-Q_1$의 전하량을 무시하면 도체 II는 Q_1, Q_2로 대전된 것과 같으므로 도체 II에서 외부로 볼 때 총 전하량도 이들의 합으로 된다.

$$Q_1 + Q_2 \tag{4-15}$$

식 (4-14)에 나열된 전하의 순서에 따라 도체 I에서 도체계 외부로의 전위는 다음의 3가지 경우를 합하면 구해진다.

① 전하량 Q_1[C]으로 대전된 반경 a[m]인 도체 I 표면의 전위

$$\frac{Q_1}{4\pi\epsilon_0 a}\left[\frac{\text{V}}{\text{m}}\right] \tag{4-16}$$

② 전하량 $-Q_1$[C]으로 대전된 반경 b[m]인 도체 II의 내부 표면 전위

$$\frac{-Q_1}{4\pi\epsilon_0 b}\left[\frac{\text{V}}{\text{m}}\right] \tag{4-17}$$

③ 정전유도작용에 의하여 유도된 전하량 Q_1[C]과 Q_2[C]으로 대전된 반경 c[m]인 도체 II의 외부 표면 전위

$$\frac{Q_1 + Q_2}{4\pi\epsilon_0 c}\left[\frac{\text{V}}{\text{m}}\right] \tag{4-18}$$

그리고 식 (4-15)에 나열된 전하에 의한 도체계의 전위는 도체 II에서 외부로의 전위가 되므로

식 (4-18)과 동일하다.

도체 I 의 전위를 V_1[V], 도체 II의 전위를 V_2[V]라 하고, 식 (4-16) (4-17) (4-18)을 V_1과 V_2에 대해서 각각 정리하면

$$V_1 = \frac{Q_1}{4\pi\epsilon_0 a} + \frac{(-Q_1)}{4\pi\epsilon_0 b} + \frac{Q_1 + Q_2}{4\pi\epsilon_0 c}$$

$$= \frac{1}{4\pi\epsilon_0}\left(\frac{1}{a} - \frac{1}{b} + \frac{1}{c}\right)Q_1 + \frac{1}{4\pi\epsilon_0 c}Q_2 \qquad (4\text{–}19)$$

$$V_2 = \frac{Q_1 + Q_2}{4\pi\epsilon_0 c} = \frac{1}{4\pi\epsilon_0 c}Q_1 + \frac{1}{4\pi\epsilon_0 c}Q_2 \qquad (4\text{–}20)$$

로 된다.

식 (4-19), (4-20)을 식 (4-4), (4-5)의 형태로 정리하면 동심 구 도체의 전위계수가 다음과 같이 계산된다.

$$V_1 = V_{11} + V_{12}$$

$$= \frac{1}{4\pi\epsilon_0}\left(\frac{1}{a} - \frac{1}{b} + \frac{1}{c}\right)Q_1 + \frac{1}{4\pi\epsilon_0 c}Q_2 = p_{11}Q_1 + p_{12}Q_2 \qquad (4\text{–}21)$$

$$V_2 = V_{21} + V_{22}$$

$$= \frac{1}{4\pi\epsilon_0 c}Q_1 + \frac{1}{4\pi\epsilon_0 c}Q_2 = p_{21}Q_1 + p_{22}Q_2 \qquad (4\text{–}22)$$

식 (4-21), (4-22)에서 전위계수는 다음과 같다.

$$\left.\begin{aligned} p_{11} &= \frac{1}{4\pi\epsilon_0}\left(\frac{1}{a} - \frac{1}{b} + \frac{1}{c}\right) \\ p_{12} &= p_{21} = \frac{1}{4\pi\epsilon_0}\left(\frac{1}{c}\right) \\ p_{22} &= \frac{1}{4\pi\epsilon_0}\left(\frac{1}{c}\right) \end{aligned}\right\} \qquad (4\text{–}23)$$

그리고 두 도체구 사이의 전위차는 $V = V_1 - V_2$이므로 식 (4-21)에서 식 (4-22)을 빼면

$$V = \frac{1}{4\pi\epsilon_0}\left(\frac{1}{a} - \frac{1}{b}\right)Q_1 \text{[V]} \qquad (4\text{–}24)$$

이 되고, 앞에서 설명한 것처럼 $p_{22} = p_{12}$의 관계가 있으므로 도체 I 이 도체 II에 포위되어 있다.

【예제 4.3】

그림과 같이 반지름 a[m]인 접지구 도체의 중심에서 $d(>a)$[m]인 곳에 점전하 Q[C]이 구에 유도되는 전하를 구하라.

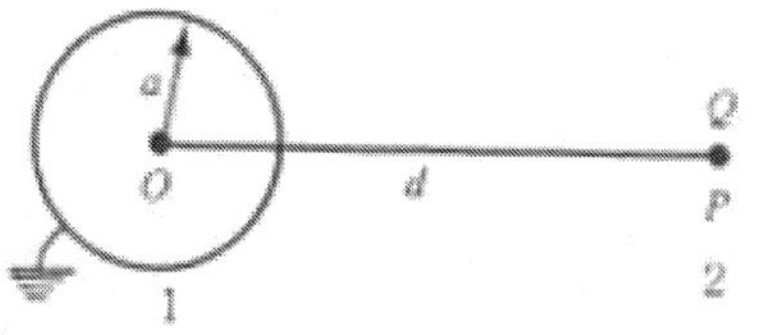

점전하와 구도체

【풀이】

구 도체와 점전하를 각각 1, 2의 도체를 보고

$V_1 = p_{11}Q_1 + p_{12}Q_2, \qquad V_2 = p_{21}Q_1 + p_{22}Q_2$가 된다.

그런데 $Q_1 = 1$[C], $Q_2 = 0$일 때

$$V_1 = p_{11} \times 1 + p_{12} \times 0 = \frac{1}{4\pi\epsilon}\frac{1}{a}[\mathrm{V}],$$
$$V_2 = p_{21} \times 1 + p_{22} \times 0 = \frac{1}{4\pi\epsilon}\frac{1}{d}[\mathrm{V}]$$

이므로

$$p_{11} = \frac{1}{4\pi\epsilon}\frac{1}{a}, \qquad p_{21} = p_{12} = \frac{1}{4\pi\epsilon}\frac{1}{d}[1/\mathrm{F}]$$

가 된다. 지금 점전하 Q[C]에 의한 접지구도체 $(V_1 = 0)$의 유도전하는 Q'[C]이다.

$$0 = p_{11}Q' + p_{12}Q$$
$$\therefore Q' = -\frac{a}{d}q[\mathrm{C}]$$

가 되어 유도전하는 원천전하(점전하)보다 작으며 부호가 반대로 된다.

점전하가 구 내부에 있을 경우에는

$$Q_1 = 1[\mathrm{C}], \quad Q_2 = 0 \text{ 및 } Q_2 = 1[\mathrm{C}], \quad Q_1 = 0$$

가 되어 전위가 같은 값을 가지므로

$$p_{11} = p_{12} = \frac{1}{4\pi\varepsilon a}[1/\mathrm{F}]$$

가 된다. 따라서 접지구($V_1 = 0$)에 유도된 전하를 Q'[C]이라면

$$0 = p_{11}Q' + p_{12}Q$$

$\therefore Q' = -Q$ 와 같이 되어 완전유도상태가 된다.

4.5 정전용량

4.5.1 한 개의 구 도체 정전용량

그림 4-4와 같이 공기 중에서 전하 Q[C]으로 대전된 반지름 r[m]인 구 도체 표면 전계의 세기 $\boldsymbol{E}$ [V/m]는 가우스 법칙에 의해 $E = \dfrac{Q}{4\pi\epsilon_0 r^2}$[V/m]이고, 도체구 표면의 전위 V [V]는 $V = \dfrac{Q}{4\pi\epsilon_0 r}$[V] 임을 알았다.

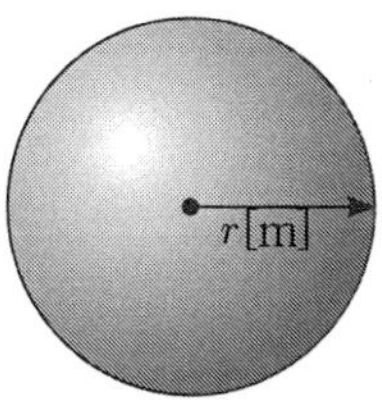

그림 4-4 구 도체

이것을 식 (4-1)에 대입하면 구 도체 정전용량 C가 구해지며 다음 식과 같다.

$$C = \frac{Q}{V} = 4\pi\epsilon_0 r\,[\mathrm{F}] \tag{4-25}$$

4.5.2 동심 구도체 사이의 정전용량

그림 4-3과 같은 동심구 도체 사이의 전위차 V를 나타내는 식 (4-24)을 식 (4-1)에 대입하면 동심구 도체의 정전용량이 구해진다.

$$C = \frac{Q}{V} = \frac{4\pi\epsilon_0}{\left(\frac{1}{a} - \frac{1}{b}\right)} = 4\pi\epsilon_0 \frac{ab}{b-a} [\text{F}] \tag{4-26}$$

이때 정전용량은 내구 반지름 a와 외구의 안 반지름 b로 결정되며 외구의 바깥 반지름과는 관계가 없다.

만일 b의 크기가 무한대이면 $1/b = 0$이 되어 반경 a[m]인 단일 도체구의 정전용량인 식 (4-25)와 같게 된다.

4.5.3 무한장 동축 원통 도체 사이의 정전용량

그림 4-5와 같이 내측 원통 도체 반지름이 a[m], 외측 원통 반지름이 b[m]인 무한히 긴 동축 원통 도체의 단위길이당 정전용량을 구해보자.

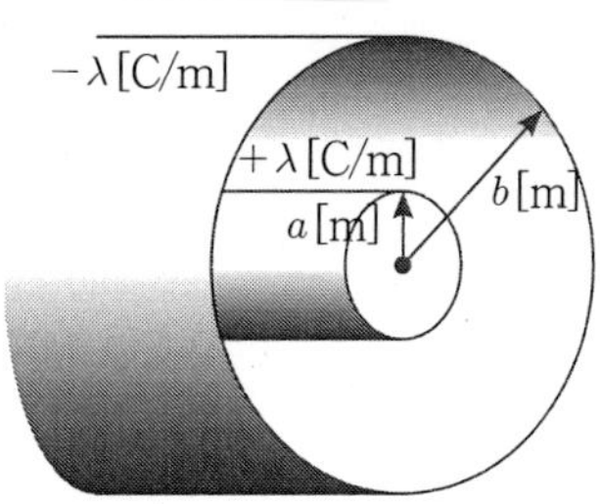

그림 4-5 무한장 동축 원통 도체

내측 원통 도체와 외측 원통 도체에 각각 단위길이당 $+\lambda$[C/m], $-\lambda$[C/m]의 전하가 분포되어 있다고 하면 원통 도체 중심축에서 r[m] 떨어진 두 도체 간 임의의 점에서 전계의 세기 E[V/m]는

$$E = \frac{\lambda}{2\pi\epsilon_0 r} [\text{V/m}] \tag{4-27}$$

이고, 두 도체 간 전위차 V[V]는 다음과 같고,

$$V = \int_b^a - \boldsymbol{E} dr = \frac{\lambda}{2\pi\epsilon_0}\int_a^b \frac{1}{r} dr$$

$$= \frac{\lambda}{2\pi\epsilon_0}[\ln r]_a^b = \frac{\lambda}{2\pi\epsilon_0} ln\frac{b}{a}[\text{V}] \tag{4-28}$$

전위차 V[V]를 식 (4-1)에 대입하면 단위길이당 정전용량이 구해진다.

$$C = \frac{\lambda}{V} = \frac{2\pi\epsilon_0}{\ln\frac{b}{a}}[\text{F/m}] \tag{4-29}$$

4.5.4 평행 원통 도체 사이의 정전용량

반경이 a[m]이고 단위길이당 전하량이 λ[C/m], $-\lambda$[C/m]인 원통 도체 A, B가 그림 4-6과 같이 동일한 축상에 중심이 거리 d[m]만큼 떨어져 평행하게 놓여있는 경우 두 도체 사이의 정전용량을 구하여 보자.

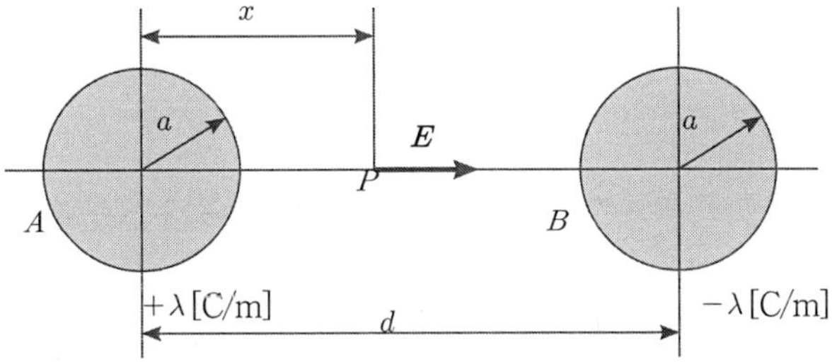

그림 4-6 평행 원통 도체

두 도체의 중심을 직선으로 연결하는 선상에 도체 A에서 x[m] 떨어진 한 점 P에 1[C]의 전하가 놓여있다고 가정하면, A도체에 의한 P점 전계 $\boldsymbol{E}_A$는 A도체가 1[C]의 전하에 작용하는 힘이고, B도체에 의한 P점 전계 $\boldsymbol{E}_B$는 B도체가 1[C]의 전하에 작용하는 힘이므로 도체 A, B에 의한 P점 전계 $\boldsymbol{E}$는 두 도체 각각의 전계를 벡터적으로 합한 것과 같다.

$$\boldsymbol{E} = \boldsymbol{E}_A + \boldsymbol{E}_B[\text{V/m}] \tag{4-30}$$

전계 $\boldsymbol{E}$의 크기 즉 P점 전계의 세기 E는

$$E = E_A + E_B[\text{V/m}] \tag{4-31}$$

이고, 각각의 전계 세기는

$$E_A = \frac{\lambda}{2\pi \epsilon_0 x}[\text{V/m}] \tag{4-32}$$

$$E_A = \frac{-\lambda}{2\pi \epsilon_0 (d-x)}[\text{V/m}] \tag{4-33}$$

이므로 식 (4-31)에 의해서 평행 원통 도체 사이의 전계의 세기는

$$E = \frac{\lambda}{2\pi \epsilon_0}\left(\frac{1}{x} - \frac{1}{d-x}\right)[\text{V/m}] \tag{4-34}$$

가 된다.
평행 원통 도체 사이의 전위차 V[V]는

$$\begin{aligned} V &= -\int_{d-a}^{a} \boldsymbol{E} \cdot d\boldsymbol{x} = -\frac{\lambda}{2\pi \epsilon_0}\int_{d-a}^{a}\left(\frac{1}{x} + \frac{1}{d-x}\right) \\ &= -\frac{\lambda}{2\pi \epsilon_0}\left\{[\ln x]_a^{d-a} - [\ln(d-a)]_a^{d-a}\right\} \\ &= \frac{\lambda}{\pi \epsilon_0} ln\left(\frac{d-a}{a}\right)[\text{V}] \end{aligned} \tag{4-35}$$

이다. 무한장 동축 원통 도체와 마찬가지로 전위차 V[V]를 식 (4-1)에 대입하면 단위길이당 정전용량이 다음과 같이 구해진다.

$$C = \frac{\lambda}{V} = \frac{\pi \epsilon_0}{\ln \frac{d-a}{a}}[\text{F/m}] \tag{4-36}$$

전선 간격이 d이고 전선 반지름이 a인 송전 선로는 $d \gg a$이므로 $d-a \fallingdotseq d$로 볼 수 있기 때문에 식 (4-36)은 다음과 같다.

$$C = \frac{\lambda}{V} = \frac{\pi \epsilon_0}{\ln \frac{d}{a}}[\text{F/m}] \tag{4-37}$$

4.5.5 평행 평판 도체 사이의 정전용량

공기 중에 단위면적당 전하량(면전하밀도) $+\sigma$ [C/m^2], $-\sigma$ [C/m^2]로 균일하게 대전된 면적 S[m^2]인 평판 도체 A, B가 그림 4-7과 같이 d [m]의 간격으로 놓여있을 때 이들 평판 사이의 정전용량을 구하여 보자.

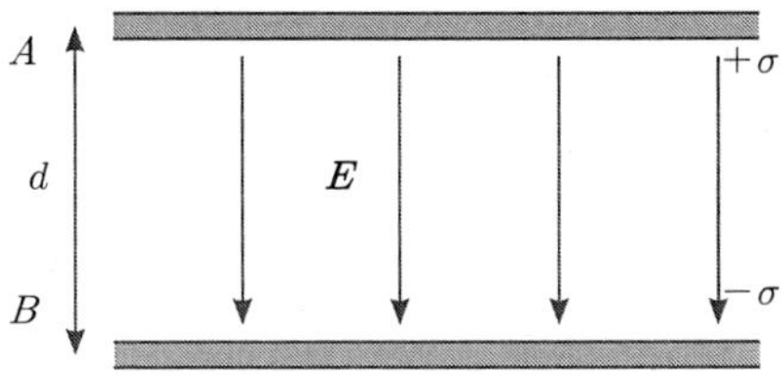

그림 4-7 평행 평판 도체

이 경우 전기력선은 평판 도체 A, B 사이에만 존재하므로 전기력선은 각 평판에서 양면으로 나가지 않고, 마주보는 도체로만 출입하기 때문에 전기력선이 지나가는 면적은 S[m^2]이다.

평판 도체 A, B 사이에 임의의 점 P의 전계의 세기 $\boldsymbol{E}$는 식 (3-24)에서 전기력선이 지나가는 면적을 $2S$에서 S로 바꾸면 다음의 식과 같다.

$$E = \frac{\sigma}{\epsilon_0} \text{[V/m]} \tag{4-38}$$

그런데 평판 도체 전하량 Q[C]과 면전하밀도 σ [C/m^2], 면적 S[m^2]의 관계에서 $\sigma = Q/S$가 성립되므로 식 (4-38)을 다음과 같이 고칠 수 있다.

$$E = \frac{Q}{\epsilon_0 S} \text{[V/m]} \tag{4-39}$$

그리고 두 평판 도체 사이의 전위차 V[V]는

$$V = -\int_d^0 \boldsymbol{E} \cdot d\boldsymbol{x} = -E\int_d^0 dx = E[x]_0^d = Ed \text{[V]} \tag{4-40}$$

이고, 이때 식 (4-39)의 전계를 식 (4-40)에 대입하면 두 평판 도체 사이의 전위차 V[V]는 다음 식과 같이 된다.

$$V = Ed = \frac{Qd}{\epsilon_0 S} \text{[V]} \tag{4-41}$$

이 식으로부터 공기 중의 평행 평판 도체 정전용량 C[F]도 구해진다.

$$C = \frac{Q}{V} = \frac{\epsilon_0 S}{d}\text{[F]} \tag{4-42}$$

【예제 4.4】

내구의 반지름 a=6[cm], b=8[cm]인 동심구 콘덴서의 외구를 접지하고 내구에 V=1,800[V]의 전위를 가할 경우 내구에 충전하는 전하량은 얼마인가?

【풀이】

$Q = CV = \dfrac{4\pi\epsilon_o ab}{b-a}V$ 이므로 위의 숫자를 식에 대입하여 풀면

$Q = 4.8\times10^{-8}$[C]

【예제 4.5】

반지름 2[mm]의 원통상 도체가 중심 간격 50[cm]로 진공 중에 평행하게 놓여 있을 때 1[km]당 정전용량은 얼마인가?

【풀이】

$C_o = \dfrac{\pi\varepsilon_o}{\ln\dfrac{d}{a}} = \dfrac{\pi\varepsilon_o}{\ln\dfrac{50}{0.2}} = \dfrac{\pi\varepsilon_o}{\ln 250} = \dfrac{\pi\varepsilon_o}{5.52}$ [F/m], 그러므로 1[km]이면

$C = \dfrac{\pi\varepsilon_o}{5.52}\times 1{,}000 = 181.1\pi\varepsilon_o$ [F/km]

4.6 콘덴서 연결

정전용량을 크게 하여 가능한 많은 전하를 모을 수 있게 하기 위해서 식 (4-39)에서와 같이 평판 전극의 간격 d를 아주 작게 하고 면적을 가능한 크게 만든 전극 사이에 공기 유전율 ϵ_0보다 유전율이 큰 유전체(dielectric)를 넣은 장치를 콘덴서라 한다.

전극 사이에 넣어진 유전체 종류에 따라 공기 콘덴서, 종이 콘덴서, 기름 콘덴서, 운모 콘덴서, 세라믹 콘덴서 등으로 분류되고, 정전용량의 크기가 고정되어 있는 고정 콘덴서와 정전용량의 크기를 조절할 수 있는 가변 콘덴서를 총칭하여 콘덴서라 부른다. 특히 가변 콘덴서를 베리컨(varicon)이라 부른다.

전기 회로에서는 필요에 따라 콘덴서를 여러 가지 방법으로 연결하여 사용된다.
콘덴서의 기본적인 연결 방법은 저항 연결과 마찬가지로 병렬연결과 직렬연결 방법이 있다.

4.6.1 병렬연결

그림 4-8과 같이 정전용량이 C_1, C_2, C_3[F]인 3개의 콘덴서를 병렬로 연결시켰을 때 합성 정전용량 C[F]는 다음 식과 같다.

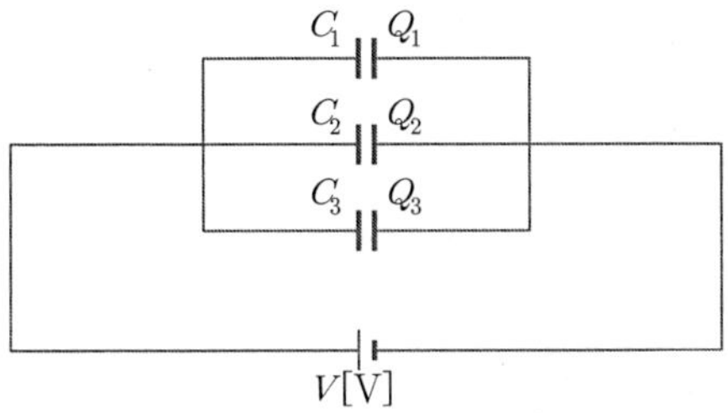

그림 4-8 콘덴서 병렬연결

$$C = C_1 + C_2 + C_3 [\text{F}] \tag{4-43}$$

그림 4-8에서 각 콘덴서에 축적되는 전하량 Q_1, Q_2, Q_3[C]은 $Q = CV$로부터

$$\left.\begin{aligned} Q_1 &= C_1 V [\text{C}] \\ Q_2 &= C_2 V [\text{C}] \\ Q_3 &= C_3 V [\text{C}] \end{aligned}\right\} \tag{4-44}$$

로 되고, 이 회로에 축적되는 전체 전하량을 Q[C]이라 한다면, Q는

$$Q = Q_1 + Q_2 + Q_3 = C_1 V + C_2 V + C_3 V = (C_1 + C_2 + C_3) V [\text{C}] \tag{4-45}$$

로 된다. 이로부터 병렬회로 전체에 인가된 전압 V[V]는

$$V = \frac{Q}{C_1 + C_2 + C_3} [\text{V}] \tag{4-46}$$

이며, 이 결과를 식 (4-44)에 대입하면 각 콘덴서에 저장되는 전하량 Q_1, Q_2, Q_3가 다음과 같이

구해진다.

$$\left.\begin{aligned} Q_1 &= \frac{C_1}{C_1+C_2+C_3}Q[\mathrm{C}] \\ Q_2 &= \frac{C_2}{C_1+C_2+C_3}Q[\mathrm{C}] \\ Q_3 &= \frac{C_3}{C_1+C_2+C_3}Q[\mathrm{C}] \end{aligned}\right\} \tag{4-47}$$

【예제 4.6】

C_1의 용량을 갖는 축전기를 전하 Q로 충전한 후 용량 C_2인 축전기와 병렬로 연결하였을 때, 축전기 양단의 전위차가

$$V=\frac{Q}{C_1}\left(1-\frac{C_2}{C_1+C_2}\right)$$

와 같이 주어짐을 증명하여라.

【풀이】

용량의 병렬연결이므로 합성용량 C는 $C=C_1+C_2$ 이다. 그런데 총 전하량은 Q이다. 그러므로 전위차 V는

$$V=\frac{Q}{C}=\frac{Q}{C_1+C_2}=\frac{Q}{C_1}\left(\frac{C_1}{C_1+C_2}\right)=\frac{Q}{C_1}\left(1-\frac{C_2}{C_1+C_2}\right)$$와 같이 된다.

4.6.2 직렬연결

그림 4-9에서 C_1, C_2, C_3[F]인 3개의 콘덴서를 직렬연결하면 합성 정전용량 C[F]는 다음과 같이 된다.

$$\frac{1}{C}=\frac{1}{C_1}+\frac{1}{C_2}+\frac{1}{C_3}[\mathrm{F}] \tag{4-48}$$

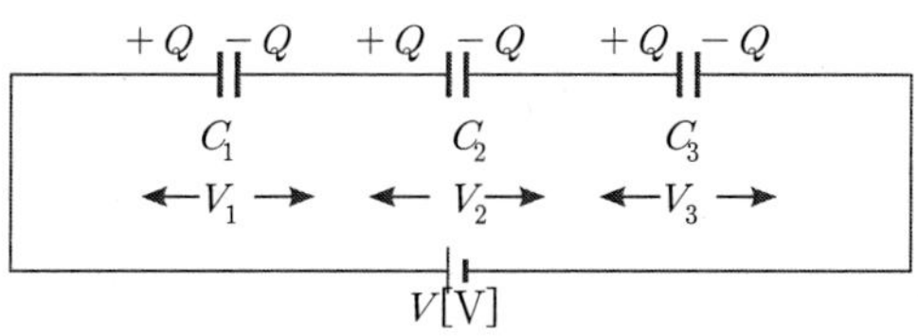

그림 4-9 콘덴서 직렬연결

그림 4-9와 같이 콘덴서를 직렬로 접속하여 그 양단에 전압 V[V]를 공급하면, 정전유도작용에 의하여 각 콘덴서의 전극에는 $+Q$[C]와 $-Q$[C]의 전하가 유도된다.

한편 회로에 인가된 전압 V[V]는 각 콘덴서의 정전용량에 반비례하여 각각의 콘덴서에 분배되는데, 직렬연결을 할 때는 각 콘덴서에 분배되는 전압이 콘덴서가 견디어낼 수 있는 최대전압 이상이 되지 않도록 주의하여야 한다.

이 전압을 파괴전압 또는 내압이라 하고, 이 전압 이상이 되지 않도록 인가전압 V[V]를 계산하여야 한다.

각 콘덴서에 걸리는 전압 V_1, V_2, V_3[V]와 인가된 전압 V[V] 그리고 전하량과 정전용량은 다음과 같은 관계가 있다.

$$V_1 = \frac{Q}{C_1}[\text{V}],\ V_2 = \frac{Q}{C_2}[\text{V}],\ V_3 = \frac{Q}{C_3}[\text{V}] \tag{4-49}$$

$$\begin{aligned} V &= V_1 + V_2 + V_3 \\ &= \frac{Q}{C} = \frac{Q}{C_1} + \frac{Q}{C_2} + \frac{Q}{C_3} \\ &= \left(\frac{1}{C_1} + \frac{1}{C_2} + \frac{1}{C_3}\right)Q = \frac{Q}{C}[\text{V}] \end{aligned} \tag{4-50}$$

【예제 4.7】

내압 100[V] 정전용량 10[μF], 내압 250[V] 정전용량 5[μF], 내압 600[V] 정전용량 2[μF]인 3개의 콘덴서가 직렬로 접속되어 있을 때, 콘덴서 파괴순서는?

【풀이】

합성정전용량 C는

$$C = \frac{1}{\frac{1}{10} + \frac{1}{5} + \frac{1}{2}} = 1.25[\mu\mathrm{F}]$$

직렬로 접속한 양단의 전위차를 0으로부터 서서히 증가시킬 때 파괴되는 콘덴서의 순서를 보면, 각 콘덴서에 걸리는 전위차 V_1, V_2, V_3는

$$V_1 : V_2 : V_3 = \frac{1}{C_1} : \frac{1}{C_2} : \frac{1}{C_3} = \frac{1}{10} : \frac{1}{5} : \frac{1}{2} = 1:2:5$$

이므로, 10[μF]에 걸리는 전위차가 100[V]일 때,

$$V_1 : V_2 : V_3 = 100 : 200 : 500$$

이다. 따라서 10[μF]의 콘덴서가 먼저 파괴된다.

다음에 5[μF]에 250[V]가 걸릴 때, $V_2 : V_3 = 250 : 625$
이므로 2[μF]이 5[μF]보다 먼저 파괴된다. 즉, 파괴되는 순서는
정전용량이 10[μF], 2[μF]인 콘덴서임을 알 수 있다.

4.7 정전 에너지

'콘덴서를 충전시킨다'함은 외부의 전하를 콘덴서 전극판 사이로 운반시켜 보관한다는 것이고, 방전이라 함은 콘덴서에 보관된 전하를 내보냄을 의미한다.

외부 전하를 콘덴서 전극판 사이로 운반시키기 위해서 일이 필요하며, 이 일을 물리에서 에너지라 한다.

콘덴서 내에 충전된 전하는 이 에너지를 보유하고 있으며, 방전되는 전하는 이 에너지를 방출하는 것이므로 충전 에너지와 방전 에너지는 같음을 의미한다.

콘덴서 내에 충전된 전하는 방전되지 않는 이상 콘덴서 내에서 에너지를 보유하면서 정지되어 있기 때문에 콘덴서에 저장되는 에너지를 정전에너지라 부른다.

전하량이 아주 작은 미소 전하량을 Δq[C]이라 하고, 이 전하를 전계의 반대 방향으로 무한히 먼 곳에서 한 지점까지 당겨오는 데 필요한 일 ΔW[J]는 다음 식과 같다.

$$\left.\begin{aligned} \Delta W &= V \Delta q \,[\mathrm{J}] \\ dW &= V dq \,[\mathrm{J}] \end{aligned}\right\} \tag{4-51}$$

여기에 $V = q/C$[C]의 관계를 대입하여 미분 형태로 표기하면

$$dW = \frac{1}{C} q\, dq \,[\mathrm{J}] \tag{4-52}$$

로 된다.

미소 전하량 Δq[C]을 Q[C]이 될 때까지 모으는데 드는 전체 일을 정전에너지라 하며, W로 표기하고, 식 (4-52)의 양변을 적분한 후 $V = Q/C$[C]의 관계를 대입하면 구해진다.

$$W = \int dW = \int_0^Q \frac{1}{C} q\, dq = \frac{1}{2C}[q^2]_0^Q = \frac{1}{2}\frac{Q^2}{C} = \frac{1}{2} QV = \frac{1}{2} CV^2 \,[\mathrm{J}] \tag{4-53}$$

4.8 정전기의 흡인력(도체에 작용하는 힘)

그림 4-10과 같이 $\pm Q$[C]으로 충전된 전극판 A와 B는 양, 음 전하에 의해 정전기력 $\boldsymbol{F}$[N]이 발생되고 이 힘 $\boldsymbol{F}$에 의해 한쪽 전극판의 위치가 아주 미소하게 Δl[m]만큼 변화된다.

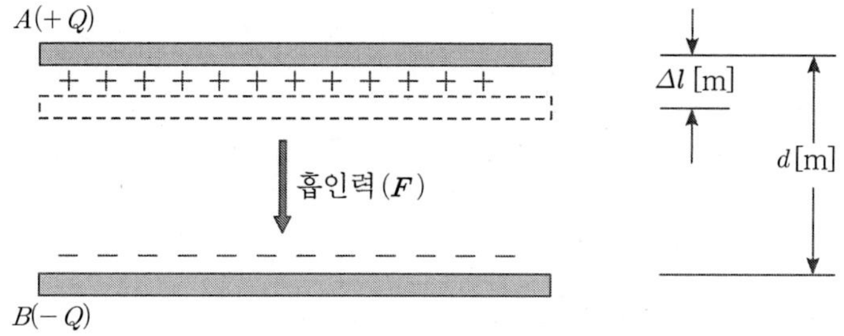

그림 4-10 정전기의 흡인력

정전기력 $\boldsymbol{F}$에 의한 전극판 위치의 미소한 변화량 Δl[m]에 의해 생기는 일은 다음 식처럼 두 벡터의 스칼라 곱으로 구해진다.

$$-\Delta W = \boldsymbol{F} \cdot \Delta l \, [\mathrm{J}] \tag{4-54}$$

또, 이 식을 거리 변화에 대한 일량의 변화를 나타내는 변화율인 미분 형태로 바꿀 수 있고, 이때 $\boldsymbol{F}$를 정전 흡인력이라 한다.

$$\boldsymbol{F} = -\frac{\Delta W}{\Delta l} = -\frac{dW}{dl} [\mathrm{N}] \tag{4-55}$$

여기서 −부호는 전극판 사이의 거리가 감소되므로 전극판 사이에 저장되는 에너지가 ΔW[J]만큼 감소됨을 의미한다.

공간 내에서 정전 흡인력과 변위벡터는 각각 $\boldsymbol{F} = F_x \boldsymbol{i} + F_y \boldsymbol{j} + F_z \boldsymbol{k}$, $\Delta l = \Delta l_x \boldsymbol{i} + \Delta l_y \boldsymbol{j} + \Delta l_z \boldsymbol{k}$로 표현된다.

위에서 설명하였지만 식 (4-55)는 미소 변위(Δl)에 대한 일의 미소 변화량(ΔW)의 변화율인 미분식이지만 공간 내에서 Δl 의 각 방향 성분에 대한 미분을 편미분으로 표현하면 다음의 식과 같이 된다.

$$\left.\begin{aligned} F_x &= -\frac{\partial W}{\partial x}[\mathrm{N}] \\ F_y &= -\frac{\partial W}{\partial y}[\mathrm{N}] \\ F_z &= -\frac{\partial W}{\partial z}[\mathrm{N}] \end{aligned}\right\} \tag{4-56}$$

그러나 콘덴서에서 전극의 변위 방향은 그림 4-10에서 볼 수 있듯이 오직 d 방향이므로 콘덴서의 정전 흡인력은 다음의 식으로도 표현된다.

$$F_d = -\frac{\partial W}{\partial d}[\mathrm{N}] \tag{4-57}$$

기사시험 기출문제

문제 4-1	99. 산업기사

반지름 a[m]인 구의 정전용량[F]은?

㉮ $4\pi\epsilon_0 a$　㉯ $\epsilon_0 a$　㉰ a　㉱ $\dfrac{1}{4\pi\epsilon_0 a}$

풀이 $C=\dfrac{Q}{V}=\dfrac{Q}{\dfrac{Q}{4\pi\epsilon_0 a}}=4\pi\epsilon_0 a$에서 $C=4\pi\epsilon_0 a=\dfrac{1}{9\times10^9}\times a$

[답] ㉮

문제 4-2	12. 산업기사

두 도체 A와 B에서 도체 A에는 $+Q$[C], 도체 B에는 $-Q$[C]의 전하를 줄 때 도체 A, B 간의 전위차를 V_{AB}라 하면 성립되는 식은?(단, 두 도체 사이의 정전용량은 C이다.)

㉮ $Q=\sqrt{C}\,V_{AB}^2$　㉯ $Q=\sqrt{C}\,V_{AB}$　㉰ $Q=C^2 V_{AB}$　㉱ $Q=CV_{AB}$

풀이 진공 중에 놓인 두 도체에 각각 동량의 다른 부호 전하 $\pm Q$를 주었을 때, 도체 사이의 전위차를 V_{AB}라 하면 두 도체 사이의 정전용량 C는 $C=\dfrac{Q}{V_{AB}}$[F]이다.

여기서 Q : 전하[C], V_{AB} : 두 도체 사이의 전위차[V], C : 정전용량[F]이다.

$\therefore Q=CV_{AB}$[V]

[답] ㉱

문제 4-3	97, 01. 산업기사

$1[\mu F]$의 정전용량을 가진 구의 반지름[km]은?

㉮ 9×10^3　㉯ 9　㉰ 9×10^{-3}　㉱ 9×10^{-6}

풀이 $C=4\pi\epsilon_0 R=\dfrac{1}{9\times10^9}\times R$,

$R=(9\times10^9)C=(9\times10^9)(1\times10^{-6})=9\times10^3=9[\text{km}]$

[답] ㉯

문제 4-4	00. 01. 산업기사

엘라스턴스(elastance)란?

㉮ $\dfrac{1}{\text{전위차} \times \text{전기량}}$ ㉯ 전위차 $\times$ 전기량

㉰ $\dfrac{\text{전위차}}{\text{전기량}}$ ㉱ $\dfrac{\text{전기량}}{\text{전위차}}$

풀이 $V=\dfrac{1}{C}Q$, $\dfrac{1}{C}=\dfrac{V(\text{전위차})}{Q(\text{전기량 또는 전하량})}=$ 엘라스턴스 [답] ㉰

문제 4-5	96, 00, 12. 산업기사

Q와 $-Q$로 대전된 두 도체 n과 r 사이의 전위차를 전위계수로 표시하면?

㉮ $(P_{nn}-2P_{nr}+P_{rr})Q$ ㉯ $(P_{nn}+2P_{nr}+P_{rr})Q$

㉰ $(P_{nn}+P_{nr}+P_{rr})Q$ ㉱ $(P_{nn}-P_{nr}+P_{rr})Q$

풀이 $V_1=P_{nn}Q_1+P_{nr}Q_2$, $V_2=P_{rn}Q_1+P_{rr}Q_2$에서, $Q_1=Q$, $Q_2=-Q$를 대입하면,

$V_1=P_{nn}Q-P_{nr}Q$, $V_2=P_{rn}Q-P_{rr}Q$

$\therefore V=V_1-V_2=(P_{nn}-2P_{nr}+P_{rr})Q$ [답] ㉮

문제 4-6	02. 산업기사

내구의 반지름이 a[m], 외구의 반지름이 b[m]인 동심구형 콘덴서의 내구의 반지름과 외구의 반지름을 각각 $2a$[m], $2b$[m]로 증가시키면 이 동심구형 콘덴서의 정전용량은 몇 배로 되는가?

㉮ 1 ㉯ 2 ㉰ 3 ㉱ 4

풀이 $C=\dfrac{Q}{V}=\dfrac{4\pi\epsilon_0}{\left(\dfrac{1}{a}-\dfrac{1}{b}\right)}=4\pi\epsilon_0\dfrac{ab}{b-a}$[F]에서 반지름을 각각 2배로 늘린 정전용량을 C'라

하면 $C'=4\pi\epsilon_0\dfrac{2a\times 2b}{2b-2a}=4\pi\epsilon_0\dfrac{4ab}{2(b-a)}=2C$ [답] ㉯

문제 4-7	97, 01 산업기사

1[μF]의 정전용량을 가진 구의 반지름[km]은?

㉮ 9×10^3 ㉯ 9 ㉰ 9×10^{-3} ㉱ 9×10^6

풀이 $C=\frac{Q}{V}=\frac{Q}{\frac{Q}{4\pi\epsilon_0 a}}=\frac{1}{9\times10^9}a[\mathrm{F}]$ $\therefore a=9\times10^9 C=9\times10^3[\mathrm{m}]=9[\mathrm{km}]$ **[답]** ㉯

문제 4-8	99, 03. 산업기사

도체 I, II 및 III이 있을 때 도체 II가 도체 I에 완전 포위되어 있음을 나타내는 것은?

㉮ $P_{11}=P_{21}$ ㉯ $P_{11}=P_{31}$ ㉰ $P_{11}=P_{33}$ ㉱ $P_{12}=P_{22}$

풀이 반지름 a[m]인 도체구 Ⅱ를 안 반지름 b[m], 바깥 반지름 c[m]인 동심 도체구 I로 포위하는 경우 도체 I에만 $+Q$[C]의 전하를 주었다면 $V_1=P_{11}Q$, $V_2=P_{21}Q$ 의 관계식이 성립한다.

여기서, $P_{11}=\frac{V_1}{Q}=\frac{1}{4\pi\epsilon_0 c}$, 도체구 I의 외부 표면 전위는 $\frac{Q}{4\pi\epsilon_0 c}$,

$P_{21}=\frac{V_2}{Q}=\frac{1}{4\pi\epsilon_0 c}$

도체 구 I, II 사이의 전위차=0이므로 $\therefore P_{11}=P_{21}$ **[답]** ㉮

문제 4-9	14. 기사

구 도체에 50[μC]의 전하가 있다. 이때의 전위가 10[V]이면 도체의 정전용량은 몇 [μF]인가?

㉮ 3 ㉯ 4 ㉰ 5 ㉱ 6

풀이 $C=\frac{Q}{V}=\frac{50\times10^{-6}}{10}=5\times10^{-6}=5[\mu\mathrm{F}]$ **[답]** ㉰

문제 4-10	**00, 07. 산업기사**

도체계의 전위계수의 설명 중 옳지 <u>않은</u> 것은?

㉮ $p_{rr} \geqq p_{rs}$ ㉯ $p_{rr} < 0$ ㉰ $p_{sr} \geqq 0$ ㉱ $p_{rs} = p_{sr}$

풀이 p_{rr}은 r도체에 1[C]을 줄 때의 r도체 자신의 전위이므로 $p_{rr} > 0$이어야 함. **[답]** ㉯

문제 4-11	**14. 기사 / 97. 99. 산업기사**

그림과 같은 두 개의 동심 구에서 내구의 반지름이 a[m], 외구의 안 반지름이 b[m], 외구의 바깥 반지름이 c[m]일 때 전위계수 p_{11}을 구하면? (도체 1에만 전하 Q[C]를 줌)

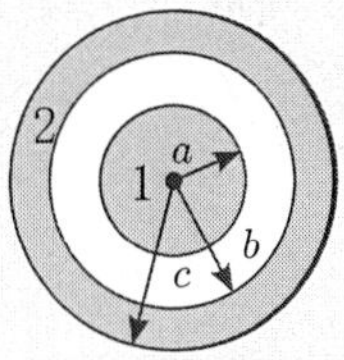

㉮ $\frac{1}{4\pi\epsilon_0}\left(\frac{1}{a}-\frac{1}{b}+\frac{1}{c}\right)$ ㉯ $\frac{1}{4\pi\epsilon_0}\frac{1}{c}$

㉰ $\frac{1}{4\pi\epsilon_0}\left(\frac{1}{a}-\frac{1}{b}\right)$ ㉱ $\frac{1}{4\pi\epsilon_0}\left(\frac{1}{a}+\frac{1}{b}+\frac{1}{c}\right)$

풀이 도체 1에만 전하 Q[C]를 주었을 때 정전유도현상에 의해 외구의 안쪽에 $-Q$[C]가 유도되고 외구의 바깥쪽에 $+Q$[C]의 전하가 유도된다.

이때 도체 1 및 2의 전위를 각각 V_1, V_2[V]라 한다면 전위계수를 나타내는 식 (4-4)에서 V_1은 a[m], b[m], c[m]지점 각각의 전위 합이므로

a[m]지점 전위 : $\frac{Q}{4\pi\epsilon_0 a}$

b[m]지점 전위 : $\frac{-Q}{4\pi\epsilon_0 b}$(식 (4-19)의 유도과정 설명 참고)

c[m]지점 전위 : $\frac{Q}{4\pi\epsilon_0 c}$

$$V_1 = \frac{Q}{4\pi\epsilon_0 a}+\frac{-Q}{4\pi\epsilon_0 b}+\frac{Q}{4\pi\epsilon_0 c}=\frac{1}{4\pi\epsilon_0}\left(\frac{1}{a}-\frac{1}{b}+\frac{1}{c}\right)Q[\mathrm{V}]$$

$$\therefore\ P_{11}=\frac{1}{4\pi\epsilon_0}\left(\frac{1}{a}-\frac{1}{b}+\frac{1}{c}\right)$$

[답] ㉮

문제 4-12	16. 산업기사

진공 중에서 1[μF]의 정전용량을 갖는 구의 반지름은 몇 [km]인가?

㉮ 0.9　　㉯ 9　　㉰ 90　　㉱ 900

풀이

[답] ㉯

문제 4-13	01. 산업기사

도체계에서 각 도체의 전위를 V_1, $V_2 \cdots$으로 하기 위한 각 도체의 유도계수와 용량계수에 대한 설명으로 옳은 것은?

㉮ q_{11}, q_{22}, q_{33} 등을 유도계수라 한다.

㉯ q_{21}, q_{31}, q_{41} 등을 용량계수라 한다.

㉰ 일반적으로 유도계수 ≤ 0이다.

㉱ 용량계수와 유도계수의 단위는 모두 [V/C]이다.

풀이 유도계수 $q_{ij} \leq 0$, 용량계수 $q_{ii} > 0$

[답] ㉰

문제 4-14	97, 03. 산업기사

그림과 같이 동심구에서 도체 A에 Q[C]을 줄 때 도체 A의 전위[V]는? (단, 도체 B의 전하는 0이다.)

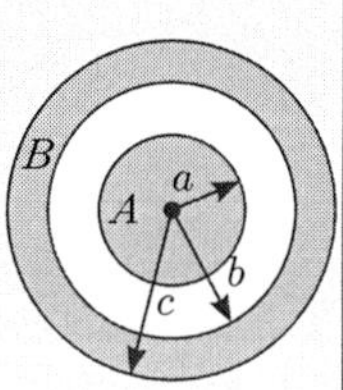

㉮ $\dfrac{Q}{4\pi\epsilon_0 c}$　　㉯ $\dfrac{1}{4\pi\epsilon_0}\left(\dfrac{1}{a}-\dfrac{1}{b}\right)$

㉰ $\dfrac{1}{4\pi\epsilon_0}\left(\dfrac{1}{a}+\dfrac{1}{b}\right)$　　㉱ $\dfrac{1}{4\pi\epsilon_0}\left(\dfrac{1}{a}-\dfrac{1}{b}+\dfrac{1}{c}\right)$

풀이 문제 4-10번 풀이와 같음

[답] ㉱

문제 4-15	00, 11. 산업기사

내구의 반지름 $a=10[\text{cm}]$, 외구의 반지름이 $b=20[\text{cm}]$인 동심구 콘덴서의 용량을 구하면?

㉮ 11[pF]　㉯ 22[pF]　㉰ 33[pF]　㉱ 4[pF]

풀이 $C=4\pi\epsilon_0\dfrac{ab}{b-a}$에서 $a=10[\text{cm}]$, $b=20[\text{cm}]$를 대입하면

$$C=\frac{(10\times10^{-2})\times(20\times10^{-2})}{9\times10^{9}\times(20\times10^{-2}-10\times10^{-2})}\fallingdotseq 22\times10^{-12}=22.2[\text{pF}]$$

[답] ㉯

문제 4-16	12. 산업기사

그림과 같이 $+q[\text{C/m}]$로 대전된 두 도선이 $d[\text{m}]$의 간격으로 평행하게 가설 되었을 때, 이 두 도선 간에서 전계가 최소가 되는 점은?

㉮ $\dfrac{d}{3}$지점　㉯ $\dfrac{d}{2}$지점

㉰ $\dfrac{2d}{3}$지점　㉱ $\dfrac{3d}{5}$지점

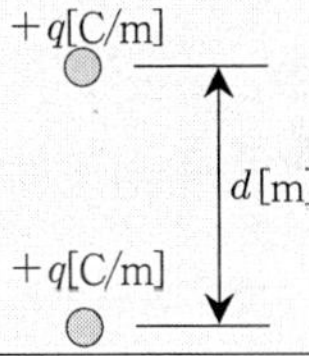

풀이 그림 중 도선에서 $x[\text{m}]$ 떨어진 점 P의 전계의 세기는 가우스의 정리에 의하여

$$E=\frac{q}{2\pi\epsilon_0 x}-\frac{q}{2\pi\epsilon_0(d-x)}=\frac{q}{2\pi\epsilon_0}\left(\frac{1}{x}-\frac{1}{d-x}\right)$$

E가 최소가 되기 위한 조건은 $\dfrac{\partial E}{\partial x}=0$이므로

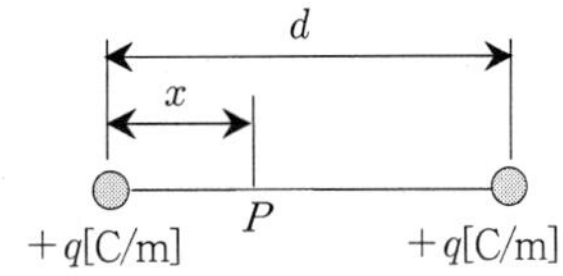

$$\frac{\partial E}{\partial x}=\frac{q}{2\pi\epsilon_0}\left(-\frac{1}{x^2}+\frac{1}{(d-x)^2}\right)=0$$이다.

따라서 $\dfrac{1}{x^2}=\dfrac{1}{(d-x)^2}$, $x^2=(d-x)^2$ 이므로

$x=d-x$, $2x=d$, $\therefore x=\dfrac{d}{2}$

[답] ㉯

문제 4-17	94. 기사

그림과 같이 내구에 $+Q$[C], 외구에 $-Q$[C]의 전하로 대전된 두 개의 동심구 도체가 있다. 구 사이가 진공으로 되어 있을 때, 동심구 사이의 정전용량 C[F]는?

㉮ $2\pi\epsilon_0\dfrac{ab}{b-a}$　　㉯ $4\pi\epsilon_0\dfrac{ab}{b-a}$

㉰ $2\pi\epsilon_0\dfrac{1}{\ln\dfrac{b}{a}}$　　㉱ $4\pi\epsilon_0\dfrac{1}{\ln\dfrac{b}{a}}$

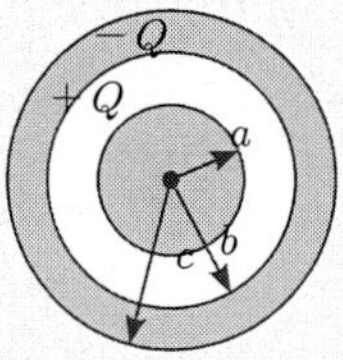

풀이 동심구에 $\pm Q$[C]을 줄 때 전위차는 $V=\dfrac{1}{4\pi\epsilon_0}\left(\dfrac{1}{a}-\dfrac{1}{b}\right)$이므로

$$C=\frac{Q}{V}=\frac{4\pi\epsilon_0}{\left(\dfrac{1}{a}-\dfrac{1}{b}\right)}=\frac{4\pi\epsilon_0 ab}{b-a}$$

[답] ㉯

문제 4-18	14. 산업기사

동심구형 콘덴서의 내·외 반지름을 각각 2배로 증가시켜서 처음의 정전용량과 같게 하려면 유전체의 비율은 처음 유전체에 비해 어떻게 되는가?

㉮ 1배로 한다.　　㉯ 2배로 한다.

㉰ 1/2로 줄인다.　　㉱ 1/4로 줄인다.

풀이 $C=\dfrac{Q}{V}=\dfrac{4\pi\epsilon_0}{\left(\dfrac{1}{a}-\dfrac{1}{b}\right)}=4\pi\epsilon_0\dfrac{ab}{b-a}$[F]에서 반지름을 각각 2배인 경우 정전용량이 C'이면 $C'=4\pi\epsilon_0\dfrac{2a\times 2b}{2b-2a}=4\pi\epsilon_0\dfrac{4ab}{2(b-a)}=2C$,

$\therefore C'=C$이면 유전율이 1/2배

[답] ㉰

문제 4-19	12. 산업기사

그림 4-5의 무한히 긴 동축 원통 도체의 내·외 원통 도체의 반지름이 각각 $a=10$[cm], $b=20$[cm]이고 원통 사이에 공기로 채워져 있을 때 단위 길이당 정전용량은?

㉮ 0.8×10^{-11} ㉯ 0.8×10^{-12} ㉰ 8×10^{-12} ㉱ 8×10^{-13}

풀이 동축 원통 도체 단위길이당 정전용량 $C=\dfrac{2\pi\epsilon_0}{\ln\frac{b}{a}}$[F/m]에 $a=10$[cm], $b=20$[cm]를

대입하면 $C=\dfrac{55\times10^{-12}}{0.693}\fallingdotseq 80\times10^{-12}$[F/m]

[답] ㉰

문제 4-20	03, 13. 산업기사

반지름 a[m], 선간 거리 d[m]인 평행 도선간의 정전용량[F/m]은? (단, $d\gg a$이다.)

㉮ $\dfrac{2\pi\epsilon_0}{\ln\frac{d}{a}}$ ㉯ $\dfrac{1}{2\pi\epsilon_0\ln\frac{d}{a}}$ ㉰ $\dfrac{1}{2\epsilon_0\ln\frac{d}{a}}$ ㉱ $\dfrac{\pi\epsilon_0}{\ln\frac{d}{a}}$

풀이 $C=\dfrac{\pi\epsilon_0}{\ln\frac{d}{a}}$[F/m]

[답] ㉱

문제 4-21	16. 산업기사

전위함수가 V=x2+y2[V]인 자유공간 내의 전하밀도는 몇 [C/m^3]인가?

㉮ -12.5×10^{-12} ㉯ -22.4×10^{-12}

㉰ -35.4×10^{-12} ㉱ -70.8×10^{-12}

풀이

[답] ㉰

문제 4-22	14. 산업기사

반지름이 a[m]인 무한히 긴 원통 도선 A, B가 중심 사이의 거리 d[m]로 평행하게 배치되어 있다. 단위길이마다 $+Q$[C/m], $-Q$[C/m]의 전하를 줄 때 두 도선 사이의 전위차는 몇 [V]인가?

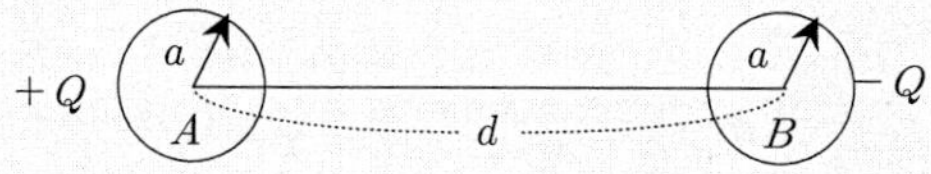

㉮ $\dfrac{Q}{2\pi\epsilon_0}\ln\left(\dfrac{d-a}{a}\right)$ ㉯ $\dfrac{Q}{2\pi\epsilon_0}\ln\left(\dfrac{a}{d-a}\right)$

㉰ $\dfrac{Q}{\pi\epsilon_0}\ln\left(\dfrac{d-a}{a}\right)$ ㉱ $\dfrac{Q}{\pi\epsilon_0}\ln\left(\dfrac{a}{d-a}\right)$

풀이 식 (4-34)에 $+\lambda$[C/m] $= +Q$[C/m], $-\lambda$[C/m] $= -Q$[C/m]를 대입한 후

식 (4-35)와 같이 적분하면 전위차 $V = \dfrac{Q}{\pi\epsilon_0}\ln\left(\dfrac{d-a}{a}\right)$[V] **[답]** ㉰

문제 4-23	95. 기사

그림에서 2[μF]에 100[μF]의 전하가 충전되어 있었다면 3[μF]의 양단의 전위차는 몇 [V]인가?

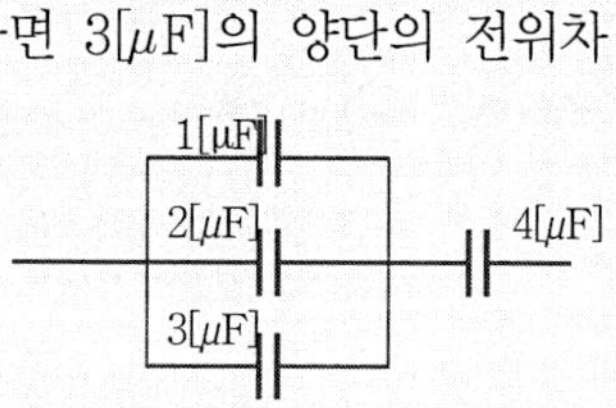

㉮ 50 ㉯ 100

㉰ 200 ㉱ 260

풀이 병렬연결 부분의 정전용량을 $C_1 = 1$[μF], $C_2 = 2$[μF], $C_3 = 3$[μF]라 하고,

식 (4-44)의 $Q_2 = C_2 V$에 $C_2 = 2$[μF], $Q_2 = 100$[μF]를 대입하면 전압 $V_2 = 50$[V]가 구해진다.

콘덴서 병렬연결에서 각 콘덴서에 걸리는 전압은 같으므로

$V = V_1 = V_2 = V_3 = 50$[V] **[답]** ㉮

문제 4-24	01, 10. 산업기사

간격 d[m]인 무한히 넓은 평행 판의 단위면적당 정전용량[F/m^2]은? (단, 매질은 공기라 한다.)

㉮ $\dfrac{1}{4\pi\epsilon_0 d}$　　㉯ $\dfrac{4\pi\epsilon_0}{d}$　　㉰ $\dfrac{\epsilon_0}{d}$　　㉱ $\dfrac{\epsilon_0}{d^2}$

풀이 $C=\dfrac{Q}{V}=\dfrac{\epsilon_0 S}{d}$[F]에서 단위면적은 $S=1$이므로 $C=\dfrac{\epsilon_0\times 1}{d}=\dfrac{\epsilon_0}{d}$ **[답]** ㉰

문제 4-25	02, 13. 산업기사

전압 V로 충전된 용량 C의 콘덴서에 용량 $2C$의 콘덴서를 병렬 연결한 후의 단자 전압[V]은?

㉮ $3V$　　㉯ $2V$　　㉰ $\dfrac{V}{2}$　　㉱ $\dfrac{V}{3}$

풀이 충전 전하 $Q=CV$, 합성용량 $C_0=C+2C=3C$이므로, $V_0=\dfrac{Q}{C_0}=\dfrac{CV}{3C}=\dfrac{V}{3}$

[답] ㉱

문제 4-26	93. 산업기사

1변이 50[cm]인 정사각형 전극을 가진 평행판 콘덴서가 있다. 이 극판 간격을 5[mm]로 할 때 정전용량은 얼마인가? (단, $\epsilon_0=8.85\times 10^{-12}$이고 단말효과는 무시한다.)

㉮ 443[pF]　　㉯ 380[μF]　　㉰ 410[μF]　　㉱ 0.5[pF]

풀이 평행 평판 도체 사이의 정전용량을 나타내는 식 (4-42)의

$C=\dfrac{\epsilon_0 S}{d}$[F]에 $S=(50\times 10^{-2})\times(50\times 10^{-2})$[m^2]와 $d=5\times 10^{-3}$[m]를 대입하면

$$C=\frac{8.85\times 10^{-12}\times(50\times 10^{-2})^2}{5\times 10^{-3}}=443[\text{pF}]$$ **[답]** ㉮

문제 4-27	00, 14. 산업기사

Q_1[C]으로 대전된 용량 C_1[F]의 콘덴서에 용량 C_2[F]를 병렬 연결한 경우 C_2가 분배받는 전기량 Q_2는?(단, V[V]은 콘덴서 C_1이 Q_1으로 충전되었을 때 C_1 양단의 전압이다.)

㉮ $Q_2 = \dfrac{C_1 + C_2}{C_2} V_1$　　㉯ $Q_2 = \dfrac{C_2}{C_1 + C_2} V_1$

㉰ $Q_2 = \dfrac{C_1}{C_1 + C_2} V_1$　　㉱ $Q_2 = \dfrac{C_1 C_2}{C_1 + C_2} V_1$

풀이 병렬연결 시 합성용량 $C_0 = C_1 + C_2$,

각 콘덴서에 걸리는 전압은 서로 같으므로 $V_1 = V_2 = V_0 = \dfrac{Q_1}{C_1 + C_2}$[V]이고,

각 콘덴서에 축적되는 전기량은 $Q_1 = C_1 V_0$과 $Q_2 = C_2 V_0$이다.

C_2의 전기량 $Q_2 = C_2 V_0 = \dfrac{C_2}{C_1 + C_2} Q_1 = \dfrac{C_2}{C_1 + C_2} C_1 V_1 = \dfrac{C_1 C_2}{C_1 + C_2} V_1$　　**[답]** ㉱

문제 4-28	02. 산업기사

$C_1 = 1[\mu F]$, $C_2 = 2[\mu F]$, $C_3 = 3[\mu F]$인 3개의 콘덴서를 직렬연결하여 600[V]의 전압을 가할 때 C_1양변 사이에 걸리는 전압[V]은?

㉮ 227　　㉯ 327　　㉰ 427　　㉱ 527

풀이 C_1, C_2, C_3에 분배되는 전압을 V_1, V_2, V_3라 하면 합성 정전용량 C_0는

$$\frac{1}{C_0} = \frac{1}{C_1} + \frac{1}{C_2} + \frac{1}{C_3} = 1 + \frac{1}{2} + \frac{1}{3} = \frac{11}{6}$$

그리고 식 (4-49)의 $V_1 = \dfrac{Q}{C_1}$와 식 (4-49)의 $V = \dfrac{Q}{C_0}$로부터

$$V_1 = \frac{C_0}{C_1} V = \frac{6}{11} V = \left(\frac{6}{11}\right) \times 600 = 327.2$$

[답] ㉯

문제 4-29	03. 기사 / 14. 산업기사

정전용량이 4[μF], 5[μF], 6[μF]이고, 각각의 내압이 순서대로 500[V], 450[V], 350[V]인 콘덴서 3개를 직렬로 연결하고 전압을 서서히 증가시키면 콘덴서의 상태는 어떻게 되겠는가? (단, 유전체의 재질이나 두께는 같다.)

㉮ 동시에 모두 파괴된다.
㉯ 4[μF]이 가장 먼저 파괴된다.
㉰ 5[μF]이 가장 먼저 파괴된다.
㉱ 6[μF]이 가장 먼저 파괴된다.

풀이 최대 충전 전하량($Q_{\max} = CV_{내압}$)이 가장 작은 것이 가장 먼저 파괴된다. **[답]** ㉯

문제 4-30	03. 산업기사

면적 S[m^2], 간격 d[m]인 평행판 콘덴서에 전하 Q[C]을 충전할 때 흡인력[N]은?

㉮ $\dfrac{Q^2}{2\epsilon_0 S}$　㉯ $\dfrac{Q^2 d}{2\epsilon_0 S}$　㉰ $\dfrac{Q^2}{4\epsilon_0 S}$　㉱ $\dfrac{Q^2 d}{4\epsilon_0 S}$

풀이 정전에너지 $W = \dfrac{Q^2}{2C} = \dfrac{Q^2 d}{2\epsilon_0 S}$[J], 정전력 $F_d = -\dfrac{\partial W}{\partial d} = -\dfrac{Q^2}{2\epsilon_0 S}$[N] **[답]** ㉮

문제 4-31	01. 산업기사

20[W]의 전구가 2초 동안 한 일의 에너지를 축적할 수 있는 콘덴서의 용량은 몇 [μF]인가? (단, 충전 전압은 100[V]이다.)

㉮ 4000　㉯ 6000　㉰ 8000　㉱ 10000

풀이 $W = \dfrac{1}{2}CV^2$이고, 전구가 2초 동안에 한 일 $W = p \cdot t = 20 \times 2 = 40$[J]

$W = 40[J] = \dfrac{1}{2}CV^2$에서 $V = 100$[V]이므로 $C = 0.008[F] = 8000[\mu F]$ **[답]** ㉰

문제 4-32	12. 산업기사

간격이 3[mm], 면적이 20[cm^2]인 공기 콘덴서에 200[V]의 전위차를 가할 때 두 판 사이에 작용하는 힘[N]은?

㉮ 3.936×10^{-4} ㉯ 3.936×10^{-5} ㉰ 4.936×10^{-4} ㉱ 4.936×10^{-5}

풀이 평행 평판 콘덴서의 정전용량 : $C = \dfrac{\epsilon_0 S}{d}$

두 판 사이에 작용하는 에너지 : $W = \dfrac{CV^2}{2}$

그리고 두 판 사이에 작용하는 힘 : $F_d = -\dfrac{\partial W}{\partial d}$

$$\therefore F_d = -\frac{\partial W}{\partial d} = -\frac{\partial}{\partial d}\left(\frac{CV^2}{2}\right) = -\frac{\partial}{\partial d}\left(\frac{\epsilon_0 S}{2d}V^2\right)$$

$$= -\frac{\epsilon_0 S V^2}{2}\frac{\partial}{\partial d}\left(\frac{1}{d}\right) = \frac{\epsilon_0}{2}\frac{V^2}{d^2}S$$

여기에 $d = 3 \times 10^{-3}$[m], $S = 20 \times 10^{-4}$[m^2], $V = 200$[V]를 대입하면

$F_d = 3.936 \times 10^{-5}$[N](−부호는 방향이므로 크기만 고려) **[답]** ㉯

문제 4-33	08. 산업기사

극판 면적 10[m^2], 간격 1[mm]의 평행판 콘덴서에 비유전율이 3인 유전체를 채웠을 때 전압 100[V]를 가하면 축적되는 에너지는 약 몇 [J]인가?

㉮ 1.32×10^{-7} ㉯ 1.32×10^{-9} ㉰ 2.54×10^{-7} ㉱ 2.54×10^{-9}

풀이 평행판 콘덴서 정전용량 $C = \dfrac{\epsilon_0 \epsilon_s S}{d} = 8.85 \times 10^{-12} \times \dfrac{3 \times 10 \times 10^4}{10^{-3}}$

$= 26.56 \times 10^{-12}$[F]

정전에너지 $W = \dfrac{1}{2}CV^2 = \dfrac{1}{2} \times 26.56 \times 10^{-12} \times 100^2 = 1.32 \times 10^{-7}$[J] **[답]** ㉮

문제 4-34	97. 산업기사

정전용량 1[μF], 2[μF]의 콘덴서에 각각 2×10^{-4}[C], 3×10^{-4}[C]의 전하를 주고 극성을 같게 하여 병렬로 접속할 때 콘덴서에 축적되는 에너지[J]는 얼마인가?

㉮ 약 0.025 ㉯ 약 0.303 ㉰ 약 0.042 ㉱ 약 0.525

풀이 병렬연결이므로 합성 정전용량은 $C = C_1 + C_2 = (1+2)\times10^{-6}$[F]이고

전하량은 $Q = Q_1 + Q_2 = (2+3)\times10^{-4}$[C]이므로 콘덴서에 축적되는 정전에너지는

$$W = \frac{Q^2}{2C} = \frac{(5\times10^{-4})^2}{2\times3\times10^{-6}} = 0.042[\mathrm{J}]$$

[답] ㉰

문제 4-36	05. 산업기사

W_1, W_2의 에너지를 갖는 두 콘덴서를 병렬로 연결한 경우 총 에너지 W는?

(단, $W_1 \neq W_2$이다.)

㉮ $W_1 + W_2 = W$ ㉯ $W_1 + W_2 \geq W$

㉰ $W_1 + W_2 \leq W$ ㉱ $W_1 - W_2 = W$

풀이 전위가 다르게 충전된 콘덴서를 병렬로 접속하여 전위가 같아지도록 하면 전위가 높은 콘덴서의 전하가 전위가 낮은 콘덴서 쪽으로 이동하게 된다. 이에 따라 전하가 이동하면 전류가 흘러 도선에서 전력 소모가 발생하므로 총 에너지는 최초의 에너지보다 작아진다.

[답] ㉯

문제 4-36	06, 13. 산업기사

대전된 구 도체를 반지름이 2배가 되는 대전이 되지 않은 구 도체에 가는 도선으로 연결할 때 원래의 에너지에 대해 손실된 에너지의 비율은 얼마가 되는가? (단, 구 도체는 충분히 떨어져 있다고 한다.)

㉮ $\frac{1}{2}$　　㉯ $\frac{1}{3}$　　㉰ $\frac{2}{3}$　　㉱ $\frac{2}{5}$

풀이 대전된 도체수의 정전용량을 C라 하면 대전되지 않은 구 도체의 정전용량 C'는 $C' = 4\pi\epsilon_0 R' = 4\pi\epsilon_0 \times 2R = 2C$이고, 연결 전, 후의 에너지를 각각 W, W'라 하면

$$W = \frac{Q^2}{2C},\ W' = \frac{Q^2}{2(C+2C)} = \frac{Q^2}{6C}\ \ \therefore \frac{W-W'}{W} = \left(\frac{Q^2}{2C} - \frac{Q^2}{6C}\right) / \frac{Q^2}{2C} = \frac{2}{3}$$

[답] ㉰

문제 4-37	16. 산업기사

우주선 중에 1020[eV]의 정전에너지를 가진 하전입자가 있다고 할 때, 이 에너지는 약 몇 [J]인가?

㉮ 2　　㉯ 9　　㉰ 16　　㉱ 91

풀이

[답] ㉰

문제 4-38	16. 산업기사

x축 상에서 x=1m, 2m, 3m, 4m인 각 점에 2[nC], 4[nC], 6[nC], 8[nC]의 점전하가 존재할 때 이들에 의하여 전계 내에 저장되는 정전 에너지는 몇 [nJ]인가?

㉮ 483　　㉯ 644　　㉰ 725　　㉱ 966

풀이

[답] ㉱

문제 4-39	16. 산업기사

내압과 용량이 각각 200[V] 5[μF], 300[V] 4[μF], 400[V] 3[μF], 500[V] 3[μF]인 4개의 콘덴서를 직렬연결하고 양단에 직류전압을 가하여 전압을 서서히 상승시키면 최초로 파괴되는 콘덴서는? (단, 콘덴서의 재질이나 형태는 동일하다.)

㉮ 200[V] 5[μF] ㉯ 300[V] 4[μF] ㉰ 400[V] 3[μF] ㉱ 500[V] 3[μF]

풀이

[답] ㉮

문제 4-40	16. 산업기사

무한히 넓은 2개의 평행 도체판의 간격이 d[m]이며 그 전위차는 V[V]이다. 도체판의 단위 면적에 작용하는 힘은 몇 $[N/m^2]$ 인가? (단, 유전율은 E0이다.)

㉮ $\epsilon_0(\frac{V}{d})^2$ ㉯ $\frac{1}{2}\epsilon_0(\frac{V}{d})^2$ ㉰ $\frac{1}{2}\epsilon_0(\frac{V}{d})$ ㉱ $\epsilon_0(\frac{V}{d})$

풀이

[답] ㉯

문제 4-41	17. 산업기사

콘덴서를 그림과 같이 접속했을 때 Cx의 정전용량은 몇 [μF]인가?
(단, C1=C2=C3=3μF이고, a-b 사이의 합성정전용량은 5μF이다.)

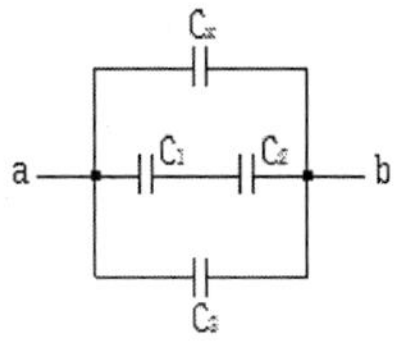

㉮ 0.5 ㉯ 1 ㉰ 2 ㉱ 4

풀이

[답] ㉮

문제 4-42	**17. 산업기사**

평행판 공기콘덴서 극판 간에 비유전율 6인 유리판을 일부만 삽입한 경우, 유리판과 공기간의 경계면에서 발생하는 힘은 약 몇 [N/m^2]인가? (단, 극판 간의 전위경도는 30kn/㎝이고 유리판의 두께는 평행판 간 거리와 같다.)

㉮ 199　　㉯ 223　　㉰ 247　　㉱ 269

풀이 　　[답] ㉮

문제 4-43	**17. 산업기사**

극판면적 10cm^2, 간격 1㎜인 평행판 콘덴서에 비유전율이 3인 유전체를 채웠을 때 전압 100V를 가하면 축적되는 에너지는 약 몇 [J]인가?

㉮ 1.32×10^{-7}　　㉯ 1.32×10^{-9}　　㉰ 2.64×10^{-7}　　㉱ 2.64×10^{-9}

풀이 　　[답] ㉮

문제 4-44	**17. 산업기사**

대전도체 표면의 전하밀도를 σ [C/m^2]이라 할 때, 대전도체 표면의 단위면적이 받는 정전응력은 전하밀도 σ 와 어떤 관계에 있는가?

㉮ $\sigma^{\frac{1}{2}}$에 비례　　㉯ $\sigma^{\frac{3}{2}}$에 비례　　㉰ σ에 비례　　㉱ σ^2에 비례

풀이 　　[답] ㉱

문제 4-45	**17. 산업기사**

동일용량 C[㎌]의 콘덴서 n개를 병렬연결하였다면 합성용량은 얼마인가?

㉮ n^2c　　㉯ nc　　㉰ c/n　　㉱ c

풀이 　　[답] ㉯

문제 4-46	17. 산업기사

여러 가지 도체의 전하 분포에 있어서 각 도체의 전하를 n배할 경우 중첩의 원리가 성립하기 위해서는 그 전위는 어떻게 되는가?

㉮ $\frac{1}{2}n$배가 된다. ㉯ n배가 된다.

㉰ $2n$배가 된다. ㉱ n^2배가 된다.

풀이

[답] ㉯

문제 4-47	17. 산업기사

정전용량이 0.5[μF], 1[μF]인 콘덴서에 각각 2×10^{-4}[C] 및 3×10^{-4}[C]의 전하를 주고 극성을 같게 하여 병렬로 접속할 때 콘덴서에 축적된 에너지는 약 몇 [J]인가?

㉮ 0.042 ㉯ 0.063 ㉰ 0.083 ㉱ 0.126

풀이

[답] ㉰

문제 4-48	17. 산업기사

정전용량 및 내압이 3[μF]/1000[V], 5[μF]/500[V], 12[μF]/250[V]인 3개의 콘덴서를 직렬로 연결하고 양단에 가한 전압을 서서히 증가시킬 경우 가장 먼저 파괴되는 콘덴서는?

㉮ 3[μF] ㉯ 5[μF] ㉰ 12[μF] ㉱ 3개 동시에 파괴

풀이

[답] ㉯

문제 4-49	17. 산업기사

고립 도체구의 정전용량이 50[pF]일 때 이 도체구의 반지름은 약 몇 [cm]인가?

㉮ 5 ㉯ 25 ㉰ 45 ㉱ 65

풀이

[답] ㉰

문제 4-50	18. 산업기사

두 도체 사이에 100[V]의 전위를 가하는 순간 700[μC]의 전하가 축적되었을 때 이 두 도체 사이의 정전용량은 몇 [μF]인가?

㉮ 4 ㉯ 5 ㉰ 6 ㉱ 7

풀이

[답] ㉱

문제 4-51	17. 산업기사

정전용량 10[μF]인 콘덴서의 양단에 100V의 일정 전압을 인가하고 있다. 이 콘덴서의 극판 간의 거리를 1/10로 변화시키면 콘덴서에 충전되는 전하량은 거리를 변화시키기 이전의 전하량에 비해 어떻게 되는가?

㉮ 1/10로 감소 ㉯ 1/100로 감소
㉰ 10배로 증가 ㉱ 100배로 증가

풀이

[답] ㉰

문제 4-52	17. 산업기사

100[kV]로 충전된 8×103[pF]의 콘덴서가 축적할 수 있는 에너지는 몇 [W] 전구가 2초 동안 한 일에 해당하는가?

㉮ 10 ㉯ 20 ㉰ 30 ㉱ 40

풀이

[답] ㉯

문제 4-53	18. 산업기사

평행판 콘덴서에서 전극 간에 [V]의 전위차를 가할 때 전계의 세기가 공기의 절연내력 E[V/m]를 넘지 않도록 하기 위한 콘덴서의 단위 면적당의 최대용량은 몇 [F/m²]인가?

㉮ $\frac{\epsilon_0 V}{E}$　㉯ $\frac{\epsilon_0 E}{V}$　㉰ $\frac{\epsilon_0 V^2}{E}$　㉱ $\frac{\epsilon_0 E^2}{V}$

풀이

[답] ㉮

문제 4-54	18. 산업기사

비유전율이 9인 유전체 중에 1[㎝]의 거리를 두고 1[μC]과 2[μC]의 두 점전하가 있을 때 서로 작용하는 힘은 약 몇 [N]인가?

㉮ 18　㉯ 20　㉰ 180　㉱ 200

풀이

[답] ㉯

문제 4-55	17. 산업기사

평행판 콘덴서의 양극판 면적을 3배로 하고 간격을 1/3로 줄이면 정전용량은 처음의 몇 배가 되는가?

㉮ 1　㉯ 3　㉰ 6　㉱ 9

풀이

[답] ㉱

문제 4-56	18. 산업기사

각각 ±Q[C]로 대전된 두 개의 도체 간의 전위차를 전위계수로 표시하면? (단, $P_{12} = P_{21}$이다.)

㉮ $(P_{11}+P_{12}+P_{22})Q$　㉯ $(P_{11}+P_{12}-P_{22})Q$

㉰ $(P_{11}-P_{12}+P_{22})Q$　㉱ $(P_{11}-2P_{12}+P_{22})Q$

풀이

[답] ㉱

문제 4-57	18. 산업기사

유전체 중의 전계의 세기를 E, 유전율을 ϵ이라 하면 전기변위는?

㉮ ϵE　　㉯ ϵE^2　　㉰ ϵ / E　　㉱ E/ϵ

풀이 $D = \epsilon E$

[답] ㉮

문제 4-58	18. 산업기사

도체의 성질에 대한 설명으로 틀린 것은?

㉮ 도체 내부의 전계는 0이다.

㉯ 전하는 도체 표면에만 존재한다.

㉰ 도체의 표면 및 내부의 전위는 등전위이다.

㉱ 도체 표면의 전하밀도는 표면의 곡률이 큰 부분일수록 작다.

풀이

[답] ㉱

연 습 문 제

4.1 전위계수의 일반적인 성질에 대해 정의하라.

4.2 용량계수의 일반적인 성질에 대해 정의하라.

4.3 유도계수의 일반적인 성질에 대해 정의하라.

4.4 동심구형 콘덴서의 내외반지름을 각각 5배로 증가시키면 정전용량은 몇 배인가?

4.5 도체가 갖는 에너지에 대해 설명하라.

4.6 도체계가 갖는 에너지에 대해 설명하라.

4.7 정전용량(C)에 대해 설명하라.

4.8 정전용량(C)의 연결방법에 따른 계산법에 대해 설명하라.

4.9 정전에너지(W)에 대해 설명하라.

05 CHAPTER

유전체

5.1 절연체와 유전체

원자들은 자유전자를 받아들이거나 자신의 전자를 다른 원자와 공유하거나 또는 자신의 전자를 방출시켜 최외각 전자를 8개로 만들어 안정되려고 하는데, 화학에서는 이러한 과정을 결합이라 한다.

안정된 원자들 사이에는 전자의 이동이 용이하지 않게 되며, 이러한 원자로 구성된 물질들은 전류를 흘리지 않기 때문에 절연체(insulator)라 한다.

절연체는 자유전자가 극히 적어 외부로부터 전계가 인가되었을 때 전류가 거의 흐르지 않지만 개개의 분자나 원자에 전계가 가해지게 되면 절연체 내부에 변화가 일어난다.

즉, 전자각 내에서 회전하고 있던 전자가 외부에서 가해진 전계에 의하여 전계와 반대 방향으로 미소하게 치우쳐 회전하게 된다.

이 현상은 전자각이 전계 반대 방향으로 미소하게 치우친 것과 동일한 결과가 되어 전자각의 중심이 핵의 위치와 일치하지 않게 되어 원자는 전기쌍극자 모양으로 된다.

외부에서 가한 전계에 의해 전기쌍극자가 전계 방향으로 배열되어 절연체 전체가 극성을 띄게 되는 것을 전기분극(electrical polarization)이라 한다.

우리는 흔히 절연체를 부도체라 부르기도 한다. 그러나 같은 부도체 물질이라도 가해진 전계에 의해 전기분극이 발생되는 성질을 이용하면 유전체(dielectric)라 한다.

5.2 유전율과 비유전율

그림 5-1의 (a)와 (b)는 평행 평판 콘덴서의 전극 사이를 각각 공기(진공)와 유전체(절연물)로 채운 그림이다.

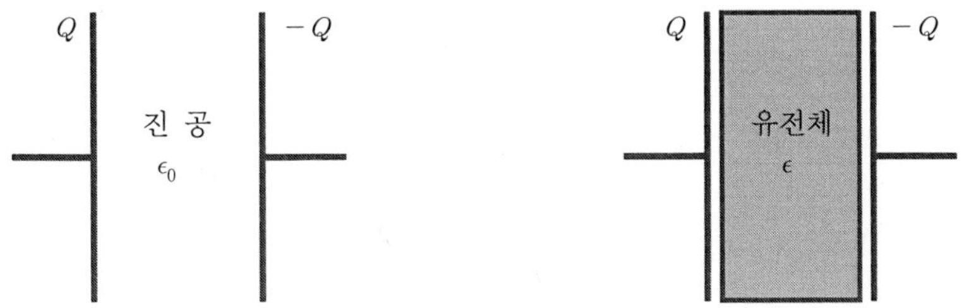

(a) 전극 사이가 공기인 경우 (b) 전극 사이가 유전체인 경우

그림 5-1 평행 평판 콘덴서

그림 5-1의 (a)처럼 전극 사이의 유전체가 공기인 경우의 정전용량을 C_0[F]라 하고, (b)처럼 전극 사이의 유전체가 공기가 아닌 경우의 정전용량을 C[F]라 할 때 $C > C_0$의 관계가 있으며, 정전용량의 비(比)는 다음 식과 같다.

$$\frac{C}{C_0} = \epsilon_s \tag{5-1}$$

여기서 ϵ_s를 비유전율이라 부른다.

ϵ으로 표기되는 유전율(dielectric constant)은 가해진 전계에 의해 단위체적당 저장되는 에너지를 결정하는 물리적인 상수인데, 유전체의 유전율은 다음 식처럼 공기의 유전율과 절연체의 비유전율의 곱으로 나타낸다.

$$\epsilon = \epsilon_0 \epsilon_s \text{ [F/m]} \tag{5-2}$$

일반적으로 절연체의 비유전율은 1보다 크다. 특히 비유전율이 100 정도로 큰 절연체를 강유전체(ferro-electrics)라 하며 티탄산바륨, 인산칼륨, 로셀염 등이 있다.

이들 강유전체 결정에 힘을 가하면 분극을 일으켜 전압이 나타나며 역으로 이들을 전계 내에 놓으면 결정에 변형이 발생하여 형상의 변화가 생긴다.

이것을 압전전기(piezo electric)현상이라 한다. 이와 같이 강유전체에 전압을 가하면 변형이 생겨 강유전체의 양면에 음양의 전하가 생긴다.

이 전압의 변화와 고유진동수의 관계를 이용하여 발진기, 마이크로 폰, 픽업 등에 이용되고 있다.

비유전율(ϵ_s)은 절연물의 종류에 따라 다르며 표 5-1은 비유전율에 대한 예를 든 것이다.

표 5-1 비유전율

물 질	비유전율(ε_s)	물 질	비유전율(ε_s)
진 공	1.00000	베크라이트	4.5 ~ 7.0
공 기	1.00064	운 모	5.5 ~ 6.6
변압기 기름	2.2 ~ 2.4	물(증류수)	80.7
고 무	2.0 ~ 3.5	수 정	86
종 이	2 ~ 2.6	산화티탄 자기	115 ~ 5000
파 라 핀	2.2	티탄산바륨	1000 ~ 3000

그림 5-1의 (a), (b)에서 전극판의 면적을 $S[m^2]$, 전극 간격을 $d[m]$라 하면 식 (4-42)에 따라 정전 용량은 각각 다음과 같이 된다.

$$C_0 = \frac{\epsilon S}{d} = \frac{\epsilon_0 S}{d} [F] \tag{5-3}$$

$$C = \frac{\epsilon S}{d} = \frac{\epsilon_0 \epsilon_s S}{d} [F] \tag{5-4}$$

【예제 5.1】

10^{-8}[C]점전하가 있다. 같은 크기의 전하를 50cm의 거리에 놓았을 때 두 전하 사이에 작용하는 힘을 다음 매질에 대하여 구하여라.

(1) 공기 (2) 변압기유 (3) 순수한 물

【풀이】

점전하 Q로부터 r의 거리의 점에 있어서 전계의 크기는 유전율을 $\epsilon = \epsilon_0 \epsilon_s$로 하면 $E = \frac{Q}{4\pi\epsilon r^2}$[V/m] 이고, 전하 Q가 받는 힘 F는 다음과 같이 된다.

$$F = QE = \frac{Q^2}{4\pi\epsilon r^2} [N] \tag{a}$$

(1) $Q = 10^{-8}$, $r = 0.5$, $\epsilon = \epsilon_0 \epsilon_s = \epsilon_0 (\epsilon_s = 1)$이므로

$$F_1 = \frac{Q^2}{4\pi\epsilon r^2} = 9 \times 10^9 \times \frac{(10^{-8})^2}{(0.5)^2} = 3.6 \times 10^{-6} [N] \tag{b}$$

(2) $F_2 = \frac{F_1}{\epsilon_r} = \frac{F_1}{2.2} = 1.64 \times 10^{-6} [N]$

(3) $F_3 = \frac{F_1}{80} = 4.44 \times 10^{-8} [N]$

【예제 5.2】

전극 사이의 거리 $d=1[\mathrm{mm}]$, 전극면적 $S=10[\mathrm{cm}^2]$되는 평행 평판전극인 경우, 두 전극 사이에 100[V]의 전압을 인가하였을 때 아래 각각의 경우에 대하여 정전용량, 전계의 세기 및 평판 전계에 모이는 전하는?

(1) 두 전극 사이에 진공인 경우

(2) 두 전극 사이에 비율전율 $\epsilon_s=5$되는 유전체를 채웠을 경우

【풀이】

(1) 구하는 정전용량을 C_v라 하면

$$C_0=\frac{\epsilon_0 S}{d}=\frac{8.855\times 10^{-12}\times 10\times 10^{-4}}{1\times 10^{-3}}8.855\times 10^{-12}=8.85[\mathrm{pF}]$$

전계의 세기는

$$E_0=\frac{V}{d}=\frac{100}{1\times 10^{-3}}=10^5[\mathrm{V/m}]$$

또한 전하는

$$Q_0=C_0V=8.855\times 10^{-12}\times 100=8.855\times 10^{-10}[\mathrm{C}]$$

(2) 같은 방법으로 정전용량 C_d라 하면

$$C_d=\epsilon_r C_0=5\times 8.855\times 10^{-12}=44.275[\mathrm{pF}]$$

$$E_d=\frac{V}{d}=\frac{100}{1\times 10^{-3}}=10^5[\mathrm{V/m}]$$

$$Q_d=C_dV=\epsilon_s C_0V=5\times 8.855\times 10^{-12}\times 100=44.275\times 10^{-10}[\mathrm{C}]$$

즉, $E_d=E_0$, $Q_d=\epsilon_r Q_0$가 된다.

5.3 분극

5.3.1 분극의 의미와 분극의 종류

핵 주위를 회전하는 전자의 회전궤도를 현대 물리학 측면에서 취급하면 궤도의 모형이 외관적으로 구름과 같은 형태로 관측되므로 전자운이라 부르기도 한다.

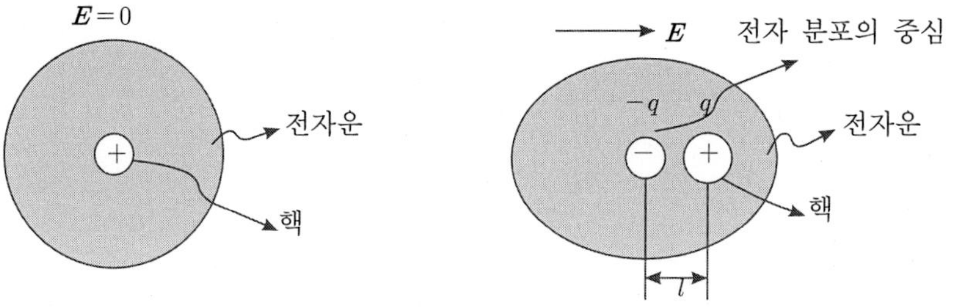

(a) 분극이 되지 않은 원자 (b) 분극이 된 원자의 모형

그림 5-2 전계에 의한 전자 분극

이러한 원자 모형을 근거로 하여 전계에 의한 전자분극의 모형을 제시하면 그림 5-3과 같다.

그림 5-2의 (a)는 외부에서 전계를 가하지 않은 경우, 즉 $E=0$[V/m]인 경우이며 정상적인 원자모형이 유지됨을 보여주고 있다. 그러나 이 원자에 세기가 $\boldsymbol{E}$ [V/m]인 외부 전계를 가하면 그림 5-2의 (b)와 같이 외부 전계에 의해서 양전하인 원자핵은 전계 방향으로 힘을 받아서 원래의 위치였던 원자의 중심에서 외부 전계 방향으로 미소하게 이동하게 된다.

그리고 음전하인 전자는 전계에 의해 원자핵이 받는 힘과 반대 방향의 힘을 받아서 전자의 중심이 다소 밀려나게 됨에 따라 원자의 중심인 핵의 위치와 $-$전하(전자운)의 중심이 일치하지 않게 된다.

이때 핵과 전자 전하량을 각각 $+q$[C], $-q$[C]이라 한다면 $+q$[C], $-q$[C]의 두 전하가 미소한 거리($=l$[m])를 두고 놓여있는 전기쌍극자(electric dipole) 형태로 된다.(3장의 전기쌍극자 참조)

이처럼 외부의 전계에 의해서 원자의 극성이 분리되어 정, 부전하가 아주 짧은 거리를 두고 존재하는 쌍극자(dipole) 모양이 되는 것을 전기분극(polarization)이라 한다.

특히 위에서 설명된 것처럼 전자운과 핵의 상대적 변위에 의한 분극을 전자분극(electronic polarization)이라 부르며, 전자분극 이외에도 이온분극(ionic polari- zation), 배향분극(orientational polarization), 쌍극자분극(dipole polarization) 등이 있다.

5.3.2 쌍극자 모멘트와 분극의 세기

전자 분극은 중성이었던 원자가 외부 전계에 의해 쌍극자가 되는 것이고, 분자 중에는 처음부터 $+$전하의 중심과 $-$전하의 중심이 일치하지 않고 이른바 영구쌍극자를 갖는 분자를 유극성 분자라 한다.

외부 전계가 가해지면 모든 유극분자들은 그들의 영구 쌍극자가 외부 전계에 일치하는 방향으로 평행하게 배열되려는 경향이 있다. 이때 쌍극자의 배열은 불규칙한 열운동에 의해 방해를 받게 된다. 이러한 분극을 배향분극이라 한다.

그림 5-3의 (a)는 한 개의 유극성 분자가 +전하와 −전하로 극성을 이루며 서로 떨어져 쌍극자를 이루고 있는 그림이고, 화살표는 +, −전하 사이에 전계가 형성되어 있음을 나타내고 있다. 이때의 전계를 유전체의 내부 전계라 할 수 있다.

그리고 그림 5-3의 (b)는 유전체 내에서 유극성 분자 개개의 배열이 불규칙하게 분포되어 있고, 이에 따라 개개의 쌍극자도 불규칙하게 분포되어 있음을 보여 주고 있다.

쌍극자 개개의 전계는 유전체 내부에서 서로 상쇄되므로 전기적 극성이 중성(中性)으로 되기 때문에 유전체 내부의 전계는 전체적으로 보았을 때 그림 5-3의 (b)와 같이 0이 된다.

그림 5-4의 (c)는 (a)와 같은 한 개의 쌍극자 전계가 $\boldsymbol{E}$[V/m]인 외부 전장에 놓이게 되면 쌍극자의 전계가 외부 전계에 의해 회전되는 그림이다.

물리학에서 어떤 물체에 힘을 가하여 회전력이 생길 때 이 회전력을 힘의 모멘트라 하는 것과 마찬가지로 쌍극자가 전계의 힘을 받아 생기는 회전력을 쌍극자 모멘트라 한다. 그리고 외부 전계가 없어지면 쌍극자 배열이 원래의 위치로 복원된다.

그림 5-3의 (d)는 유전체 전계가 $\boldsymbol{E}$[V/m]인 외부 전계에 놓이게 되면 유전체 내부의 쌍극자들이 외부 전계 방향과 반대 방향으로 배열된다는 것을 나타낸 그림이다.

유전체에 세기가 E[V/m]인 전계를 가하면 유전체 내에 생기는 쌍극자 전체의 모멘트는 앞에서 배운 것처럼

$$d\boldsymbol{M} = dq \cdot dl \,[\mathrm{Cm}] \tag{5-5}$$

으로 표시한다. 여기서 dq는 분극으로 만들어진 전하의 미소 전하량이고, dl는 전하 사이의 미소 변위로서 크기와 방향을 가진 벡터이다.

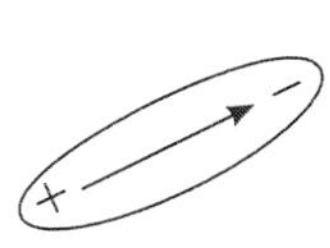

(a) 분자의 전기쌍극자

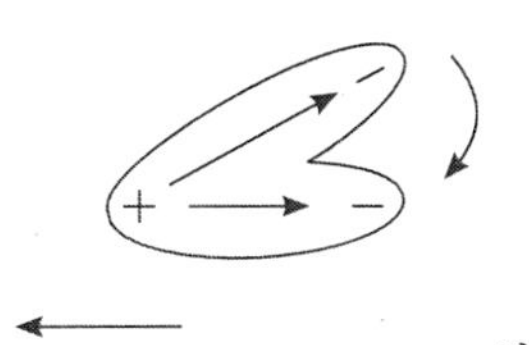

(c) 외부 전계에 의한 쌍극자 회전

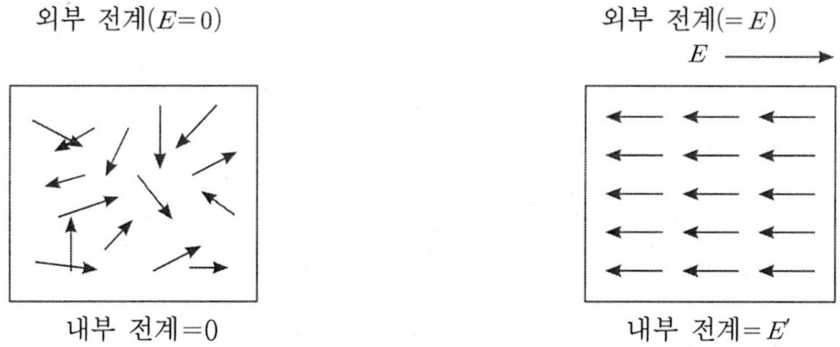

(b) 외부 전계가 0인 경우 쌍극자 배열 모형

(d) 외부 전계가 E인 경우 쌍극자 배열 모형

그림 5-3 원자 분극과 쌍극자의 배열

유전체 전체 체적(V[m^3]) 내의 쌍극자 모멘트를 단위 체적 내에 생기는 쌍극자의 모멘트로 나타내고 이를 분극의 세기(intensity of polarization) 또는 분극도라 하고 식으로 표시하면 다음과 같다.

$$\boldsymbol{P} = \frac{d\boldsymbol{M}}{dV} [\text{C/m}^2] \tag{5-6}$$

그림 5-4는 면적 S[m^2], 간격 d[m]인 평행 평판 전극 사이에 유전체를 채우고 전압 V[V]를 인가한 그림이다.

이로부터 분극으로 생겨져 있던 유전체의 쌍극자들이 전압 V[V]가 만드는 외부 전계 $\boldsymbol{E}$[V/m]에 의해 전계의 방향과 반대 방향으로 배열됨을 알 수 있다.

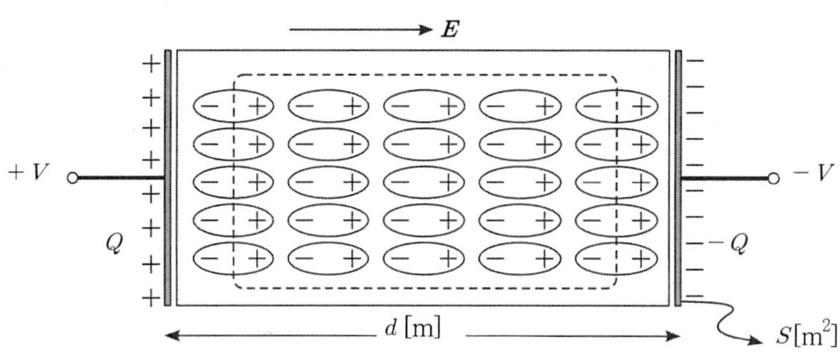

그림 5-4 외부 전계 E[V/m]에 의해 분극된 유전체

그림에서 타원으로 표시된 분극 쌍극자가 전계 반대 방향으로 배열되어 있다.

따라서 점선 내에 있는 +, − 전하들은 전기적으로 중성이 되어 전극 표면 쪽의 유전체에만 전하가 분포되는 결과가 된다.

식 (5-5)와 식 (5-6)으로부터 분극의 세기를 스칼라량으로 나타내면

$$P = \frac{dM}{dV} = \frac{dq \cdot dl}{dS \cdot dl} = \frac{dq}{dS} [\text{C/m}^2] \tag{5-7}$$

로 된다.

이 식에서 S는 유전체와 전극이 접해지는 면적, 즉 평행 평판 전극의 면적이고, l은 전극판의 간격 d[m]와 같은 방향으로의 쌍극자 간격이다.

따라서 분극의 세기는 전극에 접해지는 유전체의 단위면적에 생기는 전하량의 변화율임을 알 수 있다.

인가전압 V[V]에 의해 전극에 축적되는 전하량을 Q[C]이라 한다면 전극판의 면 전하밀도 σ [C/m^2]를 진전하밀도라 한다.

$$\sigma = \frac{Q}{S} [\text{C/m}^2] \tag{5-8}$$

분극에 의해 유전체 면에 분포된 전하량을 Q'[C]이라 한다면 유전체 면의 면 전하밀도 σ'[C/m^2]를 분극전하밀도라 부른다.

$$\sigma' = \frac{Q'}{S} [\text{C/m}^2] \tag{5-9}$$

식 (5-7)을 정리하여 면적 S와 전하량 Q'에 대해 각각 적분하면 분극 전하밀도와 분극의 세기 관계가 다음과 같이 구해진다.

$$\int_0^S P dS = \int_0^{Q'} dq \tag{5-10}$$

$$P = \frac{Q'}{S} = \sigma' [\text{C/m}^2] \tag{5-11}$$

이로부터 분극의 세기는 전극과 접하는 유전체 표면의 단위면적당 전하량인 면 전하밀도 σ'와 같기 때문에 분극의 세기의 단위는 [C/m^2]임을 알 수 있다.

그림 5-5은 전압 V[V]가 인가된 평행 평판 전극의 전극판 사이를 공기(진공)로 채운 경우와 유전체로 채운 경우를 나타낸 것이다.

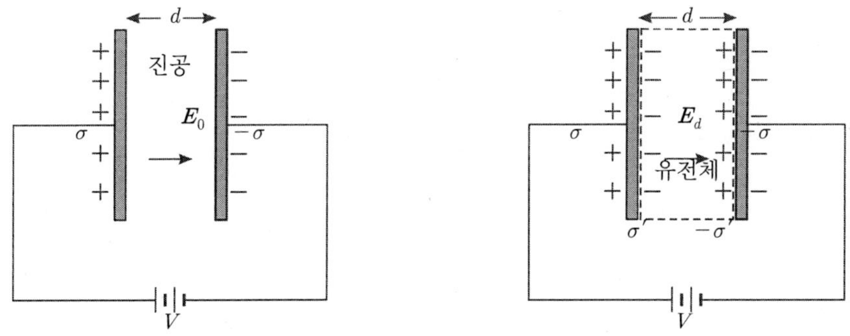

(a) 전극 사이가 진공인 경우 (b) 전극 사이가 유전체인 경우

그림 5-5 평행 평판 전극

전하가 축적된 전극판 사이에 전계가 형성되고, 전극판 사이가 진공인 경우 그림 5-5의 (a)에서처럼 전계의 세기 E_0[V/m]는 식 (3-28)과 같다.

$$E_0 = \frac{\sigma}{\epsilon_0}[\text{V/m}] \tag{5-12}$$

그리고 그림 5-5의 (b)와 같이 전극판 사이에 유전체가 삽입된 경우 전계의 세기 E_d[V/m]는 전극판 사이가 진공인 경우 전극의 면전하밀도 σ[C/m^2]와 분극작용으로 유전체의 단위면적당 유도되는 전하량인 면전하밀도 σ'[C/m^2]에 의해 다음 식과 같이 된다.

$$E_d = \frac{\sigma - \sigma'}{\epsilon_0}[\text{V/m}] \tag{5-13}$$

한편 분극의 세기는 분극전하밀도이므로, 즉 $\boldsymbol{P} = \sigma'$이므로 식 (5-13)은

$$\boldsymbol{E}_d = \frac{\sigma - \boldsymbol{P}}{\epsilon_0} = \boldsymbol{E}_0 - \frac{1}{\epsilon_0}\boldsymbol{P} \tag{5-14}$$

로 되어 전극판 사이가 진공일 때보다 전계가 약해진다.

그리고 전극판 사이가 진공일 때와 유전체가 삽입된 경우, 전계의 세기의 관계는

$$\boldsymbol{E}_0 = \epsilon_s \boldsymbol{E}_d \tag{5-15}$$

이므로 이 관계를 식 (5-14)에 대입하면 유전체 내의 전계의 세기와 분극의 세기와의 관계식이

구해진다.

$$\boldsymbol{P} = \epsilon_0(\epsilon_s - 1)\boldsymbol{E}_d[\mathrm{C/m^2}] \tag{5-16}$$

식 (5-16)에서 $\epsilon_0(\epsilon_s - 1) = \chi$ 로 놓으면 $\boldsymbol{P} = x\boldsymbol{E}_d[\mathrm{C/m^2}]$로 되며, 이때 χ를 분극률이라 한다. 또 식 (5-16)을 변형하면 유전체 내에서의 전계는 다음식과 같다.

$$\boldsymbol{E}_d = \frac{\boldsymbol{P}}{\epsilon_0(\epsilon_s - 1)} = \frac{\sigma'}{\epsilon_0(\epsilon_s - 1)}[\mathrm{V/m}] \tag{5-17}$$

이상의 설명에서 유전체 내의 전계는 외부에서 가해진 전계에 의해 전극에 축적되는 전하와 유전체의 분극으로 생기는 분극 전하에 의하여 결정됨을 알 수 있다.

여기서 분극 전하는 분자 또는 원자 내의 현상이므로 이 전하를 분리해낼 수 없다. 따라서 지금까지 취급해온 자유롭게 분리시킬 수 있는 전하 σ를 진전하밀도라 하며, 두 전하를 합친 $\sigma - \sigma'$을 겉보기 전하밀도라 한다.

【예제 5.3】

두께 2cm의 평행판(유전율 $\epsilon_s = 6.2$) 양면에 10[kV]를 가할 때 평행판 내무에 존재하는 기포 내의 전계를 구하라.

【풀이】

평행판 내의 전계는 $E = \dfrac{V}{d} = \dfrac{10^4}{2\times10^{-2}} = 5\times10^5[\mathrm{V/m}]$가 되며 기포 내의 전계는 $E_0 = \epsilon_s E = 6.2\times5\times10^5 = 3.1\times10^6[\mathrm{V/m}]$가 된다.

공기의 절연파괴의 세기는 $3.0\times10^6[\mathrm{V/m}]$ 이므로 기포 내 공기의 절연이 파괴되어 불꽃방전이 일어나 평행판이 파손된다.

【예제 5.4】

0 ° C 1기압에 있어서 수소의 비유전율은 1.000264이다. 수소분자의 분극율은 불변이라 하고 (1) 0 ° C, 10기압, (2) 100 ° C, 1기압에 있어서 수소의 비유전율을 각각 구하라.

【풀이】

$P = N\alpha E$에서 α가 온도 또는 기압의 변화에 의하여 기체의 밀도 N이 변하고 이에 의하여 분극도 변한다. $\epsilon_s = 1 + \dfrac{N\alpha}{\varepsilon_0}$이 되므로 0 ° C 1기압에서 수소는 $\dfrac{N\alpha}{\epsilon_0} = 0.000264$가 된다.

(1) 10기압에서는 밀도가 10배가 되므로 분극율이 변하지 않는다고 하면

$\dfrac{N\alpha}{\epsilon_0} = 0.00264$가 된다.

그러므로 $\epsilon_r = 1 + \dfrac{N\alpha}{\epsilon_0} = 1.00264$가 된다.

(2) 100 ° C 1기압의 체적은 $\dfrac{100 + 273}{273} = 1.37$로 표준상태의 1.37배가 되므로 밀도는 0.730배가 된다.

따라서 $\epsilon_s = 1 + (0.000264 \times 0.730) = 1.000193$이다.

【예제 5.5】

동심구간에 절연내력이 50[kV/mm], 비유전율이 $\epsilon_s = 3$인 절연유를 채우면 공기인 경우에 비하여 몇 배의 전하를 더 줄 수 있는가 계산하라.

【풀이】

공기일 때의 내구의 최대 대전량을 Q_0라 하면 내구표면의 전계는

$$E_a = \frac{Q_o}{4\pi\epsilon_o a^2} = E_0 \quad \text{(a)}$$

가 된다. 절연유를 채웠을 때의 최대 전하량을 Q라 하면 최대 전계는

$$E_A = \frac{Q}{4\pi\epsilon_s\epsilon_o a^2} = E \quad \text{(b)}$$

이다. 그러므로

$$\frac{Q}{Q_0} = \frac{4\pi\epsilon a^2 E}{4\pi\epsilon_o a^2 E_o} = 3\times\frac{50}{3} = 50\text{배}$$

Q[C]의 전하에서 $\frac{1}{\epsilon_0}Q$개 전기력선이 나오고 Q개의 전속이 나온다. 이로부터 전하에서 발산되어 나오는 전기력선은 매질에 따라 변하지만 전속은 매질에 관계없이 전하량과 동일한 개수가 발산되어 나옴을 알 수 있다.

전극 사이가 공기인 경우 전하 밀도를 σ[C/m²], 전계를 $\boldsymbol{E}_0$[V/m]라 하였을 때의 전속밀도 $\boldsymbol{D}_0$와 전극 사이에 비유전율 ϵ_s인 유전체가 삽입된 경우 전하밀도를 $\sigma - \sigma'$[C/m²], 전계를 $\boldsymbol{E}_d$[V/m]라 하였을 때의 전속밀도 $\boldsymbol{D}_d$는 다음 식과 같다.

$$\boldsymbol{D}_0 = \epsilon_0\boldsymbol{E}_0[\text{C/m}^2] \quad (5\text{–}18)$$

$$\boldsymbol{D}_d = \epsilon_0\epsilon_s\boldsymbol{E}_d[\text{C/m}^2] \quad (5\text{–}19)$$

유전체 내에서의 전계와 분극의 세기 관계를 나타낸 식 (5-16)에 식 (5-19)을 대입하면

$$\boldsymbol{P} = \epsilon_0(\epsilon_s - 1)\boldsymbol{E}_d = \epsilon_0\epsilon_s\boldsymbol{E}_d - \epsilon_0 E_d = \boldsymbol{D}_d - \epsilon_0\boldsymbol{E}_d \quad (5\text{–}20)$$

가 되고, 따라서 전계의 세기, 전속밀도, 유전율, 분극의 세기의 관계는 다음과 같다.

$$\boldsymbol{D}_d = \epsilon_0 \boldsymbol{E}_d + \boldsymbol{P} \tag{5-21}$$

또 'Q[C]에서 나오는 전속 수는 Q개이다'는 전속의 성질로부터 전속 수는 매질에 관계없이 항상 일정하기 때문에 콘덴서의 전극 사이가 공기인 경우의 전속밀도 $\boldsymbol{D}_0$와 유전체인 경우 전속밀도 $\boldsymbol{D}_d$는 같아야 되므로

$$\boldsymbol{D}_d = \epsilon_0 \epsilon_s \boldsymbol{E}_d = \epsilon_0 \boldsymbol{E}_0 = \sigma = \boldsymbol{D}_0 \tag{5-22}$$

가 성립된다. 즉, 유전체 내의 전속밀도는 유전체의 존재와 관계없이 진전하밀도의 크기와 같다.

이로부터 유전체 내에서 전속밀도는 오직 진전하에 의존하고, 분극 전하에 영향을 받지 않음을 알 수 있다.

【예제 5.6】

비유전율이 2.2인 물질 내에 대전도체 표면의 전속밀도 $D = 5i + 3j + 2k\,[\mathrm{C/m^2}]$일 때 표면 전하밀도 전계를 구하라.

【풀이】

$\sigma = \sqrt{D_x^2 + D_y^2 + D_z^2} = \sqrt{5^2 + 3^2 + 2^2} = \sqrt{38} = 6.2\,[\mathrm{C/m^2}]$

$E = \dfrac{D}{\epsilon} = \dfrac{5i + 3j + 2k}{2.2\epsilon_o}\,[\mathrm{V/m}]$이다.

【예제 5.7】

유전체(ε[F/m])내에 놓인 반지름 a[m]의 도체구에 전하 Q[C]이 주어졌을 때, 구면상의 전속밀도를 구하시오.

【풀이】

이 구가 진공 내에 놓여 있을 경우 구면상의 전계 E_0는

$$E_0 = \frac{1}{4\pi\epsilon_0}\frac{Q}{a^2}r_0[\text{V/m}]$$

가 된다.

이 구가 유전율 $\epsilon = \epsilon_0\epsilon_s$[F/m]의 유전체 내에 있을 때 전계가 $\frac{1}{\epsilon_s}$배로 되어 배로 감소하므로 구면상의 전계는

$$E = \frac{E_0}{\epsilon_s} = \frac{1}{4\pi\epsilon_0\epsilon_s}\frac{Q}{a^2}r_0 = \frac{1}{4\pi\epsilon}\frac{Q}{a^2}r_0[\text{V/m}]$$

가 된다.

그러므로 구면상의 전속밀도는 $D - \frac{1}{4\pi}\frac{Q}{a^2}r_0[\text{C/m}^2]$ 이 되며, 구면상의 전속밀도의 크기는 $D = \frac{1}{4\pi}\frac{Q}{a^2} = \sigma[\text{C/m}^2]$ 이 되어 도체면상의 전하밀도 만에 의하여 정해짐을 알 수 있다.

5.4 가우스법칙의 미분형

진공 중에서 면적 $S[\text{m}^2]$인 폐곡면 안에 Q[C]의 전하가 놓여있을 때 폐곡면 상의 전계 세기는 다음의 식을 이용하여 구하였고 이를 가우스법칙이라 하였다. 즉,

$$\epsilon_0 \int_s \boldsymbol{E} \cdot d\boldsymbol{S} = Q \tag{5-23}$$

유전체 중에서 면적 $S[\text{m}^2]$인 폐곡면 안에 Q[C]의 전하가 놓여 있을 때 전속 밀도와 전계 사이에

$\boldsymbol{D} = \boldsymbol{D}_d = \epsilon \boldsymbol{E}_d$ 라는 관계가 있으므로 가우스법칙을 적용시키면

$$\epsilon \int_s \boldsymbol{E} \cdot d\boldsymbol{S} = \int_s \boldsymbol{D} \cdot d\boldsymbol{S} = Q \tag{5-24}$$

로 된다. 여기에 발산의 정리를 적용시켜 면적분을 체적분으로 변환하면

$$\int_s \boldsymbol{D} \cdot d\boldsymbol{S} = \int_V \mathrm{div}\,\mathrm{D}\,\mathrm{dV} = \mathrm{Q} \tag{5-25}$$

가 되고, 이 식을 폐곡면으로 만들어진 체적 $V[\mathrm{m}^3]$에 대해 적분하면

$$\mathrm{div}\mathrm{D}\,\mathrm{V} = \mathrm{Q}\,[\mathrm{C}] \tag{5-26}$$

가 되고, 양변을 체적 $V[\mathrm{m}^3]$로 나누면 다음과 같다.

$$\mathrm{div}\mathrm{D} = \nabla \cdot \mathrm{D} = \frac{\mathrm{Q}}{\mathrm{V}} = \rho\,[\mathrm{C/m^3}] \tag{5-27}$$

5.5 경계면에서 경계조건

유전율 $\epsilon = \epsilon_0 \epsilon_s$ 인 유전체 중에 도체들이 놓여 있을 때도 진공 중에서 성립되는 관계가 진공 중의 유전율 ϵ_0 대신에 ϵ 을 대입하면 대전된 여러 가지 모양의 대전체에 대한 쿨롱 힘과 전계의 세기 그리고 전위 및 정전용량 등이 구해진다.

특히 유전체가 공기인 경우 $\epsilon_s \fallingdotseq 1$ 이므로 $\epsilon \fallingdotseq \epsilon_0$가 되어 진공과 공기를 구분할 필요가 없다.

그림 5-6과 같이 유전율 ϵ_1과 유전율 ϵ_2로 이루어진 경계면에 θ_1의 각도로 유입된 전속과 전계는 각각의 경계조건에 따라서 θ_2의 각도로 굴절되어 유출된다.

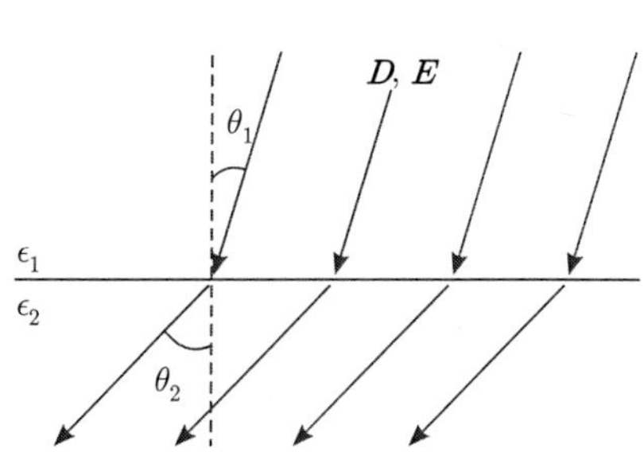

그림 5-6 두 유전체의 경계면에서 전속과 전계의 굴절

5.5.1 전속밀도의 경계조건

그림 5-6에서 경계면의 양측에 미소면적 dS를 밑면적으로 하고 측면으로 전속의 출입을 무시할 수 있도록 높이가 아주 작은 원통 형태의 폐곡면이 있다고 가정하면 미소 면적에서 전속의 굴절은 그림 5-7과 같이 나타낼 수 있다.

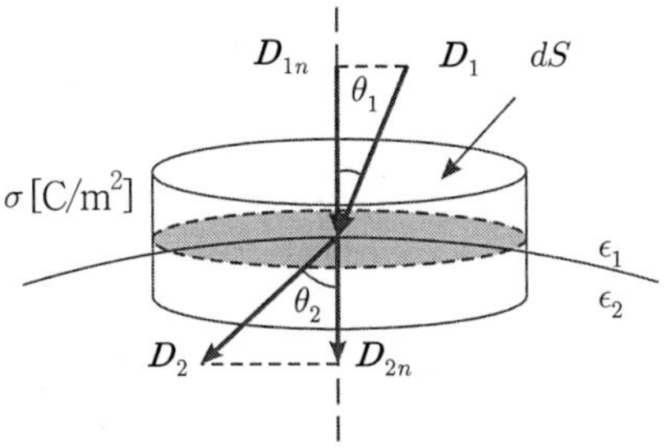

그림 5-7 전속의 굴절

그리고 두 유전체 경계면에 전하가 존재하지 않고 경계면을 통과하는 전속밀도를 $\boldsymbol{D}_1$과 $\boldsymbol{D}_2$라 하면

$$\int_s \boldsymbol{D}_1 \cdot d\boldsymbol{S} - \int_s \boldsymbol{D}_2 \cdot d\boldsymbol{S} = 0 \tag{5-28}$$

가 성립되며, 이때 $\int_s \boldsymbol{D}_1 \cdot d\boldsymbol{S}$는 경계면에 입사되는 선속 수, $\int_s \boldsymbol{D}_2 \cdot d\boldsymbol{S}$는 경계면에서 굴절되어 나가는 전속수를, 그리고 0은 전하가 경계면에 존재하지 않은 상태에서 경계면으로 입사되어 들어오는 전속수와 굴절되어 나가는 전속수가 같음을 의미한다.

전속밀도를 $\boldsymbol{D}_1$과 $\boldsymbol{D}_2$의 수직 성분을 $\boldsymbol{D}_{1n}$, $\boldsymbol{D}_{2n}$라 하고, 수평 성분을 $\boldsymbol{D}_{1t}, \boldsymbol{D}_{2t}$라 한다면 식 (5-28)을 다음과 같이 쓸 수 있다.

$$\int_s \boldsymbol{D}_{1n} \cdot d\boldsymbol{S} + \int_s \boldsymbol{D}_{1t} \cdot d\boldsymbol{S} - \left(\int_s \boldsymbol{D}_{2n} \cdot d\boldsymbol{S} + \int_s \boldsymbol{D}_{2t} \cdot d\boldsymbol{S} \right) = 0 \tag{5-29}$$

경계면에서 취한 원통의 높이가 아주 작으므로 원통의 측면에서 전속 출입을 무시할 수 있기 때문에 전속의 수평 성분 $\boldsymbol{D}_{1t}$, $\boldsymbol{D}_{2t}$를 무시하고 식 (5-29)을 정리하여 적분을 하면 다음 식과 같이 된다.

$$\int_s \boldsymbol{D}_{1n} \cdot d\boldsymbol{S} - \int_s \boldsymbol{D}_{2n} \cdot d\boldsymbol{S} = 0$$

$$\therefore\ \boldsymbol{D}_{1n} = \boldsymbol{D}_{2n} \qquad (5\text{–}30)$$

이 식으로부터 '경계면에 유입되는 전속밀도와 유출되는 전속밀도가 수직일 때 전속밀도는 불변으로 서로 같다.'는 것을 알 수 있다.

5.5.2 전계 세기의 경계조건

그림 5-8처럼 유전율이 ϵ_1, ϵ_2인 2개의 유전체가 경계를 이루는 경계면을 사이에 두고 정사각형을 취한 후, 정사각형 내의 경로 A, B, C, D를 따라 전계에 대해서 일주(一週)시켜 적분한다고 생각하자.

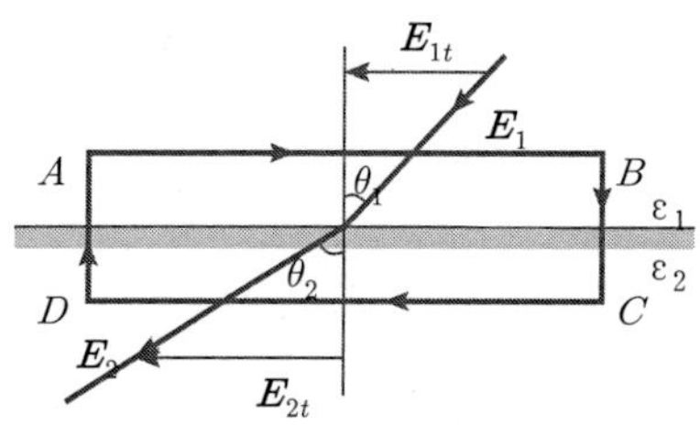

그림 5–8 전계의 굴절

전계 $\boldsymbol{E}_1$과 $\boldsymbol{E}_2$에 걸쳐서 놓여있는 이 직사각형에 표시된 점 A, B, C, D를 연결하는 폐경로 $A\to B\to C\to D\to A$를 따라서 1[C]의 전하를 이동시키는 데 소요되는 일은 0[J]이 된다.

$$\begin{aligned}\oint \boldsymbol{E}\cdot dl &= \int_{ABCDA} \boldsymbol{E}\cdot dl = 0\\ &= \int_A^B \boldsymbol{E}\cdot dl + \int_B^C \boldsymbol{E}\cdot dl - \int_C^D \boldsymbol{E}\cdot dl - \int_D^A \boldsymbol{E}\cdot dl\\ &= \int_A^B \boldsymbol{E}\cdot dl - \int_C^D \boldsymbol{E}\cdot dl = \int \boldsymbol{E}_{1t}\cdot dl - \int \boldsymbol{E}_{2t}\cdot dl\\ &= \int (\boldsymbol{E}_{1t} - \boldsymbol{E}_{2t})\cdot dl = 0 \qquad (5\text{–}31)\end{aligned}$$

식 (5-31)에서 전계 $\boldsymbol{E}$를 일주(一週)시켜 적분한 값은 0이 되고, 변 BC와 DA의 길이를 아주 작게 취하면 적분항 $\int_B^C \boldsymbol{E}\cdot dl$와 $\int_D^A \boldsymbol{E}\cdot dl$는 무시할 수 있다.

따라서 경로 $B\to C$와 경로 $D\to A$에 해당되는 전계 $\boldsymbol{E}_1$, $\boldsymbol{E}_2$의 수직 성분인 $\boldsymbol{E}_{1n}$, $\boldsymbol{E}_{2n}$도 무시할 수 있기 때문에 전계 $\boldsymbol{E}_1$, $\boldsymbol{E}_2$의 수평 성분인 $\boldsymbol{E}_{1t}$, $\boldsymbol{E}_{2t}$는 다음의 관계가 성립된다.

$$E_{1t} = E_{2t} \tag{5-32}$$

즉, '경계면에 유입되는 전계와 유출되는 전계가 서로 수평일 때 전계는 불변으로 서로 같다.' 는 것을 알 수 있다.

5.5.3 전속과 전기력선의 굴절법칙

앞에서 설명된 전속밀도와 전계의 세기 경계 조건에 따라 그림을 그리면 전속과 전기력선의 굴절은 그림 5-9와 같다.

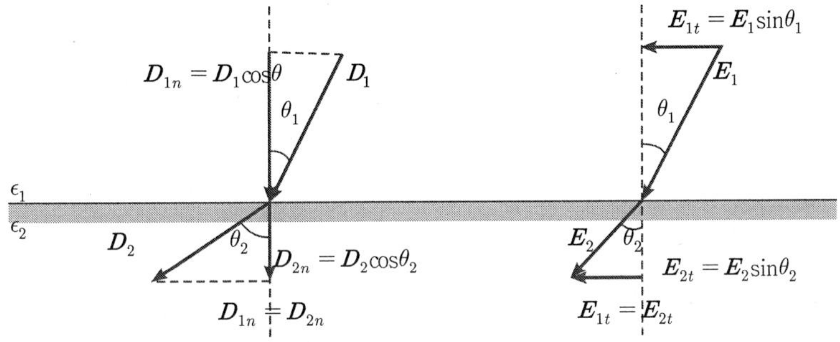

그림 5-9 전속 및 전기력선의 굴절

식 (5-30), (5-32)의 경계조건으로부터

$$E_1\sin\theta_1 = E_2\sin\theta_2 \tag{5-33}$$
$$D_1\cos\theta_1 = D_2\cos\theta_2 \tag{5-34}$$

가 성립된다. 식 (5-33)을 식 (5-34)로 나누면

$$\frac{E_1\sin\theta_1}{D_1\cos\theta_1} = \frac{E_2\sin\theta_2}{D_2\cos\theta_2} \tag{5-35}$$

이 된다.

여기에 $\dfrac{\sin\theta}{\cos\theta} = \tan\theta$ 와 $D_1 = \epsilon_1 E_1$, $D_2 = \epsilon_2 E_2$인 관계를 이용하면

$$\frac{\tan\theta_2}{\tan\theta_1} = \frac{\epsilon_2}{\epsilon_1} \tag{5-36}$$

인 관계의 경계 조건이 성립한다.

이것을 굴절의 법칙(law of refraction)이라 하며, $\epsilon_1 > \epsilon_2$인 경우에 ϵ_1에서 ϵ_2로 전기력선이 입사될 때 입사각을 θ_1, 굴절각을 θ_2라 한다면 $\theta_1 > \theta_2$의 관계로 굴절된다.

또 식 (5-33)과 식 (5-34)에서

$$\frac{E_1}{E_2} = \frac{\sin\theta_2}{\sin\theta_1} \tag{5-37}$$

$$\frac{D_1}{D_2} = \frac{\cos\theta_2}{\cos\theta_1} \tag{5-38}$$

가 성립된다. 이로부터 유전율의 크기가 $\epsilon_1 > \epsilon_2$이면 $\theta_1 > \theta_2$이므로 위의 두 식에서 $D_1 > D_2$ 그리고 $E_1 < E_2$가 됨을 알 수 있다.

즉 전속밀도는 유전율이 큰 유전체에서는 크고, 반대로 전계는 유전율이 큰 유전체에서는 작아지는데 유전율이 ϵ_1인 평등한 전계 속에 유전율이 ϵ_2인 구형 유전체가 놓여있을 때 전속밀도는 그림 5-10과 같이 변하고, 전속은 유전율이 큰 유전체 쪽으로 모이려는 성질이 있음을 알 수 있다.

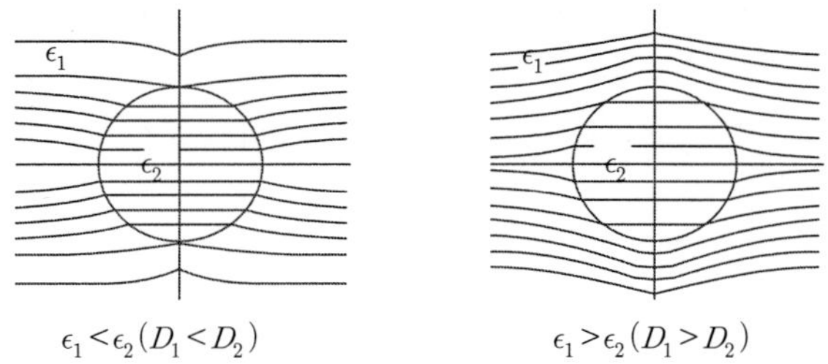

그림 5-10 평등전계 내에서 구형 유전체의 전속밀도

【예제 5.8】

전계 2.5[kV/m]가 $\epsilon_s = 2.6$인 매질에서 공기로 입사각 20° 로 진입할 때 다음을 구하라.

(1) 굴절각 (2) 전계 (3) 전속밀도

【풀이】

(1) $\tan\theta_2 = \dfrac{1}{2.6}\tan 20°,\ \theta_2 = 8°$

(2) $E_2 = E_1 \dfrac{\sin\theta_1}{\sin\theta_2} = 2500 \times \dfrac{\sin 20°}{\sin 8°} = 6.15[\mathrm{kV/m}]$

(3) $D_1 = \epsilon_1 E_1 = 8.854 \times 10^{-12} \times 2.6 \times 2500 = 57.5[\mathrm{nC/m^2}]$
$D_2 = \epsilon_2 E_2 = 8.854 \times 10^{-12} \times 6150 = 54.3[\mathrm{nC/m^2}]$

이들의 관계는 그림과 같다.

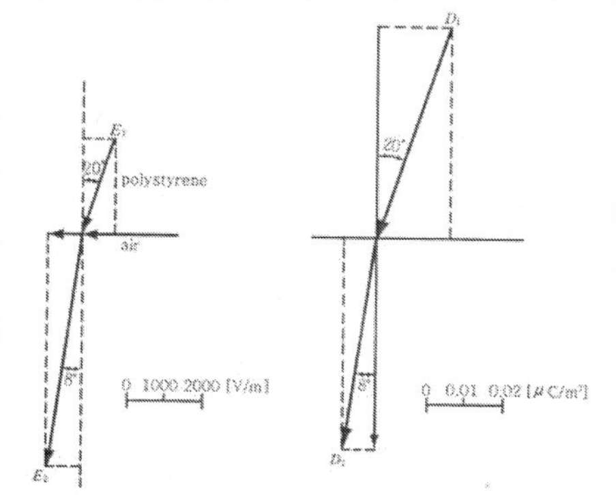

경계면의 전계 및 전속밀도

5.6 유전체가 경계면에서의 예

5.6.1 평행 평판 전극 사이에 두 종류의 유전체가 전극에 평행하게 삽입된 경우

그림 5-11과 같이 두께가 각각 d_1, d_2[m], 면적이 S[m²], 그리고 유전율이 ϵ_1, ϵ_2인 유전체 두 개를 전극 사이에 평행하게 넣고 V[V]의 전위차를 전극 양단에 공급할 때 전극에 $\pm Q$[C]의 전하량이 유도된다.

이때 각 유전체의 전속밀도, 전계, 전위차 그리고 단위면적당 정전용량을 구하여 보자.

(1) 전속 밀도와 전계

'경계면에 수직한 경우 두 유전체 내의 전속밀도는 같다.'는 경계조건에 의해 그림 5-12에서 전속밀도가 같으므로 $D_1 = D_2$이다.

그리고 전극의 전하 $\pm Q$[C]를 전극 면적으로 나누면 면전하밀도 $+\sigma\,(= Q/S)$[C/m²], $-\sigma\,(=- Q/S)$[C/m²]가 구해진다. 전속밀도는 면전하밀도와 같기 때문에 다음의 식이 성립된다.

$$\boldsymbol{D}_1 = \boldsymbol{D}_2 = \boldsymbol{D} = \sigma\,[\text{C/m}^2] \quad (5\text{–}39)$$

각 유전체 내에서 전계는 전속밀도와 전계의 관계에서 다음과 같다.

$$D = \epsilon_1 E_1 = \epsilon_2 E_2 = \sigma \quad (5\text{–}40)$$

각 유전체의 전계의 세기는

$$\left.\begin{aligned} E_1 &= \frac{D}{\epsilon_1} = \frac{\sigma}{\epsilon_1}[\text{V/m}^2] \\ E_2 &= \frac{D}{\epsilon_2} = \frac{\sigma}{\epsilon_2}[\text{V/m}^2] \end{aligned}\right\} \quad (5\text{–}41)$$

이 된다.

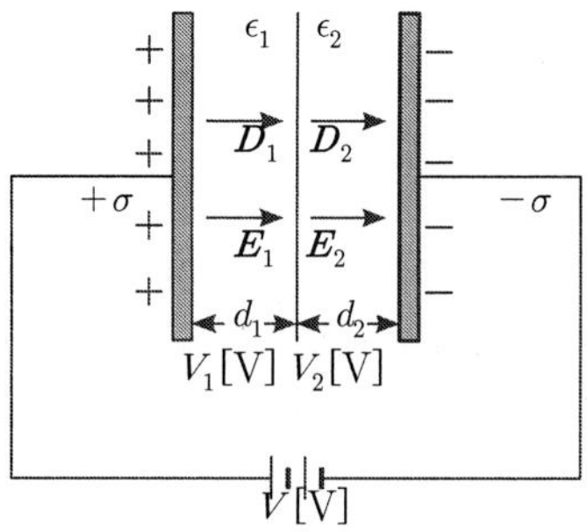

그림 5–11 두 유전체가 평판 전극에 평행하게 삽입된 경우

(2) 전위

그림 5-11에서 전극에 가해진 전압은 각 유전체에 분배된 전위의 합이고, 전위와 전계의 관계를 나타내는 식 (2-51)의 전위경도에서 방향을 무시하고(−부호를 무시하고) 크기만을 고려하여 전위의 합을 구하면

$$\begin{aligned} V &= V_1 + V_2 \\ &= E_1 d_1 + E_2 d_2 \\ &= \frac{\sigma}{\epsilon_1} d_1 + \frac{\sigma}{\epsilon_2} d_2 = \sigma \left(\frac{d_1}{\epsilon_1} + \frac{d_2}{\epsilon_2} \right) [\mathrm{V}] \end{aligned} \quad (5-42)$$

가 된다. 이로부터 전극판의 진전하밀도를 구하면 다음 식과 같다.

$$\sigma = \frac{V}{\left(\dfrac{d_1}{\epsilon_1} + \dfrac{d_2}{\epsilon_2} \right)} = \frac{\epsilon_1 \epsilon_2 V}{\epsilon_2 d_1 + \epsilon_1 d_2} [\mathrm{C/m^2}] \quad (5-43)$$

식 (5-43)을 식 (5-41)에 대입하면 각 유전체 내에서의 전계의 세기와 전위와의 관계를 알 수 있다.

$$\left. \begin{aligned} E_1 &= \frac{1}{\epsilon_1} \frac{\epsilon_1 \epsilon_2 V}{\epsilon_2 d_1 + \epsilon_1 d_2} = \frac{\epsilon_2 V}{\epsilon_2 d_1 + \epsilon_1 d_2} [\mathrm{V/m^2}] \\ E_2 &= \frac{1}{\epsilon_2} \frac{\epsilon_1 \epsilon_2 V}{\epsilon_2 d_1 + \epsilon_1 d_2} = \frac{\epsilon_1 V}{\epsilon_2 d_1 + \epsilon_1 d_2} [\mathrm{V/m^2}] \end{aligned} \right\} \quad (5-44)$$

(3) 단위면적당 정전용량

단위면적당 정전용량은 두 가지 방법으로 구할 수 있다.

한 가지는 $C = Q/V$에 전하량 Q 대신 단위면적당 전하밀도 σ를 대입하면 다음 식과 같이 단위면적당 정전용량을 구할 수 있다.

$$C = \frac{\sigma}{V} = \frac{\sigma}{\sigma \left(\dfrac{d_1}{\epsilon_1} + \dfrac{d_2}{\epsilon_2} \right)} = \frac{\epsilon_1 \epsilon_2}{\epsilon_2 d_1 + \epsilon_1 d_2} [\mathrm{F/m}] \quad (5-45)$$

또 한 가지 방법은 그림 5-12의 유전율이 ϵ_1, ϵ_2이고, 전극간격이 d_1, d_2[m], 전극 양단의 전하량이 $\pm Q$[C] 그리고 전극 면적이 S[m^2]인 두 개의 콘덴서가 직렬로 연결된 그림 5-12와 같이 회로를

바꾸어 합성 정전용량을 구하는 것이다.

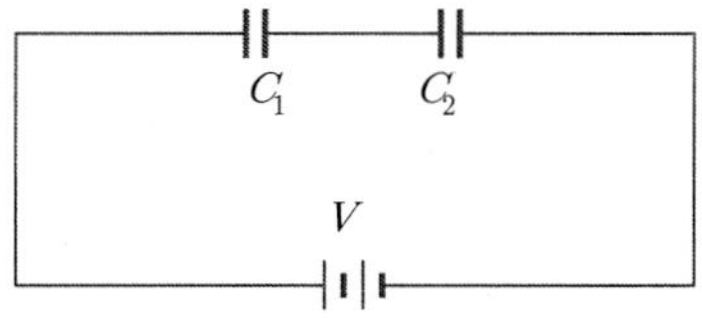

그림 5-12 콘덴서의 직렬연결

각 콘덴서의 정전용량을 C_1, C_2[F] 그리고 두 콘덴서의 합성정전용량을 C_0[F]이라 한다면

$$\left.\begin{array}{l} C_1 = \dfrac{\epsilon_1 S}{d_1},\ C_2 = \dfrac{\epsilon_2 S}{d_2} \\ \dfrac{1}{C_0} = \dfrac{1}{C_1} + \dfrac{1}{C_2} \end{array}\right\} \qquad (5\text{–}46)$$

이고, 이 식을 정리하면 합성정전용량 C_0가 구해진다.

$$C_0 = \frac{C_1 C_2}{C_1 + C_2} = \frac{\epsilon_1 \epsilon_2 S}{\epsilon_1 d_2 + \epsilon_2 d_1}\,[\mathrm{F}] \qquad (5\text{–}47)$$

이 식의 양변을 전극의 면적 $S[\mathrm{m}^2]$으로 나누면 식 (5-45)와 같은 단위면적당 정전용량이 구해진다.

5.6.2 평행 평판 전극 사이에 두 종류의 유전체가 전극에 수직하게 삽입된 경우

그림 5-13의 (a)는 두께가 d[m], 면적이 S_1, $S_2[\mathrm{m}^2]$인 그리고 유전율이 ϵ_1, ϵ_2인 유전체 두 개를 전극 사이에 수직되게 즉 나란히 넣은 그림이다.

여기에 V[V]의 전압을 공급하면 (b)의 그림과 같이 두 개의 평행 평판 콘덴서 C_1, C_2가 병렬연결된 회로가 된다.

이 때 각 유전체 내에서의 전계, 전속밀도, 그리고 정전용량을 구해보자.

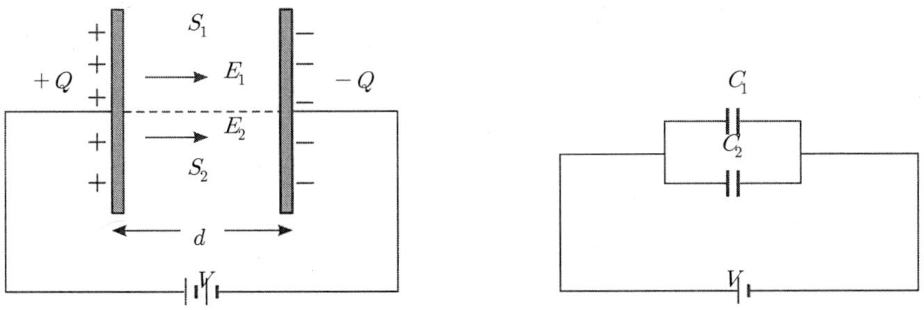

(a) 수직되게 삽입된 경우 (b) 등가회로

그림 5-13 두 유전체가 전극판과 수직되게 삽입된 경우

(1) 전계와 전속밀도

그림 5-13의 (a)에서 각 유전체에 가해지는 전계를 $\boldsymbol{E}_1$, $\boldsymbol{E}_2$라 할 때 전계는 유전체의 경계면에 평행으로 작용하기 때문에 경계조건에 의해서

$$\boldsymbol{E}_1 = \boldsymbol{E}_2 \tag{5-48}$$

의 관계가 성립된다. 그리고 전속밀도와 전계의 관계에 의해서

$$\left.\begin{aligned} \boldsymbol{D}_1 &= \sigma_1 = \epsilon_1 \boldsymbol{E}_1 [\text{V/m}^2] \\ \boldsymbol{D}_2 &= \sigma_2 = \epsilon_2 \boldsymbol{E}_2 [\text{V/m}^2] \end{aligned}\right\} \tag{5-49}$$

으로 되고, 이 식은 각 유전체에 분배되는 전하량과 유전체와 접해지는 전극판의 면적이 달라지기 때문에 각 유전체의 전속밀도가 달라짐을 의미한다.

(2) 정전용량

유전율이 ϵ_1, ϵ_2인 유전체로 채워진 각 유전체의 정전용량 $C_1 = \dfrac{\epsilon_1 S_1}{d}$, $C_2 = \dfrac{\epsilon_2 S_2}{d}$가 그림 5-14의 (b)처럼 병렬로 연결된 것과 같으므로 합성정전용량 C는

$$C = C_1 + C_2 = \frac{\epsilon_1 S_1 + \epsilon_2 S_2}{d} [\text{F}] \tag{5-50}$$

으로 된다.

5.6.3 동축 원통 도체 사이에 두 개의 유전체가 삽입된 경우

그림 5-14의 검은 부분 동축 원통 도체 사이에 동축으로 채워진 유전율 ϵ_1과 ϵ_2인 유전체의 반경을 각각 b[m]와 c[m]라 할 때 동축 원통 도체 사이의 전속밀도, 전계의 세기와 전계 분포 그리고 두 원통 도체 간의 전위차와 정전용량을 구해보자.

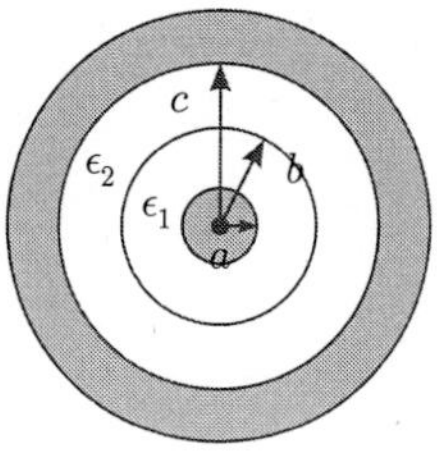

그림 5-14 두 종류의 유전체가 동심 원통형으로 채워진 동심 원통 도체

(1) 전속밀도와 전계의 세기

안쪽 반경이 a[m]인 원통 도체에 단위길이당 λ[C/m] 전하가 균등하게 분포되어 있다면 가우스 정리에 의해 안쪽 원통 도체의 표면에서 λ/ϵ개의 전기력선이 수직 방향(방사상)으로 나와서 동축 원통 도체의 외부로 발산된다.

동축 원통 도체의 중심축에서 r[m] 만큼 떨어진 곳의 전계의 세기 E[V/m]와 전속밀도 D[C/m^2]는 각각

$$E=\frac{\lambda}{2\pi\epsilon r}\text{[V/m]},\ D=\epsilon E=\frac{\lambda}{2\pi r}\text{[C/m}^2\text{]} \tag{5-51}$$

이 됨을 공부하였다.

또 두 유전체의 경계면에 수직하게 통과하는 전속밀도는 경계 조건에 의해 각각의 유전체 내에서 서로 같다는 것도 알았다.

따라서 $D_1 = D_2 = D$인 경계 조건과 식 (5-41)의 관계로부터 유전체 내에서의 전계의 세기 E_1, E_2[V/m]는 다음과 같이 구해진다.

$$\left.\begin{aligned} E_1 &= \frac{D}{\epsilon_1}=\frac{\lambda}{2\pi\epsilon_1 r}\text{[V/m]}(a<r<b) \\ E_2 &= \frac{D}{\epsilon_2}=\frac{\lambda}{2\pi\epsilon_2 r}\text{[V/m]}(b<r<c) \end{aligned}\right\} \tag{5-52}$$

(2) 전계 분포

동축 원통 도체 사이가 공기인 경우 전계의 세기를 E_0[V/m]라 하면

$$E_0 = \frac{\lambda}{2\pi\epsilon_0 r}[\text{V/m}](a < r < c) \tag{5-53}$$

이고 반지름 r[m]는 공기로 채운 a[m]에서 c[m]까지의 두께이다. 이 식에서 전계 E_0는 공기의 두께에 따라 $\frac{\lambda}{2\pi\epsilon_0 a}$[V/m]에서 $\frac{\lambda}{2\pi\epsilon_0 c}$[V/m]까지 반지름에 반비례하여 분포되며 분포의 그림은 그림 5-15와 같다.

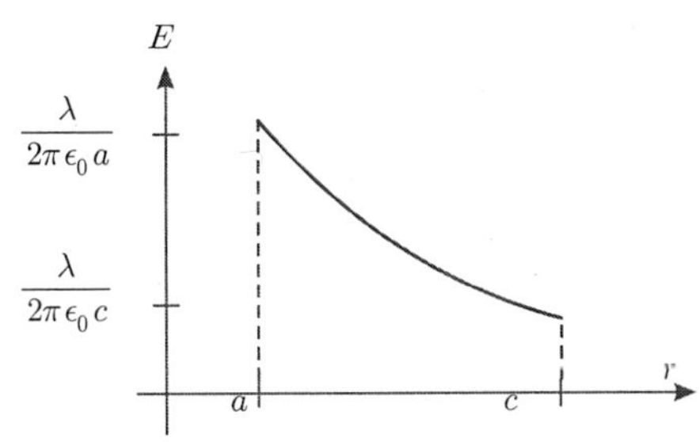

그림 5-15 원통 사이가 공기로 채워진 동축 원통 도체의 전계 분포

두 종류의 유전체로 채워진 동축 원통 전극 사이의 전계 분포는 식 (5-52)에서처럼 유전체의 유전율과 유전체의 두께에 따라 달라진다.

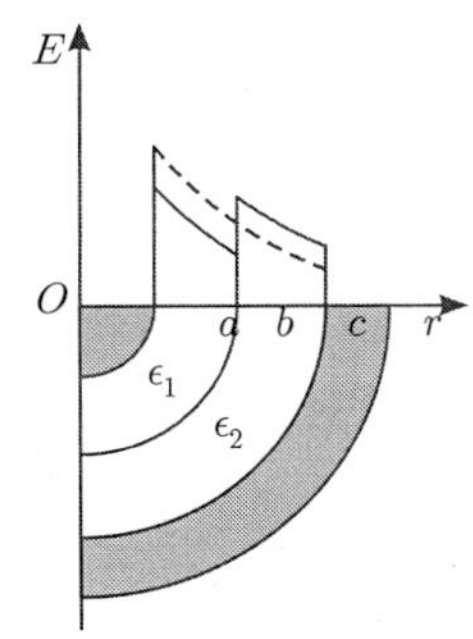

그림 5-16 원통 사이가 $\epsilon_1 > \epsilon_2$인 유전체로 채워진 동축 원통 사이의 전계 분포

그림 5-16은 원통 사이가 $\epsilon_1 > \epsilon_2$인 유전체로 채워진 동축 원통 사이의 전계 분포의 그림이다.

유전율 ϵ_1, 두께가 a[m]에서 b[m]인 유전체의 전계 E_1은 $\frac{\lambda}{2\pi\epsilon_1 a}$[V/m]에서 $\frac{\lambda}{2\pi\epsilon_1 b}$[V/m]까지 분포되고, 유전율 ϵ_2, 두께가 b[m]에서 c[m]인 유전체의 전계 E_2는 $\frac{\lambda}{2\pi\epsilon_2 b}$[V/m]에서 $\frac{\lambda}{2\pi\epsilon_2 c}$[V/m]까지 분포된다.

동축 원통 사이의 절연내력을 최대로 하기 위해서 전계의 분포를 균일하게 유지하여야 한다.

전계의 분포를 균일하게 유지되기 위해서는 반지름이 작아서 전계의 세기가 큰 내측 원통의 전계를 낮아야 하므로 내측 유전체의 유전율 ϵ_1이 외측 유전체의 유전율 ϵ_2보다 커야 한다.

이로부터 여러 종류의 유전체를 원통 내측에서부터 채워나간다면 유전율이 높은 유전체를 내측에 배치함으로서 전계 분포가 균일하게 되어 전극간의 절연내력을 높일 수 있음을 알 수 있다.

이 방법을 단절연(graded insulation)이라 하며, 고압 송전용 지중 케이블의 절연에 이 원리가 이용된다.

(3) 전위

유전율 ϵ_1, ϵ_2의 유전체로 채워진 두 원통 간의 전위 V[V]는 다음과 같다.

$$\begin{aligned} V &= -\int_b^a \boldsymbol{E}_1 dr + \left(-\int_c^b \boldsymbol{E}_2 dr\right) \\ &= \frac{\lambda}{2\pi\epsilon_1}\int_a^b \frac{1}{r}dr + \frac{\lambda}{2\pi\epsilon_2}\int_b^c \frac{1}{r}dr \\ &= \frac{\lambda}{2\pi\epsilon_1}[\ln r]_a^b + \frac{\lambda}{2\pi\epsilon_2}[\ln r]_b^c \\ &= \frac{\lambda}{2\pi}\left(\frac{1}{\epsilon_1}ln\frac{b}{a} + \frac{1}{\epsilon_2}ln\frac{c}{b}\right)[\text{V}] \end{aligned} \qquad (5\text{–}54)$$

(4) 정전용량

정전용량은 식 (4-1)의 $C = QV$로 구할 수 있지만 여기서 전하량 Q 대신 단위길이당 전하량인 λ[C/m]로 사용되었으므로 단위길이당 정전용량이 다음과 같이 구해진다.

$$C_0 = \frac{\lambda}{V} = \frac{2\pi}{\frac{1}{\epsilon_1}\ln\frac{b}{a} + \frac{1}{\epsilon_2}\ln\frac{c}{b}}[\text{F/m}] \qquad (5\text{–}55)$$

또 두 종류의 유전체가 전극에 평행하게 채워져 있기 때문에 두 개의 콘덴서가 직렬로 연결된 것과 같다. 따라서 유전율 ϵ_1, ϵ_2인 유전체 각각의 정전용량 C_1, C_2[F]는

$$\left.\begin{aligned} C_1 &= \frac{2\pi\epsilon_1}{\ln\frac{b}{a}}[\mathrm{F}] \\ C_2 &= \frac{2\pi\epsilon_2}{\ln\frac{c}{b}}[\mathrm{F}] \end{aligned}\right\} \tag{5-56}$$

단위길이당 합성 용량 C_0[C]는

$$C_0 = \frac{1}{\frac{1}{C_1}+\frac{1}{C_2}} = \frac{1}{\frac{\ln\frac{b}{a}}{2\pi\epsilon_1}+\frac{\ln\frac{c}{b}}{2\pi\epsilon_2}} = \frac{2\pi}{\frac{1}{\epsilon_1}ln\frac{b}{a}+\frac{1}{\epsilon_2}ln\frac{c}{b}}[\mathrm{F/m}] \tag{5-57}$$

으로 되어 식 (5-55)와 같다.

5.7 패러데이관(Faraday tube)

그림 5-17처럼 대전도체 표면의 미소면적 내에서 발산되는 전속으로 만들어지는 관을 전기력관(tube of electric force)이라 한다.

이 전기력관에서 미소 면적상의 전하가 1[C]인 것을 패러데이가 패러데이관(Faraday tube)이라 하였다.

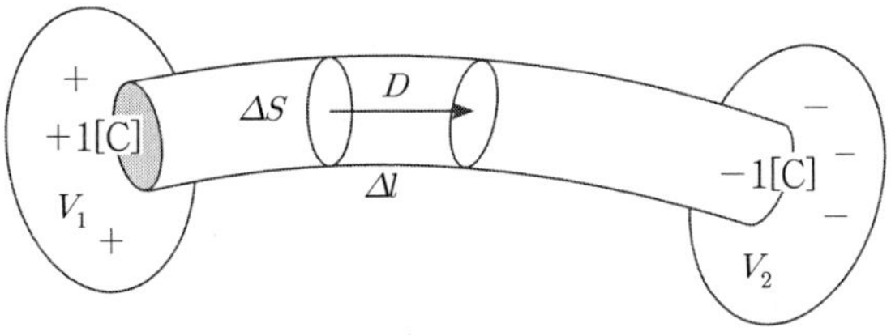

그림 5-17 패러데이관

그림 5-17처럼 1개의 패러데이관은 +1[C]에서 나와서 −1[C]의 전하에서 끝나므로 전속수와 패러데이관의 수는 같기 때문에 패러데이관은 다음과 같은 성질을 가지고 있다.

① 패러데이관 내의 전속 수는 일정하다.

② 패러데이관 양단에는 정·부의 단위 전하가 있다.

③ 진전하가 없는 점에서 패러데이관은 연속이다.

④ 패러데이관의 밀도는 전속밀도와 같다.

【예제 5.9】

전속수 Q=3[C]이 유전율 3인 유전체 내에 있을 때 전하에서 나오는 전속수 N과 패러데이관 수는 몇 개인가?

【풀이】

전속밀도에 의한 가우스 정리를 이용하면 전속수 $N = \int_S D \cdot dS = Q$에 의하여 매질에 관계없이 N=3개가 나오고 패러데이관 수도 3개가 된다.

5.8 유전체 내의 정전 에너지

유전체로 채워진 평판 전극의 정전 에너지는 공기 중에서 도체계의 정전 에너지를 나타내는 식 (4-53)에 평판 전극의 전위 식 (4-41)과 정전용량 식 (4-42) 그리고 유전체의 유전율을 대입하면 유전체 내의 정전 에너지가 다음 식과 같이 된다.

$$W = \frac{1}{2}CV^2 = \frac{1}{2}\frac{\epsilon S}{d}E^2 d^2 = \frac{1}{2}\epsilon E^2 Sd\,[\mathrm{J}] \tag{5-58}$$

식 (5-58)에서 Sd는 체적이므로 양변을 Sd로 나누면 단위체적당 정전 에너지가 구해진다.

$$\frac{W}{Sd} = w = \frac{1}{2}\epsilon E^2 = \frac{D^2}{2\epsilon} = \frac{1}{2}\boldsymbol{E} \cdot \boldsymbol{D}\,[\mathrm{J/m^3}]$$

힘은 에너지를 거리로 나누면 구해지므로 식 (5-58)을 거리(d)로 나누면

$$F = \frac{W}{d} = \frac{1}{2}\epsilon E^2 S\ [\mathrm{J/m}] \tag{5-59}$$

로 된다.

이 식을 면적(S)으로 나누면 단위면적당 작용하는 힘이 되는데, 이것을 단위면적당 정전 흡인력이

라 부르며 다음과 같다.

$$f = \frac{1}{2}\epsilon E^2 \,[\mathrm{N/m^2}] \tag{5-60}$$

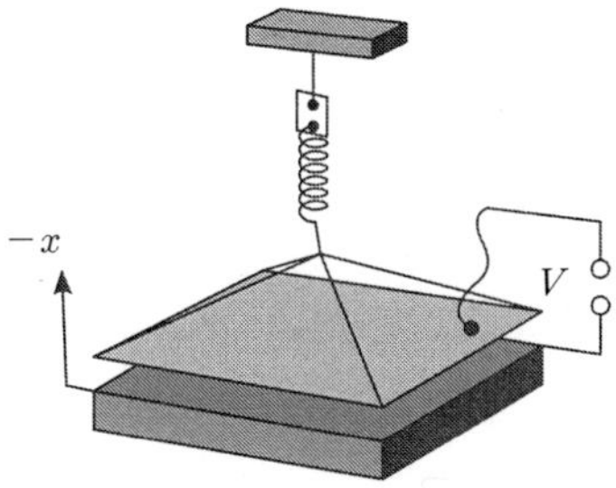

그림 5-18 평행 평판 전극의 정전력 관측

그림 5-18은 공기 중에서 면적이 $S[\mathrm{m}^2]$인 평판을 간격 $d[\mathrm{m}]$가 되도록 띄어놓은 후 상측 평판을 용수철 저울에 매달고 하측 평판을 접지시키고 이들 평판에 전압 $V[\mathrm{V}]$를 인가한 그림이다.

인가전압에 의해 한쪽 평판에는 $Q[\mathrm{C}]$, 반대편 평판에는 $-Q[\mathrm{C}]$의 전하가 유도되어 두 평판 사이에 정전기에 의한 흡인력(정전 흡인력)이 그림의 x방향으로 생긴다.

이때 대전된 두 도체 면에 생기는 정진 흡인력에 대응되는 힘이 도체의 표면에서 $-x$방향으로 생기는데 이 힘을 정전응력이라 하며 그림은 이 힘을 용수철 저울로 측정하고 있는 그림이다.

전극 사이에 유전율 ϵ인 유전체가 삽입된 경우 유전체가 받는 힘도 정전 흡인력에 해당된다.

유전체가 단위면적당 받는 정전 응력의 크기는 식 (5-60)과 동일한 값이 된다.

$$f_d = \frac{1}{2}\frac{\sigma^2}{\epsilon} = \frac{1}{2}\epsilon \boldsymbol{E}^2 = \frac{1}{2}\boldsymbol{ED}[\mathrm{N/m^2}] \tag{5-61}$$

에너지는 일이므로 식 (5-61)에 면적 $S[\mathrm{m}^2]$을 곱하면 유전체 전체가 받는 정전응력이 구해지고, 이 힘에 의해 $\Delta x[\mathrm{m}]$만큼 유전체의 변위가 생긴다면 유전체 전체에 행해진 일은

$$\begin{aligned} W_d &= f_d\,[\mathrm{N/m^2}]\cdot S[\mathrm{m^2}]\cdot \Delta x\,[\mathrm{m}] \\ &= \frac{1}{2}\frac{\sigma^2}{\epsilon}S\Delta x = \frac{1}{2}\epsilon \boldsymbol{E}^2 S\Delta x\,[\mathrm{J}] \end{aligned} \tag{5-62}$$

이 된다.

$S\Delta x[\mathrm{m}^3]$는 유전체가 변위된 체적이므로 식 (5-62)을 $S\Delta x[\mathrm{m}^3]$로 나누면 유전체 내에 저장되는 단위체적당 정전 에너지 $w_d[\mathrm{J/m^3}]$를 계산할 수 있는 다음의 식이 구해진다.

$$w_d = \frac{1}{2}\epsilon \boldsymbol{E}^2 = \frac{1}{2}\boldsymbol{E}\boldsymbol{D} = \frac{1}{2}\frac{\boldsymbol{D}^2}{\epsilon}[\mathrm{J/m^3}] \tag{5-63}$$

위의 식은 유전체 중에서 전계 $\boldsymbol{E}$ 및 전속 밀도 $\boldsymbol{D}$인 점에는 $\frac{1}{2}\boldsymbol{E}\boldsymbol{D}$ [J/m³]의 단위 체적당 에너지가 유전체에 저장됨을 의미한다.

이는 전하로 대전된 유전체가 전계에 의해서 전기적 변형을 받으므로 그 변형에 소요된 일만큼의 에너지가 유전체에 저장된다는 의미이다.

유전체의 전기적 변형이란 전계가 가해진 유전체 원자 또는 분자에 속박된 양, 음 전하의 상대적 위치 변화와 분극에 의해 생긴 전기쌍극자가 전계 방향으로 배열함에 의해서 생기는 변형이다.

이와 같이 전계 내에 놓인 유전체는 전기적 에너지를 받아 변형이 생기고, 변형된 유전체는 복원되려는 힘(응력)이 생겨 유전체 내에 축적된다.

이 힘을 정전기에 의한 응력 즉 정전응력이라 하고, 이 응력을 맥스웰 응력(Maxwell's stress)이라고 한다.

이러한 힘은 전하가 서로 당기거나 반발하기 때문에 생긴다.

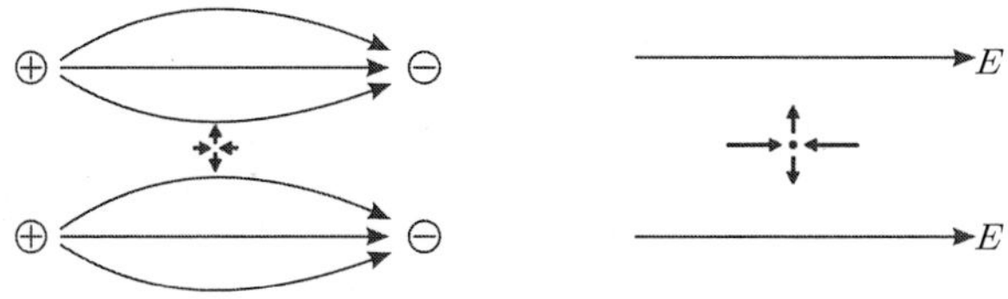

그림 5-19 전하 사이의 전기력선과 전계 사이의 응력

그림 5-19는 양·음의 전하가 만드는 전기력선 사이에 반발력과 흡인력이 형성됨을 보여주고 있다.

여기서 전기력선은 두 종류의 응력을 양전하에서 음전하 쪽으로 전달하고 있음을 알 수 있다. 따라서 전계 속에 놓여 있는 유전체 내부의 한 점에는 전기력선과 수평방향으로 수축하려는 응력이 작용하고 전기력선과 수직방향으로는 반발력에 의해 옆으로 퍼지려는 응력이 작용한다.

【예제 5.10】

2[μF] 콘덴서를 100[V]로 충전할 때 이 콘덴서에 축적되는 정전에너지를 구하라.

【풀이】

$$W = \frac{1}{2}CV^2 = \frac{1}{2} \times 2 \times 10^{-6} \times 100^2 = 0.01[\mathrm{J}]$$

【예제 5.11】

그림과 같이 평행한 전극의 면적 S, 간격 d, 전극 사이를 채우는 유전체의 유전율을 ε인 콘덴서가 있다. 각기 전극에 전하 $+Q$, $-Q$를 주었을 때의 정전 에너지의 총량을 구하고, 이때 전극 사이의 에너지밀도가 $\frac{1}{2}ED$로 표시되는 것을 증명하라.

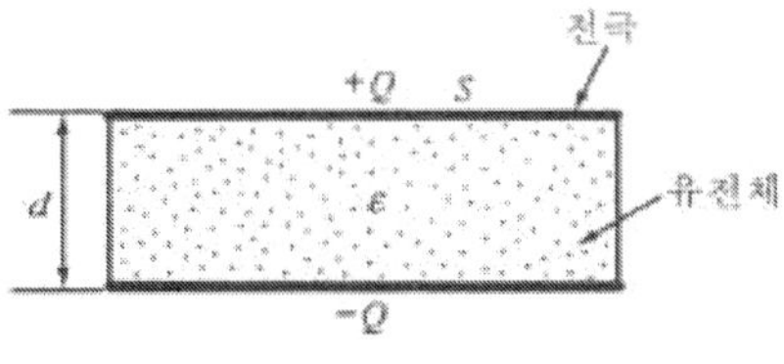

평행판 콘덴서

【풀이】

정전용량 C 는 $C=\frac{\varepsilon S}{d}$로 되기 때문에 전극 사이의 정전에너지 총량 W는

$$W=\frac{1}{2}\cdot\frac{Q^2}{C}=\frac{Q^2}{2}\cdot\frac{d}{\varepsilon S}[\mathrm{J}] \qquad \text{(a)}$$

가 된다. 이 경우 전극 사이의 전계는 평등이고 체적이 Sd이기 때문에 에너지 밀도는

$$\omega_0=\frac{W}{Sd}=\frac{1}{2}\frac{Q^2}{\varepsilon S^2}[\mathrm{J/m^3}] \qquad \text{(b)}$$

로 된다. $\frac{Q}{S}$는 전극 전하의 표면밀도인데 이것은 전속밀도 D와 같다. 또 $D=\epsilon E$의 관계가 있으므로 식 (b)는

$$\omega_0=\frac{1}{2}\frac{D^2}{\epsilon}=\frac{1}{2}ED[\mathrm{J/m^3}]$$

5.9 두 종류의 유전체 경계면에 작용하는 힘

5.9.1 두 종류의 유전체가 이루는 경계면에 전계가 수직으로 입사할 때 경계면에 작용하는 힘

$\epsilon_1 > \epsilon_2$인 두 종류의 유전체가 그림 5-20과 같이 전극 사이에 놓여있을 때 전계와 전속밀도가 경계면에 수직하게 된다. 이때 경계면에 작용하는 힘을 구해보자.

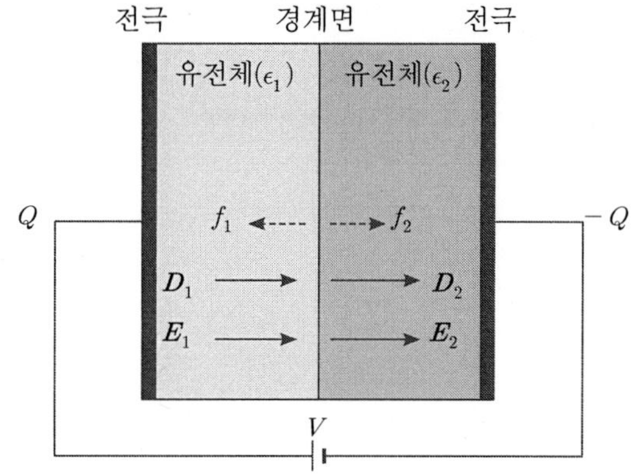

그림 5-20 경계면이 전계와 수직인 경우 경계면에 작용하는 힘

이 경우에는 전계와 수평 방향으로 수축하려는 응력이 작용하여 그림 5-21처럼 경계면 양측에 단위 면적당 f_1, f_2의 힘이 응력으로 작용하게 된다.

단위면적당 정전응력인 f_1과 f_2는 식 (5-61)로부터

$$\left.\begin{aligned} f_1 &= \frac{1}{2}\frac{D^2}{\epsilon_1} = \frac{1}{2}\boldsymbol{E}_1\boldsymbol{D}_1[\mathrm{N/m^2}] \\ f_2 &= \frac{1}{2}\frac{D^2}{\epsilon_2} = \frac{1}{2}\boldsymbol{E}_2\boldsymbol{D}_2[\mathrm{N/m^2}] \end{aligned}\right\} \quad (5\text{–}64)$$

임을 알 수 있다.

두 유전체의 경계면에서 '전속밀도의 수직성분은 같다'는 경계 조건, 즉 $D_1 = D_2 = D[\mathrm{C/m^2}]$의 관계를 대입하면 작용력은 다음의 식과 같다.

$$f_1 = \frac{1}{2}\frac{D^2}{\epsilon_1}[\mathrm{N/m^2}] \\ f_2 = \frac{1}{2}\frac{D^2}{\epsilon_2}[\mathrm{N/m^2}] \tag{5-65}$$

유전율이 $\epsilon_1 > \epsilon_2$인 경계면에 전속이 수직일 때 경계면상의 작용력의 방향은 ϵ_1의 유전체에서 ϵ_2의 유전체 방향이다. 즉, 유전율이 큰 유전체가 유전율이 작은 유전체 쪽으로 끌려 들어가는 힘(응력)을 받는다.

그리고 경계면에 작용하는 단위면적당 응력을 f라 하면 f는 다음의 식과 같이 구해진다.

$$f = f_2 - f_1 = \frac{1}{2}\left(\frac{1}{\epsilon_2} - \frac{1}{\epsilon_1}\right)D^2[\mathrm{N/m^2}] \tag{5-66}$$

5.9.2 두 종류의 유전체가 이루는 경계면이 전계에 평행한 경우

$\epsilon_1 > \epsilon_2$인 두 종류의 유전체가 그림 5-21처럼 전극 사이에 놓여 있을 때 전계와 전속밀도가 경계면에 평행하게 된다. 이때 경계면에 작용하는 힘을 구해보자.

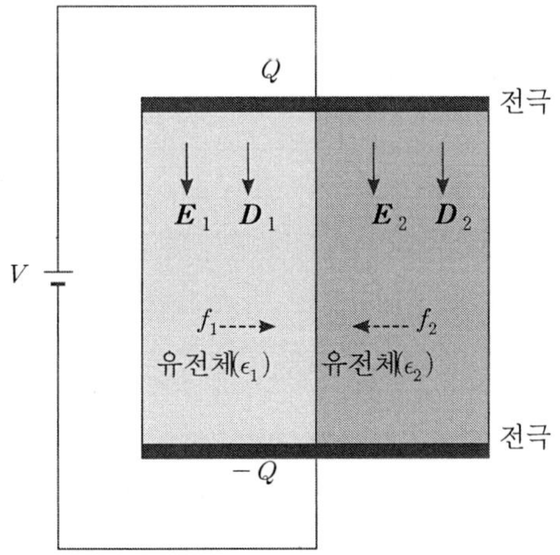

그림 5-21 경계면이 전계와 평행인 경우 경계면에 작용하는 힘

이 경우에는 전계와 수직 방향으로 퍼지려는 응력이 작용하여 그림 5-22와 같이 경계면 양측에 단위면적당 f_1, f_2의 힘이 경계면에 압축력으로 작용하게 된다.

단위면적당 정전응력인 f_1과 f_2는 식 (5-61)로부터 다음과 같이 된다.

$$\left.\begin{aligned} f_1 &= \frac{1}{2}\frac{{D_1}^2}{\epsilon_1} = \frac{1}{2}\epsilon_1 {\boldsymbol{E}_1}^2 [\text{N/m}^2] \\ f_2 &= \frac{1}{2}\frac{{D_2}^2}{\epsilon_2} = \frac{1}{2}\epsilon_2 {\boldsymbol{E}_2}^2 [\text{N/m}^2] \end{aligned}\right\} \tag{5-67}$$

두 유전체의 경계면에서 '전계의 수평 성분은 서로 같다.'는 경계조건, 즉 $\boldsymbol{E}_1 = \boldsymbol{E}_2 = \boldsymbol{E}$[V/m]의 관계를 대입하면

$$\left.\begin{aligned} f_1 &= \frac{1}{2}\epsilon_1 \boldsymbol{E}^2 [\text{N/m}^2] \\ f_2 &= \frac{1}{2}\epsilon_2 \boldsymbol{E}^2 [\text{N/m}^2] \end{aligned}\right\} \tag{5-68}$$

이 된다.

$\epsilon_1 > \epsilon_2$이므로 $f_1 > f_2$가 되므로 앞의 경우와 마찬가지로 경계면은 유전율이 큰 유전체에서 유전율이 작은 유전체 쪽으로 밀어내는 방향의 힘을 받는다.

그리고 경계면에 작용하는 단위면적당 응력을 f 라 하면 f 는 다음의 식과 같이 구해진다.

$$f = f_1 - f_2 = \frac{1}{2}(\epsilon_1 - \epsilon_2)\boldsymbol{E}^2 [\text{N/m}^2] \tag{5-69}$$

【예제 5.12】

전극판 S[m], 간격 d[m]인 평행판 콘덴서의 전극판에 비유전율인 유전체를 가득 채웠을 때 전극판 간에 V[V]를 가하면 전극판을 떼어내는 데 필요한 힘을 구하라.

【풀이】

일정 전압 V를 인가할 때 전계의 세기 $E = \frac{V}{d}$[V/m]이며, 전극 간 전하밀도 $\sigma = D = \epsilon E = \epsilon \frac{V}{d}$이다. 그러므로 판 간의 작용력 F는

$F = \frac{1}{2}\frac{D^2}{\epsilon}S = \frac{V^2}{d^2}S$ 가 된다.

5.10 유전체의 특수 현상

5.10.1 접촉전기(contact electricity)

도체와 도체, 유전체와 유전체 또 유전체와 도체를 접촉시키면 한 쪽의 전자가 다른 쪽으로 이동하여 각각 양, 음으로 대전하는 현상이 일어난다. 이때 나타나는 전기를 접촉전기(contact electricity)라고 부르는데, 마찰전기도 이 접촉전기의 일종이라고 볼 수 있다.

도체와 도체 간에 접촉전기가 일어나면 두 도체 간에 전위차가 생긴다. 이 전위차를 접촉 전위차(contact potential difference)라 하며 이 현상을 Volta 효과라고도 한다. 접촉 전위차의 크기는 매질 및 온도에 따라 결정되고 접촉 면적에는 관계없다.

5.10.2 초전효과(pyroelectric effect)

어떤 종류의 결정체에 열을 가하거나 냉각시키면 한 쪽 끝에는 양(+), 다른 쪽 끝에는 음(−)의 전기가 나타난다. 이는 분극에 의해 발생하는 것이며 이런 현상을 초전효과 또는 파이로(pyro)전기라 한다. 전기석에서 가장 잘 나타나며 수정, 로셀염에도 나타난다.

초전효과가 일어나는 유전체는 자발 분극을 가지고 있으며 온도의 변화에 의하여 자발 분극이 크기가 변화하기 때문에 일어나며 열에너지를 전기 에너지로 변환시키는 데 사용된다.

5.10.3 압전효과(Piezoelectric effect)

파이로(pyro) 전기가 나타나는 결정에 기계적인 압력, 즉 결정의 어떤 방향으로 압축 또는 인장의 응력을 가하면 내부에서 전기분극이 발생되어 결정의 단면에 응력에 비례하여 분극전하가 나타나는 현상을 압전효과(Piezoelectric effect)라 한다.

이때 단면에 나타나는 분극 전하를 압전기(piezolectricity)라 하고 수정, 전기석, 로셀염, 티탄산바륨($BaTio_3$) 등은 압전효과가 현저히 나타나는 물질이다. 특히 로셀염의 압전효과는 수정의 1,000배 정도로 가장 많이 이용된다.

압전기는 결정에 나타나는 현상이므로 방향성이 있다. 응력과 동일한 방향으로 분극이 일어나는 압전효과를 종효과(longitudinal effect), 응력에 수직 방향으로 분극이 일어나면 횡효과(transversal effect)라 한다.

한편 압전효과를 나타내는 결정에 전계를 가하면 전계에 비례하는 전기적 응력이 결정에 발생되는 현상이 나타나며, 이 현상을 압전기의 역효과(reverse effect)라 하고 전기적 에너지와 기계적 에너지의 상호변환이 가능함을 알 수 있다.

이러한 압전 효과는 마이크, 압력 측정, 수정 발진기, 초음파 발생기, 일정 주파수 발진에 사용되는 크리스탈 픽업(crystal pick-up) 등 여러 방면에 응용된다.

기사시험 기출문제

문제 5-1	14. 산업기사

강유전체에 대한 설명 중 옳지 않은 것은?

㉮ 티탄산바륨과 인산칼륨은 강유전체에 속한다.
㉯ 강유전체의 결정에 힘을 가하면 분극을 생기게 하여 전압이 나타난다.
㉰ 강유전체에 생기는 전압의 변화와 고유진동수의 관계를 이용하여 발전기, 마이크로폰 등에 이용되고 있다.
㉱ 강유전체에 전압을 가하면 변형이 생기고 내부에만 정 · 부의 전하가 생긴다.

[답] ㉱

문제 5-2	03. 산업기사

콘덴서에 비유전율 ϵ_s인 유전체로 채워져 있을 때의 정전용량 C와 공기로 채워져 있을 때의 정전용량 C_0와의 비 C/C_0는?

㉮ ϵ_s　　㉯ $\frac{1}{\epsilon_s}$　　㉰ $\sqrt{\epsilon_s}$　　㉱ $\frac{1}{\sqrt{\epsilon_s}}$

풀이 공기와 유전체에 대한 정전용량의 비는 식 (5-3)과 (5-4)에서 $\frac{\epsilon}{\epsilon_0}$이므로 $C/C_0 = \epsilon_r$이다.

[답] ㉮

문제 5-3	99. 산업기사

V로 충전되어 있는 정전용량 C_0의 공기 콘덴서 사이에 $\epsilon_s = 10$의 유전체를 채운 경우 전계의 세기는 공기인 경우의 몇 배가 되는가?

㉮ 10배　　㉯ 5배　　㉰ 0.2배　　㉱ 0.1배

풀이 $E_0 = \frac{Q}{\epsilon_0 S}$, $E = \frac{Q}{\epsilon_0 \epsilon_s S} = E_0 \frac{1}{\epsilon_s} = E_0 \frac{1}{10}$ 이므로 0.1배

[답] ㉱

문제 5-4	02. 산업기사

공기 콘덴서의 전극판 사이에 비유전율 ϵ_s의 유전체를 채운 경우 동일 전위차에 대한 극판간의 전하량은?

㉮ $\frac{1}{\epsilon_s}$로 감소 ㉯ ϵ_s배로 증가

㉰ 불변 ㉱ $\pi\epsilon_s$배로 증가

풀이 $Q = CV$에서 동일 전위차인 경우 전하량 Q는 C에 비례하는데 용량 C는 유전율에 비례하므로 ϵ_s배로 증가한다.

[답] ㉯

문제 5-5	05. 산업기사

$\epsilon_s = 10$인 유리 콘덴서와 동일 크기의 $\epsilon_s = 1$인 공기 콘덴서가 있다. 유리 콘덴서에 200[V]의 전압을 가할 때 동일한 전하를 축적하기 위하여 공기 콘덴서에 필요한 전압[V]은?

㉮ 20 ㉯ 200 ㉰ 400 ㉱ 2000

풀이 공기 콘덴서의 전하량과 유리 콘덴서의 전하량이 같아야 하므로

$Q_0 = C_0 V_0 = Q = CV = C_0 \epsilon_s V$

$\therefore V_0 = \epsilon_s V = 10 \times 200 = 2000[\text{V}]$

[답] ㉱

문제 5-6	03. 산업기사

전기 분극이란?

㉮ 도체 내의 원자핵의 변위이다. ㉯ 유전체 내의 원자의 흐름이다.

㉰ 유전체 내의 속박 전하의 변위이다. ㉱ 도체 내의 자유 전하의 흐름이다.

[답] ㉰

문제 5-7	04. 산업기사

유전분극의 종류가 <u>아닌</u> 것은?

㉮ 전하분극　㉯ 전자분극　㉰ 이온분극　㉱ 배향분극

[답] ㉮

문제 5-8	12. 산업기사

다이아몬드와 같은 단결정 물체에 전장을 가할 때 유도되는 분극은?

㉮ 전자분극　㉯ 이온분극과 배향분극
㉰ 전자분극과 이온분극　㉱ 전자분극, 이온분극, 배향분극

[답] ㉮

문제 5-9	03. 기사 / 04. 산업기사

분극 중 온도의 영향을 받는 분극은?

㉮ 분자분극(electronic polarization)　㉯ 이온분극(ionic polarization)
㉰ 배향분극(orientational polarization)　㉱ 전자분극과 이온분극

[답] ㉰

문제 5-10	01, 02, 03. 산업기사

유전체 내의 전계의 세기 E와 분극의 세기 P와의 관계를 나타내는 식은?

㉮ $\boldsymbol{P} = \epsilon_0(\epsilon_s - 1)\boldsymbol{E}$　㉯ $\boldsymbol{P} = \epsilon_0\epsilon_s\boldsymbol{E}$
㉰ $\boldsymbol{P} = \epsilon_0(1-\epsilon_s)\boldsymbol{E}$　㉱ $\boldsymbol{P} = (1-\epsilon_s)\boldsymbol{E}$

[답] ㉮

문제 5-11	07. 산업기사

비유전율 5인 등방 유전체의 한 점에서의 전계의 세기 10[kV/m]이다. 이 점의 분극의 세기는 몇 [C/m^2]인가?

㉮ 1.41×10^{-7} ㉯ 3.54×10^{-7} ㉰ 8.84×10^{-8} ㉱ 4×10^{-4}

풀이 $\boldsymbol{P}=\epsilon_0(\epsilon_s-1)\boldsymbol{E}=8.85\times10^{-12}(5-1)\times10^4=3.54\times10^{-7}$[C/m^2] [답] ㉯

문제 5-12	95. 산업기사

공기 중에서 평등 전계 E_0[V/m]에 수직으로 비유전율 ϵ_s인 유전체를 놓았더니 σ^r[C/m^2]의 분극전하가 표면에 생겼다면 유전체 중의 전계 강도 E[V/m]는?

㉮ $\dfrac{\sigma^r}{\epsilon_0\epsilon_s}$ ㉯ $\dfrac{\sigma^r}{\epsilon_0(\epsilon_s-1)}$

㉰ $\epsilon_0\epsilon_s\sigma^r$ ㉱ $\epsilon_0(\epsilon_s-1)\sigma^r$

풀이 분극전하가 σ^r[C/m^2]이고 유전체 중의 전계 강도가 E[V/m]이므로

$\boldsymbol{P}=\sigma^r=\epsilon_0(\epsilon_s-1)\boldsymbol{E}$[C/m^2], $\boldsymbol{E}=\dfrac{\sigma^r}{\epsilon_0(\epsilon_s-1)}$가 된다. [답] ㉯

문제 5-13	14. 산업기사

비유전율 $\epsilon_s=5$인 유전체 내의 분극율은 몇 [F/m]인가?

㉮ $\dfrac{10^{-8}}{9\pi}$ ㉯ $\dfrac{10^{9}}{9\pi}$ ㉰ $\dfrac{10^{-9}}{9\pi}$ ㉱ $\dfrac{10^{-8}}{9\pi}$

풀이 $\chi=\epsilon_0(\epsilon_s-1)=8.85\times10^{-12}(5-1)=0.0354\times10^{-9}=\dfrac{10^{-9}}{9\pi}$ [답] ㉰

문제 5-14	14. 산업기사

비유전율 4인 유전체내에 있는 1[μC]의 전하에서 나오는 전속은?

㉮ 4×10^{-6}　㉯ 2×10^{-6}　㉰ 1×10^{-6}　㉱ $\frac{1}{4}\times10^{-6}$

풀이 전속은 유전율과 무관하며, Q[C]의 전하에서 Q개 전속이 나온다. **[답]** ㉰

문제 5-15	00. 산업기사

비유전율 4이고 전계의 세기가 20[kVm]인 유전체내의 전속밀도[μC/m^2]은?

㉮ 0.708　㉯ 0.168　㉰ 6.28　㉱ 2.83

풀이 $D_d=\epsilon_0\epsilon_s E_d=8.85\times10^{-12}\times4\times20\times10^3=0.708\times10^{-6}$[C/m^2] **[답]** ㉮

문제 5-16	11. 산업기사

그림과 같이 유전율 ϵ_1, ϵ_2인 두 유전체의 경계면에 중심을 둔 반지름 a[m]인 도체 구의 정전용량[F]은?

㉮ $4\pi a(\epsilon_1+\epsilon_2)$　㉯ $2\pi a(\epsilon_1+\epsilon_2)$

㉰ $\dfrac{\epsilon_1+\epsilon_2}{2\pi a}$　㉱ $\dfrac{\epsilon_1+\epsilon_2}{4\pi a}$

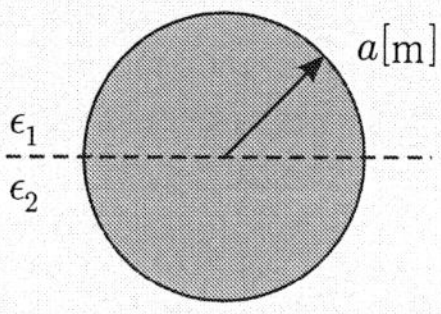

풀이 유전율 ϵ인 유전체 내부 도체의 전위 V는 $V=\dfrac{Q}{4\pi\epsilon a}$[V]이므로 고립 도체구의 정전용량 C는 $C=\dfrac{Q}{V}=4\pi\epsilon a$[F]이다. 따라서 반구의 정전용량은 $2\pi\epsilon a$[F]이므로 위 쪽 반구의 정전용량 C_1과 아래 반구의 정전용량 C_2의 병렬연결로 취급할 수 있다.

$C_1=2\pi\epsilon_1 a$[F], $C_2=2\pi\epsilon_2 a$[F]이므로, 합성 정전용량 C_0는

$C_0=C_1+C_2=2\pi\epsilon_1 a+2\pi\epsilon_2 a=2\pi a(\epsilon_1+\epsilon_s)$[F] **[답]** ㉯

문제 5-17	13. 기사

반지름 a[m]인 도체 구에 전하 Q[C]을 주었다. 도체 구를 둘러싸고 있는 유전체의 유전율이 ϵ_s인 경우 경계면에 나타나는 분극 전하는 몇 [C/m^2]인가?

㉮ $\dfrac{Q}{4\pi a^2}(1-\epsilon_s)$　　㉯ $\dfrac{Q}{4\pi a^2}(\epsilon_s-1)$

㉰ $\dfrac{Q}{4\pi a^2}\left(1-\dfrac{1}{\epsilon_s}\right)$　　㉱ $\dfrac{Q}{4\pi a^2}\left(\dfrac{1}{\epsilon_s}-1\right)$

풀이 '분극 전하는 몇 [C/m^2]인가?' 는 분극전하밀도($\boldsymbol{P}=\sigma$)를 구하라는 문제이다.

$D=\dfrac{\text{전속수}}{\text{구 표면적}(S)}=\dfrac{Q}{4\pi a^2}$ 이고,

$P=\sigma=D-\epsilon_0 E=D\left(1-\dfrac{1}{\epsilon_s}\right)=\dfrac{Q}{4\pi a^2}\left(1-\dfrac{1}{\epsilon_s}\right)$[C/m^2]　　**[답]** ㉰

문제 5-18	04. 산업기사

반경 a[m]의 도체 구와 내·외 반경이 각각 b[m] 및 c[m]인 도체 구가 동심으로 되어 있다. 두 도체 구 사이에 비유전율 ϵ_s인 유전체를 채웠을 경우의 정전용량은 몇 [F]인가?

㉮ $\dfrac{1}{9\times10^9}\dfrac{abc}{a-b+c}$　　㉯ $9\times10^9\dfrac{bc}{d-b}$

㉰ $\dfrac{\epsilon_s}{9\times10^9}\dfrac{ac}{c-a}$　　㉱ $\dfrac{\epsilon_s}{9\times10^9}\dfrac{ab}{b-a}$

풀이 내구에 $+Q$[C], 외구에 $-Q$[C]을 줄 때

도체 구 사이 전위차 $V_{12}=\dfrac{1}{4\pi\epsilon}\left(\dfrac{1}{a}-\dfrac{1}{b}\right)Q$[V]이므로

정전용량 $C=\dfrac{Q}{V_{12}}=\dfrac{4\pi\epsilon}{\left(\dfrac{1}{a}-\dfrac{1}{b}\right)}=\dfrac{4\pi\epsilon ab}{b-a}=\dfrac{\epsilon_s}{9\times10^9}\dfrac{ab}{b-a}$　　**[답]** ㉱

문제 5-19	09. 산업기사

합성수지의 절연체에 5×10^3[V/m]의 전계를 가했을 때, 이때의 전속밀도를 구하면 약 몇 [C/m^2]이 되는가? (단, 이 절연체의 비유전율은 10으로 한다.)

㉮ 40.28×10^{-5} ㉯ 41.28×10^{-8} ㉰ 43.52×10^{-4} ㉱ 44.28×10^{-8}

풀이 $D_d=\epsilon_0\epsilon_s E_d=8.85\times10^{-12}\times10\times5\times10^3=44.28\times10^{-8}$[C/m^2] **[답]** ㉱

문제 5-20	12. 산업기사

공기 중 두 점전하 사이에 작용하는 힘이 5[N]이었다. 두 전하 사이에 유전체를 넣었더니 힘이 2[N]으로 되었다면 유전체의 비유전율은 얼마인가?

㉮ 15 ㉯ 10 ㉰ 5 ㉱ 2.5

풀이 공기 중 두 점전하 사이에 작용하는 힘 F_1은 $F_1=\dfrac{Q_1Q_2}{4\pi\epsilon_0 r^2}$[N]

유전체를 두 점전하 사이에 넣었을 때 작용하는 힘 F_2은 $F_2=\dfrac{Q_1Q_2}{4\pi\epsilon_0\epsilon_s r^2}$[N]

$$\frac{F_1}{F_2}=\frac{\dfrac{Q_1Q_2}{4\pi\epsilon_0 r^2}}{\dfrac{Q_1Q_2}{4\pi\epsilon_0\epsilon_s r^2}}=\epsilon_s=\frac{5}{2}=2.5$$

[답] ㉱

문제 5-21	02. 산업기사

1변이 50[cm]인 정사각형의 전극을 가진 평행판 콘덴서가 있다, 이 극판의 간격을 5[mm]로 할 때 정전용량은 약 몇 [pF]인가? (단, 단말(端末) 효과는 무시한다.)

㉮ 373 ㉯ 380 ㉰ 410 ㉱ 443

풀이 $C=\dfrac{\epsilon_0 S}{d}=\dfrac{8.85\times10^{-12}\times2500\times10^{-4}}{5\times10^{-3}}=8.85\times50\times10^{-12}=442.5$[pF] **[답]** ㉱

문제 5-22	07. 산업기사

면적 19.6[cm^2], 간격 5[mm]의 판상 플라스틱 양면에 전극을 설치하고 정전용량을 측정하였더니 21.8[pF]이었다. 이 재료의 비유전율은 약 얼마 정도 되는가?

㉮ 3.3 ㉯ 4.3 ㉰ 5.3 ㉱ 6.3

풀이 정전용량 $C=\dfrac{\epsilon_0\epsilon_s S}{d}$[F], $\epsilon_s=\dfrac{Cd}{\epsilon_0 S}=\dfrac{21.8\times10^{-12}\times5\times10^{-3}}{8085\times10^{-12}\times19.6\times10^{-4}}=6.28$ **[답]** ㉱

문제 5-23	02, 09. 산업기사

면적 S[m^2], 극간거리 d[m]인 평행판 콘덴서에 비유전율 ε_s의 유전체를 채운 경우의 정전용량은? (단, 진공의 유전율은 ϵ_0이다.)

㉮ $\dfrac{\epsilon_s S}{4\pi\epsilon_0 d}$ ㉯ $\dfrac{4\epsilon_0\epsilon_s}{Sd}$ ㉰ $\dfrac{\epsilon_s S}{\epsilon_0 d}$ ㉱ $\dfrac{\epsilon_0\epsilon_s S}{d}$

풀이 정전용량 $C=\dfrac{Q}{V}=\dfrac{Q}{Ed}=\dfrac{\sigma S}{\dfrac{\sigma d}{\epsilon_0\epsilon_s}}=\sigma S\times\dfrac{\epsilon_0\epsilon_s}{\sigma d}=\dfrac{\epsilon_0\epsilon_s S}{d}$[F] **[답]** ㉱

문제 5-24	90. 산업기사

극판의 면적이 10[cm^2], 극판 간의 간격이 1[mm], 극판 간에 채워진 유전체의 비유전율이 2.5인 평행판 콘덴서에 100[V]의 전압을 가할 때 극판의 전하[C]는?

㉮ 1.2×10^{-9} ㉯ 1.25×10^{-12} ㉰ 2.21×10^{-9} ㉱ 4.25×10^{-10}

풀이 $Q=CV=\dfrac{\epsilon_0\epsilon_s S}{d}V$

$=8.85\times10^{-12}\times2.5\times10\times10^{-4}\times100/10^{-3}=2.21\times10^{-9}$[C] **[답]** ㉰

문제 5-25	10. 기사 / 00, 07. 산업기사

두 유전체의 경계면에서 정전계가 만족하는 것은?

㉮ 전속은 유전율이 작은 유전체로 모인다.
㉯ 두 경계면에서의 전위는 서로 같다.
㉰ 전속밀도의 접선 성분은 같다.
㉱ 전계는 법선 성분이 같다.

풀이 경계조건

- 전속밀도의 수직(법선) 성분은 같다 : $D_1\cos\theta_1 = D_2\cos\theta_2$
- 전계는 접선(수평) 성분이 같다 : $E_1\sin\theta_1 = E_2\sin\theta_2$
- 두 경계면에서의 전위는 서로 같다 : $V_1 = V_2$
- $\epsilon_1 > \epsilon_2$이면 θ_1(입사각)$>\theta_2$(굴절각), 전속밀도 $D_1 > D_2$, 전계 세기 $E_1 < E_2$이다.
- $\dfrac{\tan\theta_1}{\tan\theta_2} = \dfrac{\epsilon_1}{\epsilon_2}$
- 전속선은 유전율이 큰 쪽으로 모인다.

[답] ㉯

문제 5-26	04. 산업기사

그림과 같이 상이한 유전체 ϵ_1, ϵ_2의 경계면에서 성립되는 관계로 옳은 것은?

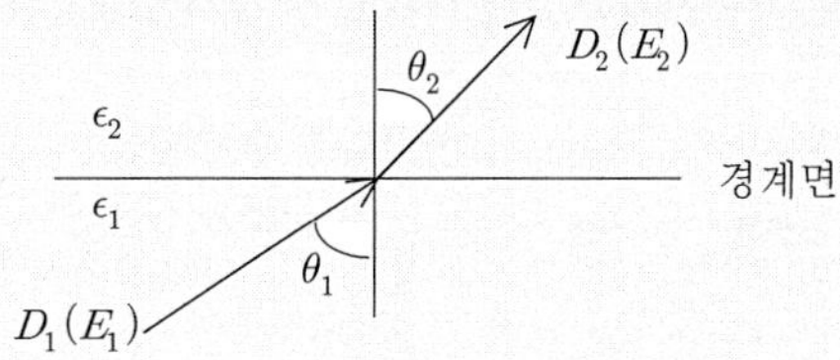

㉮ 전속의 법선 성분이 같고 전계의 법선 성분이 같다.
㉯ 전속의 법선 성분이 같고 전계의 접선 성분이 같다.
㉰ 전속의 접선 성분이 같고 전계의 접선 성분이 같다.
㉱ 전속의 접선 성분이 같고 전계의 법선 성분이 같다.

풀이 법선=수직, 접선=수평

[답] ㉯

문제 5-27	91. 산업기사

두 유전체가 접했을 때 $\frac{\tan\theta_2}{\tan\theta_1}=\frac{\epsilon_2}{\epsilon_1}$ 관계식에서 $\theta_1=0$일 때, 다음 중 표현이 잘못된 것은?

㉮ 전기력선은 굴절하지 않는다.
㉯ 전속밀도는 불변이다.
㉰ 전계는 불연속이다.
㉱ 전기력선은 유전율이 큰 쪽에 모인다.

풀이 전기력선 밀도는 유전율이 크면 작고, 전속은 유전율이 큰 쪽에 모인다. [답] ㉱

문제 5-28	93. 산업기사

유전율이 각각 ϵ_1, ϵ_2인 두 유전체가 접해 있는 경계면에서 전속선의 방향이 그림과 같이 될 때 그림과 같이 상이한 유전체 $\epsilon_1 > \epsilon_2$이면 입사각과 굴절각은?

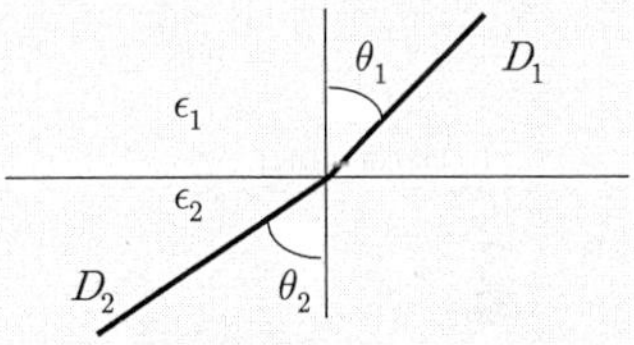

㉮ $\theta_1=\theta_2$
㉯ $\theta_1>\theta_2$
㉰ $\theta_1<\theta_2$
㉱ θ_1, θ_2의 크기에 무관

풀이 $\epsilon_1>\epsilon_2$이면$\theta_1>\theta_2$, $\epsilon_1<\epsilon_2$이면 $\theta_1<\theta_2$이다. 즉, 유전율이 작은 유전체에서 큰 유전체로 전속이나 전기력선이 들어가면 굴절각이 크게 됨을 알 수 있다. [답] ㉯

문제 5-29	00. 산업기사

유전율이 각각 다른 유전체의 경계면에 전계가 수직으로 입사하였을 때 옳은 것은?

㉮ 전계는 연속성이다.
㉯ 전속밀도가 달라진다.
㉰ 유전율이 같아진다.
㉱ 전기력선은 굴절하지 않는다.

풀이 수직으로 입사하므로 입사각 $\theta_1 = 0°$이고, $D_1 = D_2$이므로

$D_1 = \epsilon_1 E_1$, $D_2 = \epsilon_2 E_2$에서 $\epsilon_1 E_1 = \epsilon_2 E_2$가 성립된다.

문제의 조건에서 $\epsilon_1 \neq \epsilon_2$이므로 $E_1 \neq E_2$이다.

$\frac{\tan\theta_1}{\tan\theta_2} = \frac{\epsilon_1}{\epsilon_2}$에서 $\tan\theta_2 = \frac{\epsilon_2}{\epsilon_1} tan\theta_1 = 0$이 되기 때문에 $\theta_2 = 0°$이 된다.

$\therefore \theta_1 = \theta_2 = 0°$이므로 각도의 변화가 없으면 굴절하지 않은 것이다. **[답]** ㉣

문제 5-30	09. 기사 / 01, 09. 산업기사

공기 중의 전계 $E_1 = 10[\text{kV/cm}]$이 30° 의 입사각으로 기름의 경계에 닿을 때, 굴절각 θ_2와 기름 중의 전계 $E_2[\text{V/m}]$는? (단, 기름의 비유전율은 3이라 한다.)

㉮ $60°, \frac{10^6}{\sqrt{3}}$　㉯ $60°, \frac{10^3}{\sqrt{3}}$　㉰ $45°, \frac{10^6}{\sqrt{3}}$　㉱ $45°, \frac{10^3}{\sqrt{3}}$

풀이 문제 조건에서 $\frac{\tan\theta_1}{\tan\theta_2} = \frac{\epsilon_1}{\epsilon_2} = \frac{1}{3}$이다.

$3\tan\theta_1 = \tan\theta_2$이고 $\theta_2 = \tan^{-1}(3\tan 30°) = \tan^{-1}\frac{3}{\sqrt{3}} = 60°$

$\therefore E_2 = \frac{\sin\theta_1}{\sin\theta_2} E_1 = \frac{\frac{1}{2}}{\frac{\sqrt{3}}{2}} \times 10 \times \frac{10^3}{10^{-2}} = \frac{1}{\sqrt{3}} \times 10^6 = \frac{10^6}{\sqrt{3}}$ **[답]** ㉮

문제 5-31	96. 산업기사

그림과 같이 평행판 콘덴서 내에 비유전율이 12와 18인 두 종류의 유전체를 같은 두께로 두었을 때 A에는 몇 [V]의 전압이 가해지겠는가?

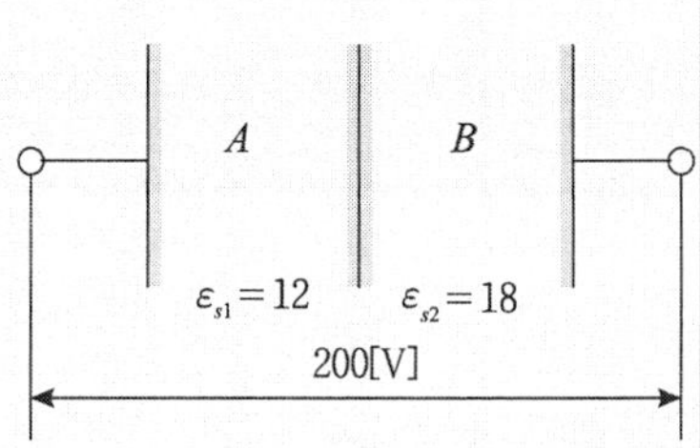

㉮ 40　㉯ 80

㉰ 120　㉱ 160

풀이 $V = Ed = \frac{D}{\epsilon_0 \epsilon_s} d \propto \frac{1}{\epsilon_s}$에서 분배법칙 $V_A = \frac{\epsilon_{s2}}{\epsilon_{s1} + \epsilon_{s2}} V = \frac{18}{12+18} 200 = 120[\text{V}]$

[답] ㉰

문제 5-32	99, 14. 기사 / 96. 산업기사

그림과 같이 평행판 콘덴서의 극판 사이에 유전율이 각각 ϵ_1, ϵ_2인 두 유전체를 반반씩 채우고 극판 사이에 일정한 전압을 걸어 준다. 이때 매질 (Ⅰ), (Ⅱ) 내의 전계의 세기 E_1, E_2 사이에 어떤 관계가 성립하는가?

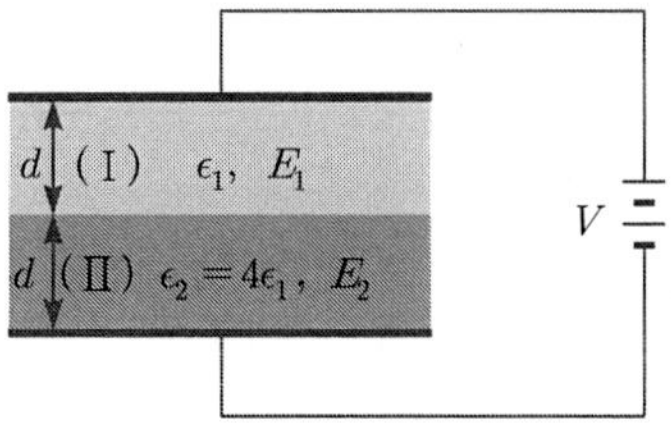

㉮ $E_2 = 4E_1$ ㉯ $E_2 = 2E_1$ ㉰ $E_2 = E_1/4$ ㉱ $E_2 = E_1$

풀이 유전체가 평행하게 삽입되면 $D_1 = D_2 = D = \sigma\,[\mathrm{C/m^2}]$, $D = \epsilon_1 E_1 = \epsilon_2 E_2 = \sigma$ 임.

$$\therefore\ E_2 = \frac{\epsilon_1}{\epsilon_2}E_1 = \frac{\epsilon_1}{4\epsilon_1}E_1 = \frac{1}{4}E_1$$

[답] ㉰

문제 5-33	13. 기사

정전용량이 C_0[F]인 평행판 공기 콘덴서가 있다. 이 극판에 평행으로 판 간격 d [m]의 1/2 두께 되는 유리판을 삽입하면 이때의 정전용량[F]은? (단, 유리판의 비유전율은 ϵ[F/m]라 한다.)

㉮ $\dfrac{C_0}{1+\dfrac{1}{\epsilon}}$ ㉯ $\dfrac{2C_0}{1+\dfrac{1}{\epsilon}}$ ㉰ $\dfrac{C_0}{1+\dfrac{\epsilon}{\epsilon_0}}$ ㉱ $\dfrac{2C_0}{1+\dfrac{\epsilon_0}{\epsilon}}$

풀이 전체가 공기인 경우의 정전용량 : $C_0 = \dfrac{\epsilon_0 S}{d}$[F]

두께의 1/2이 공기인 경우의 정전용량 : $C_1 = \dfrac{\epsilon_0 S}{d/2} = \dfrac{2\epsilon_0 S}{d}$[F]

두께의 1/2이 유리판인 경우의 정전용량 : $C_2 = \dfrac{\epsilon S}{d/2} = \dfrac{2\epsilon S}{d}$[F]

정전용량 C_1, C_2가 평행으로 삽입된 것이므로 직렬연결된 것이다.

$$\therefore\ C = \frac{C_1 C_2}{C_1 + C_2} = \frac{\left(\frac{2\epsilon_0 S}{d}\right)\left(\frac{2\epsilon S}{d}\right)}{\left(\frac{2\epsilon_0 S}{d}\right) + \left(\frac{2\epsilon S}{d}\right)} = \frac{\frac{4\epsilon_0\epsilon S^2}{d^2}}{\frac{2(\epsilon_0+\epsilon)S}{d}} = \frac{2\epsilon_0\epsilon S}{d(\epsilon_0+\epsilon)} = \frac{2C_0\epsilon}{(\epsilon_0+\epsilon)} = \frac{2C_0}{1+\frac{\epsilon_0}{\epsilon}}\,[\mathrm{F}]$$

[답] ㉱

문제 5-34	03, 14. 산업기사

면적 $S[m^2]$, 간격 $d[m]$인 평행판 콘덴서에서 그림과 같이 두께 $d_1, d_2[m]$이며 유전율 ϵ_1, ϵ_2 [μF]인 두 유전체를 극판 간에 평행으로 채웠을 때 정전용량은 얼마인가?

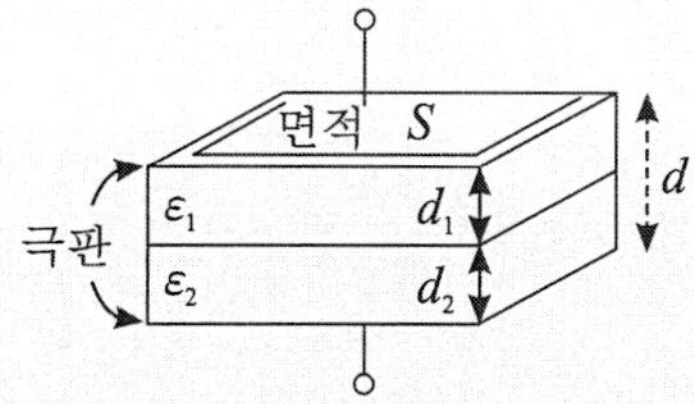

㉮ $\dfrac{S}{\dfrac{d_1}{\epsilon_1}+\dfrac{d_2}{\epsilon_2}}$

㉯ $\dfrac{\epsilon_1\epsilon_2 S}{d}$

㉰ $\dfrac{\epsilon_1 S}{d_1}+\dfrac{\epsilon_2 S}{d_2}$

㉱ $\dfrac{S}{\dfrac{d_1}{\epsilon_2}+\dfrac{d_2}{\epsilon_1}}$

풀이 합성 정전용량 $C=C_1+C_2=\dfrac{C_1C_2}{C_1+C_2}=\dfrac{\dfrac{\epsilon_1 S}{d_1}\cdot\dfrac{\epsilon_2 S}{d_2}}{\dfrac{\epsilon_1 S}{d_1}+\dfrac{\epsilon_2 S}{d_2}}=\dfrac{S}{\dfrac{d_1}{\epsilon_1}+\dfrac{d_2}{\epsilon_2}}$ **[답]** ㉮

문제 5-35	96, 00. 산업기사

Faraday관에서 전속선수가 $5Q$개이면 Faraday관수는?

㉮ $\dfrac{Q}{\epsilon}$ ㉯ $\dfrac{Q}{5}$ ㉰ $\dfrac{5}{Q}$ ㉱ $5Q$

풀이 패러데이관 양단에는 정·부의 단위 전하가 존재하고, 단위 전하에서 전속 한 개가 출입하므로 패러데이관수와 전속수는 서로 같으므로 $5Q$개다. **[답]** ㉱

문제 5-36	01, 13. 산업기사

평행판 콘덴서의 극판 사이가 진공일 때의 용량을 C_0, 비유전율 ϵ_s의 유전체를 채웠을 때의 용량을 C라 할 때, 이들의 관계식은?

㉮ $\frac{C}{C_0}=\frac{1}{\epsilon_0\epsilon_s}$ ㉯ $\frac{C}{C_0}=\frac{1}{\epsilon_s}$ ㉰ $\frac{C}{C_0}=\epsilon_0\epsilon_s$ ㉱ $\frac{C}{C_0}=\epsilon_s$

풀이 공기인 경우의 정전용량 : $C_0=\frac{\epsilon_0 S}{d}$

유전체로 채워진 경우의 정전용량 $C=\frac{\epsilon S}{d}=\frac{\epsilon_0\epsilon_s S}{d}=\epsilon_s C_0$($\epsilon_s$배 증가)

[답] ㉱

문제 5-37	97. 산업기사

평행판 공기 콘덴서에 전극 간격의 1/2 두께의 종이를 전극에 평행하게 넣으면 처음에 비하여 정전용량은 몇 배가 되는가? (단, 종이의 비유전율 $\epsilon_s=3$이다.)

㉮ 1 ㉯ 1.5 ㉰ 2 ㉱ 2.5

풀이 콘덴서 내부가 공기인 경우와 두께 1/2 종이를 전극에 평행하게 넣은 경우의 정전 용량 변화는 다음 그림과 같다.

$C_0=\frac{\epsilon_0 S}{d}$ $C_1=\frac{\epsilon_0 S}{d/2}$ $C_2=\frac{\epsilon_0\epsilon_s S}{d/2}$

평행하게 종이를 넣은 경우, 공기 콘덴서와 종이 콘덴서의 직렬연결 합성 정전용량은

$$\frac{1}{C}=\frac{1}{C_1}+\frac{1}{C_2}=\frac{1}{\frac{\epsilon_0 S}{d/2}}+\frac{1}{\frac{\epsilon_0\epsilon_s S}{d/2}}=\frac{(\epsilon_s+1)d}{2\epsilon_0\epsilon_s S}\ \ C=\frac{2\epsilon_0\epsilon_s S}{(\epsilon_s+1)d}=\frac{6\epsilon_0 S}{4d}=1.5C_0$$

∴ 1.5배

[답] ㉯

문제 5-38	07, 13. 산업기사

그림과 같은 정전용량이 C_0[F]되는 평행판 공기 콘덴서의 판 면적의 $\frac{2}{3}S$ 되는 공간에 비유전 ϵ_s인 유전체를 채우면 공기 콘덴서의 정전용량[F]은?

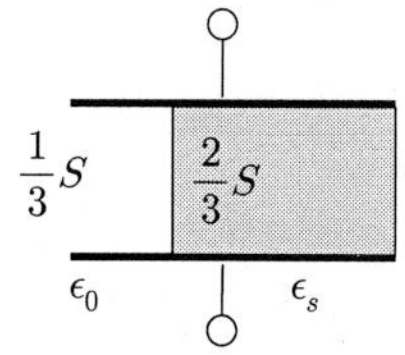

㉮ $\frac{2\epsilon_s}{3}C_0$ ㉯ $\frac{3}{1+2\epsilon_s}C_0$ ㉰ $\frac{1+\epsilon_s}{3}C_0$ ㉱ $\frac{1+2\epsilon_s}{3}C_0$

풀이 평행 평판 공기 콘덴서의 정전용량 : $C_0 = \frac{\epsilon_0 S}{d}$

면적의 2/3만큼 유전체가 채워진 후의 정전용량을 C_1, C_2라 하면

$C_1 = \frac{\epsilon_0(\frac{1}{3}S)}{d} = \frac{1}{3}C_0$이고, $C_2 = \frac{\epsilon_0\epsilon_s(\frac{2}{3}S)}{d} = \frac{2}{3}\epsilon_s C_0$이다.

C_1, C_2는 병렬접속이므로 $C_t = C_1 + C_2 = \frac{1}{3}C_0 + \frac{2}{3}\epsilon_s C_0 = \frac{1+2\epsilon_s}{3}C_0$ **[답]** ㉱

문제 5-39	93. 기사 / 05. 산업기사

Q[C]의 전하를 가진 반지름 a[m]의 도체 구를 비유전율 2인 기름 탱크에서 공기 중으로 꺼내는 데 필요한 에너지는 몇 [J]인가?

㉮ $\frac{Q^2}{8\pi\epsilon_0 a}$ ㉯ $\frac{Q^2}{32\pi\epsilon_0 a}$ ㉰ $\frac{Q^2}{16\pi\epsilon_0 a}$ ㉱ $\frac{Q^2}{4\pi\epsilon_0 a}$

풀이 공기 중에서 구의 정전용량 $C = 4\pi\epsilon_0 a$[F],

기름 중에서 구의 정전용량 $C' = 4\pi\epsilon a = 4\pi\epsilon_0\epsilon_s a = 8\pi\epsilon_0 a$[F],

필요한 에너지 $W = \frac{Q^2}{2C} - \frac{Q^2}{2C'} = \frac{Q^2}{8\pi\epsilon_0 a} - \frac{Q^2}{16\pi\epsilon_0 a} = \frac{Q^2}{16\pi\epsilon_0 a}$[J] **[답]** ㉰

문제 5-40	13. 기사

1[kV]로 충전된 어떤 콘덴서의 정전 에너지가 1[J]일 때, 이 콘덴서의 크기는 몇 [μF]인가?

㉮ 2[μF] ㉯ 4[μF] ㉰ 6[μF] ㉱ 8[μF]

풀이 식 $W=\frac{1}{2}CV^2$ 에서 $1=\frac{1}{2}C\times 1000^2$ 이므로 $C=2\times 10^{-6}=2[\mu F]$ **[답]** ㉮

문제 5-41	97. 산업기사

면적 300[cm^2], 판 간격 2[cm]인 두 장의 평행판 금속 사이를 비유전율 5인 유전체로 채우고 두 판 간에 20[kV]의 전압을 가할 경우 판 간에 작용하는 정전 흡인력[N]은?

㉮ 0.75 ㉯ 0.66 ㉰ 0.89 ㉱ 10

풀이 두 장의 평행판 금속 사이를 비유전율 5인 유전체로 채운경우에 정전용량은

$$C=\frac{\epsilon_0\epsilon_s S}{d}=\frac{8.85\times 10^{-12}\times 5\times 300\times 10^{-4}}{2\times 10^{-2}}=6.641\times 10^{-11}[F]$$

금속판 사이의 정전 에너지는

$$W=\frac{1}{2}CV^2=\frac{1}{2}\times 6.641\times 10^{-11}\times (20\times 10^3)^2=13.28\times 10^{-3}[J]$$

일(W) = 힘(F) × 거리(d)에서 힘(F)이 정전 흡인력이므로

$$F=\frac{W}{d}=\frac{13.28\times 10^{-3}}{2\times 10^{-2}}=0.666[N]$$

[답] ㉯

문제 5-42	04. 기사 / 83, 04, 08. 산업기사

극판 면적 $S = 10[\text{cm}^2]$, 간격 $d = 1[\text{mm}]$의 평행판 콘덴서에 비유전율 $\varepsilon_s = 3$인 유전체를 채웠을 때 전압 100[V]를 인가하면 축적되는 에너지[J]는?

㉮ 2.1×10^{-7} ㉯ 0.3×10^{-7} ㉰ 1.3×10^{-7} ㉱ 0.6×10^{-7}

풀이 비유전율 3인 유전체로 채운경우에 정전용량은

$$C = \frac{\epsilon_0 \epsilon_s S}{d} = \frac{8.85 \times 10^{-12} \times 3 \times 10 \times 10^{-4}}{10^{-3}} = 2.6565 \times 10^{-11}[\text{F}]$$

정전 에너지는 $W = \frac{1}{2}CV^2 = \frac{1}{2} \times 2.6565 \times 10^{-11} \times 100^2 \fallingdotseq 1.3 \times 10^{-7}[\text{J}]$ **[답]** ㉰

문제 5-43	13. 산업기사

비유전율이 2.4인 유전체 내의 전계의 세기가 100[mV/m]이다. 유전체에 저축되는 단위체적당 정전에너지는 몇 $[\text{J/m}^3]$인가?

㉮ 1.06×10^{-13} ㉯ 1.77×10^{-13} ㉰ 2.32×10^{-13} ㉱ 1.77×10^{-11}

풀이 $w_d = \frac{1}{2}\epsilon \boldsymbol{E}^2 = \frac{1}{2} \times 8.85 \times 10^{-12} \times 2.4 \times (100 \times 10^{-3})^2 = 10.62 \times 10^{-14}$ **[답]** ㉮

문제 5-44	97. 산업기사

유전체 내의 전속밀도가 $D[\text{C/m}^2]$인 전계에 저축되는 단위체적당 정전에너지가 $W_e[\text{J/m}^3]$일 때 유전체의 비유전율은?

㉮ $\frac{D^2}{2\epsilon_0 W_e}$ ㉯ $\frac{D^2}{\epsilon_0 W_e}$ ㉰ $\frac{2\epsilon_0 D^2}{W_e}$ ㉱ $\frac{\epsilon_0 D^2}{W_e}$

풀이 $W_e = \frac{D^2}{2\epsilon_0 \epsilon_s}[\text{J/m}^3]$, $\epsilon_s = \frac{D^2}{2\epsilon_0 W_e}$ **[답]** ㉮

문제 5-45	90, 91, 92, 05. 기사 / 85, 90, 94. 산업기사

$\epsilon_1 > \epsilon_2$의 두 유전체의 경계면에 전계가 수직으로 입사할 때 경계면에 작용하는 힘은?

㉮ $f = \frac{1}{2}\left(\frac{1}{\epsilon_2} - \frac{1}{\epsilon_1}\right)D^2$의 힘이 ϵ_1에서 ϵ_2로 작용한다.

㉯ $f = \frac{1}{2}\left(\frac{1}{\epsilon_1} - \frac{1}{\epsilon_2}\right)D^2$의 힘이 ϵ_2에서 ϵ_1로 작용한다.

㉰ $f = \frac{1}{2}\left(\frac{1}{\epsilon_1} - \frac{1}{\epsilon_2}\right)D^2$의 힘이 ϵ_1에서 ϵ_2로 작용한다.

㉱ $f = \frac{1}{2}\left(\frac{1}{\epsilon_2} - \frac{1}{\epsilon_1}\right)D^2$의 힘이 ϵ_2에서 ϵ_1로 작용한다.

풀이 $f > 0$가 되려면 $\epsilon_1 > \epsilon_2$이어야 한다. 즉, 유전율이 큰 유전체가 작은 유전체 쪽으로 끌려들어가는 힘(응력)을 받는다. 이 힘을 맥스웰의 응력이라 한다. **[답]** ㉮

문제 5-46	16. 산업기사

두께 d[m]인 판상 유전체의 양면 사이에 150[V]의 전압을 가하였을 때 내부에서의 전계가 [V/m]이었다. 이 판상 유전체의 두께는 몇 [㎜]인가?

㉮ 2 ㉯ 5 ㉰ 10 ㉱ 20

[답] ㉯

문제 5-47	16. 산업기사

비유전율 ϵ_s에 대한 설명으로 옳은 것은?

㉮ ϵ_s의 단위는 C/m이다.

㉯ ϵ_s는 항상 1보다 작은 값이다.

㉰ ϵ_s는 유전체의 종류에 따라 다르다.

㉱ 진공의 비유전율은 0이고, 공기의 비유전율은 1이다.

[답] ㉰

문제 5-48	18. 산업기사

반지름 a[m]인 접지 도체구의 중심에서 r[m] 되는 거리에 점전하 Q[C]을 놓았을 때 도체구에 유도된 총 전하는 몇 [C]인가?

㉮ 0　　㉯ $-Q$

㉰ $-\frac{a}{r}Q$　　㉱ $-\frac{r}{a}Q$

[답] ㉰

문제 5-49	18. 산업기사

공기 중에서 무한평면 도체로부터 수직으로 10^{-10}m 떨어진 점에 한 개의 전자가 있다. 이 전자에 작용하는 힘은 약 몇 [N]인가?(단, 전자의 전하량 : -1.602×10^{-19} [C]이다.)

㉮ 5.77×10^{-9}　　㉯ 1.602×10^{-9}

㉰ 5.77×10^{-19}　　㉱ 1.602×10^{-19}

[답] ㉮

문제 5-50	18. 산업기사

진공 중의 도체계에서 임의의 도체를 일정 전위의 도체로 완전 포위하면 내외공간의 전계를 완전 차단시킬 수 있는데, 이것을 무엇이라 하는가?

㉮ 홀효과　　㉯ 정전차폐　　㉰ 핀치효과　　㉱ 전자차폐

풀이

[답] ㉯

연 습 문 제

5.1 분극의 일반적인 성질에 대해 정의하라.

5.2 분극의 세기에 대해 정의하라.

5.3 유전체의 일반적인 성질에 대해 정의하라.

5.4 유전율(ϵ)의 일반적인 성질에 대해 정의하라.

5.5 전속밀도(D)에 대해 설명하라.

5.6 유전체의 경계면에서의 경계조건에 대해 설명하라.

5.7 맥스웰 응력에 대해 설명하라.

5.8 굴절법칙에 대해 설명하라.

5.9 유전체의 경계면에 작용하는 힘에 대해 설명하라.

5.10 유전체의 특수현상들에 대해 설명하라.

06 CHAPTER

전기 영상법

6.1 점전하와 평면 도체

정전유도 등에 의하여 도체계의 전계를 구할 때에 도체계의 전하 분포가 변화하는 경우에는 지금까지의 방법으로는 계산이 곤란하다.

그러므로 도체의 전하분포 및 경계조건을 교란시키지 않는 전하를 가상함으로써 간단히 도체 주위의 전계를 해석하는 방법이 있는데, 이것을 전기영상법(electric image method)이라 한다.

그림 6-1의 (a)와 같이 점전하 Q[C]가 접지된 충분히 넓은 평면 도체 OO'와 a[m]만큼 떨어져 있는 경우 이들 사이에 의하여 공간에 주어지는 전계와 전위 및 상호 작용하는 힘을 알아보기 위해 평면거울의 상의 작도법을 적용하여 보기로 한다.

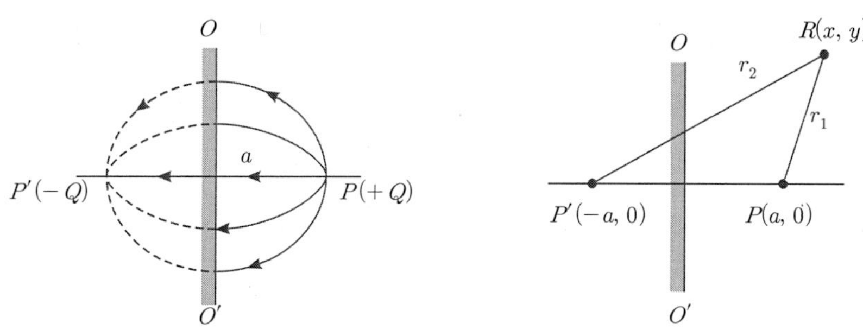

(a) (b)

그림 6–1 점전하와 평면 도체

점 P에 놓인 점전하와 크기가 같고 극성이 반대인 $-Q$[C]이 평면 도체 뒤편에 대칭으로 a[m]만큼 떨어진 곳 점 P'에 놓여 있다고 생각한다면 점 P'를 영상점(image point), $-Q$[C]를 영상전하(image charge)라 한다.

그림 (b)와 같이 좌표축을 취하면 점 $R(x, y)$의 전위 V_p는 전하 Q[C]에 의한 점 P의 전위와 $-Q$[C]의 전하에 의한 점 P'전위의 합이 된다.

$$V_p = \frac{Q}{4\pi\epsilon_0}\left(\frac{1}{r_1} - \frac{1}{r_2}\right)$$

$$= \frac{Q}{4\pi\epsilon_0}\left(\frac{1}{\sqrt{(x-a)^2+y^2}} - \frac{1}{\sqrt{(x+a)^2+y^2}}\right)[\text{V}] \tag{6-1}$$

그리고 이 점의 전계 세기 E는 x, y방향의 두 성분이 있으나 평면 도체에서의 전계는 도체 면에 수직(x방향)으로 나아가고, y방향으로 나아가는 전계는 없으므로 $E_y = 0$이다.

따라서 전위경도 $\boldsymbol{E} = -\frac{\partial V}{\partial x}$에서 $E_y = 0$이므로 x축 방향의 전계 세기 E는 다음과 같다.

$$\begin{aligned} E &= -\frac{\partial V}{\partial x} \\ &= -\frac{Q}{4\pi\epsilon_0}\frac{\partial}{\partial x}\left(\frac{1}{\sqrt{(x-a)^2+y^2}} - \frac{1}{\sqrt{(x+a)^2+y^2}}\right) \\ &= \frac{Q}{4\pi\epsilon_0}\left(\frac{x-a}{[(x-a)^2+y^2]^{\frac{3}{2}}} - \frac{x+a}{[(x+a)^2+y^2]^{\frac{3}{2}}}\right)[\text{V/m}] \end{aligned} \tag{6-2}$$

그리고 평면 도체 위에서 $x = 0$이므로 도체 면상의 전계 E_x 는

$$\begin{aligned} E_x &= \left(-\frac{\partial V}{\partial x}\right)_{x=0} = \frac{Q}{4\pi\epsilon_0}\left(\frac{-a}{(a^2+y^2)^{\frac{3}{2}}} - \frac{a}{(a^2+y^2)^{\frac{3}{2}}}\right) \\ &= -\frac{2aQ}{4\pi\epsilon_0(a^2+y^2)^{\frac{3}{2}}} = -\frac{aQ}{2\pi\epsilon_0(a^2+y^2)^{\frac{3}{2}}}[\text{V/m}] \end{aligned} \tag{6-3}$$

이 된다.

여기서 전하 Q[C]에 의한 전계의 방향이 x축의 정방향에 역이 되기 때문에 부호가 $-$로 된다. 그리고 도체면상의 면전하밀도 σ [C/m^2]는 평면 도체의 전계가 $E = \sigma/\epsilon_0$이었으므로

$$\sigma = \epsilon_0 E_x = -\frac{aQ}{2\pi(a^2+y^2)^{\frac{3}{2}}}[\text{C/m}^2] \tag{6-4}$$

로 되고, 또한 $x = 0$, $y = 0$인 도체면상의 0점에서는 전하밀도가 최대가 되어

$$|\sigma|_{\max} = \frac{Q}{2\pi a^2}[\text{C/m}^2] \tag{6-5}$$

가 되며, 이 관계를 그림으로 표시하면 그림 6-2와 같이 된다.

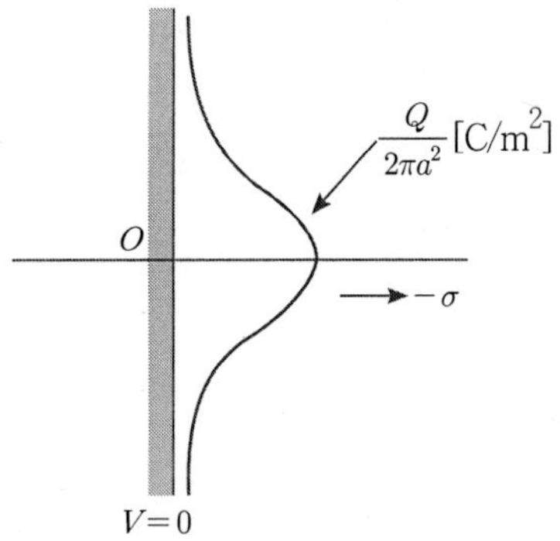

그림 6-2 도체면에 유도된 전하 밀도

이와 같이 점전하와 평면 도체에 유도된 전하 사이에 작용하는 제반 현상은 점전하와 영상전하 사이에 일어나는 현상과 같은 결과이므로 평면 도체와 점전하 사이에 작용하는 힘 $\boldsymbol{F}$[N]는 점전하 Q와 영상전하 $-Q$ 사이에 작용하는 힘과 같게 된다. 즉

$$\boldsymbol{F} = \frac{-Q^2}{4\pi\epsilon_0(2a)^2} = \frac{-Q^2}{16\pi\epsilon_0 a^2} \text{[N](흡인력)} \tag{6-6}$$

이 되며 힘 $\boldsymbol{F}$[N]를 영상력(image force)이라 한다.

【예제 6.1】

무한평면 도체로부터 10^8cm의 거리에 전자가 있다.

(1) 전자에 작용하는 힘을 구하라.

(2) 전자를 이 위치로부터 무한원점에 가지고 가는 데 필요한 일을 구하라.

【풀이】

그림(a)와 같이 도체로부터 a인 곳에 점전하 Q가 있을 때 그림의 (b)와 같이 Q와 도체면에 관하여 대칭인 점에 영상전하 $-Q$를 놓고 전공간이 ϵ_0라고 생각한다.

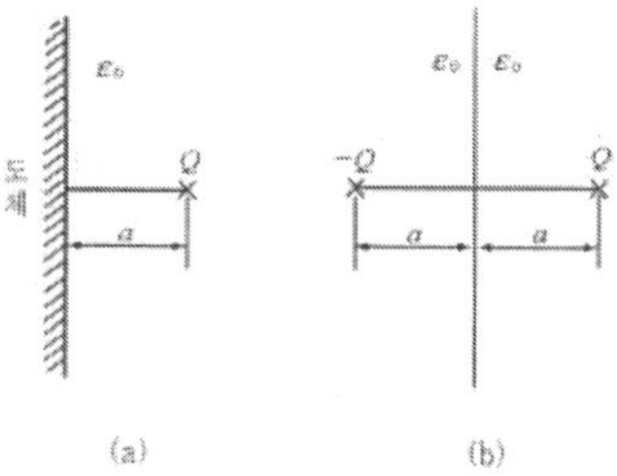

전자전하를 갖는 하전

(1) 전하에 작용하는 힘 F는 전하가 영상전하로부터 받는 힘과 같으므로 쿨롱의 법칙에 의하여

$$F=\frac{Q^2}{4\pi\epsilon_0(2a)^2}=\frac{Q^2}{16\pi\epsilon_0 a^2}[\mathrm{N}] \qquad \text{(a)}$$

에서 $a=10^{-10}[m]$ 전자의 전하 $Q=-1.6\times10^{-19}[\mathrm{C}]$을 대입하면

$$F=9\times10^9\times\frac{(1.6\times10^{-19})^2}{4\times(10^{-10})^2}=5.77\times10^{-9}[\mathrm{N}]$$

이 된다.

(2) 전자가 도체 면으로부터 x만큼 떨어져 있을 때 전자에 작용하는 힘은 식(a)의 a 대신 x로 놓고

$$F=\frac{Q^2}{4\pi\epsilon_0(2x)^2}=\frac{Q^2}{16\pi\epsilon_0 x^2}[\mathrm{N}] \qquad \text{(b)}$$

이 힘은 전자가 도체에 향하여 끌리는 방향으로 작용하므로, 영상전하는 정지하고 있는 것으로 하고 전자를 dx 만큼 도체 면으로부터 떨어지게 할 때

$$dW = Fdx \frac{Q^2}{4\pi\epsilon_0 (2x)^2} dx = \frac{Q^2}{16\pi\epsilon_0 x^2} dx\,[\mathrm{J}] \tag{c}$$

만큼의 일을 필요로 한다. 전자를 정지시켜 놓고 영상전하를 움직일 때에도 같은 말을 할 수 있으므로, 전자를 a로부터 무한원점까지 가지고 가는 데 필요한 일 W는

$$W = 2\int_{x=a}^{\infty} dw = \frac{Q^2}{8\pi\epsilon_0}\int_a^{\infty}\frac{dx}{x^2} = \frac{Q^2}{8\pi\epsilon_0 a}[\mathrm{J}] \tag{d}$$

값을 대입하면

$W = 1.15 \times 10^{-18}[\mathrm{J}]$이다.

6.2 접지도체구와 점전하

그림 6-3과 같이 반경 a[m]인 접지된 도체구의 중심 O에서 거리 d[m]$(d > a)$ 떨어진 점 A에 점전하 Q[C]가 있다.

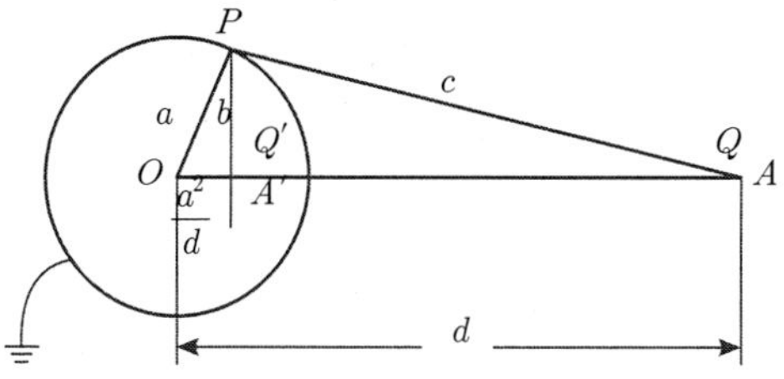

그림 6-3 접지 구도체와 점전하

구면상의 어느 점이나 전위가 0이 되는 영상점 A'와 여기에 놓인 영상전하 Q'를 가상하여 정전계를 해석하여 보자.

구면상의 점 P의 전위 V_p는

$$V_p = \frac{1}{4\pi\epsilon_0}\left(\frac{Q'}{b} + \frac{Q}{c}\right) = 0 \tag{6-7}$$

이 된다. 이때 V_p가 0이 되는 것은 구를 접지하였기 때문이다.

따라서 다음의 관계가 성립된다.

$$\left.\begin{aligned} &\left(\frac{Q'}{b}+\frac{Q}{c}\right)=0 \\ &\frac{b}{c}=-\frac{Q'}{Q} \end{aligned}\right\} \tag{6-8}$$

그림에서 삼각형 $\triangle APO$와 $\triangle A'PO$는 변 $\overline{OP}$가 공통이고 이 변에 낀 각$\angle POA$가 공통이므로 두 삼각형은 닮은꼴이 되기 때문에 구 중심에서 영상전하 Q'가 놓인 점 A'의 길이 $\overline{OA'}$가 다음과 같이 구해진다.

$$\left.\begin{aligned} &\frac{b}{c}=\frac{a}{d}=\frac{\overline{OA'}}{a} \\ &\therefore\ \overline{OA'}=\frac{a^2}{d} \end{aligned}\right\} \tag{6-9}$$

그리고 식 (6-8)과 식 (6-9)에서 영상전하 Q'는 다음과 같다.

$$Q' = -\frac{b}{c}Q = -\frac{a}{d}Q \tag{6-10}$$

이 영상전하는 구 도체 표면에 유도된 유도전하와 같고, 영상전하와 점전하 사이의 거리 $\overline{AA'}$는 $\overline{AA'}=d-(a^2/d)$, 즉 $\overline{AA'}=(d^2-a^2)/d$이므로 도체구와 점전하 Q 사이에 작용하는 힘, 즉 영상력은

$$\boldsymbol{F}=\frac{Q\left(-\frac{a}{d}Q\right)}{4\pi\epsilon_0\left(\frac{d^2-a^2}{d}\right)^2}=\frac{adQ^2}{4\pi\epsilon_0(d^2-a^2)^2}\,[\mathrm{N}] \tag{6-11}$$

인 흡인력이다.

만일 도체구가 접지되어 있지 않을 시에는 이 도체는 절연되어 있어야하므로 정전유도에 의해 도체구에 유도되는 전하의 총합은 0이 되어야 한다.

따라서 접지된 도체구와 같은 위치에 놓인 Q에 의해 유도된 영상전하$(-a/d)Q$를 고려해야

하고, 또 구의 면은 등전위이므로 구의 중심에 $(a/d)Q$라는 영상전하도 고려하여야 한다.

이때의 전계는 점전하 Q, 영상전하$(-a/d)Q$ 및 $(a/d)Q$의 세 개의 점전하에 의한 것이 되고, 이때 점전하 Q와 도체구 사이에 작용하는 정전기력 $\boldsymbol{F}'$는

$$\boldsymbol{F}' = \frac{1}{4\pi\epsilon_0}\left[\frac{Q\left(-\dfrac{a}{d}Q\right)}{\left(\dfrac{d^2-a^2}{d}\right)^2} + \frac{Q\left(\dfrac{a}{d}Q\right)}{d^2}\right]$$

$$= -\frac{a^3Q^2(2d^2-a^2)}{4\pi\epsilon_0 d^3(d^2-a^2)^2}[\mathrm{N}] \qquad (6\text{–}12)$$

이 된다. 그리고 접지된 도체구와 점전하 간의 작용력은 흡인력으로 작용한다.

【예제 6.2】

지구표면에서 20[Km] 떨어진 점에 Q[C]의 점전하가 있을 때 이 점전하에서 나온 패러데이관 중 지구에 도달하지 않는 것은 전체 패러데이관의 몇 %인가? (단, 지구의 반지름은 6,400[Km]으로 한다.)

【풀이】

전하 Q의 영상전하 q의 위치 및 크기는

$$OB = \frac{a^2}{a+d}, \quad q = -\frac{a}{a+d}Q \qquad \text{(a)}$$

지구상의 전체유도전하의 크기는 q이므로 지구에 도달하지 않는 전하의 비율은

$$\eta = \left(\frac{Q+q}{Q}\right)\times 100 = \left(1-\frac{a}{a+d}\right)\times 100 \qquad \text{(b)}$$

이다. 위 식에 $a = 6{,}400\,\mathrm{km}$, $\mathrm{d} = 20\,\mathrm{km}$를 대입하면 $\eta = 0.31[\%]$가 된다.

6.3 평판 도체와 선전하

그림 6-4와 같이 무한 평판 도체와 높이 h[m]에 선전하밀도 $+\lambda$[C/m^2]를 갖는 반지름 a[m]인 무한 직선 선전하가 평행으로 놓여 있는 경우 평판에 대한 대칭점에 $-\lambda$[C/m^2]의 영상 선전하가 평행하게 배선된 것으로 가정하면 P점의 전계 세기와 선전하의 전계 세기 그리고 선전하의 단위길이당 받는 힘, 정전용량은 다음과 같다.

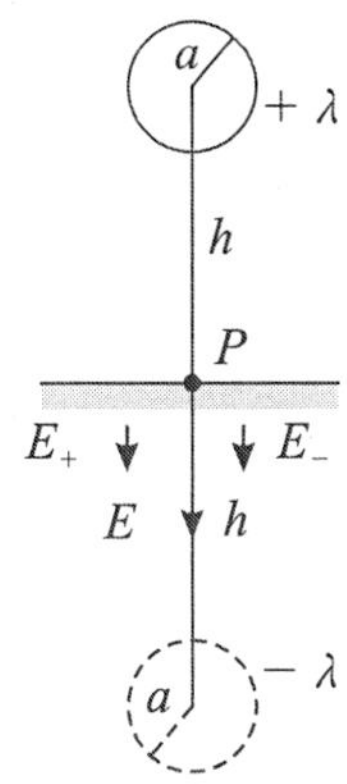

그림 6-4 평판 도체와 선전하

점 P에서의 합성 전계 세기 E_p는 다음 식과 같다.

$$E_p = E_+ + E_- = \frac{\lambda}{2\pi\epsilon_0 h} + \frac{\lambda}{2\pi\epsilon_0 h} = \frac{\lambda}{\pi\epsilon_0 h}\text{[V/m]} \tag{6-13}$$

그리고 선전하와 영상 선전하 사이의 거리는 선전하와 평판 도체의 거리에 두 배가 되는 것을 고려하면 직선 도체의 전계 세기 E와 직선 도체가 단위길이당 받는 힘 F의 크기, 정전용량 C는 다음 식과 같다.

$$E = \frac{\lambda}{2\pi\epsilon_0 (2h)}\text{[V/m]},\ F = \frac{\lambda^2}{4\pi\epsilon_0 h}\text{[N/m]},\ C = \frac{2\pi\epsilon_0}{\ln\frac{2h}{a}}\text{[F/m]} \tag{6-14}$$

6.4 유전체와 점전하

그림 6-5와 같이 두 종류의 유전체가 평면 OO'에 접하여 한 쪽 유전체 중의 점 P에 점전하 Q[C]가 있는 경우이다.

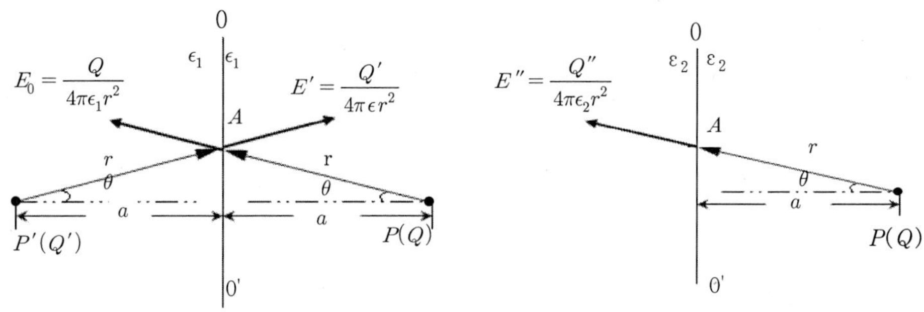

그림 6-5 유전체 중에 있는 점전하의 영상

이에 대한 경계조건은 다음과 같다.

① 경계면 OO'의 우측의 유전율 ϵ_1인 유전체 중에는 전하 Q [C]만 존재한다.

② 경계면 OO'의 좌측의 유전율 ϵ_2인 유전체 중에는 전하가 없다.

③ 두 유전체의 경계면에서 전속의 법선 성분과 전계 세기의 접선 성분은 같다.

전속밀도와 전계 세기의 경계조건을 만족하려면

$$\frac{1}{\epsilon_1}(Q+Q') = \frac{1}{\epsilon_2}Q'', \quad Q-Q' = Q'' \tag{6-15}$$

이어야 하며, 이로부터 Q', Q''가 다음과 같이 구해진다.

$$Q' = \frac{\epsilon_1 - \epsilon_2}{\epsilon_1 + \epsilon_2}Q[\mathrm{C}],\ Q'' = \frac{2\epsilon_2}{\epsilon_1 + \epsilon_2}Q[\mathrm{C}] \tag{6-16}$$

이때 점 P에 점전하 Q[C]과 ϵ_2 간에 작용하는 힘은 ϵ_1의 유전체 중에 있는 Q와 Q' 간에 작용하는 힘과 같고, 크기는 다음 식과 같다.

$$F = \frac{QQ'}{4\pi\epsilon_1(PP')} = \frac{Q^2}{4\pi\epsilon_1(2a)^2}\frac{(\epsilon_1-\epsilon_2)}{(\epsilon_1+\epsilon_2)} = \frac{1}{16\pi\epsilon_1 a^2}\frac{(\epsilon_1-\epsilon_2)}{(\epsilon_1+\epsilon_2)}Q^2 \tag{6-17}$$

여기서 $\epsilon_1 > \epsilon_2$일 때 $F>0$이 되어 반발력이 되고, $\epsilon_1 < \epsilon_2$이면 $F<0$이 되어 흡인력이 된다.

【예제 6.3】

지상 d의 높이에 반경이 a인 도체가 지상과 평행으로 펼쳐져있다. 도체에 단위길이당 λ의 전하를 주었을 때 도체에 작용하는 힘을 구하라.

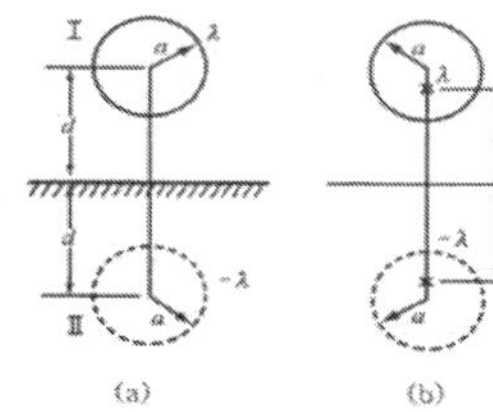

선전하와 영상전하

【풀이】

그림 (a)와 같이 지면에 관하여 대칭인 위치에 단위길이당 $-\lambda$의 전하를 가지는 영상도체를 생각하자.

이때 도체 I과 대지 사이의 정전용량 C는 도체 I과 영상도체 II와의 사이의 정전용량의 2배가 되므로

$$C = \frac{2\pi\epsilon_0}{ln\frac{1}{a}(d + \sqrt{d^2 - a^2})} [\mathrm{F/m}] \qquad \text{(a)}$$

단위 길이당 정전에너지 W는

$$W = \frac{1}{2}\frac{\lambda^2}{4\pi\epsilon_0} ln\frac{1}{a}(d + \sqrt{d^2 - u^2}) [\mathrm{J/m}] \qquad \text{(b)}$$

도체에 작용하는 단위길이당 힘 F는 전하가 일정하므로

$$F = -\frac{\partial W}{\partial d} = -\frac{\lambda^2}{4\pi\epsilon_0\sqrt{d^2 - a^2}} [\mathrm{N/m}] \qquad \text{(c)}$$

가 되고 F는 $-$ 값이므로 d의 감소하는 방향 즉, 지면에 끌리는 것과 같은 힘이 된다. 위에서 구한 F는 그림 (b)와 같이 $h = \sqrt{d^2 - a^2}$ 로 되는 중심으로부터 빗맞게 한 위치에 $\pm\lambda$의 선밀도의 선상전하가 있을 때의 흡인력과 같다.

기사시험 기출문제

문제 6-1	02, 13. 산업기사

무한평면 도체로부터 거리 a[m]인 곳에 점전하 Q[C]이 있을 때 이 무한 평면도체 표면에 유도되는 면밀도가 최대인 점의 전하 밀도는 몇 [C/m^2]인가?

㉮ $-\dfrac{Q}{2\pi\epsilon_0 a^2}$ ㉯ $-\dfrac{Q^2}{4\pi\epsilon_0 a}$ ㉰ $-\dfrac{Q}{\pi a^2}$ ㉱ 0

풀이 무한 평면 도체상의 기준 원점으로부터 x[m]인 곳에 유기 전하밀도[C/m^2]는?

$$\sigma = D - \epsilon_0 E = \frac{Qa}{2\pi(a^2+x^2)^{\frac{3}{2}}} \text{[C/m}^2\text{]이다.}$$

그러므로 $\sigma_{\max} = [\sigma]_{x=0} = -\dfrac{Q}{2\pi\epsilon_0 a^2}$ [C/m^2]

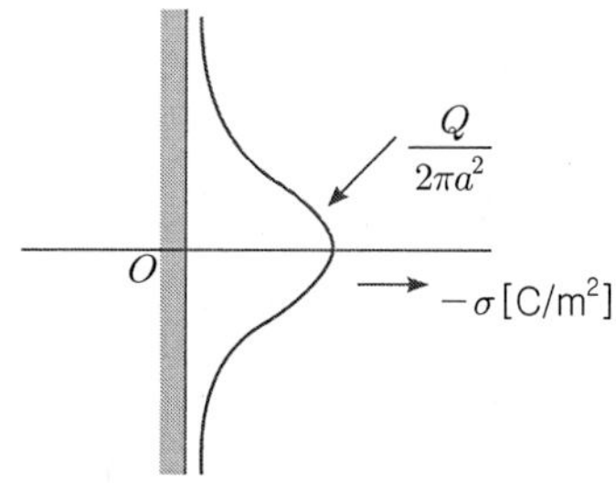

V=0

[답] ㉮

문제 6-2	14. 기사 / 03. 산업기사

평면 도체 표면에서 d[m]의 거리에 점전하 Q[C]이 있을 때 이 전하를 무한원까지 운반하는 데 요하는 일[J]을 구하면?

㉮ $\dfrac{Q^2}{4\pi\epsilon_0 d}$ ㉯ $\dfrac{Q^2}{8\pi\epsilon_0 d}$ ㉰ $\dfrac{Q^2}{16\pi\epsilon_0 d}$ ㉱ $\dfrac{Q^2}{32\pi\epsilon_0 d}$

풀이 작용력은 $\boldsymbol{F} = \dfrac{-Q^2}{4\pi\epsilon_0(2d)^2} = \dfrac{-Q^2}{16\pi\epsilon_0 d^2}$ [N]

요하는 일은 $W = \displaystyle\int_d^\infty F \cdot dr = \frac{Q^2}{16\pi\epsilon_0}\int_d^\infty \frac{1}{d^2}dr$

$$= \frac{Q^2}{16\pi\epsilon_0}\left[-\frac{1}{d}\right]_d^\infty = \frac{Q^2}{16\pi\epsilon_0 d} \text{[J]}$$

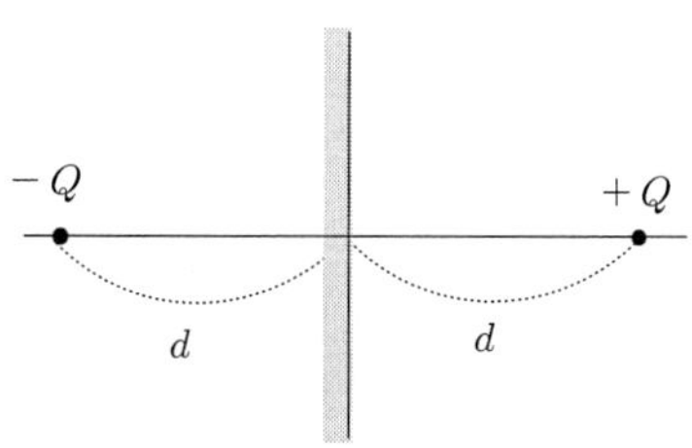

[답] ㉰

문제 6-3	90. 산업기사

그림과 같이 무한 평면 도체로부터 수직 거리 a[m]인 곳에 점전하 Q[C]이 있다. 점전하로부터 r[m] 떨어진 점 $(0, y)$의 전위[V]는?

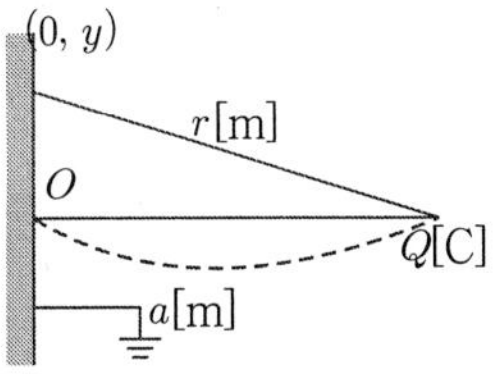

㉮ 0

㉯ $\frac{Q}{4\pi\epsilon_0}[\frac{1}{\sqrt{a^2+x^2}}]$

㉰ $\frac{Q}{4\pi\epsilon_0}[\frac{1}{(a^2+x^2)}+\frac{1}{(a^2-x^2)}]$

㉱ $\frac{Q}{4\pi\epsilon_0}[\frac{1}{\sqrt{a^2+y^2}}+\frac{1}{\sqrt{a^2+y^2}}]$

풀이 무한 평면 도체와 수직하게 놓여있는 점전하 Q[C]과 정반대 방향의 대칭점에 영상 전하 $-Q$[C]이 있다고 생각하면 무한 평면 도체와 점전하 Q[C] 간의 전위를 나타내는 식 (6-1)에서 거리 $r_1 = r_2 = r$이 되므로 $(0, y)$의 전위 V_p는 다음과 같다.

$V_p = \frac{Q}{4\pi\epsilon_0}\left(\frac{1}{r_1}-\frac{1}{r_2}\right)=0$가 된다. (단, $r=\sqrt{a^2+y^2}$ [m]) **[답] ㉮**

문제 6-4	13. 기사 / 96, 98. 산업기사

그림과 같이 진공 중에 놓인 무한 평면 도체의 표면에서 r[m] 떨어진 점에 Q[C]을 놓았을 때 이 전하에 작용하는 힘을 MKS 유리단위로 나타내면?

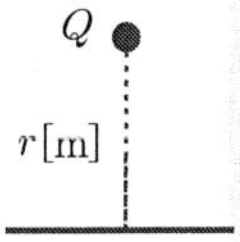

㉮ $\frac{Q}{4\pi\epsilon_0 r^2}$ ㉯ $\frac{Q^2}{4\pi\epsilon_0 r^2}$ ㉰ $\frac{Q}{16\pi\epsilon_0 r^2}$ ㉱ $-\frac{Q^2}{16\pi\epsilon_0 r^2}$

풀이 $F=\frac{-QQ}{4\pi\epsilon_0(2r^2)}=\frac{-QQ}{16\pi\epsilon_0 r^2}$ **[답] ㉱**

문제 6-5	**99, 03, 09, 13, 14. 산업기사**

공기 중에서 무한 평면 도체 표면 아래의 1[m] 떨어진 곳에 1[C]의 점전하가 있다. 전하가 받는 힘의 크기는 몇 [N]인가?

㉮ 9×10^9 ㉯ $\frac{9}{2}\times10^9$ ㉰ $\frac{9}{4}\times10^9$ ㉱ $\frac{9}{16}\times10^9$

풀이 영상력을 나타내는 식 (6-6)에서

$$F=\frac{1}{4\pi\epsilon_0}\frac{QQ'}{(2r)^2}=\frac{Q^2}{16\pi\epsilon_0 r^2}=\frac{1}{4}\frac{1}{4\pi\epsilon_0}=\frac{1}{4}(9\times10^9)\,[\mathrm{N}]$$

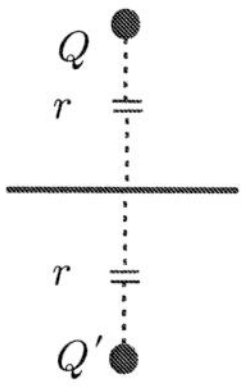

[답] ㉰

문제 6-6	**14. 기사**

반지름이 0.01[m]인 구 도체를 접지시키고 중심으로부터 0.1[m]의 거리에 10[μC]의 점전하를 놓았다. 구 도체에 유도되는 총 전하량은 몇 [μC]인가?

㉮ 0 ㉯ −1 ㉰ −10 ㉱ 10

풀이 영상전하 $Q' = -\frac{a}{d}Q$ 에서 $a=0.01$, $d=0.1$, $Q=10$을 대입하면

$Q' = -1$

[답] ㉯

문제 6-7	**14. 산업기사**

대지면에서 높이 h[m]에 가설된 반지름이 대단히 긴 평행 도선의 선전하(선전하 밀도 λ[C/m])가 지면으로부터 받는 힘[N/m]은?

㉮ h에 비례 ㉯ h^2에 비례 ㉰ h에 반비례 ㉱ h^2에 반비례

풀이 직선 도체가 단위길이당 받는 힘 F : $F=\frac{\lambda^2}{4\pi\epsilon_0 h}$[N/m]($h$에 반비례) **[답]** ㉰

문제 6-8	12. 산업기사

다음 설명 중 옳은 것은?

㉮ 완전 도체가 아닌 일정한 고유저항을 가진 대지상의 대지와 나란히 높이 h인 곳에 가설된 전류 I가 흐르는 원통상 도선의 영상전류는 방향이 반대인 $-I$이고, 땅속 h보다 얕은 곳에 대지면과 나란히 흐르는 영상전류이다.

㉯ 접지 구 도체의 외부에 있는 점전하에 기인된 접지 구 도체상 유도전하의 영상전하는 2개 있다.

㉰ 두 유전체가 무한 평면으로 경계면을 이루고 접해있을 때 한 유전체내에 있는 점전하 Q의 영상전하는 경계면과 Q 간 거리의 연장선상 반대편 등거리에 1개 있다.

㉱ 절연 도체구의 외부에 점전하가 있을 때 절연 도체구에 유도된 전하에 관한 영상전하는 2개 있다.

풀이 절연 도체구의 경우 유도되는 전하의 총합은 0이 되어야 하므로, Q에 의해 유도된 전하는 중심으로부터 $\frac{a^2}{d}$인 점에 $-\frac{a}{d}Q$의 영상전하와 구의 중심에 $\frac{a}{d}Q$라고 하는 영상전하가 2개가 있다. **[답]** ㉱

문제 6-9	17. 산업기사

면전하밀도 σ [C/m^2], 판 간 거리 d[m]인 무한 평행판 대전체 간의 전위차[V]는?

㉮ σd ㉯ σ/ϵ

㉰ $\frac{\epsilon_0 \sigma}{d}$ ㉱ $\frac{\sigma d}{\epsilon_0}$

풀이 **[답]** ㉱

문제 6-10	08. 산업기사

반지름 a인 접지 도체구의 중심에서 $d(>a)$되는 곳에 점전하 Q가 있다. 도체구에 유기되는 영상전하 및 그 위치(중심에서의 거리)는 각각 얼마인가?

㉮ $+\frac{a}{d}Q$이며 $\frac{a^2}{d}$이다. ㉯ $-\frac{a}{d}Q$이며 $\frac{a^2}{d}$이다.

㉰ $+\frac{a}{d}Q$이며 $\frac{d^2}{a}$이다. ㉱ $-\frac{a}{d}Q$이며 $\frac{d^2}{a}$이다.

풀이 점 P'의 영상전하는 도체에서 유기되는 전하를 대표할 수 있으므로 그 값은

$Q' = -\frac{a}{d}Q$[C]이고(실제로 유기된 구도체상의 전하밀도는 불균일)

중심으로부터의 거리

$OP' = \frac{a^2}{d}$[m]

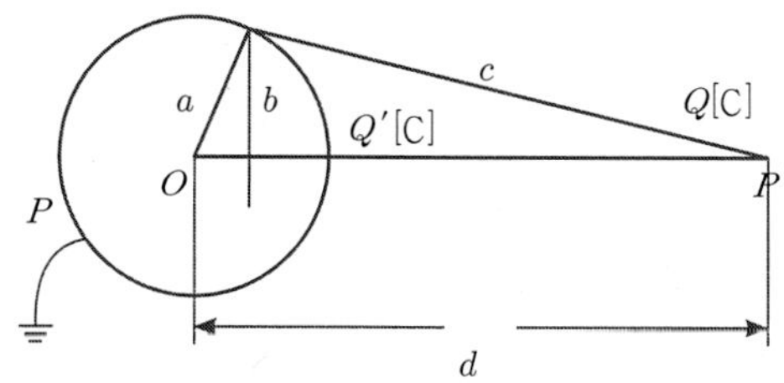

[답] ㉯

문제 6-11	14. 산업기사

지면에 평행으로 높이 h[m]에 가설된 반지름 a[m]인 가공 직선 도체의 대지 간 정전용량은 몇 [F/m]인가? (단, $h \gg a$이다.)

㉮ $\frac{\pi\epsilon_0}{\ln\frac{2h}{a}}$ ㉯ $\frac{2\pi\epsilon_0}{\ln\frac{2h}{a}}$ ㉰ $\frac{\pi\epsilon_0}{\ln\frac{a}{2h}}$ ㉱ $\frac{2\pi\epsilon_0}{\ln\frac{a}{2h}}$

풀이 ① 직선 도체의 전계 세기 E : $E = \frac{\lambda}{2\pi\epsilon_0(2h)}$[V/m]

② 직선 도체가 단위길이당 받는 힘 F : $F = \frac{\lambda^2}{4\pi\epsilon_0 h}$[N/m]

③ 정전용량 C : $C = \frac{2\pi\epsilon_0}{\ln\frac{2h}{a}}$[F/m]

[답] ㉯

문제 6-12	13. 산업기사

무한 평면의 표면을 가진 비유전율 ϵ_s인 유전체의 표면 전방의 공기 중 d[m] 지점에 놓인 점전하 Q[C]에 작용하는 힘은 몇 [N]인가?

㉮ $-9\times10^9\times\dfrac{Q^2(\epsilon_s-1)}{d^2(\epsilon_s+1)}$ ㉯ $-9\times10^9\times\dfrac{Q^2(\epsilon_s+1)}{d^2(\epsilon_s-1)}$

㉰ $-2.25\times10^9\times\dfrac{Q^2(\epsilon_s-1)}{d^2(\epsilon_s+1)}$ ㉱ $-2.25\times10^9\times\dfrac{Q^2(\epsilon_s+1)}{d^2(\epsilon_s-1)}$

풀이 전기영상법에 의한 영상력

$$F=-\frac{1}{16\pi d^2}\frac{(\epsilon_2-\epsilon_1)}{\epsilon_1(\epsilon_2+\epsilon_1)}Q^2=-\frac{1}{16\pi\epsilon_0 d^2}\cdot\frac{(\epsilon_s-1)}{\epsilon_1(\epsilon_s+1)}Q^2$$

$$=-2.25\times10^9\times\frac{Q^2(\epsilon_s-1)}{d^2(\epsilon_s+1)}$$

[답] ㉰

문제 6-13	18. 산업기사

무한 평면도체로부터 거리 a[m]인 곳에 점전하 2π [C]가 있을 때 도체 표면에 유도되는 최대 전하밀도는 몇 [C/m^2] 인가?

㉮ $-\dfrac{1}{a^2}$ ㉯ $-\dfrac{1}{2a^2}$

㉰ $-\dfrac{1}{2\pi a}$ ㉱ $-\dfrac{1}{4\pi a}$

풀이

[답] ㉮

07 CHAPTER

전류

7.1 전류(electric current)

외부전계에 의하여 정지된 전하가 이동하여 전하의 흐름이 생길 때, 전하의 흐름을 전류(electric current)라 하며, 전류가 흐르는 방향은 양전하의 이동 방향으로 결정되지만 일반적으로 전류의 방향은 음전하인 전자(electron)의 흐름 방향과 반대로 정의한다.

그리고 어떤 도체에 전류가 흐를 때, 이 도체에 흐르는 전류 크기는 도체에 직각인 단면을 단위시간에 통과한 전하량으로 계산된다.

그림 7-1처럼 단면적이 $S\,[\mathrm{m}^2]$인 도체의 단면을 dt[s]동안에 dQ[C]의 전하가 통과하였다면, 이때 도체 단면에 흐르는 전류 I[A]는 다음과 같다.

$$I = \frac{dQ}{dt}[\mathrm{C/s}] \tag{7-1}$$

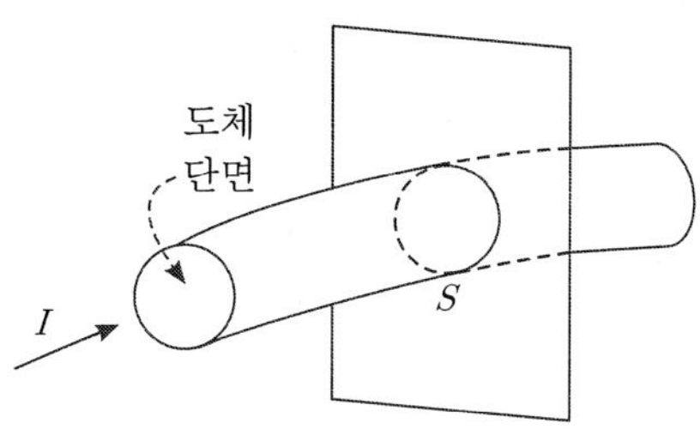

그림 7-1 전류의 크기

전류단위는 암페어(Ampere)이고 [A]로 표기하는데, 식 (7-1)에서 전류의 단위 [A] = [C/s]임을 알 수 있다.

7.2 전류 밀도

7.2.1 전류 밀도(current density)

그림 7-2와 같이 단면적 $\boldsymbol{S}$ [m^2]이고, 전하 한 개의 전하량이 q[C]인 전하들이 단위 체적 1[m^3]당 n개 존재하는 도체가 있다고 하자.

이 도체에 전계 $\boldsymbol{E}$ [V/m]를 가한다면, q[C]의 전하가 전계 방향으로 v [m/s]의 속도로 미소 거리 dl [m]만큼 이동될 것이다.

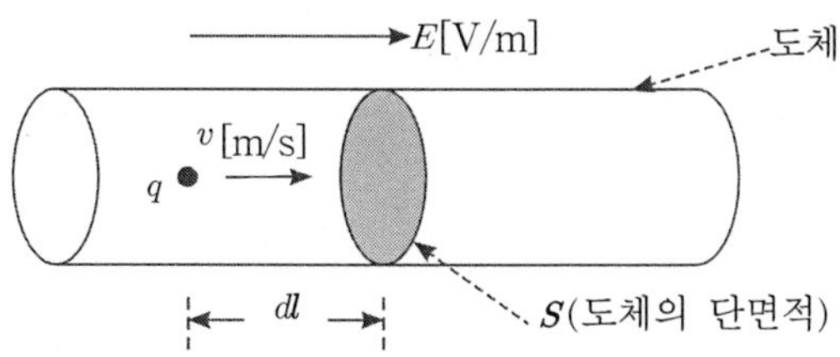

그림 7-2 도체 내에서 전하의 이동

$\boldsymbol{S} \cdot dl$[m^3]의 미소 체적 속의 전하량을 dQ[C]이라 하면

$$dQ = nq\boldsymbol{S} \cdot dl \,[\mathrm{C}] \tag{7-2}$$

이 되고, 여기에 식 (7-1)과 전하의 이동 속도 $v = dl/dt$를 대입하여 정리하면 도체에 흐르는 전류 I는

$$I = nq\boldsymbol{S} \cdot v \,[\mathrm{A}] \tag{7-3}$$

가 된다.

이때 $\boldsymbol{S}$와 v가 같은 방향, 즉 $\boldsymbol{S}$와 v 사이의 각도가 0°인 경우이므로 벡터의 스칼라 곱에 의해서 도체에 흐르는 전류는 다음 식과 같이 된다.

$$I = nqSv = \rho Sv \,[\mathrm{A}] \tag{7-4}$$

여기서 ρ를 체적 전하밀도라 하며 $\rho = nq$[C/m^3]이다.

식 (7-4)의 양변을 도체의 단면적 S로 나누면 전류밀도 i가 구해진다.

$$i = \frac{I}{S} = nqv = \rho v \,[\mathrm{A/m^2}] \tag{7-5}$$

7.2.2 전류의 연속성(continuity of electric current)

식 (7-5)의 전류밀도를 도체 단면적 S에 대해 면적분을 취하면 도체에 흐르는 전류 I가 구해지고, 가우스 발산 정리를 이용하여 면적분을 체적분으로 바꾸면 다음과 같이 된다.

$$I = \int_s i \cdot dS = \int_V \div \mathrm{i}\,\mathrm{dV}\ [\mathrm{A}] \tag{7-6}$$

이 전류가 폐곡면 밖으로 흘러나온다는 것은 폐곡면으로 둘러싸인 체적 $V[\mathrm{m}^3]$ 내의 전하가 폐곡면 밖으로 나오는 것과 같다.

따라서 전류가 흐르면 폐곡면 내의 전하 $Q[\mathrm{C}]$가 감소되므로 시간에 대한 전하의 감소율이 전류이고, 이는 식 (7-1)에 −방향을 추가한 것과 같다.

$$I = -\frac{dQ}{dt} \tag{7-7}$$

전류가 흐르는 폐곡면 내의 체적을 $V[\mathrm{m}^3]$, 체적내의 전하밀도를 $\rho[\mathrm{C/m}^3]$라 하면 전하량 $Q[\mathrm{C}]$은

$$Q = \int_V \rho\, dV\ [\mathrm{C}] \tag{7-8}$$

이다. 그리고 식 (7-6), (7-7), (7-8)을 합쳐서 한 개의 식으로 만들면

$$\int_V \mathrm{div\,i\,dV} = -\int_\mathrm{V} \frac{\partial \rho}{\partial \mathrm{t}} \mathrm{dV} \tag{7-9}$$

이므로 다음과 같은 관계가 성립한다.

$$\mathrm{div}\ i = -\frac{\partial \rho}{\partial t} \tag{7-10}$$

식 (7-10)에서 시간 t의 변화에 대해 전하가 감소되는 쪽으로 변화될 때 전류의 발산(divergence of electric current)이 있음을 알 수 있다.

그리고 전류가 정상적으로 도체 내를 흐르고 있을 때는 전하밀도의 변화 없이 일정하므로 식 (7-10)은 0이 된다. 즉,

$$\mathrm{div}\ i = \nabla \cdot i = 0 \tag{7-11}$$

이 관계를 전류의 연속성(continuity of electric current)이라 하며, 도체 내에 흐르는 전류가 시간적으로 발생과 소멸이 없는 일정함을 의미하며, 또한 단위체적당의 전류의 발산이 없음을 의미한다.

7.2.3 도전율(conductivity)

또 전하의 이동 속도 v는 도체에 가해진 전계 $\boldsymbol{E}$에 비례하므로

$$v = \mu \boldsymbol{E} \tag{7-12}$$

로 표시된다.

전하의 이동 속도 v는 전하가 이동하면서 다른 전하와 충돌이 생기므로 직선 운동을 할 수 없기 때문에 평균속도를 의미하고, 드리프트 속도(drift velocity)라 한다. 그리고 μ는 전하가 움직이기 쉬운 정도를 표시하는 양으로 이동도(mobility)라 한다.

식 (7-12)을 식 (7-5)에 대입하면 전류밀도 $\boldsymbol{i}$는

$$\left.\begin{array}{l} i = nq\mu \boldsymbol{E} = \rho\mu \boldsymbol{E} \\ i = \sigma \boldsymbol{E} \end{array}\right\} \tag{7-13}$$

가 되며, 이 식에서 전류밀도는 벡터임을 알 수 있다.

여기서 σ는

$$\sigma = nq\mu = \rho\mu\,[\Omega\,\mathrm{m}]^{-1} \tag{7-14}$$

이며, 금속의 종류에 의해서 결정되는 정수로서 도전율(conductivity)이라 부른다.

7.3 옴의 법칙(Ohm′ s law)

7.3.1 옴의 법칙

일반적으로 전기 회로에서는 도체에 흐르는 전류 I[A]는 도체 양단에 걸리는 전위차 V[V]에 비례하고 도체의 저항 R[Ω]에 반비례함을 옴(Ohm)이 실험적으로 밝히고, 다음의 식으로 설명하였다.

$$I = \frac{V}{R}\,[\mathrm{A}] \tag{7-15}$$

이 저항 R은 전류 I와 전위차 V 간의 비례 상수이고, 그 단위는 옴(ohm)이라 읽고 [Ω]으로 표시한다.

저항은 전류 흐름을 방해하며 저항의 역수를 컨덕턴스(conductance)라 하고, 단위는 저항의 역으로 모오(mho)라 읽고 [℧]로 표기한다.

7.3.2 저항률(resistivity)

저항 R은 도체의 모양과 재질 등에 따라서 크기가 달라진다. 도체의 길이 l[m], 단면적을 S[m^2]라 하면 도체의 저항은

$$R = \rho \frac{l}{S} = \frac{l}{\sigma S} [\Omega] \tag{7-16}$$

이 되고, 여기서 $\rho = \dfrac{1}{\sigma}$이며, 이를 저항률(resistivity), 즉 도체의 종류에 의해 정해지는 고유저항이라 한다.

단위는 다음 식처럼 [Ω·m]로 표기한다.(주의 : 체적 전하밀도 ρ[C/m^3]와 저항률 ρ는 동일한 희랍문자로 표기되어 있으나 동일한 양이 아님)

$$\rho = \frac{S}{l} R \left[\frac{\mathrm{m}^2}{\mathrm{m}} \cdot \Omega \right] = \frac{S}{l} R [\Omega \cdot \mathrm{m}] \tag{7-17}$$

또 저항률의 역수, 즉 식 (7-14)에서 설명한 것처럼 σ를 도전율(conductivity)라 하며 간혹 ρ 대신에 k로 표기된 책도 있다.

7.3.3 온도와 저항의 관계

도체 내의 자유전자가 전계에 의하여 전계 방향으로 이동하는 도중에 도체 온도가 높아지면 원자격자의 열진동(thermal agatation)이 증가되고, 이에 따라 원자 격자와 자유전자의 충돌 횟수가 증가된다.

충돌 횟수가 증가되면 전계방향으로 이동하던 자유전자 이동 속도가 감소되기 때문에 도체의 저항이 증가되므로 전기저항은 일반적으로 도체 온도 증가에 따라 증가된다.

그러나 반도체 또는 절연체는 온도 상승과 더불어 전기저항이 감소하는 경향이 있다.

지금 도체의 온도가 각각 0[℃], t[℃]일 때의 저항을 R_0[Ω], R_t[Ω]라 하면 온도 변화에 따라 생기는 저항 변화는 다음과 같은 관계가 성립된다.

$$R_t = R_0(1+\alpha_0 t)[\Omega] \tag{7-18}$$

α_0는 0[℃]에서의 저항온도계수(temperature coefficient)라 한다.

만일 t_1[℃]에서 t_2[℃]로 온도 변화에 의한 저항을 각각 R_1, R_2라 하면

$$R_2 = R_1[1+\alpha_t(t_2-t_1)][\Omega] \tag{7-19}$$

로 표시되며, 여기서 α_t는 처음 온도인 t_1[℃]에 있어서의 온도계수라 하며, 0[℃]에서의 온도계수 α_0와 t_1[℃]에서의 온도계수 α_t와의 관계식은 다음과 같다.

$$a_t = \frac{\alpha_0}{1+\alpha_0 t_1} \tag{7-20}$$

대부분의 금속, 금속 화합물, 합금 등은 온도를 절대 °K(= −273[℃])에 가까운 초저온까지 내리면 갑자기 직류에 대해서 전기저항이 0이 되어 전도도가 무한대가 되는 현상이 생긴다. 이를 초전도(super conduction) 현상이라 한다.

이러한 상태가 되면 전기 회로 상에는 전류 흐름으로 생기는 손실이 없어져서 한 번 전류를 흘리면 영구히 전류가 흐르는 경우가 발생한다.

조전도 현상을 나타내는 금속 원소로서는 약 23종, 합금으로서는 100여종 정도 있는데, 가장 많이 사용되고 있는 재료는 Nb_3Sn 등이며, 특히 MHD 발전의 강자계 발생용 초전도 마그넷 코일 등이 활용되어지고 있다.

표 7-1 금속의 저항률과 온도계수

금 속	$\rho(\times 10^{-8}[\Omega \cdot m])$	온도계수(α_0)	금 속	$\rho(\times 10^{-8}[\Omega \cdot m])$	온도계수(α_0)
은	1.62	0.0038	아 연	6.1	0.0037
구 리	1.69	0.0039	철	10.0	0.0050
금	2.40	0.0034	백 금	10.5	0.003
알루미늄	2.62	0.0039	망가닌	35 ~ 100	0.00001
텅스텐	5.48	0.0045	니크롬	100 ~ 110	0.0002

7.4 전류계와 정전계의 비교

정전계에서의 물리량과 전류 흐름에서의 물리량을 비교하여 보면 많은 유사성을 찾을 수 있으며, 표 7-2와 같은 관계가 있다.

표 7-2 정전계와 전류계의 비교

정전계	전류계
$\boldsymbol{D}=\epsilon\boldsymbol{E}$	$i=\sigma\boldsymbol{E}$
$\boldsymbol{E}=-\mathrm{grad}\,V$	$i=-\sigma\,\mathrm{grad}\,V$
$\nabla^2 V=0$	$\nabla^2 V=0$
$\mathrm{div}\boldsymbol{D}=\rho$(전하가 없으면 $\mathrm{div}\boldsymbol{D}=0$)	$\mathrm{div}\boldsymbol{i}=0$(정상전류)

정전계의 물리량에서 D와 ϵ을 i, σ로 바꾸어 놓으면 전류계의 물리량으로 바뀐다.

7.5 저항과 정전용량

전류계와 정전계의 물리량을 비교해 보면 저항과 정전용량의 관계를 알 수 있다.

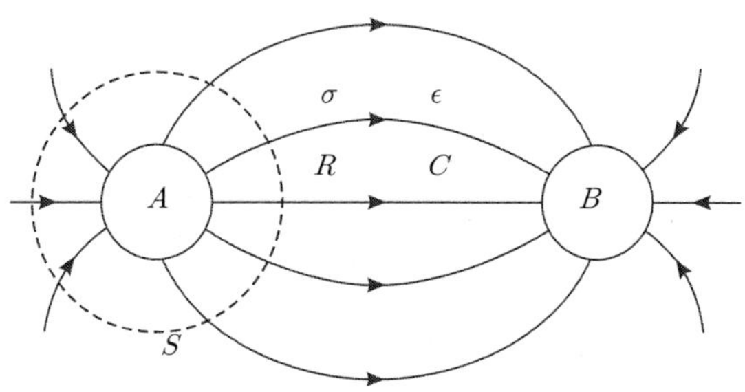

그림 7-3 저항과 정전용량

그림 7-3은 두 개의 그림을 한 개로 나타낸 것인데, 하나는 유전율 ϵ인 유전체 속에서 도체 A에 Q[C], B에 $-Q$[C]의 전하를 주었을 때, 두 도체 사이의 정전용량이 C이고 발생하는 전기력선을 그린 것이다.

그리고 둘째는 유전체를 도전율 σ인 도전성 매질로 치환하고 도체 A와 B에 전원을 연결하여 전류 I가 흐를 때의 저항이 R인 그림이다.

두 가지 경우 모두 전극 사이의 전위차 V가 같다면, 전계 분포와 전위 분포는 일치한다.

도체 A의 전하량 Q와 도체 A를 포위한 폐곡면 S에서 나오는 전속 $\boldsymbol{D}$ 그리고 두 도체 사이의 정전용량 C의 관계는 다음과 같다.

$$\left.\begin{aligned} Q &= \int_S \boldsymbol{D}\cdot d\boldsymbol{S} = \epsilon\int_S \boldsymbol{E}\cdot d\boldsymbol{S} \\ V &= -\int_l \boldsymbol{E}\cdot dl \\ C &= \frac{Q}{V} = \frac{\epsilon\int_S \boldsymbol{E}\cdot d\boldsymbol{S}}{-\int_l \boldsymbol{E}\cdot dl} \end{aligned}\right\} \tag{7-21}$$

또, 도체 A를 포위한 폐곡면 S에서 나오는 전류 I와 두 도체 사이의 저항의 관계는 다음과 같다.

$$\left.\begin{aligned} I &= \int_S i\cdot d\boldsymbol{S} = \sigma\int_S \boldsymbol{E}\cdot d\boldsymbol{S} \\ R &= \frac{V}{I} = \frac{-\int_l \boldsymbol{E}\cdot dl}{\sigma\int_S \boldsymbol{E}\cdot d\boldsymbol{S}} \end{aligned}\right\} \tag{7-22}$$

식 (7-21)과 식 (7-22)에서

$$RC = \frac{\epsilon}{\sigma} = \epsilon\rho \tag{7-23}$$

의 관계가 구해진다.

7.6 줄 열과 전력(joule′ s heat & electric power)

도체 내에 전류가 흐르고 있다는 것은 도체내의 전하가 전계에 의해 전위가 높은 곳에서 낮은 곳으로 이동하는 것이며, 이는 전계가 일을 하기 때문이다.

따라서 전계 내에 전하 Q[C]을 전위가 V_1[V]인 지점에서 V_2[V]인 지점으로 이동할 때 전계가 한 일 W는

$$W = Q(V_1 - V_2) = QV\,[\mathrm{J}] \tag{7-24}$$

로 표시되며, 여기서 $V = V_1 - V_2$로서 전위차이다.

식 (7-24)에 식 (7-1)을 변형한 $Q = It$를 대입하면

$$W = VIt\,[\mathrm{J}] \tag{7-25}$$

로 되고, 이때 W는 전기에너지를 나타내므로 전력량이라 부른다.

일반적으로 단위시간당 일의 에너지를 능률 혹은 공률이라 하고, 특히 전기에서는 이것을 전력(power)이라 한다.

이에 따라 전력 P[W]는

$$P = \frac{W}{t}\,[\mathrm{J/sec = W}] \tag{7-26}$$

로 되며, 식 (7-26)에 식 (7-25)을 대입하면 전력은

$$P = VI\,[\mathrm{W}] \tag{7-27}$$

로 표시된다.

일반적으로 전기 기기나 가전제품은 전기에너지를 가하면 열이 발생되는데, 이것을 정량적으로 취급하고 있는 이론이 줄의 법칙(Joule's law)이다.

전기제품의 저항을 R[Ω]이라 하고, 여기에 I[A]의 전류가 t[sec]동안 흐를 경우, 식 (7-26)에 식 (7-27)과 옴의 법칙을 나타내는 식 (7-15)을 대입하면 전기제품에서 소모된 전기에너지가 다음과 같이 구해진다.

$$W = Pt = VIt = I^2Rt\,[\mathrm{J}] \tag{7-28}$$

식 (7-28)의 전기에너지는 열에너지로 변환될 수 있고, 이 열을 줄열(Joule heat)이라 하며 [cal] 단위를 많이 사용하는데 1[cal] = 4.186[J]이다.

이 관계를 이용하면 열에너지 H와 전력량인 전기에너지 W 사이에는

$$H = \frac{W}{4.186} = 0.24\,W = 0.24Pt = 0.24I^2Rt\,[\mathrm{cal}] \tag{7-29}$$

이 성립되는데, 이 식은 전기에너지를 열에너지로 변환시킬 때 이용되는 중요한 식이며 줄의 법칙(Joule's law)이라 한다.

7.7 열전현상(thermo-phenomenon)

7.7.1 제벡(Seebeck)효과

그림 7-4와 같이 두 종류의 금속 A, B를 접속하여 폐회로를 만들어 두 접합 부분을 서로 다른 온도 T_1, T_2로 유지하면, 두 금속 사이에 기전력이 생겨 전류가 흐르게 된다.

이 기전력을 열기전력(thermo elctromotive force)이라 하고, 이때 흐르는 전류를 열전류(thermo electric current)라 한다.

이 현상은 19세기 초에 제벡(Seebeck)에 의하여 발견된 것으로 제벡효과(Seebeck effect) 또는 열전효과라 하고, 두 금속 A, B를 조합한 것을 열전대(thermo couple)라 한다.

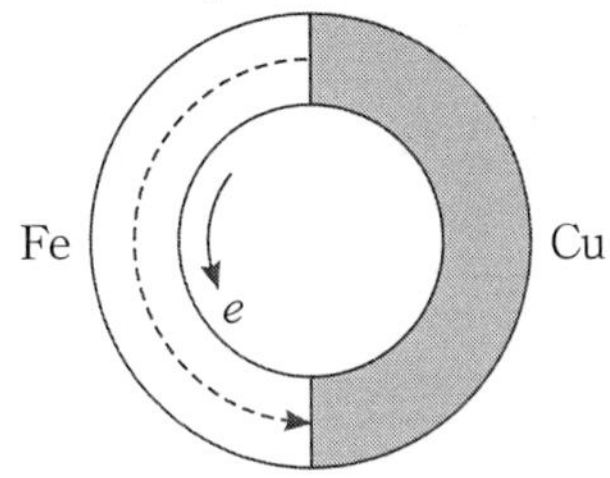

그림 7-4 열전내

열기전력의 크기는 금속 종류와 접합점 온도에 따라 결정되고 접합 면적과 무관하다.

금속 내부에 온도차가 생기면 온도가 높은 부분에서 낮은 부분으로 열의 전도(열류)가 생긴다. 이때 전자의 구속력이 약한 고온부에서 저온부로 자유전자가 이동하여 열전류가 생긴다. 그 결과 금속의 양단이 +와 −로 대전되어 전위차가 생겨 전류가 흐르게 되는데, 이 전위차를 접촉 전위차(contact potential difference)라 한다.

만일 양(兩) 접속부의 온도차가 $\Delta T (= T_2 - T_1)$일 때 열기전력을 ΔV라 하면 온도 변화에 대한 전위차 변화의 비, 즉 단위온도 변화에 의한 전위차의 변화량을 열전능(thermo electic power)이라 정의하고, Q라 한다.

$$Q = \frac{\Delta V}{\Delta T} \quad \text{또는} \quad Q = \frac{dV}{dT} \tag{7-30}$$

여기서 열전능 Q는 실험식, 즉 $Q = a + bT$로 주어지며 a, b는 금속의 종류에 따라 결정되는 열전정수이고, T는 온도차이다.

따라서 접합부의 온도가 T_1, T_2로 차이가 있을 시의 열기전력 V는

$$V = \int_{T_1}^{T_2} Q dT = \int_{T_1}^{T_2} (a + bT) dT$$

$$= a(T_2 - T_1) + \frac{1}{2} b (T_2{}^2 - T_1{}^2) \tag{7-31}$$

이 된다.

열전대로 많이 사용하는 것으로는 구리-콘스탄탄, 순백금-백금에 10~13[%]의 로듐합금, 알루멜(alumel)-크로멜(chromel) 등이 있다.

열전대는 온도의 측정이나 온도제어에 응용되고 있고, 반도체의 발명으로 P-N 반도체를 결합하여 열에너지로부터 직접 발전이 가능하게 되었다.

7.7.2 펠티에(Peltier)효과와 톰슨(Thomson)효과

열전현상의 반대방법의 작용으로서 1834년경에 펠티에는 두 종류의 금속으로 폐회로를 만들어 전류를 흘리면 양 접속점에서 온도의 차가 생겨 열의 흡수 또는 발생이 일어나는 현상을 발견하였고, 이를 펠티에효과(Peltier effect)라 한다. 이 효과를 응용하여 반도체와 금속을 조합시켜서 전자냉동 등에 응용한다.

그리고 동일한 금속이라도 도선의 두 점 간에 온도차를 주고 전류를 흘리면 온도 구배 부분의 줄열 이외의 발열 또는 흡열 현상이 생기는데, 이 현상을 톰슨효과(Thomson effect)라 한다.

기사시험 기출문제

문제 7-1	12. 산업기사

도체의 단면적이 $5[m^2]$인 곳을 3초 동안에 30[C]의 전하가 통과하였다면 이때의 전류는?

㉮ 5[A] ㉯ 10[A] ㉰ 30[A] ㉱ 90[A]

풀이 $I=\dfrac{dQ}{dt}=\dfrac{30}{3}=10[A]$ **[답] ㉯**

문제 7-2	89, 90, 98. 기사 / 92, 93, 00, 03, 06 산업기사

공간 도체 중의 전류밀도가 i, 전하밀도가 ρ일 때, 키르히호프의 전류 법칙을 나타내는 것은?

㉮ $i=\dfrac{\partial\rho}{\partial t}$ ㉯ $\mathrm{div}\,i=0$ ㉰ $i=0$ ㉱ $\mathrm{div}\,i=-\dfrac{\partial\rho}{\partial t}$

풀이 키르히호프의 전류 법칙은 $\Sigma I=\int_s i\cdot ds=\int_V \div\, i\,dv$가 되어 $\div\, i=0$이다.

즉, 단위체적당의 전류의 발산은 없다(전류의 연속성). **[답] ㉯**

문제 7-3	12. 산업기사

도체의 길이 l[m], 단면적 $S[m^2]$의 저항 $R=\rho\dfrac{l}{S}[\Omega]$으로 표현되는데, 여기서 ρ의 역수를 무엇이라고 하는가?

㉮ 저항률 ㉯ 고유저항 ㉰ 도전율 ㉱ 비례상수

풀이 도체의 저항 : $R=\rho\dfrac{l}{S}$ 여기서,

R : 저항[Ω], ρ : 저항률 또는 고유저항[Ω·m], $\sigma=\dfrac{1}{\rho}$: 도전율 **[답] ㉰**

문제 7-4	01. 산업기사

온도 t[° C]에서 저항 $R_1[\Omega]$인 동선은 30[° C]일 때 저항은 어떻게 변하는가?

㉮ $\frac{30-t}{234.5}R_t$ ㉯ $\frac{264.5+t}{234.5}R_t$

㉰ $\frac{30-t}{234.5+t}R_t$ ㉱ $\frac{264.5}{234.5+t}R_t$

풀이 $R_t = R_0(1+\frac{1}{234.5}t)$----①

$R_{30} = R_0(1+\frac{1}{234.5}30)$-- ②

①의 식을 R_0에 대해 정리하여 ②에 대입하면 $R_{30} = \frac{264.5}{234.5+t}R_t[\Omega]$ **[답]** ㉱

문제 7-5	91, 03, 04. 기사 / 14. 산업기사

액체 유전체를 포함한 콘덴서 용량이 C[F]인 것에 V[V] 전압을 가했을 경우에 흐르는 누설전류는 몇 [A]인가? (단, 유전체의 비유전율은 ϵ_s이며 고유저항은 ρ [Ω]이라 한다.)

㉮ $\frac{CV}{\rho\epsilon}$ ㉯ $\frac{CV^2}{\rho\epsilon}$ ㉰ $\frac{\rho\epsilon_s V}{C}$ ㉱ $\frac{\rho\epsilon_s}{C}$

풀이 $RC=\frac{\epsilon}{\sigma}=\epsilon\rho$에서 $R=\frac{\rho\epsilon}{C}$, $I=\frac{V}{R}=\frac{V}{\frac{\rho\epsilon}{C}}=\frac{VC}{\rho\epsilon}$ **[답]** ㉮

문제 7-6	14. 산업기사

10^6[cal]의 열량은 몇 [kWh] 정도에 상당하는가?

㉮ 0.06 ㉯ 1.16 ㉰ 2.27 ㉱ 4.17

풀이 1[kWh]=860[kcal], 10^6[cal]$=10^3$[kcal], $\frac{10^3}{860}=1.16$[kWh] **[답]** ㉯

문제 7-7	13, 14. 산업기사

액체 유전체를 넣은 콘덴서의 용량이 30[μF]이다. 여기에 500[V]의 전압을 가했을 때 누설전류는 약 얼마인가? (단, 고유저항은 $\rho = 10^{11}$[Ω·m], 비유전율 ϵ_s는 2.2이다.)

㉮ 5.1[mA]　㉯ 7.7[mA]　㉰ 10.2[mA]　㉱ 15.4[mA]

풀이 $RC = \frac{\epsilon}{\sigma} = \epsilon\rho$에서 $R = \frac{\rho\epsilon}{C}$, $I = \frac{V}{R} = \frac{V}{\frac{\rho\epsilon}{C}} = \frac{VC}{\rho\epsilon} = \frac{500 \times 30 \times 10^{-6}}{10^{11} \times 8.85 \times 10^{-12} \times 2.2}$

$= 7.7$[mA]

[답] ㉯

문제 7-8	10, 14. 기사 / 01, 05, 06. 산업기사

그림에 표시한 반구형 도체를 전극으로 한 경우의 접지저항은? (단, ρ는 대지의 고유 저항이며 전극의 고유 저항에 비해 매우 크다.)

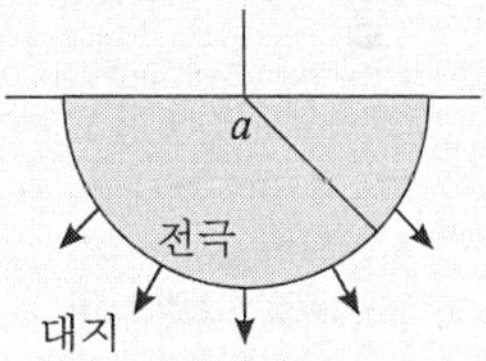

㉮ $4\pi a$　㉯ $\frac{\rho}{4\pi a}$

㉰ $\frac{\rho}{2\pi a}$　㉱ $2\pi a\rho$

풀이 $RC = \frac{\epsilon}{\sigma} = \epsilon\rho$에서 반구의 정전용량 $C = \frac{4\pi\epsilon a}{2} = 2\pi\epsilon a$이므로

$R = \frac{\rho\epsilon}{C} = \frac{\rho\epsilon}{2\pi\epsilon a} = \frac{\rho}{2\pi a}$[Ω]

[답] ㉰

문제 7-9	13. 산업기사

1.2[kW]의 전열기를 45분간 사용할 때 발생한 열량[kcal]은?

㉮ 471　㉯ 572　㉰ 673　㉱ 774

풀이 $H = \frac{W}{4.186} = \frac{Pt\text{초}}{4.186} = \frac{1.2 \times 45 \times 60}{4.186} = 774$

[답] ㉱

문제 7-10	16. 산업기사

온도가 20℃일 때 저항률의 온도계수가 가장 작은 금속은?

㉮ 금　㉯ 철　㉰ 알루미늄　㉱ 백금

풀이　[답] ㉱

문제 7-11	17. 산업기사

자기 회로의 퍼미언스(permeance)에 대응하는 전기회로의 요소는?

㉮ 서셉턴스(susceptance)　㉯ 컨덕턴스(conductance)
㉰ 엘라스턴스(elastance)　㉱ 정전용량(electrostatic capacity)

풀이　[답] ㉯

문제 7-12	16. 산업기사

도체의 저항에 관한 설명으로 옳은 것은?

㉮ 도체의 단면적에 비례한다.
㉯ 도체의 길이에 반비례한다.
㉰ 저항률이 클수록 저항은 적어진다.
㉱ 온도가 올라가면 저항값이 증가한다.

풀이　[답] ㉱

문제 7-13	17. 산업기사

제벡(Seebeck) 효과를 이용한 것은?

㉮ 광전자　㉯ 열전대　㉰ 전자냉동　㉱ 수정발진자

풀이　[답] ㉯

문제 7-14	16. 산업기사

일반적으로 도체를 관통하는 자속이 변화하든가 또는 자속과 도체가 상대적으로 운동하여 도체 내의 자속이 시간적 변화를 일으키면, 이 변화를 막기 위하여 도체 내에 국부적으로 형성되는 임의의 폐회로를 따라 전류가 유기된다. 이때 이 전류를 무엇이라 하는가?

㉮ 변위전류 ㉯ 대칭전류 ㉰ 와전류 ㉱ 도전전류

풀이 [답] ㉰

문제 7-15	17. 산업기사

고유저항이 p[Ω m], 한 변의 길이가 r[m]인 정육면체의 저항[Ω]은?

㉮ $\frac{\rho}{\pi r}$ ㉯ $\frac{r}{\rho}$

㉰ $\frac{\pi r}{\rho}$ ㉱ $\frac{\rho}{r}$

풀이 [답] ㉱

문제 7-16	18. 산업기사

그림과 같이 권수가 1이고 반지름 a[m]인 원형 전류 I[A]가 만드는 자계의 세기 [AT/m]는?

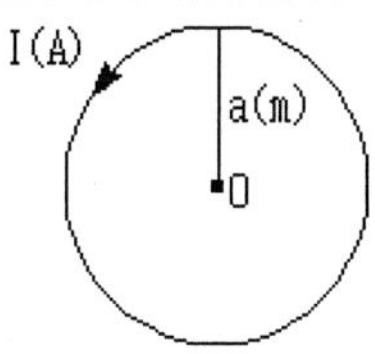

㉮ $\frac{1}{a}$ ㉯ $\frac{1}{2a}$ ㉰ $\frac{1}{3a}$ ㉱ $\frac{1}{4a}$

풀이 [답] ㉯

문제 7-17	18. 산업기사

전류밀도 J, 전계 E, 입자의 이동도 μ, 도전율을 σ 라 할 때 전류밀도 [A/m^2]를 옳게 표현한 것은?

㉮ $J=0$ ㉯ $J=E$
㉰ $J=\sigma E$ ㉱ $J=\mu E$

풀이 [답] ㉰

문제 7-18	18. 산업기사

금속도체의 전기저항은 일반적으로 온도와 어떤 관계인가?

㉮ 전기저항은 온도의 변화에 무관하다.
㉯ 전기저항은 온도의 변화에 대해 정특성을 갖는다.
㉰ 전기저항은 온도의 변화에 대해 부특성을 갖는다.
㉱ 금속도체의 종류에 따라 전기저항의 온도 특성은 일관성이 없다.

풀이 [답] ㉯

문제 7-19	18. 산업기사

두 종류의 금속으로 된 폐회로에 전류를 흘리면 양 접속점에서 한쪽은 온도가 올라가고 다른 쪽은 온도가 내려가는 현상을 무엇이라 하는가?

㉮ 볼타(Volta) 효과
㉯ 제벡(Seebeck) 효과
㉰ 펠티에(Peltier) 효과
㉱ 톰슨(Thomson) 효과

풀이 [답] ㉰

연 습 문 제

7.1 전류의 일반적인 성질에 대해 정의하라.

7.2 전류밀도에 대해 정의하라.

7.3 옴의 법칙에 대해 정의하라.

7.4 온도와 저항의 관계에 대해 정의하라.

7.5 전류계와 정전계의 비교 설명하라.

7.6 저항과 정전용량의 관계에 대해 정의하라.

7.7 줄 열과 전력에 대해 설명하라.

7.8 열전현상들에 대해 설명하라.

08 CHAPTER 정자계

8.1 자기현상과 자극

두 개의 자석은 상호 간에 당기거나 미는 힘이 작용하고 또 자석이 근처에 있는 철을 끌어당기는 현상을 자주 본다. 이를 자기현상이라 하며, 자석은 이처럼 당기거나 미는 힘을 발휘하는데 이 힘을 자기력(magnetic force)이라 한다.

자기가 강한 부분을 자극(magnetic pole)이라 하고, 자극은 N극 또는 정(+)자극과 S극 또는 부(−)자극으로 구분된다.

그리고 자석을 잘게 부수어 아주 작은 자석으로 만들어도 언제나 N극과 S극을 가지는 자석이 된다. 이들 두 자극이 가지는 자기량을 자하(magnetic charge)라 부르고, 그 단위는 [Wb]로 표기하며, 자하는 항상 N극과 S극이 같은 양으로 존재하며 단극의 자석은 존재하지 않는다.

자극의 세기가 1 [Wb]란 의미는 진공 중에 세기가 같은 자극 두 개를 1[m]의 거리만큼 떨어져 있을 때 상호간에 6.33×10^4 [N]의 힘이 작용하는 자극의 세기를 말하며, [Wb]는 자속의 MKS 단위이고, CGS 단위로는 [Maxwell] 단위를 사용하는데 $1[Wb] = 10^8[Maxwell]$이다.

8.2 쿨롱의 법칙(Coulomb's law)

2개의 자극 사이에 작용하는 자기력에는 정전계와 마찬가지로 다음과 같은 쿨롱의 법칙이 성립한다.

① 자기력의 크기는 두 자극의 자하량 곱에 비례한다.

② 자극 간의 거리의 제곱에 반비례한다.

③ 자기력의 방향은 양극 간을 연결하는 직선상에 있다.

④ 두 자극의 부호가 같을 때는 반발력, 다를 때는 흡인력으로 작용한다.

⑤ 자극이 놓여있는 매질에 따라 자기력의 크기가 달라진다.

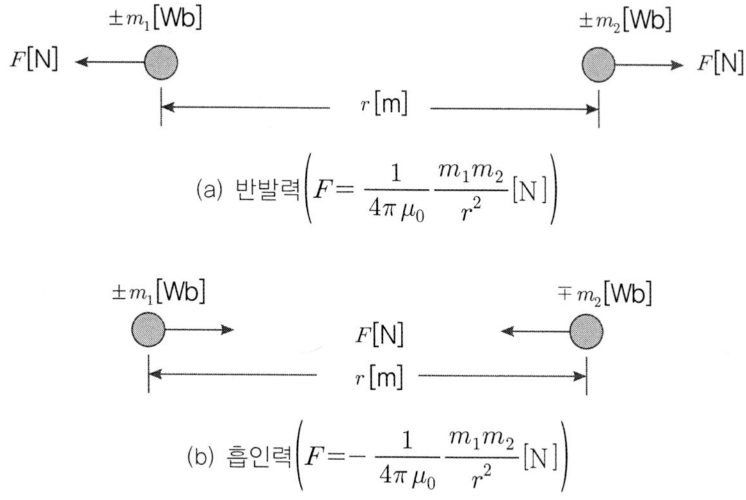

(a) 반발력$\left(F=\dfrac{1}{4\pi\mu_0}\dfrac{m_1 m_2}{r^2}[\text{N}]\right)$

(b) 흡인력$\left(F=-\dfrac{1}{4\pi\mu_0}\dfrac{m_1 m_2}{r^2}[\text{N}]\right)$

그림 8-1 쿨롱의 법칙

다시 말하면 그림 8-1처럼 세기가 각각 m_1 [Wb], m_2 [Wb]인 2개의 점자극이 진공(공기) 중에 거리 r [m]만큼 떨어져 있을 때, 자극 간의 힘 F [N]는 쿨롱 법칙에 의해 다음과 같이 구해진다.

$$F \propto \frac{m_1 m_2}{r^2} \tag{8-1}$$

$$F = K\frac{m_1 m_2}{r^2} = \frac{1}{4\pi\mu_0}\frac{m_1 m_2}{r^2} = 6.33\times 10^4 \frac{m_1 m_2}{r^2}[\text{N}] \tag{8-2}$$

여기서 μ_0는 진공(공기) 투자율(permeability)이라 하고 그 값은 $\mu_0 = 4\pi\times 10^{-7}$[H/m]이다.

【예제 8.1】

공기 중에 놓인 1.6×10^{-4}[Wb]와 2×10^{-4}[Wb]의 두 자극 사이에 작용하는 힘이 12.66[N]이었다면 두 자극 사이의 거리는 얼마인가?

【풀이】

쿨롱의 법칙에서 $F = 12.66$, $m_1 = 1.6\times 10^{-4}$, $m_2 = 2\times 10^{-3}$을 대입하면

$$r^2 = \frac{6.33\times 10^4 m_1 m_2}{F} = \frac{6.33\times 10^4 \times 1.6\times 10^{-4}\times 2\times 10^{-3}}{12.66}$$

$$= 1.6\times 10^{-3}$$

$\therefore r = 0.04\,\text{m}$, 즉 $4\,\text{cm}$ 이다.

8.3 자계의 세기

자석에 자침들을 접근시키면 자기력 작용에 의해 자침이 일정한 방향으로 배열하게 되고 배열된 모양을 선으로 그렸을 때, 그 선을 자기력선(line of magnetic force) 또는 자력선이라 하며, 정전계의 전기력선에 대응된다.

자기력이 미치는 공간을 자계 또는 자장이라 하며 자계 중의 한 점에 단위 정자하, 즉 +1 [Wb]를 놓았을 때 이에 작용하는 자기력 크기가 그 점에 대한 자계의 세기이고, 그 방향은 자기력선의 방향이 되기 때문에 자계는 벡터이고, $\boldsymbol{H}$로 표시한다.

그림 8-1에서 m_1[Wb]가 놓인 자리에 점자극(point magnetic pole) m [Wb]을 놓고, m_2가 놓인 자리를 점 P라 하고, 여기에 +1[Wb]을 놓으면 그림 8-2가 된다.

그림 8-2 자계의 세기

점자극 m[Wb]에 의해 단위 정자하가 받는 자기력의 크기를 m[Wb]에 의한 P점의 자계의 세기라 하며, 다음 식으로 구할 수 있다.

$$H = \frac{m}{4\pi \mu_0 r^2} \text{[AT/m]} \tag{8-3}$$

유도되는 단위는 [N/Wb]이나 [A/m] 또는 [AT/m]를 사용한다.

또, 자계 $\boldsymbol{H}$ 내에 점자극 m을 놓으면 이 자극에 작용하는 힘 $\boldsymbol{F}$는

$$\boldsymbol{F} = m\boldsymbol{H} \text{[N]} \tag{8-4}$$

이다.

8.4 자위

정전계에서 전위의 정의와 같이 m [Wb]의 자하가 만든 자계 내에 무한히 먼 지점에 놓여있는 단위 정자하(1[Wb])를 자계 반대 방향으로 P까지 이동하는 데 드는 일을 점 P의 자위(magnetic potential)라 한다.

자위는 일이기 때문에 스칼라량이며, 자계 중의 한 점 P에 대한 자위를 U로 표기하면

$$U = -\int_{\infty}^{r=p} \boldsymbol{H} \cdot dr = -\int_{\infty}^{r} \boldsymbol{H} \cdot dr \text{ [J/Wb 또는 A]} \qquad (8\text{–}5)$$

로 계산된다(2장 정전계의 식 (2-39) 설명 참고).

식 (8-3)에서 설명한 점자극 m [Wb]에서 r [m] 떨어진 점의 자계의 세기를 식 (8-5)에 대입하면 이 점의 자위는

$$U = -\int_{\infty}^{r} \boldsymbol{H} \cdot dr = -\int_{\infty}^{r} \frac{m}{4\pi\mu_0 r^2} dr = \frac{m}{4\pi\mu_0 r} \text{[A]} \qquad (8\text{–}6)$$

이다.

그리고 식 (8-5)의 양변을 미분하면 자계 $\boldsymbol{H}$ 중에서 단위 정자하를 미소거리 dr만큼 이동시키는데 드는 일, 즉 자위 dU와의 관계가 다음 식과 같이 성립되는데, 이것을 자위경도라 한다.

$$\boldsymbol{H} = -\frac{dU}{dr} = -\operatorname{grad} U \text{[A/m]} \qquad (8\text{-}7)$$

자계 중에 두 점 A와 B의 자위차는 식 (8-5)에 의해

$$U_{AB} = -\int_{B}^{A} \boldsymbol{H} \cdot dr \text{[A]} \qquad (8\text{–}8)$$

가 된다. 자위는 자계에 거리를 곱한 것이므로 단위는 [A/m]×[m] = [A]이다.

8.5 자속밀도

정전계의 전기력선 성질 중에서 '공기 중에서 1[C]의 전하에서 나오는 전기력선수는 $1/\epsilon_0$개이다.' 그리고 '한 점에서 전기력선의 밀도는 그 점에서의 전계 세기이다.'라고 한 것과 마찬가지로 정자계에서도

① 공기 중에서 1[Wb]의 자하에서 나오는 자기력선 수는 $1/\mu_0$개이다.

② 한 점에서 자기력선의 밀도는 그 점에서의 자계의 세기이다.

가 성립된다.

또, 전속과 유사한 개념으로 1[Wb]의 점자극에서 1개의 선속이 나오고 이 선속을 자속(magnetic flux)이라 부르고 자속수를 ϕ로 표기하면 자하 m [Wb]에서 나오는 자속수는

$$\phi = m[\text{개}] \quad (8\text{–}9)$$

이다.

그리고 자속밀도(magnetic flux density)는 단위면적당 지나가는 자속 수이고, $\boldsymbol{B}$로 표시한다면

$$\boldsymbol{B} = \frac{\phi}{\boldsymbol{S}} = \frac{m}{\boldsymbol{S}} \ [\text{Wb/m}^2] \quad (8\text{–}10)$$

이 되고, 공기 또는 진공 중에서 자속밀도($\boldsymbol{B}$)와 자계의 세기($\boldsymbol{H}$)는

$$\boldsymbol{B} = \mu_0 \boldsymbol{H} \ [\text{Wb/m}^2] \quad (8\text{–}11)$$

의 관계가 성립되는데, 이는 2장의 식 (2-21)과 표 2-1의 설명과 동일하다.

식 (8-10)은 $\phi = \boldsymbol{B} \cdot \boldsymbol{S}$로 바꾸어 쓸 수 있으며, 이것을 정전계에서 가우스 정리를 설명하는 식 (2-23)과 같은 모양의 적분식으로 나타내면 다음과 같다.

$$\phi = \int_s \boldsymbol{B} \cdot d\boldsymbol{S} = \int_s \mu_0 \boldsymbol{H} \cdot d\boldsymbol{S} \, [\text{개}] \quad (8\text{–}12)$$

【예제 8.2】

자력선수와 자속선수의 관계를 설명하라.

【풀이】

자력선밀도 $H[\text{lines/m}^2]$과 자력선밀도 $B[\text{lines/m}^2]$에서 정의된 두 lines 사이에는 진공인 경우

$$B = \mu_0 H[\text{liness/m}^2 = \text{W/m}^2], \ H = \frac{B}{\mu_0}[\text{lines/m}^2 = \text{A/m}]$$

의 관계가 있으므로, 1line의 자력선은 $\mu_0 = 4\pi \times 10^{-7}[\text{lines}]$의 자속선에 대응하며, 1 line의 자속선은 $\frac{1}{\mu_0} = \frac{10^7}{4\pi}[\text{lines}]$의 자력선에 대응한다.

8.6 자기쌍극자

자석을 아무리 작게 하여도 정(正)·부(負)의 두 자극은 분리되지 않고 전극 간의 거리만 짧아진 소자석(elementary magnet)으로 된다.

이것은 정전계의 전기쌍극자 모양과 같기 때문에 이를 자기쌍극자라 한다.

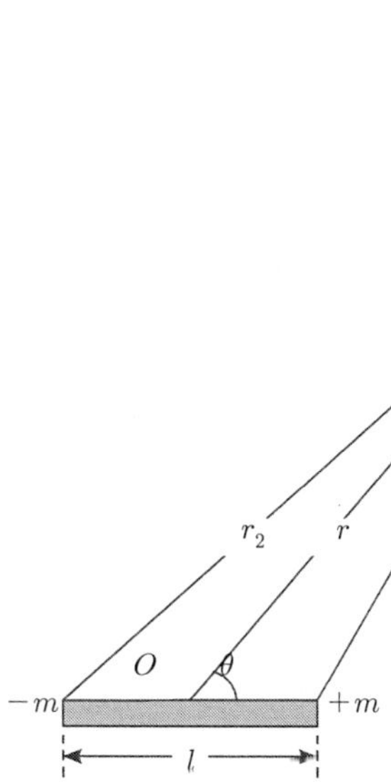

그림 8-3 자기쌍극자

그림 8-3과 같이 자극의 세기 $\pm m$[Wb]이고 길이 l[m]인 소자석에 의한 어떤 점 P의 자위 U는

$$U = \frac{m}{4\pi\mu_0}\left(\frac{1}{r_1} - \frac{1}{r_2}\right)\text{[J/Wb]} \tag{8-13}$$

이 되며, 여기서 $r \gg l$이기 때문에 $r_1 \fallingdotseq r - \frac{l}{2}cos\theta,\ r_2 = r + \frac{l}{2}cos\theta$로 근사화할 수 있으므로 위의 식은

$$U = \frac{ml}{4\pi\mu_0}\frac{\cos\theta}{r^2} = \frac{Mcos\theta}{4\pi\mu_0 r^2}\text{[J/Wb]} \tag{8-14}$$

이 되며, $\boldsymbol{M}$은 자기쌍극자 모멘트이다. 이 식에서 자기쌍극자의 자위는 자기쌍극자 모멘트 $\boldsymbol{M}$에 비례, 거리의 제곱에 반비례, 쌍극자의 축과 이루는 각도의 $\cos\theta$에 비례한다.

또한 점 P의 자계의 세기 H의 r방향과 이에 수직한 θ방향의 성분을 각각 $\boldsymbol{H}_r$ 및 $\boldsymbol{H}_\theta$라 하면

$$
\left.\begin{aligned}
H_r &= \frac{\partial U}{\partial r} = \frac{M\cos\theta}{2\pi\mu_0 r^3}\,[\mathrm{AT/m}] \\
H_\theta &= -\frac{1}{r}\frac{\partial U}{\partial \theta} = \frac{M\sin\theta}{4\pi\mu_0 r^3}\,[\mathrm{AT/m}]
\end{aligned}\right\} \qquad (8\text{–}15)
$$

가 되므로 점 P에서 자계 H의 크기는 다음 식과 같고, 자기쌍극자 자계의 세기는 r^3에 반비례한다.

$$
H = \sqrt{(H_r)^2 + (H_\theta)^2} = \frac{M}{4\pi\mu_0 r^3}\sqrt{1+3\cos^2\theta}\,[\mathrm{AT/m}] \qquad (8\text{–}16)
$$

【예제 8.3】

길이 $5[\mathrm{cm}]$인 막대자석의 자극세기가 $\pm 8\times10^{-6}[\mathrm{Wb}]$일 때 자석의 자기모멘트를 구하라.

【풀이】

자기모멘트를 M이라 하자.

$M = ml = 8\times10^{-6}\times5\times10^{-2} = 4\times10^{-7}[\mathrm{Wb\cdot m}]$이다.

8.7 미소 자석에 작용하는 회전력

그림 8-4와 같이 영구자석이 만드는 세기가 균일하고 방향이 같은 평등 자계 $\boldsymbol{H}$[AT/m] 속에 길이 l [m]인 자침이 놓여 있다. 이때 자침의 자극 $+m$은 영구자석의 S극 쪽으로, $-m$은 N극 쪽으로 힘($\boldsymbol{F}=m\boldsymbol{H}$)을 받는다.

이에 따라 자침은 중점 O를 중심으로 하여 회전하게 되는데 이 회전력을 우력 또는 토크(torque)라 한다.

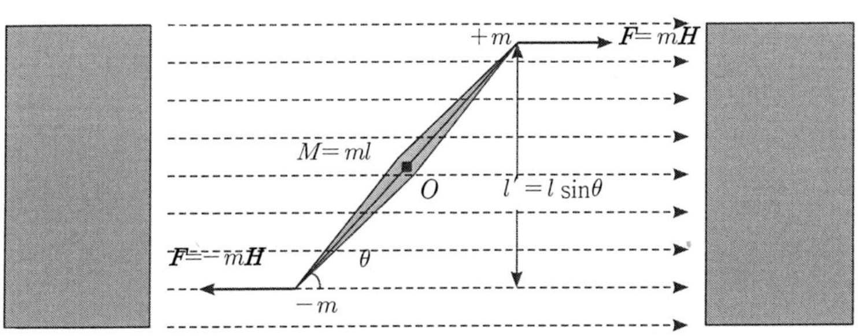

그림 8-4 평등자계속의 토크

어떤 물체에 짝힘이 작용할 때 생기는 토크(τ)는 '힘×두 힘 사이의 수직 거리'이므로 크기 τ는 다음과 같다.

$$\tau = 2\left(\boldsymbol{F} \times \frac{l'}{2}\right) = \boldsymbol{F} \times l' = Fl\sin\theta = mHl\sin\theta \,[\text{Nm}] \tag{8-17}$$

이 식에서 $\sin\theta = 0(\theta = 0°)$이면 $\tau = 0$이 되어 자침은 정지하게 되며, 이는 그림에서 자침의 축과 평등 자계 H[AT/m]가 평행하게 되는 경우이다.

8.8 판자석

정전계에서 배운 전기이중층과 마찬가지로 무수히 많은 자기쌍극자들이 판 모양으로 집합된 자석을 판자석이라 하고 그림 8-5와 같다.

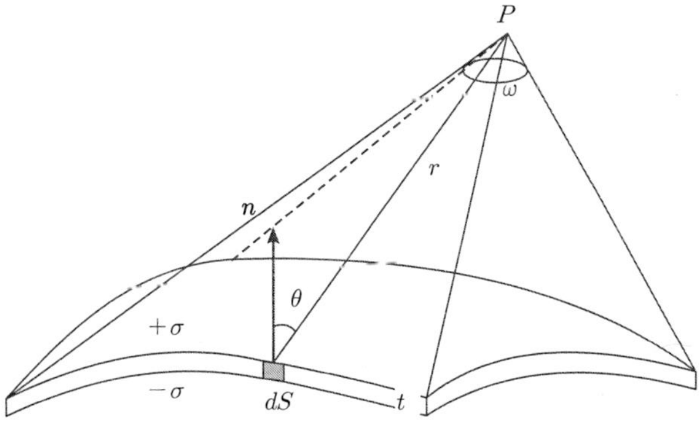

그림 8-5 판자석

그림 8-5는 면자하밀도가 $\pm\sigma$[Wb/m^2], 판의 두께가 t[m], 미소 면적이 dS[m^2]인 판자석 그림이다.

dS부분의 미소 자하 $\pm\sigma dS$[Wb]를 자기쌍극자로 볼 수 있으므로 미소 면적에 의한 자위 dU는 식 (8-14)에 의해

$$dU = \frac{(\sigma dS)t}{4\pi\mu_0}\frac{\cos\theta}{r^2} = \frac{\sigma t}{4\pi\mu_0}\frac{dS\cos\theta}{r^2}\,[\text{J/Wb}] \tag{8-18}$$

가 되며, 이 식에서 $\dfrac{dS\cos\theta}{r^2}$를 입체각이라 하고 $d\omega$라 하면 식 (8-18)은

$$dU = \frac{\sigma t}{4\pi \mu_0} d\omega \text{ [J/Wb]} \tag{8-19}$$

로 되고, 또 면 자하밀도 $\sigma t = P_m$ 으로 놓으면 dU는 다음의 식과 같이 된다.

$$dU = \frac{P_m}{4\pi \mu_0} d\omega \text{ [J/Wb]} \tag{8-20}$$

이 식의 양변을 적분하면 점 P의 자위 U가 구해진다.

$$U = \frac{P_m}{4\pi \mu_0} \omega \text{ [J/Wb]} \tag{8-21}$$

이 식에서 $\sigma t = P_m$ 을 판자석의 세기라고 하며, 단위면적당의 자기 모멘트를 의미한다.

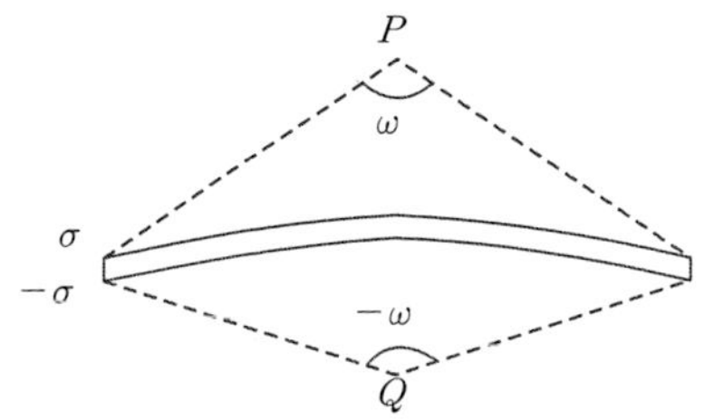

그림 8-6 판자석 양면의 전위

그림 8-6에서와 같이 판자석의 양측에 두 점 P와 Q가 있을 때 두 점간의 자위차를 계산하여 보자.

이 경우에 입체각 ω는 식 (8-18)의 $\cos\theta$에 의해서 정·부 구별이 된다. 점 P에서 $+\sigma$ 자하가 분포된 면(N극)의 가장자리를 한 바퀴 둘러보는 방향을 정(+)방향으로 하였을 때 입체각은 $+\omega$가 된다.

반면에 점 Q에서 $-\sigma$ 자하가 분포된 면(S극)의 가장자리를 한 바퀴 둘러보는 방향은 부(−)방향이 될 것이고 이때의 입체각은 $-\omega$가 된다.

이에 따라 각 점의 자위 U_P와 U_Q는

$$\left.\begin{aligned} U_P &= \frac{P_m}{4\pi \mu_0} (+\omega) \text{[J/Wb]} \\ U_Q &= \frac{P_m}{4\pi \mu_0} (-\omega) \text{[J/Wb]} \end{aligned}\right\} \tag{8-22}$$

가 된다. 그리고 두 점 P와 Q를 판자석에 무한히 가까이 접근시키면 입체각의 크기는 $+\omega=2\pi$, $-\omega=2\pi$가 되므로 두 점 사이의 자위차 U_{PQ}는

$$U_{PQ}=U_P-U_Q=\frac{P_m}{4\pi\mu_0}(\omega+\omega)=\frac{P_m}{\mu_0}\text{[J/Wb]} \tag{8-23}$$

로 된다.

정전계		정자계	
전 속	$\phi=Q$[C]	자 속	$\phi=m$ [Wb]
전속밀도	$D=\frac{\phi}{S}=\frac{Q}{S}$ [C/m²] $\therefore\ \phi=DS$[C]	자속밀도	$B=\frac{\phi}{S}=\frac{m}{S}$ [Wb/m²] $\therefore\ \phi=BS$[Wb]
전기력선	$N=\frac{\phi}{\epsilon_0}=\frac{Q}{\epsilon_0}$ [lines]	자 력 선	$N=\frac{\phi}{\mu_0}=\frac{m}{\mu_0}$ [lines]
전계의 세기 (=전기력선밀도)	$E=\frac{D}{\epsilon_0}$ [V/m] $\therefore\ D=\epsilon_0 E$	자계의 세기 (=자력선밀도)	$H=\frac{B}{\mu_0}$ [AT/m] $\therefore\ B=\mu_0 H$

정전계		정자계	
전 하	Q[C]	자 하 (자극의 세기)	m [Wb]
진공의 유전율	$\epsilon_0=8.85\times10^{-12}$ [F/m]	진공의 투자율	$\mu_0=4\pi\times10^{-7}$ [H/m]
쿨롱의 법칙 (전기력)	$F=\frac{Q_1Q_2}{4\pi\epsilon_0 r^2}$ [N]	쿨롱의 법칙 (자기력)	$F=\frac{m_1m_2}{4\pi\mu_0 r^2}$ [N]
전계의 세기	$E=\frac{Q}{4\pi\epsilon_0 r^2}$ [V/m]	자계의 세기	$H=\frac{m}{4\pi\mu_0 r^2}$ [AT/m]
힘과 전계	$F=QE$ [N]	힘과 자계	$F=mH$ [N]
전 위	$V=\frac{Q}{4\pi\epsilon_0 r}$ [V]	자 위	$U=\frac{m}{4\pi\mu_0 r}$ [AT]
전기쌍극자	$V=\frac{M\cos\theta}{4\pi\epsilon_0 r^2}$ [V]	소 자 석	$U=\frac{M\cos\theta}{4\pi\mu_0 r^2}$ [AT]
전기이중층	$V=\frac{M}{4\pi\epsilon_0}\omega$ [V]	판 자 석	$U=\frac{M}{4\pi\mu_0}\omega$ [AT]
전위경도	$E=-\text{grad}V$	자위경도	$H=-\text{grad}U$

정전계와 정자계의 유사성

기사시험 기출문제

문제 8-1	90, 99. 기사

공기 중에서 가상 점자극 m_1[Wb]과 m_2[Wb]를 r[m] 떼어 놓았을 때 두 자극 간의 작용력이 F[N]이었다면 이때의 거리 r[m]은?

㉮ $\sqrt{\dfrac{m_1 m_2}{F}}$ ㉯ $\dfrac{6.33\times10^4\times m_1 m_2}{F}$

㉰ $\sqrt{\dfrac{6.33\times10^4\times m_1 m_2}{F}}$ ㉱ $\sqrt{\dfrac{9\times10^9\times m_1 m_2}{F}}$

풀이 $F=\dfrac{m_1 m_2}{4\pi\mu_0 r^2}=6.33\times10^4\dfrac{m_1 m_2}{r^2}$, $r^2=6.33\times10^4\dfrac{m_1 m_2}{F}$[m] [답] ㉰

문제 8-2	13. 기사 / 76, 00. 산업기사

500[AT/m]의 자계 중에 어떤 자극을 놓았을 때 5×10^3[N]의 힘이 작용했을 때의 자극의 세기는 몇 [Wb]인가?

㉮ 10 ㉯ 20 ㉰ 30 ㉱ 40

풀이 $F=mH$, $m=\dfrac{F}{H}=\dfrac{5\times10^3}{500}=10$[Wb] [답] ㉮

문제 8-3	75. 기사 / 98, 99, 00, 04, 06, 13. 산업기사

비투자율 μ_s, 자속밀도 $\boldsymbol{B}$인 자계 중에 있는 m[Wb]의 자극이 받는 힘 [N]은?

㉮ $\dfrac{m\boldsymbol{B}}{\mu_0}$ ㉯ $\dfrac{m\boldsymbol{B}}{\mu_0\mu_s}$ ㉰ $\dfrac{m\boldsymbol{B}}{\mu_s}$ ㉱ $\dfrac{\mu_0\mu_s}{m\boldsymbol{B}}$

풀이 $\boldsymbol{B}=\mu_0\mu_s\boldsymbol{H}$에서 $\boldsymbol{F}=m\boldsymbol{H}=\dfrac{m\boldsymbol{B}}{\mu_0\mu_s}$ [답] ㉯

문제 8-4	10. 산업기사

공심 솔레노이드 내부 자계의 세기가 800[AT/m]일 때, 자속밀도[Wb/m²]는 얼마인가?

㉮ 1×10^{-3}[Wb/m²] ㉯ 1×10^{-4}[Wb/m²]
㉰ 1×10^{-5}[Wb/m²] ㉱ 1×10^{-6}[Wb/m²]

풀이 공심 솔레노이드이므로 $B=\mu_0 H=4\pi\times10^{-7}\times800=10^{-3}$[Wb/m²] **[답]** ㉮

문제 8-5	14. 기사

전기쌍극자에 의해 발생하는 전위의 크기는 전기쌍극자 중심으로부터 거리의 (①)에 반비례하고, 자기쌍극자에 의해 발생하는 자위의 크기는 자기쌍극자 중심으로부터 거리의 (②)에 반비례한다. ①과 ②에 들어갈 말은?

㉮ ① 제곱, ② 제곱 ㉯ ① 제곱, ② 세제곱
㉰ ① 세제곱, ② 제곱 ㉱ ① 세제곱, ② 세제곱

[답] ㉮

문제 8-6	06. 기사

막대자석의 회전력을 나타내는 식으로 옳은 것은? (단, 막대자석의 자기 모멘트 $\boldsymbol{M}$[Wb·m]와 균등 자계 $\boldsymbol{H}$[A/m]와의 이루는 각 θ는 $0°<\theta<90°$라 한다.)

㉮ $\boldsymbol{M}\times\boldsymbol{H}$[N·m/rad] ㉯ $\boldsymbol{H}\times\boldsymbol{M}$[N·m/rad]
㉰ $\mu_0\boldsymbol{H}\times\boldsymbol{M}$[N·m/rad] ㉱ $\boldsymbol{M}\times\mu_0\boldsymbol{H}$[N·m/rad]

풀이 자계 중의 자석에 작용하는 토크는 식 (8-17)에서 $T=mHl\sin\theta$[N·m]이며 이것은 자기 모멘트 $\boldsymbol{M}$ 벡터와 자계 $\boldsymbol{H}$ 벡터의 벡터 곱이므로

$T=\boldsymbol{M}\times\boldsymbol{H}$[N·m] **[답]** ㉮

문제 8-7	11. 기사

자석의 세기 0.2[Wb], 길이 10[cm]인 막대자석의 중심에서 60도의 각을 가지며 40[cm]만큼 떨어진 점 A의 자위는 몇 [A]인가?

㉮ 1.97×10^3　㉯ 3.96×10^3　㉰ 7.92×10^3　㉱ 9.58×10^3

풀이 $U=\dfrac{M\cos\theta}{4\pi\mu_0 r^2}=6.33\times10^4\times\dfrac{0.2\times10\times10^{-2}\times\cos60}{(40\times10^{-2})}=3.96\times10^3$[A]　**[답]** ㉯

문제 8-8	88, 97. 산업기사

평등 자장 $\boldsymbol{H}$인 곳에 자기 모멘트 $\boldsymbol{M}$을 자장과 수직 방향으로 놓았을 때 이 자석의 회전력은?

㉮ M/H　㉯ H/M　㉰ MH　㉱ $1/MH$

풀이 토크는 식 (8-17)에서 $T=mHl\sin\theta=MH\sin\theta(\theta=90°)=MH$[N·m]　**[답]** ㉰

문제 8-9	82, 83, 08, 09. 기사

그림에서 직선 도체 바로 아래 10[cm] 위치에 자침이 나란히 있다고 하면 이때의 자침에 작용하는 회전력[N·m]은? (단, 도체의 전류는 10[A], 자침의 자극의 세기는 10^{-6}[Wb]이고, 자침의 길이는 10[cm]이다.)

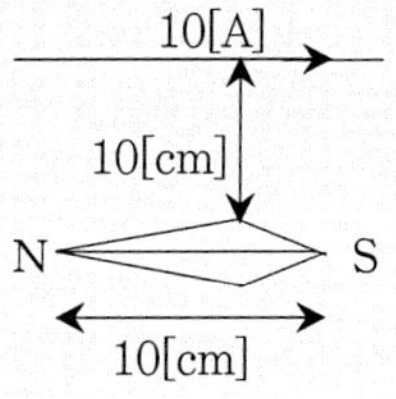

㉮ 15.9×10^{-3}　㉯ 1.59×10^{-3}　㉰ 1.59×10^{-6}　㉱ 15.9×10^{-6}

풀이 전류에 의한 자석 위치의 자계 세기 $H=\dfrac{I}{2\pi r}=\dfrac{10}{2\pi\times0.1}=15.92$[A/m]이다.

회전력 $T=MH\sin\theta=mlH=10^{-6}\times0.1\times15.92=1.592\times10^{-6}$[N·m]　**[답]** ㉰

문제 8-10	85, 00, 03, 04, 05, 07. 산업기사

자극의 세기 4×10^{-6}[Wb], 길이 10[cm]인 막대자석을 150[AT/m]의 평등자계 내에 자계와 60° 의 각도로 놓았을 때 자석이 받는 회전력[N·m]은?

㉮ $\sqrt{3}\times10^{-4}$ ㉯ $3\sqrt{3}\times10^{-5}$ ㉰ 3×10^{-4} ㉱ 3×10

풀이 $\tau=Fl\sin\theta=mHl\sin\theta=4\times10^{-6}\times10\times10^{-2}\times150\times\sin60°$

$=3\sqrt{3}\times10^{-5}$[N·m]

[답] ㉯

문제 8-11	13. 기사

판자석의 세기가 0.01[Wb/m], 반지름이 5[cm]인 원형 판자석이 있다. 자석의 중심에서 축상 10[cm]인 점에서 자위의 세기는 몇 [AT]인가?

㉮ 100 ㉯ 175 ㉰ 370 ㉱ 420

풀이 $$U=\frac{\phi_m\omega}{4\pi\mu_0}=\frac{\phi_m 2\pi(1-\cos\theta)}{4\pi\mu_0}=\frac{\phi_m(1-\cos\theta)}{2\mu_0}=\frac{\phi_m\left(1-\sqrt{\frac{x}{x^2+a^2}}\right)}{2\mu_0}$$

$$=\frac{0.01\times\left(1-\sqrt{\frac{5}{5^2+10^2}}\right)}{2\times4\pi\times10^{-7}}=420[\mathrm{AT}]$$

[답] ㉱

문제 8-12	05, 13. 산업기사

자극의 세기 m인 판자석의 N극으로부터 r[m] 떨어진 점 P에서의 자위를 구하는 식은? (단, 점 P에서 판자석을 보는 입체각을 ω라 한다.)

㉮ $-\frac{m}{4\pi\mu_0}\omega$ ㉯ $-\frac{m}{2\pi\mu_0}\omega$ ㉰ $\frac{m}{4\pi\mu_0}\omega$ ㉱ $\frac{m}{2\pi\mu_0}\omega$

풀이

[답] ㉰

문제 8-13	16. 산업기사

전류가 흐르는 무한 직선도체로부터 2[m]만큼 떨어진 자유공간 내 P점의 자계의 세기가 $4/\pi$ [AT/m]일 때, 이 도체에 흐르는 전류는 몇 [A]인가?

㉮ 2　　㉯ 4　　㉰ 8　　㉱ 16

풀이

[답] ㉱

문제 8-14	17. 산업기사

저항 24Ω의 코일을 지나는 자속이 0.6cos800t[Wb]일 때 코일에 흐르는 전류의 최댓값은 몇 A인가?

㉮ 10　　㉯ 20　　㉰ 30　　㉱ 40

풀이

[답] ㉯

문제 8-15	17. 산업기사

자위(magnetic potential)의 단위로 옳은 것은?

㉮ C/m　　㉯ N · m　　㉰ AT　　㉱ J

풀이

[답] ㉰

문제 8-16	17. 산업기사

500[AT/m]의 자계 중에 어떤 자극을 놓았을 때 4×103[N]의 힘이 작용했다면 이때 자극의 세기는 몇 [Wb]인가?

㉮ 2　　㉯ 4　　㉰ 6　　㉱ 8

풀이

[답] ㉱

문제 8-17	18. 산업기사

무한장 원주형 도체에 전류 I가 표면에만 흐른다면 원주 내부의 자계의 세기는 몇 [AT/m]인가? (단, r[m]는 원주의 반지름이고, N은 권선수이다.)

㉮ 0 ㉯ $\frac{NI}{2\pi r}$ ㉰ $\frac{I}{2r}$ ㉱ $\frac{I}{2\pi r}$

풀이

[답] ㉮

문제 8-18	18. 산업기사

비투자율 μ_s 자속밀도 [Wb/m²]인 자계 중에 있는 m[Wb]의 자극이 받는 힘[N]은?

㉮ $\frac{mB}{\mu_o \mu_s}$ ㉯ $\frac{mB}{\mu_o}$ ㉰ $\frac{\mu_o \mu_s}{mB}$ ㉱ $\frac{mB}{\mu_s}$

풀이

[답] ㉮

문제 8-19	18. 산업기사

자기 쌍극자의 중심축으로부터 r[m]인 점의 자계의 세기에 관한 설명으로 옳은 것은?

㉮ r에 비례한다.
㉯ r^2에 비례한다.
㉰ r^2에 반비례한다.
㉱ r^3에 반비례한다.

풀이

[답] ㉱

연습문제

8.1 자기현상과 자극에 대해 정의하라.

8.2 정자계에서의 쿨롱의 법칙에 대해 정의하라.

8.3 자계의 세기에 대해 정의하라.

8.4 자위의 세기에 대해 정의하라.

8.5 자속밀도에 대해 정의하라.

8.6 자기쌍극자에 대해 정의하라.

09 CHAPTER 전류와 자계

1820년 덴마크의 물리학자 외르스테드(Hans Christian Oersted)는 전류가 흐르는 도선 주변에 자기가 만들어지는 사실을 발견하였으며, 이에 따라 자기로부터 전기를 만드는 가능성이 대두되었다. 그 후 암페어(Ampere) 등에 의해서 긴 직선 도선에 전류가 흐를 때 도선 주변에 자석과 같은 힘, 즉 자계가 발생되며 그 크기와 방향이 밝혀졌다.

9.1 암페어의 오른나사법칙

직선 도선에 전류가 흐르면 도선 주변에 발생되는 자계의 방향을 규명하는 법칙을 암페어의 오른손법칙(Ampere's right hand rule) 또는 암페어의 오른나사법칙(Ampere's right screw rule)이라 부른다.

그림 9-1과 같이 오른손 엄지손가락을 세우고 나머지 네 손가락을 구부렸을 때 엄지손가락 방향으로 전류가 흐르면 네 손가락을 구부린 방향으로 자력선이 생기는 것을 오른손법칙이라 한다.

반대로 네 손가락을 구부린 방향으로 전류가 흐르면 엄지손가락 방향으로 자력선이 생긴다.

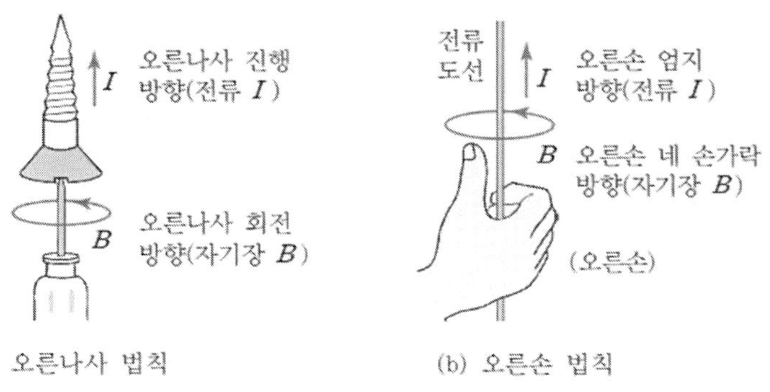

그림 9-1 암페어의 오른손법칙

그림 9-1과 같이 오른나사를 회전시켰을 때 나사가 진행하는 방향으로 직선 전류가 흐르면, 나사가 회전하는 방향으로 환상의 자계가 생기므로 오른나사법칙이라 부르기도 한다.

9.2 암페어의 주회적분 법칙

암페어(Ampere)의 주회적분 법칙은 직선 도선에 흐르는 전류의 크기와 도선 주변에 발생되는 자계 세기의 관계를 양적으로 다루는 매우 중요한 법칙이다.

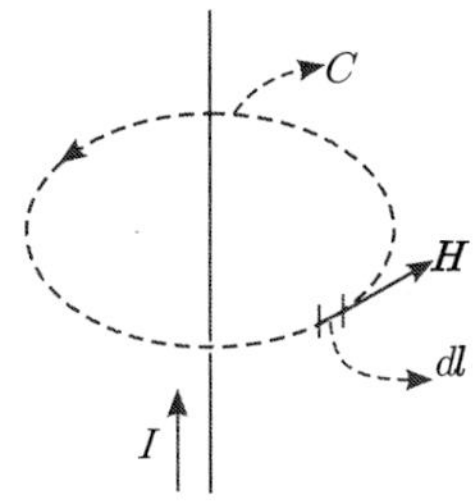

그림 9-2 암페어의 주회적분법칙

그림 9-2의 점선으로 표시된 폐회로를 C라 하고, 이것을 쇄교(관통)하는 긴 직선 도선에 전류 I가 흐를 때 C상의 미소 길이를 dl 부분의 자계 세기 $\boldsymbol{H}$와 전류 I 사이에는 다음 식과 같은 관계가 성립된다.

$$\oint_c H \cdot dl = I \qquad (9\text{–}1)$$

여기서, $\oint_c dl$는 C를 따라 미소 길이 dl을 적분한 것, 즉 미소 길이 dl을 C를 따라 1바퀴 더한 것을 나타내며, 이것을 주회적분이라 하고 이때 C를 적분경로라 한다.

만약 그림 9-3처럼 폐회로 C와 쇄교하는 전류가 I_1, I_2, I_3일 때 식 (9-1)은 다음과 같이 된다.

$$\oint_c H \cdot dl = \sum_{n=1}^{3} I = I_1 + I_2 - I_3 \qquad (9\text{–}2)$$

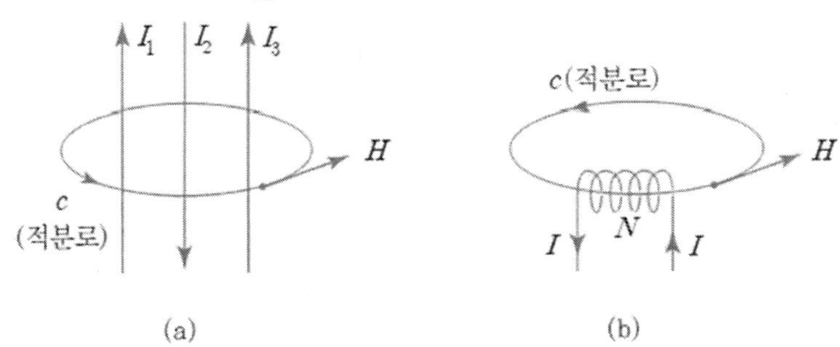

그림 9–3 3개의 전류에 대한 암페어의 주회적분법칙

이상의 설명으로부터 암페어의 주회적분 법칙은 '폐곡선에 대해 자계 $\boldsymbol{H}$를 주회적분한 값이 폐곡선으로 둘러싸인 전류의 합과 같다.'는 것을 알 수 있다.

그림 9-1과 같이 오른나사가 회전하는 방향이 자계 방향, 나사가 진행하는 방향이 전류 방향이므로 전류와 자계 방향이 그림과 일치하면 전류의 부호는 양(+), 반대인 경우는 음(−)으로 된다.

9.3 암페어의 주회적분법칙에 의한 자계 계산

9.3.1 무한히 긴 직선 도선의 전류에 의한 자계의 세기

그림 9-4처럼 무한히 긴 직선 도선에 I[A] 전류가 흐를 때 도선에서 r[m] 떨어진 점 P의 자계의 세기를 암페어 주회적분 법칙으로 구해보기로 하자.

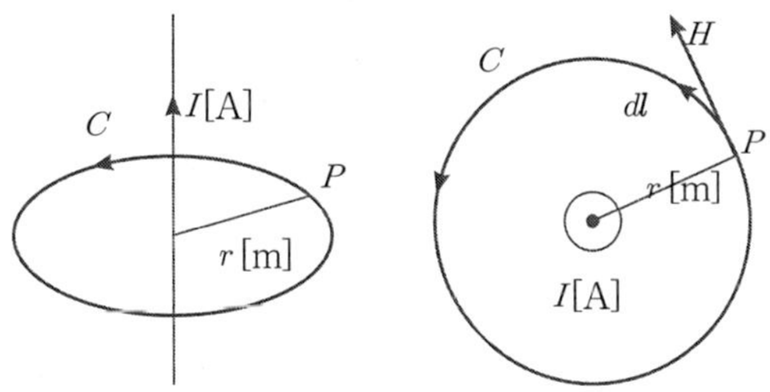

그림 9-4 무한히 긴 직선 전류에 의한 자계

도선을 중심으로 하여 반지름 r[m]인 원의 둘레 $C(=2\pi r)$ 위에 놓인 점 P는 원둘레 위의 모든 점들과 대칭성이 있으므로 C 위에 있는 모든 점에서의 자계의 세기는 같고, 그 방향은 C의 접선방향이 됨을 알 수 있다.

이에 따라 암페어의 주회적분법칙을 적용하면

$$\oint_c \boldsymbol{H} \cdot dl = H\,2\pi r = I \tag{9-3}$$

가 되고 점 P의 자계의 세기 H는 다음 식으로 되며, 거리에 반비례한다.

$$H = \frac{I}{2\pi r} \text{[AT/m]} \tag{9-4}$$

【예제 9.1】

그림과 같이 전류 10[A]인 무한장 직선에서 10[m] 떨어진 점의 자계를 구하라.

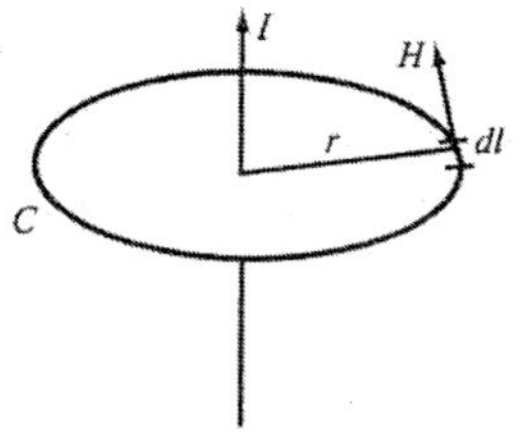

직선전류에 의한 자계

【풀이】

$H=\dfrac{I}{2\pi r}$에 의하여 구할 수 있다.

그러므로 $H=\dfrac{10}{2\pi\times 10}=\dfrac{1}{2\pi}[\mathrm{A/m}]$

9.3.2 무한히 긴 원통형 도선의 전류에 의한 자계의 세기

(1) 무한히 긴 원통 도선 외부의 자계의 세기

반지름 a[m]인 무한히 긴 원통형 도선에 전류 I[A]가 균일하게 흐를 때 그림 9-5처럼 원통형 도선의 축에서 외부로 수직하게 r_e[m] 떨어진 점 P의 자계 $\boldsymbol{H}_e$는 반지름 $r_e(>a)$[m]인 원둘레 위의 모든 점에서 크기가 같고, 그 방향은 오른쪽 그림처럼 접선 방향이다.

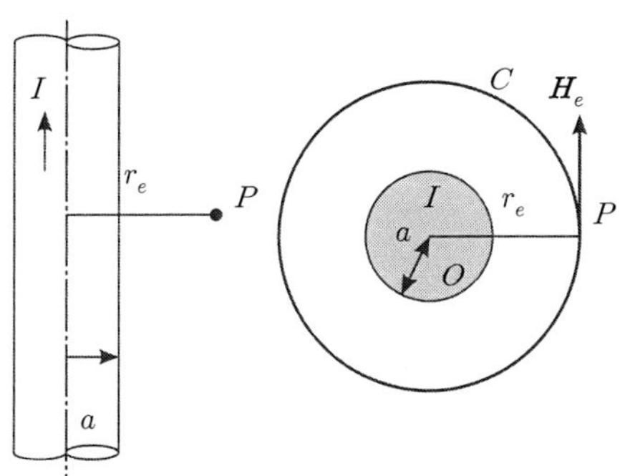

그림 9-5 무한히 긴 원통 도선의 전류에 의한 원통 외부의 자계

그리고 적분 경로 C 내의 전류가 I[A]이므로 식 (9-3)과 같이

$$\oint_c \boldsymbol{H}_e \cdot dl = H_e\, 2\pi r_e = I \tag{9-5}$$

되므로 원통 도선 외부의 자계의 세기는 다음과 같다.

$$H_e = \frac{I}{2\pi r_e} \text{[AT/m]} \tag{9-6}$$

$I/2\pi$는 고정된 양이므로 비례상수 k라 하면 H_e는 r_e에 반비례한다.

$$H_e = k\frac{1}{r_e} \text{[AT/m]} \tag{9-7}$$

(2) 무한히 긴 원통 도선 표면의 자계의 세기

원통 도선 표면의 자계의 세기는 식 (9-6)에 $r_e = a$ 관계를 대입하면 구해진다.

$$H = \frac{I}{2\pi a} \text{[AT/m]} \tag{9-8}$$

(3) 무한히 긴 원통 도선 내부의 자계의 세기

무한히 긴 원통 도선에 흐르는 전류가 도선 내에 균일하게 분포되어 있으므로 그림 9-5의 왼쪽 그림과 같이 원통형 도선의 축에서 수직으로 r_i[m] 떨어진 도선 내부의 한 점 P의 자계의 세기 $\boldsymbol{H}_i$를 구해보자.

$\boldsymbol{H}_i$는 반지름 $r_i (< a)$[m]인 원둘레 위의 모든 점에서 크기가 같고, 그 방향은 오른쪽의 도선 단면을 나타내는 그림처럼 접선 방향이다.

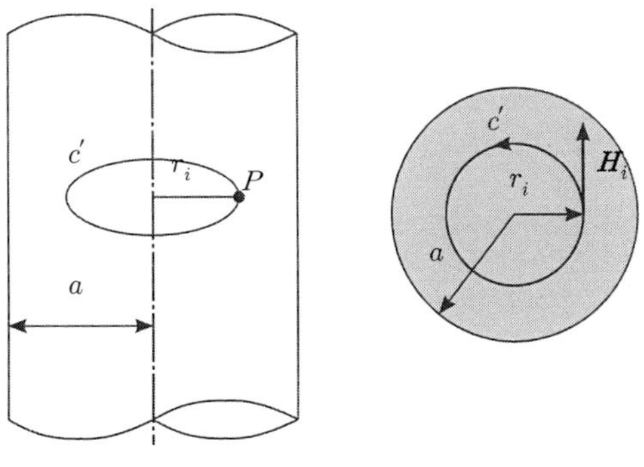

그림 9-6 무한히 긴 원통 도선의 전류에 의한 원통 내부의 자계

반지름 r_i[m]의 원통에 흐르는 전류가 I_i[A]이고 적분경로 C'에 대해 식 (9-3)의 암페어 주회적분 법칙을 적용시키면

$$\oint_{c'} \boldsymbol{H}_i \cdot dl = H_i 2\pi r_i = I_i \tag{9–9}$$

가 되므로 원통 도선 내부 한 점 P의 자계의 세기는 다음 식으로 구할 수 있다.

$$H_i = \frac{I_i}{2\pi r_i} \text{[AT/m]} \tag{9–10}$$

그리고 원통 도선의 길이는 변화가 없지만 반지름이 a[m]에서 r_i[m]로 감소되므로 원통의 단면적도 πa^2[m^2]에서 $\pi {r_i}^2$[m^2]로 감소됨에 따라 원통 도선에 흐르는 전류도 I[A]에서 I_i[A]로 감소되므로

$$\pi a^2\text{[m}^2\text{]} : \pi {r_i}^2\text{[m}^2\text{]} = I\text{[A]} : I_i\text{[A]} \tag{9–11}$$

의 비례 관계가 성립된다. 이 비례식을 풀이하면

$$I_i = \frac{{r_i}^2}{a^2} I \tag{9–12}$$

가 되고, 식 (9-12)을 식 (9-10)에 대입하면 원통 도선 내부의 자계의 세기가 다음과 같이 구해진다.

$$H_i = \frac{I}{2\pi} \frac{r_i}{a^2} \text{[AT/m]} \tag{9–13}$$

식 (9-13)에서 $I/2\pi a^2$는 변화되지 않는 양이므로 식 (9-7)처럼 비례상수 k로 놓으면

$$H_i = k r_i \text{[AT/m]} \tag{9–14}$$

로 되어 원통 도선 내부에서의 자계 세기는 거리와 비례함을 알 수 있다.

따라서 원통 도선의 중심축에서 원통 표면까지 거리가 증가됨에 따라 내부의 자계 세기는 원통 표면까지 거리에 비례하여 직선적으로 증가되며, 표면에서 자계 세기는 최대가 되고 그 값은 식 (9-8)과 같다.

원통 도선 외부의 자계 세기는 중심축에서 거리가 멀어질수록 감소되는 반비례 관계가 있고, 이를 그림으로 나타내면 그림 9-7과 같다.

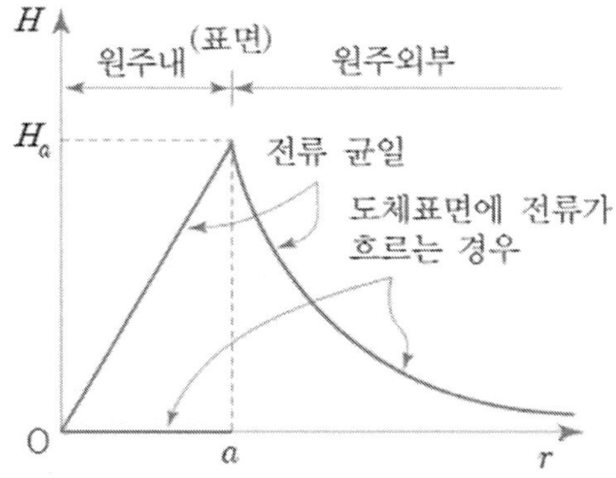

그림 9-7 무한히 긴 원통 도선의 자계 세기 변화

【예제 9.2】

그림과 같이 반지름 a=10[cm]인 원주 도체에 전류 I=10[A]가 균일하게 흐른다. 도체 내부 5[cm] 지점의 자계 세기를 구하라.

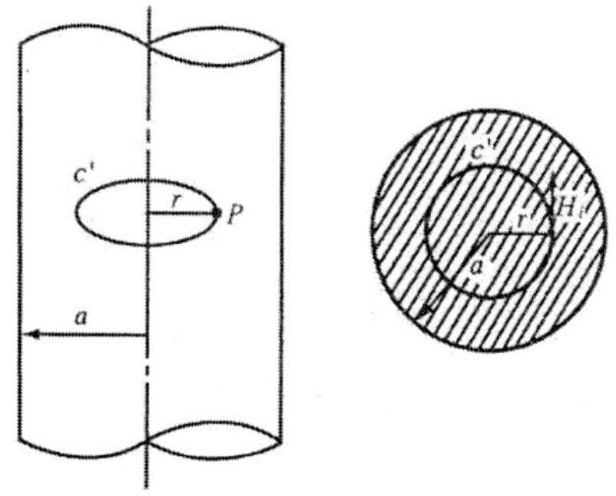

무한장 원주전류에 의한 내부의 자계

【풀이】

그림에서 $2\pi r \cdot H = \dfrac{\pi r^2}{\pi a^2} \cdot I$

그러므로 $H_i = \dfrac{Ir}{2\pi a^2} = \dfrac{10 \times 0.05}{2\pi \times 0.1^2} = \dfrac{0.5}{0.0628} = 8[\mathrm{A/m}]$

9.3.3 솔레노이드(solenoid)에 의한 자계

(1) 유한 길이의 솔레노이드에 의한 자계의 세기

그림 9-8의 (a), (b)와 같이 코일을 원통 또는 환상으로 균일하게 감은 형태를 솔레노이드라 한다.

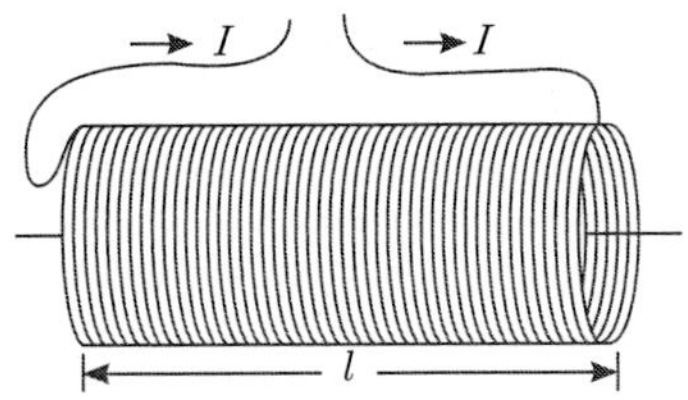

(a) 원통 솔레노이드

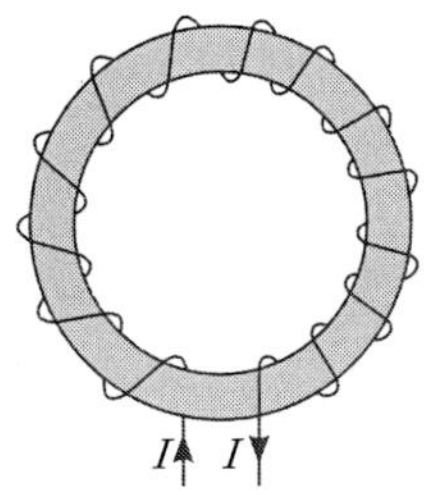

(b) 환상 솔레노이드

그림 9-8 솔레노이드

위의 그림에서 코일의 길이가 l[m], 감은 회수가 N회이고 I[A]의 전류가 흐른다면, 암페어의 오른 나사법칙에 의해 그림 9-9와 같이 자계가 발생된다.

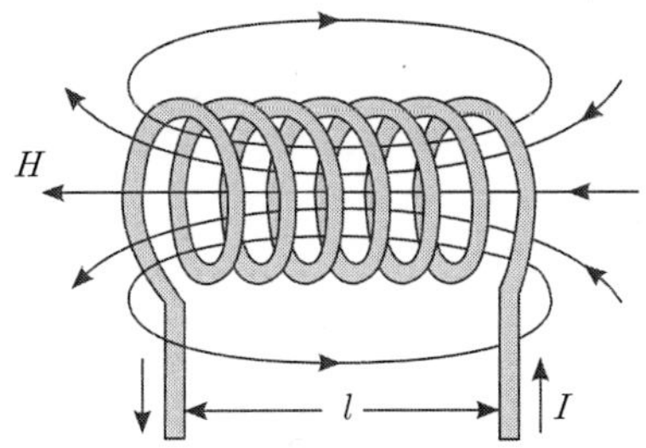

그림 9-9 솔레노이드의 자계

이때 자계의 세기 H[AT/m]는 식 (9-2)에 의하여 다음과 같이 구해진다.

$$\oint_c \boldsymbol{H} \cdot dl = Hl = NI[\text{AT/m}] \tag{9-15}$$

이 식에서 적분 경로의 길이는 솔레노이드 길이 l[m]이므로 자계의 세기 H[AT/m]는 다음과 같다.

$$H = \frac{NI}{l} = nI[\text{AT/m}] \tag{9-16}$$

식 (9-16)에서 솔레노이드의 자계의 세기는 감은 회수에 비례하고, 길이에 반비례함을 알 수 있으며 n은 단위길이당 감은 회수이다.

(2) 무한히 긴 직선 솔레노이드의 내부와 외부의 자계 세기

그림 9-10은 무한히 긴 직선의 원통 위에 도선이 균일하게 감겨져 있는 무한장 솔레노이드이다.

이 도선에 전류 I[A]가 흐르고 단위길이당 감은 회수가 n [AT/m]인 경우 솔레노이드 내부와 외부의 자계를 구해보자.

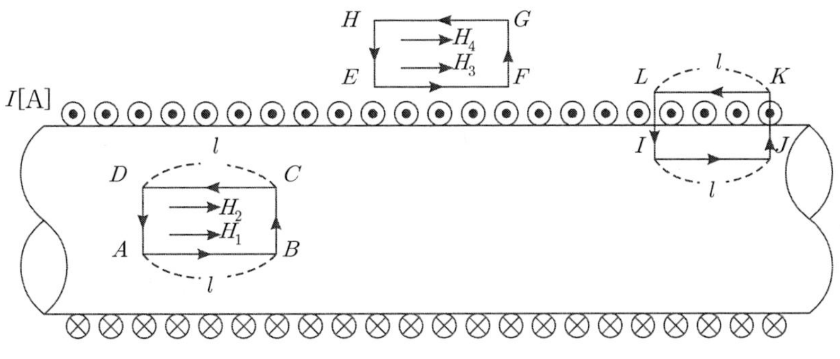

그림 9-10 무한장 솔레노이드

(3) 내부 자계의 세기

그림 9-10처럼 무한히 긴 솔레노이드 내부에서 사각형의 폐곡선 경로$A-B-C-D-A$를 취하고, 이 경로를 따라 점 A에서 1 [Wb]의 자하를 이동시켜 다시 점 A으로 돌아오는 데 드는 일은 0이다.

이를 암페어 주회적분 법칙을 이용하여 표현하면

$$\oint \boldsymbol{H} \cdot dl = \int_{AB} \boldsymbol{H} \cdot dl + \int_{BC} \boldsymbol{H} \cdot dl - \int_{CD} \boldsymbol{H} \cdot dl + \int_{DA} \boldsymbol{H} \cdot dl = 0 \qquad (9\text{–}17)$$

이 된다.

여기서 경로 BC와 DA에 대한 선적분은 자계 $\boldsymbol{H}$의 방향과 적분로 dl가 서로 수직인 90°로 놓여 있으므로 식 (1-21)에 의해 0이 되므로 위의 식에서

$$\oint \boldsymbol{H} \cdot dl = \int_{AB} \boldsymbol{H}_1 \cdot dl - \int_{CD} \boldsymbol{H}_2 \cdot dl = \boldsymbol{H}_1 \cdot l - \boldsymbol{H}_2 \cdot l = 0$$

$$\therefore\ \boldsymbol{H}_1 = \boldsymbol{H}_2 \qquad (9\text{–}18)$$

의 관계가 유도된다.

이 관계는 경로 AB, CD의 위치와 관계없이 항상 성립하는 것으로 솔레노이드 내부에서 원통과 평행한 축방향의 자계 세기는 어디에서나 같은 값을 가지기 때문에 솔레노이드 내부는 평등자계이며,

내부 자계 세기는

$$\int_{I}^{J} H \cdot dl = Hl = \ni \tag{9–19}$$

로 된다.

이때 l은 솔레노이드의 길이이므로 단위길이당 코일의 감은 수를 $n = \dfrac{N}{l}$이라 하면, 솔레노이드 내부측의 자계 세기 $\boldsymbol{H}$는 다음 식과 같다.

$$\boldsymbol{H} = nI\,[\mathrm{AT/m}] \tag{9–20}$$

(4) 외부 자계의 세기

그림 9-10처럼 무한히 긴 솔레노이드 외부에서 사각형의 폐곡선 경로$E-F-G-H-E$를 취하고, 이 경로를 따라 점 E에서 1 [Wb]의 자하를 이동시켜 다시 점 E으로 돌아오는 데 드는 일을 생각해 보자.

내부의 자계 세기를 구하는 방법과 같은 방법으로 외부의 자계 세기를 구하면 $\boldsymbol{H}_3 = \boldsymbol{H}_4$가 되므로 솔레노이드 외부도 평등 자계(平等磁界)가 됨을 알 수 있다.

그러나 우리는 자석으로부터 아주 멀리 떨어진 곳의 자석의 세기(사계 세기)가 0임을 경험적으로 알고 있다.

만약 솔레노이드에서 외부로 무한히 먼 곳의 자계 세기를 $\boldsymbol{H}_4$라 한다면 $\boldsymbol{H}_4 = 0$이 되고, $\boldsymbol{H}_3 = \boldsymbol{H}_4$이므로 $\boldsymbol{H}_3 = 0$이 되므로

$$\boldsymbol{H}_3 = \boldsymbol{H}_4 = 0 \tag{9–21}$$

이 되어 솔레노이드 외부의 자계 세기는 0이다. 즉, 솔레노이드 외부에는 자계가 존재하지 않는다.

【예제 9.3】

1[cm]당 권수 n=100회인 무한장 솔레노이드에 전류 10[mA]를 흘릴 때 내부자계 H를 구하라.

【풀이】

$H = ni$를 이용하려 구할 수 있다.

$H = 100 \times 100 \times 10 \times 10^{-3} = 100\,[\mathrm{A/m}]$

9.3.4 환상(環狀) 솔레노이드의 자계 세기

그림 9-11 (a)의 모양으로 만든 것을 환상 솔레노이드, 무단 솔레노이드, 토로이드 코일(toroid coil)이라 한다.

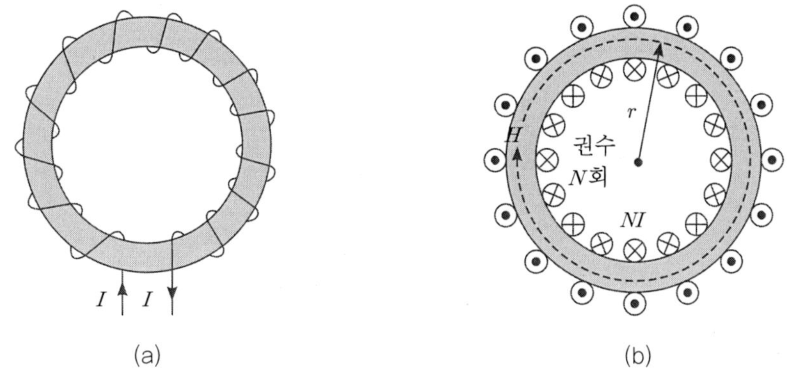

그림 9–11 환상 솔레노이드

투자율 μ인 환상형 자성체에 N회 코일을 조밀하게 감고 전류 I[A]를 흘릴 경우 환상 솔레노이드 내부의 자계의 세기 $\boldsymbol{H}$는 식 (9-15)로부터

$$\left.\begin{aligned} \boldsymbol{H}\cdot l &= H2\pi r = NI\,[\mathrm{AT/m}] \\ H &= \frac{NI}{2\pi r} = nI\,[\mathrm{AT/m}] \end{aligned}\right\} \qquad (9\text{–}22)$$

가 된다.

여기서 솔레노이드의 길이 l가 $2\pi r$로 된 것은 환상 솔레노이드의 반지름 r을 그림 9-11의 (b)에서처럼 반지름의 평균치로 하였기 때문이다.

【예제 9.4】

그림과 같은 토로이드에서 권수 10회, 인가전류 10[A], 자로의 길이 8π인 토로이드 내의 자계의 세기를 구하라.

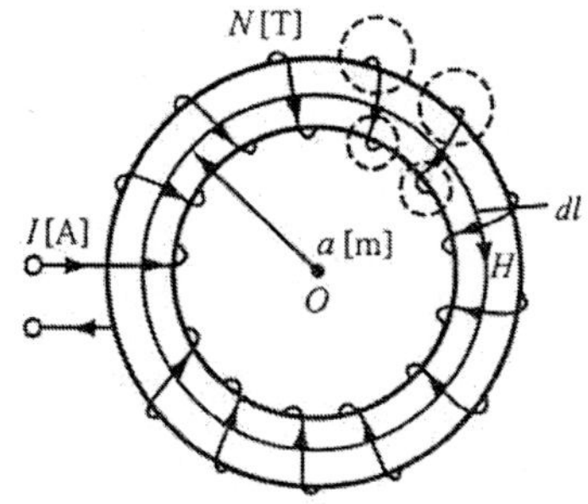

환상 솔레노이드의 자계

【풀이】

$$\int_c H \cdot d = 2\pi a \times H = NI \text{ 에서}$$

$$H = \frac{NI}{2\pi a} = \frac{NI}{l} = \frac{10 \times 10}{8\pi} = 3.98[\mathrm{A/m}]$$

9.4 비오-사바르(Biot-Savart)법칙

프랑스의 비오(J.B.Biot)와 사바르(F.Savart)는 곡선 형태의 도선에 전류가 흐를 때 도선 외부의 한 점에 발생되는 자계의 세기를 구하였다.

즉, 그림 9-12처럼 I[A] 전류가 흐르는 곡선 도선의 미소 길이 dl 에서 dl 의 접선과 θ 의 각도로 r [m] 떨어진 점 P 에 발생되는 자계의 세기는

$$dH = \frac{Idl\sin\theta}{4\pi r^2}[\mathrm{A/m}] \tag{9-23}$$

이고, 이를 비오-사바르법칙이라 한다.

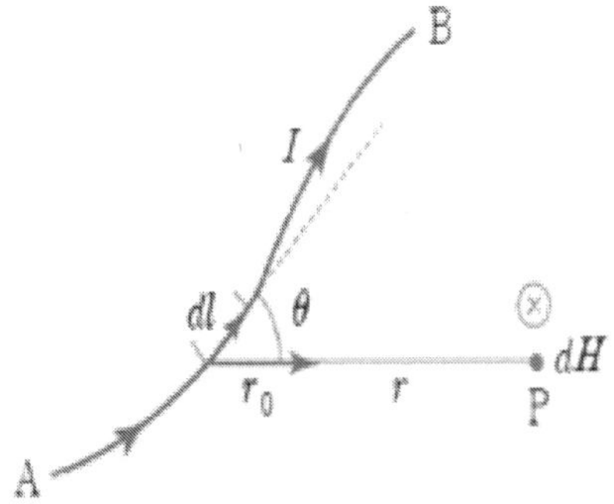

그림 9-12 비오-사바르법칙

그리고 전류가 흐르는 도선 전체에 의한 점 P의 자계 세기는 미소 길이 dl에 의한 자계의 세기인 식 (9-23)의 dH를 적분하면 다음 식과 같이 구해진다.

$$H = \frac{I}{4\pi}\int_l \frac{\sin\theta}{r^2}dl\,[\text{A/m}] \tag{9-24}$$

9.4.1 유한장 직선 도선의 전류에 의한 자계

유한 길이 AB의 직선 도선에 전류 I[A]가 흐를 때 도선에서 a[m] 떨어진 점 P의 자계 세기를 비오-사바르법칙으로 구해 보기로 하자.

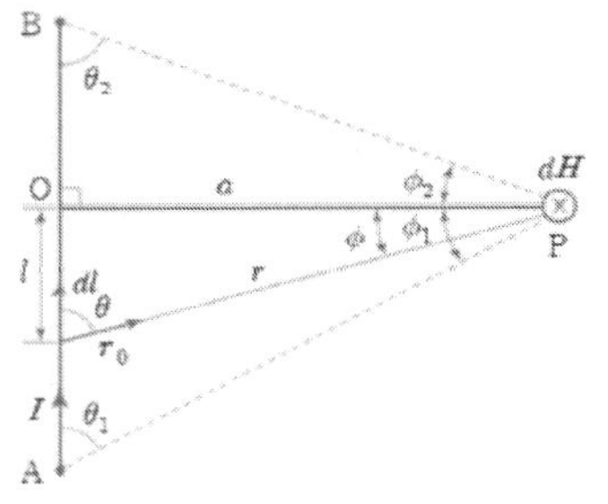

그림 9-13 유한장 직선 도선의 전류에 의한 자계

그림 9-13에서 직선 도선 AB에 흐르는 전류 I[A]에 의해서 미소 길이 dl에 의한 점 P의 자계 세기를 dH라 할 때 dH는 식 (9-23)을 이용하여 아래와 같은 식으로 나타낼 수 있다.

$$dH = \frac{I}{4\pi}\frac{dl\sin\theta}{r^2} = \frac{I}{4\pi}\frac{dl\cos\beta}{r^2} \tag{9-25}$$

그림 9-14에서

$$\left.\begin{aligned} r &= a\sec\beta \\ l &= a\tan\beta \\ dl &= a\sec^2\beta \end{aligned}\right\} \tag{9-26}$$

의 관계가 성립되므로

$$dH = \frac{I}{4\pi a}\cos\beta\, d\beta \tag{9-27}$$

가 된다. 위 식의 양변을 적분하면 점 P의 자계 세기는 다음 식과 같다.

$$\begin{aligned} H &= \frac{I}{4\pi a}\int_{-\beta_1}^{\beta_2}\cos\beta\, d\beta \\ &= \frac{I}{4\pi a}(\sin\beta_1 + \sin\beta_2) \\ &= \frac{I}{4\pi a}(\cos\theta_1 + \cos\theta_2)\text{[AT/m]} \end{aligned} \tag{9-28}$$

9.4.2 원형 코일 중심축 상의 자계

그림 9-14는 반지름 a[m]인 원형 코일에 I[A]의 전류가 흐를 때 중심축(中心軸) 위의 한 점 P에서 자계 세기를 비오-사바르 법칙으로 구해 보기로 하자.

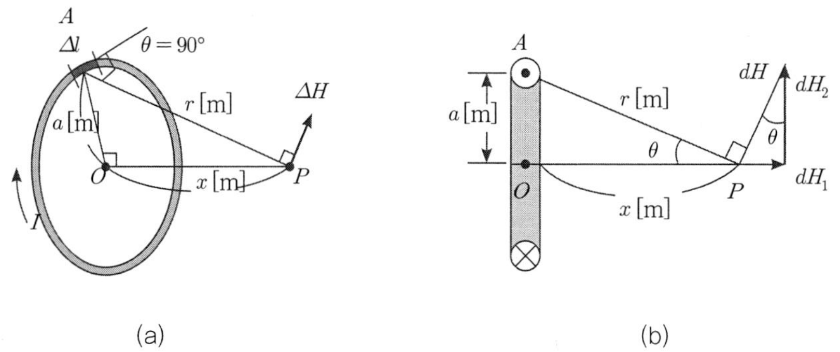

그림 9–14 원형 코일 중심축 상의 자계

원형 코일의 미소 길이 dl과 직선 AP가 이루는 각을 θ라 하면 $\theta = 90°$이므로 $\sin 90° = 1$이 된다.

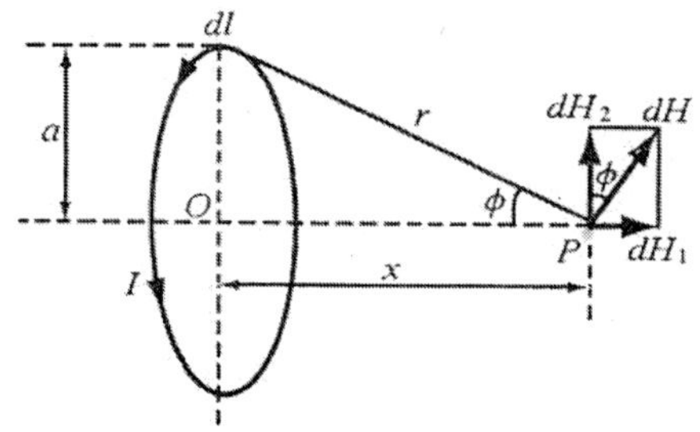

원형코일에 의한 자계

따라서 비오-사바르법칙의 식은 다음과 같이 된다.

$$dH = \frac{Idl\sin 90°}{4\pi r^2} = \frac{Idl}{4\pi r^2} \tag{9–29}$$

그림 9-14와 같이 dH를 축 방향에 평행한 성분 dH_1과 직각 성분 dH_2로 분해하면 다음의 두 식과 같다.

$$dH_1 = dH\sin\theta = \frac{I}{4\pi(a^2+x^2)}\frac{a}{(a^2+x^2)^{1/2}}dl \tag{9–30}$$

$$dH_2 = dH\cos\theta = \frac{I}{4\pi(a^2+x^2)}\frac{x}{(a^2+x^2)^{1/2}}dl \tag{9–31}$$

그런데 dH_1은 dl의 위치에 관계없이 항상 같은 방향이지만, dH_2는 dl의 위치에 따라 방향이 변하고, 코일 전체 둘레에 대한 dH_2의 총합은 0이 되므로 식 (9-31)의 양변을 원둘레 $2\pi a$에 대해 적분하면 축상의 P점 자계가 구해진다.

$$H = \int_{l=0}^{2\pi a} dH_1 = \frac{a^2 I}{2(a^2+x^2)^{3/2}}\,[\text{AT/m}] \tag{9–32}$$

이때 코일의 중심에서 점 P까지의 거리가 0이면, 즉 식 (9-32)에서 $x=0$이 되면 원형 코일의 중심 O의 자계의 세기는 다음과 같다.

$$H_0 = \frac{I}{2a}\,[\text{AT/m}] \tag{9–33}$$

【예제 9.5】

그림과 같이 반지름 a=0.1[m]의 원형 전류 I=3[A] 흐르고 있을 때 원형전류의 중심 O에서 수직거리 $x=20[\mathrm{cm}]$의 점 P의 자계를 구하라.

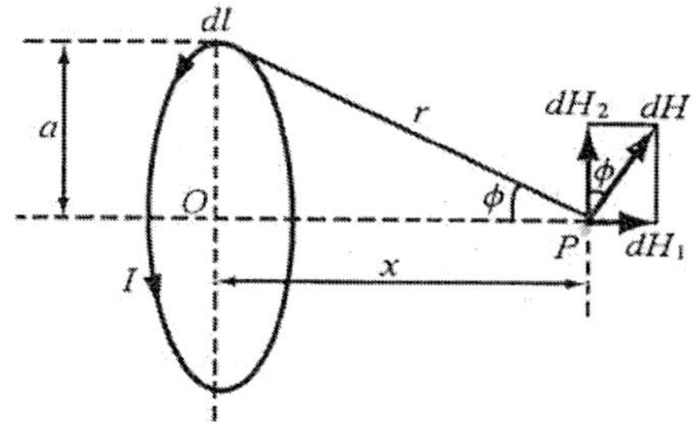

원형코일에 의한 자계

【풀이】

$H=\dfrac{a^2 I}{2(a^2+x^2)^{3/2}}[\mathrm{AT/m}]$를 이용하여 구할 수 있다.

$$H=\frac{(0.1)^2\times 3}{2(0.1^2+0.2^2)^{3/2}}=\frac{0.03}{0.02236}=1.34[\mathrm{AT/m}]$$

9.5 자계 내에서의 힘

9.5.1 자계 내에서 전류가 흐르는 전선이 받는 힘

그림 9-15 (b)와 같이 자석에서 발생되는 자속밀도가 $B[\mathrm{Wb/m^2}]$인 곳에 놓인 전선에 전류 I [A]가 흐르면 전선은 힘(F)을 받는다.

이 힘(F)은 전선에 흐르는 전류(I)에 의해 전선에서 발생되는 자계(H)와 자석의 자속 밀도(B)가 상호 작용으로 생긴다.

이들 각각의 방향은 그림 9-16과 같으며 플레밍의 왼손법칙이라 한다.

전선에 흐르는 전류(I), 전선이 놓인 곳의 자속밀도(B), 전선이 받는 힘(F)은 모두 벡터량이므로 벡터의 벡터곱을 이용하여 나타내면

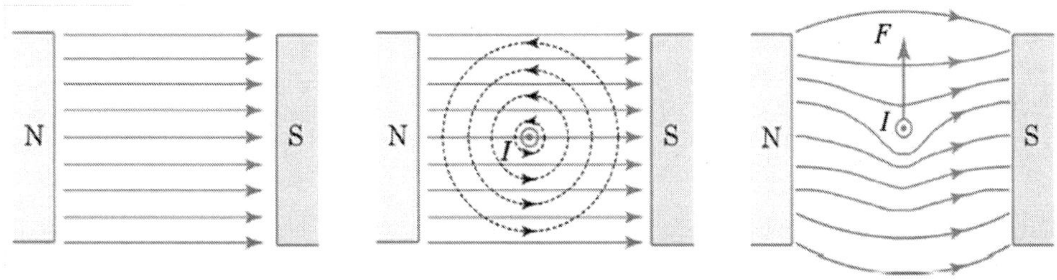

(a) 외부자석에 의한 자속선 (b) 전류 도체의 자속선 (c) 합성 자속선

그림 9–15 자계 내에서 전류가 흐르는 전선이 받는 힘과 방향

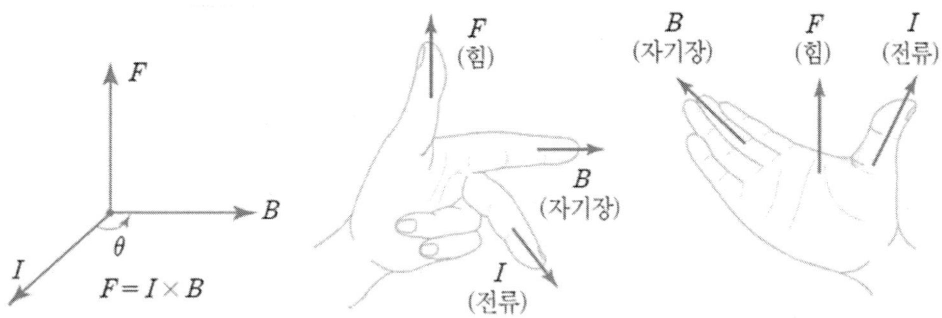

(a) 전자력의 벡터도 (b) 플레밍의 왼손법칙 (c) 오른손 대체법

그림 9–16 플레밍의 왼손법칙

$$\boldsymbol{F} = (\boldsymbol{I} \times \boldsymbol{B})l\,[\mathrm{N}] \qquad (9\text{–}34)$$

$$F = IBl\sin\theta\,[\mathrm{N}] \qquad (9\text{–}35)$$

가 된다.

여기서 l은 전선의 길이이며 θ는 전선에 흐르는 전류와 자기력선과의 각도이고, 그림 (b)처럼 전선과 자기력선 사이에 생긴 각도가 90°(수직)이면 식 (9-35)는

$$F = IBl\,[\mathrm{N}] \qquad (9\text{–}36)$$

이 된다.

자속밀도가 B인 곳에 놓인 전선에 전류가 흐를 때 전선이 받는 힘은 그림 9-16과 같으며, 전기와 자기 사이에 생긴 힘이란 의미에서 전자기력(electrom-agnetic Force)이라 한다.

플레밍의 왼손법칙에서 전자기력인 힘 F는 전동기(Motor) 회전자의 도체의 운동 방향을 나타낸다.

9.5.2 자계 내에서 움직이는 전자가 받는 힘

자계 내에서 전류가 흐르는 전선이 받는 힘은 $F = IBl\sin\theta$ 이지만 전류는 전자의 이동이므로 그림 9-17처럼 전선 속에서 움직이는 전자 1개가 받는 힘을 로렌츠의 힘(Lorentz's force)이라 한다.

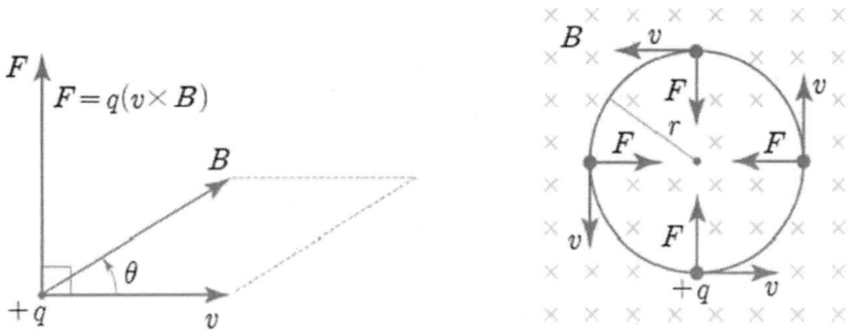

(a) 운동전하에 의한 전자력의 벡터도　　(b) 운동전하가 받는 힘(수직)

그림 9–17　자계 내에서 운동하는 전자가 받는 힘

전선 전체가 받는 힘을 나타내는 식 $F = IBl$ 에서 전류는 시간에 대한 전하량의 변화율이므로 간단히

$$I = \frac{q}{t}[\text{C/s}] \tag{9–37}$$

로 나타낸다면 식 (9-36)은

$$F = \frac{q}{t}Bl = q\frac{l}{t}B = qvB[\text{N}] \tag{9–38}$$

가 되며, 이때 v는 전자가 움직이는 속도이다.

식 (9-38)의 힘(F), 속도(v), 자속밀도(B)는 모두 벡터량이기 때문에 벡터로 식을 표시하면 로렌츠 힘(Lorentz's force)은

$$\boldsymbol{F} = q(\boldsymbol{v} \times \boldsymbol{B})[\text{N}] \tag{9–39}$$

$$F = qvB\sin\theta\,[\text{N}] \tag{9–40}$$

로 된다.

만약 전하가 전계 E[V/m]와 자속밀도 B[Wb/m^2] 내에서 움직인다면, 이 전하는 쿨롱 힘과 로렌츠

힘을 동시에 받으므로

$$\boldsymbol{F} = q\boldsymbol{E} + q(v \times \boldsymbol{B}) = q(\boldsymbol{E} + v \times \boldsymbol{B})[\text{N}] \tag{9-41}$$

9.5.3 평행하게 놓인 전선 사이에 작용하는 힘

공기 중에 간격 a[m]로 떨어진 평행한 두 전선에 각각 I_1, I_2의 전류를 흘렸을 때 두 전선 사이에는 전자기력(Electromagnetic Force)이 작용한다.

그림 9-18에서 평행한 두 개의 도선에 흐르는 전류 I_1, I_2의 방향이 같을 때 이 전류에 의해서 발생된 자계 $\boldsymbol{H}_1$, $\boldsymbol{H}_2$(자속밀도 : $\boldsymbol{B}_1$, $\boldsymbol{B}_2$)가 서로 반대 극성, 즉 N극과 S극이 마주치는 형태이므로 자계 강도는 약해지고, 도선 사이에 작용하는 힘 $\boldsymbol{F}_{12}$, $\boldsymbol{F}_{21}$은 서로 당기는 힘이다.

그러나 두 전류가 반대 방향으로 흐르면 자계 강도는 더 약해진다.

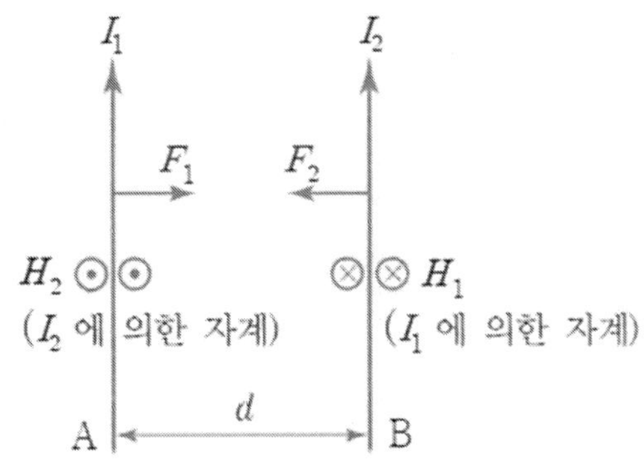

그림 9–18 평행 전선의 전류와 전류 사이에 작용하는 힘

그림에서 전류 I_1은 전류 I_2에 의해 발생된 자속밀도 B_2와 직각으로 마주치므로 $\sin 90° = 1$이기 때문에 식 (9-35)을 활용하면 벡터로 표현하지 않고 스칼라로 표기하여도 무방하다.

전자기력을 나타내는 식 $F = IBl$ 에 $I = I_1$, $B = B_2$를 대입하면 전류 I_1이 흐르는 전선이 받는 힘 F_{12}가 구해지며, l은 전선의 길이이다.

이때 H_2, B_2는 암페어 주회적분으로부터 다음과 같이 구해진다.

$$\left.\begin{aligned} H_2 &= \frac{I_2}{2\pi a}[\text{AT/m}] \\ B_2 &= \mu_0 H_2[\text{Wb/m}^2] \end{aligned}\right\} \tag{9-42}$$

따라서

$$F_{12} = I_1 B_2 l = I_1 \frac{\mu_0 I_2}{2\pi a} l = \frac{\mu_0 I_1 I_2}{2\pi a} l = \frac{2I_1 I_2}{a} l \times 10^{-7} [\mathrm{N}] \tag{9-43}$$

이 된다.(단, $\mu_0 = 4\pi \times 10^{-7}$)

또 전류 I_2는 전류 I_1에 의해 발생된 자속 B_1과 직각으로 마주치므로 식 $F = IBl$에 $I = I_2$, $B = B_1$을 대입하면 전류 I_2가 흐르는 전선이 받는 힘 F_{21}이 구해지지만 $F_{21} = F_{12}$으로 같은 값이 되기 때문에 평행한 두 전선 사이에 작용하는 힘의 크기 F는 식 (9-43)로부터 다음과 같다.

$$F = \frac{2I_1 I_2}{a} l \times 10^{-7} [\mathrm{N}] \tag{9-44}$$

【예제 9.6】

50[cm]의 간격으로 평행한 무한장 두 도선이 있다. 이것에 50[A]의 왕복전류가 흐를 때 단위길이당 작용하는 힘을 구하라.

【풀이】

$F = \frac{2I_1 I_2}{r} l \times 10^{-7} [\mathrm{N/m}]$를 이용하여 구할 수 있다. 그러므로

$$F = \frac{2 \times 50 \times 50}{0.5} \times 10^{-7} [\mathrm{N/m}]$$

9.5.4 홀 효과(Hall effect)

그림 9-19는 가로 a[m], 세로 b[m]인 직육면체 금속을 자속밀도 B[Wb/m^2]로 균일하고 z축 방향으로 나아가는 자계 내에 놓고, 전류 I[A]를 x축의 +방향으로 흘렸을 경우를 생각한다.

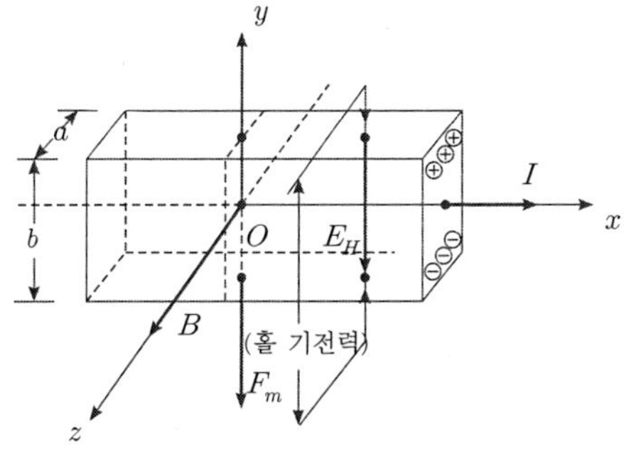

그림 9-19 홀 효과

전류 I는 음(−) 전하인 전자가 x축의 −방향으로 이동하는 것이고, 이 이동속도를 v [m/s]라 하면, 식 (9-40)에 의하여 전자는 y축의 −방향으로 힘 $F_m = evB$를 받게 된다.

이 힘은 금속 도체 내의 자유전자를 도체의 밑면 쪽으로 미는 작용을 하기 때문에 금속 도체 내의 전자의 분포는 불균형하게 되며, 밑변 부근에 많은 자유전자가 존재하게 된다.

따라서 도체 윗면 부근에는 전자가 부족하게 되어 상대적으로 윗면에는 양전하가 존재한다.

이러한 현상은 기체가 플라스마와 같은 이온 류(ion 流)인 경우에 현저하게 나타나며 1879년 홀(Hall)은 다음과 같은 실험식을 유도하였다.

$$V_H = R_H \frac{IB}{a} [\text{V/m}] \tag{9-45}$$

여기서 V_H는 홀 기전력이고, R_H는 홀 상수이며 a는 재료의 두께이다.

이와 같이 도체나 반도체에 전류를 흘리고 이것과 직각 방향으로 자계를 가하면 이 두 방향과 직각 방향으로 양 전하와 음 전하가 분리되는 효과를 가져와서 전계가 발생하므로 기전력이 생기는 현상을 홀 효과(Hall effect)라 하며, 이 홀 효과는 전류가 일정할 때 자계에 비례하므로 자계의 측정 또는 반도체 중의 전자밀도 측정 등에 이용된다.

9.5.5 핀치 효과(pinch effect)

유동 도체(기체 또는 액체)에 대 전류가 흐를 때, 이 전류에 의한 자계와 자신의 전류 사이에 플레밍의 왼손법칙에 따른 힘이 작용하여 전류를 중심으로 집속(pinch)시키는 현상이 일어난다.

이 작용으로 유동 도체 단면적이 점차로 감소되어 저항이 커지면 전류가 줄어들어 압축력이 감소되고, 압축력이 감소되면 단면적이 다시 커져 전류가 증가하게 되어 집속 현상이 반복된다. 이러한 현상을 핀치 효과(pinch effect)라 한다.

초고압 수은 증기(수십 기압)의 관내에서 방전으로 인한 아크 전류가 크면 이 현상이 일어나면 고온 아크가 중심축에 집속되어 매우 높은 온도(10,000[℃] 이상)의 광원이 얻어지는데 이 원리를 이용한 것이 초고압 수은등이다.

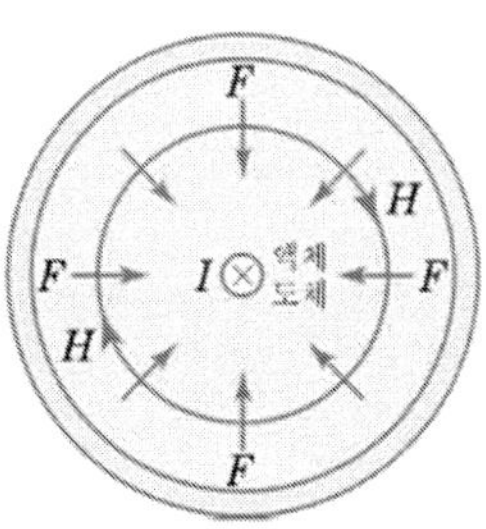

그림 9-20 핀치효과

9.5.6 스트레치 효과(stretch effect)

전류와 자계 사이의 힘의 효과를 이용한 다른 한 예로, 자유로이 구부릴 수 있는 도선에 대 전류를 통하면 도선 상호 간의 반발력에 의하여 도선이 원을 형성하는데 이 현상을 스트레치 효과라고 한다.

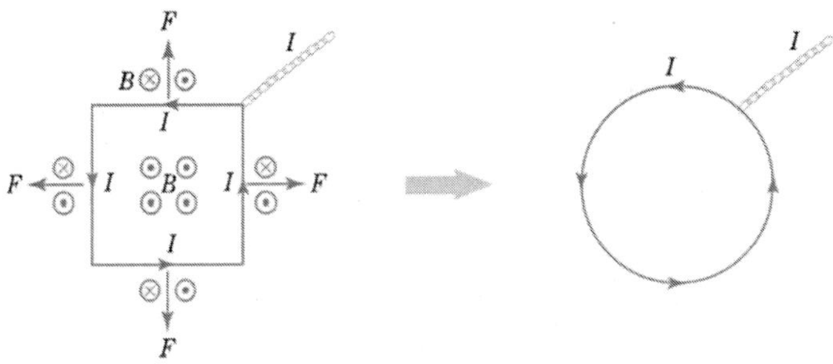

그림 9-21 스트레치 효과

기사시험 기출문제

문제 9-1	90, 95, 01, 03, 06, 14. 산업기사

전류에 의한 자계의 방향을 결정하는 법칙은?

㉮ 렌츠의 법칙 ㉯ 플레밍의 오른손법칙
㉰ 플레밍의 왼손법칙 ㉱ 암페어의 오른손법칙

[답] ㉱

문제 9-2	87, 99. 산업기사

그림과 같이 전류 I[A]가 흐르고 있는 직선도체로부터 r[m] 떨어진 P점의 자계의 세기 및 방향을 바르게 나타낸 것은? (단, ⊗은 지면으로 들어가는 방향, ⊙은 지면으로부터 나오는 방향이다.)

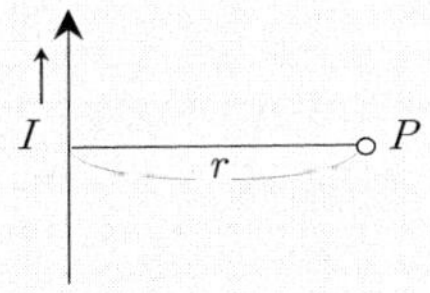

㉮ $\dfrac{I}{2\pi r}$, ⊗ ㉯ $\dfrac{I}{2\pi r}$, ⊙ ㉰ $\dfrac{I}{4\pi r^2}$, ⊗ ㉱ $\dfrac{I}{4\pi r^2}$, ⊙

풀이 암페어 주회적분법칙과 오른나사법칙으로부터 자계 세기는 $H=\dfrac{I}{2\pi r}$[AT/m]이고 지면으로 들어가는 방향이다.

[답] ㉮

문제 9-3	11. 기사

15[A]의 무한장 직선전류로부터 50[cm] 떨어진 P점의 자계의 세기는 약 몇 [AT/m]인가?

㉮ 1.56 ㉯ 2.39 ㉰ 4.78 ㉱ 9.55

풀이 $H=\dfrac{I}{2\pi r}=\dfrac{15}{2\pi\times 50\times 10^{-2}}\fallingdotseq 4.78$[AT/m]

[답] ㉰

문제 9-4	02, 05, 14. 기사 / 04. 산업기사

무한히 긴 도체에 전류 I [A]를 흘릴 때 이 전류로부터 d[m]만큼 떨어진 P점의 자속밀도는 몇 [Wb/m^2]인가?

㉮ $\frac{\mu_0 I}{4\pi d}$　㉯ $\frac{\mu_0 I}{2\pi d}$　㉰ $\frac{I}{2\pi d}$　㉱ $\frac{I}{2\pi \mu_0 d}$

풀이 $H = \frac{I}{2\pi d}$ [AT/m]이고, $B = \mu_0 H = \frac{\mu_0 I}{2\pi d}$ [Wb/m^2]　**[답]** ㉯

문제 9-5	10. 산업기사

6.28[A]가 흐르는 무한장 직선 도선 상에서 1[m] 떨어진 점의 자계의 세기 [AT/m]는?

㉮ 0.5[AT/m]　㉯ 1[AT/m]　㉰ 2[AT/m]　㉱ 3[AT/m]

풀이 $H = \frac{I}{2\pi r} = \frac{6.28}{2\pi \times 1} = 1$ [AT/m]　**[답]** ㉯

문제 9-6	95, 05, 13. 기사

무한장 직선 도체가 있다. 이 도체로부터 수직으로 0.1[m] 떨어진 점의 자계의 세기가 180[AT/m]이다. 이 도체로부터 수직으로 0.3[m] 떨어진 점의 자계의 세기는 몇 [AT/m]인가?

㉮ 20　㉯ 60　㉰ 180　㉱ 540

풀이 무한장 도선에 I[A]가 흐르면 도선에서 r만큼 떨어진 점의 자계 세기 $H = \frac{I}{2\pi r}$ [AT/m]이므로 거리에 반비례한다.

$H : H' = \frac{1}{0.1} : \frac{1}{0.3}$, $\therefore H' = \frac{0.1}{0.3} \times H = \frac{1}{3} \times 180 = 60$ [AT/m]　**[답]** ㉯

문제 9-7	82, 84, 98, 00. 산업기사

반지름 25[cm]의 원주형 도선에 π[A]의 전류가 흐를 때 도선의 중심축에서 50[cm] 되는 점의 자계의 세기[AT/m]는? (단, 도선의 길이는 매우 길다.)

㉮ 1　　㉯ π　　㉰ $\dfrac{1}{2\pi}$　　㉱ $\dfrac{1}{4\pi}$

풀이 $H_e = \dfrac{I}{2\pi r}$[AT/m]에서 $H_e = \dfrac{\pi}{2\pi \times 50 \times 10^{-2}}$[AT/m]$=1$[AT/m]　　**[답]** ㉮

문제 9-8	80, 10. 기사 / 97, 02, 05, 09. 산업기사

1[cm]마다 권수가 100인 무한장 솔레노이드에 20[mA]의 전류를 유통 시킬 때 솔레노이드 내부의 자계의 세기[AT/m]는?

㉮ 10　　㉯ 20　　㉰ 100　　㉱ 200

풀이 무한장 솔레노이드 내부의 자계 세기 : $H = nI$[AT/m]이고,

$n = 100 \times 100$[회], $I = 20$[mA]$= 20 \times 10^{-3}$[A]이므로

$H = nI = 100 \times 100 \times 20 \times 10^{-3} = 200$[AT/m]　　**[답]** ㉱

문제 9-9	02. 기사 / 06, 07. 산업기사

그림과 같이 권수 N[회], 평균 반지름 r[m]인 환상 솔레노이드 코일에 I[A]의 전류가 흐를 때 중심 O점의 자계의 세기는 몇 [AT/m]인가? (단, 누설 자속이 없다.)

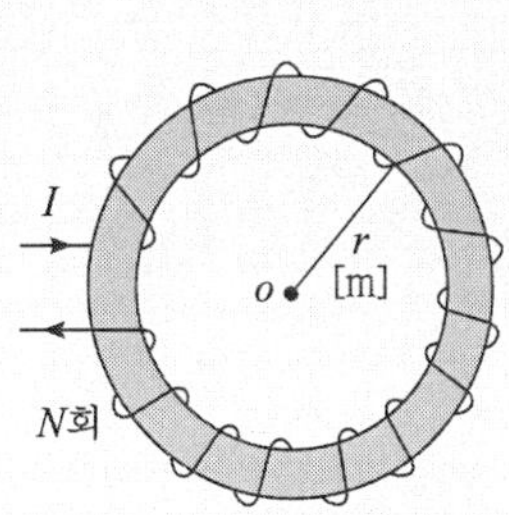

㉮ 0　　㉯ NI

㉰ $\dfrac{NI}{2\pi r}$　　㉱ $\dfrac{NI}{2\pi r^2}$

풀이 솔레노이드 내부의 자계 : $H = \dfrac{NI}{2\pi r}$[AT/m], 외부 자계의 세기 : 0[AT/m]

중심점은 솔레노이드 외부이다.　　**[답]** ㉮

문제 9-10	93, 00. 기사 / 83, 00, 02, 08. 산업기사

그림과 같이 l_1[m]에서 l_2[m]까지 i[A]가 흐르고 있는 직선 도체에서 수직 거리 a[m] 떨어진 점 P의 자계[AT/m]를 구하면?

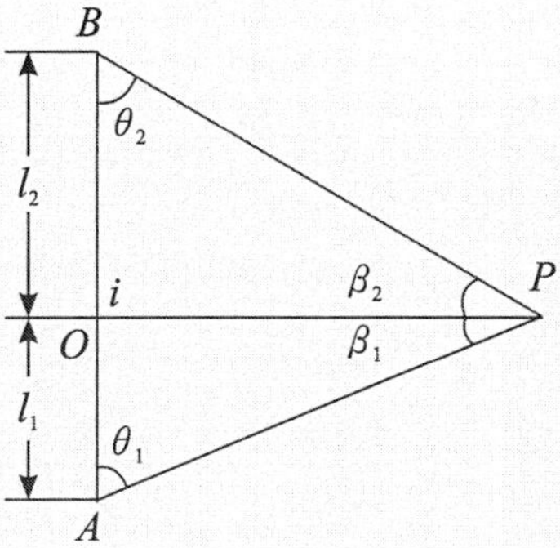

㉮ $\dfrac{i}{4\pi a}(\sin\theta_1 + \sin\theta_2)$

㉯ $\dfrac{i}{4\pi a}(\cos\theta_1 + \cos\theta_2)$

㉰ $\dfrac{i}{2\pi a}(\sin\theta_1 + \sin\theta_2)$

㉱ $\dfrac{i}{2\pi a}(\cos\theta_1 + \cos\theta_2)$

풀이 $H = \dfrac{i}{4\pi a}(\sin\beta_1 + \sin\beta_2) = \dfrac{i}{4\pi a}(\cos\theta_1 + \cos\theta_2)$

[답] ㉯

문제 9-11	06, 07, 09. 산업기사

그림과 같이 반지름 a[m]인 원의 임의의 두 점 A, B(각도 θ) 사이에 전류 I[A]가 흐른다. 원의 중심 O에서의 자계의 세기 [AT/m]는?

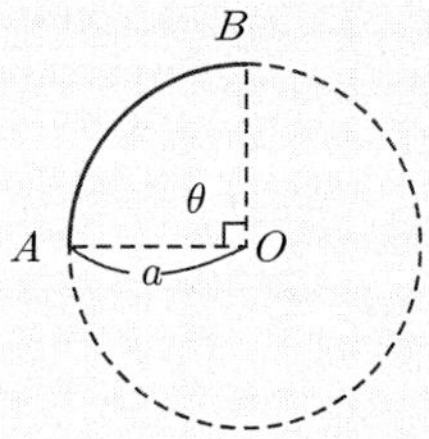

㉮ $\dfrac{I\theta}{4\pi a^2}$ ㉯ $\dfrac{I\theta}{4\pi a}$

㉰ $\dfrac{I\theta}{2\pi a^2}$ ㉱ $\dfrac{I\theta}{2\pi a}$

풀이 $\theta = 360(=2\pi)$인 경우 원형 코일의 중심 O의 자계의 세기는 $H_0 = \dfrac{I}{2a}$[AT/m]이다.

각도 θ인 경우 중심의 자계의 세기를 H_θ라 하면 $2\pi : \dfrac{I}{2a} = \theta : H_\theta$이므로

$H_\theta = \dfrac{I\theta}{4\pi a}$[AT/m]

[답] ㉯

문제 9-12	98. 산업기사

비오-사바르(Biot-Savart)법칙으로 구할 수 있는 것은?

㉮ 자계의 세기 ㉯ 전계의 세기
㉰ 전하 사이의 힘 ㉱ 자하 사이의 힘

풀이 비오-사바르(Biot-Savart)법칙 : 미소 전류와 자계에 관한 법칙

$dH=\dfrac{Idl\sin\theta}{4\pi r^2}$[AT/m]($\theta$: 전류 방향과 거리가 이루는 각도) **[답]** ㉮

문제 9-13	03, 11. 기사 / 12. 산업기사

그림과 같이 L[m]되는 정방형의 도선 회로에 전류 I[A]가 흐르고 있을 때 회로 중심에서의 자속 밀도는 몇 [Wb/m^2]인가?

㉮ $\dfrac{2\sqrt{2}}{\pi}\dfrac{I}{L}$ ㉯ $\dfrac{2\sqrt{2}}{\pi}\mu_0\dfrac{I}{L}$ ㉰ $\dfrac{2\sqrt{2}}{\pi}\dfrac{L}{I}$ ㉱ $\dfrac{2\sqrt{2}}{\pi}\mu_0\dfrac{L}{I}$

풀이 한 변 길이가 L[m]인 유한장 직선 도선이 4개이므로 한 개 도선에 의한 중심의 자계 세기를 구하여 4배하면 중심점의 자계의 세기가 구해신다.

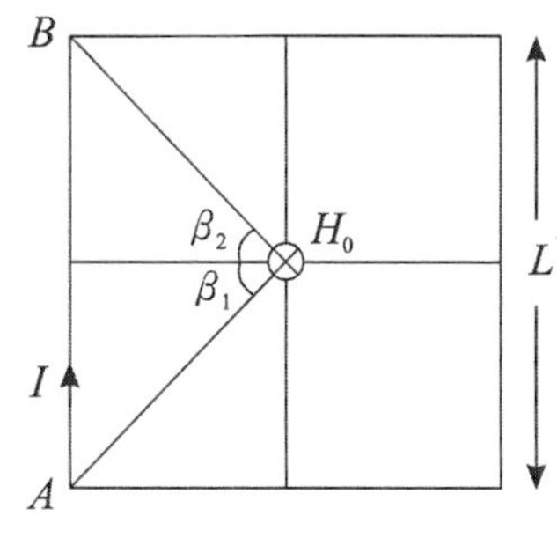

식 (9-28)에서 $H_{AB}=\dfrac{I}{4\pi a}(\sin\beta_1+\sin\beta_2)$이므로

여기에 $a=\dfrac{L}{2}$, $\sin\beta_1=\sin\beta_2=\sin45°=\dfrac{1}{\sqrt{2}}$을

대입하면 $H_{AB}=\dfrac{I}{4\pi\dfrac{L}{2}}\left(\dfrac{1}{\sqrt{2}}+\dfrac{1}{\sqrt{2}}\right)=\dfrac{I}{\sqrt{2}\pi L}$

$H_0=4H_{AB}=4\times\dfrac{I}{\sqrt{2}\pi L}=\dfrac{2\sqrt{2}I}{\pi L}$[AT/m]

자속밀도 $B=\mu_0 H=\mu_0\dfrac{2\sqrt{2}I}{\pi L}=\dfrac{2\sqrt{2}}{\pi}\mu_0\dfrac{I}{L}$[Wb/m^2] **[답]** ㉯

문제 9-14	05, 14. 기사

한 변의 길이가 l[m]인 정육각형 회로에 직류 I[A]가 흐르고 있을 때 그 정육각형 중심의 자계 세기는 몇 [A/m]인가?

㉮ $\dfrac{I}{2\pi l}$ ㉯ $\dfrac{2\sqrt{2}I}{\pi l}$ ㉰ $\dfrac{\sqrt{3}I}{\pi l}$ ㉱ $\dfrac{\sqrt{2}I}{2\pi l}$

풀이 한 변 길이가 l[m]인 유한장 직선 도선이 6개이므로 한 개 도선에 의한 중심의 자계의 세기를 구하여 6배하면 중심점의 자계의 세기가 구해진다.

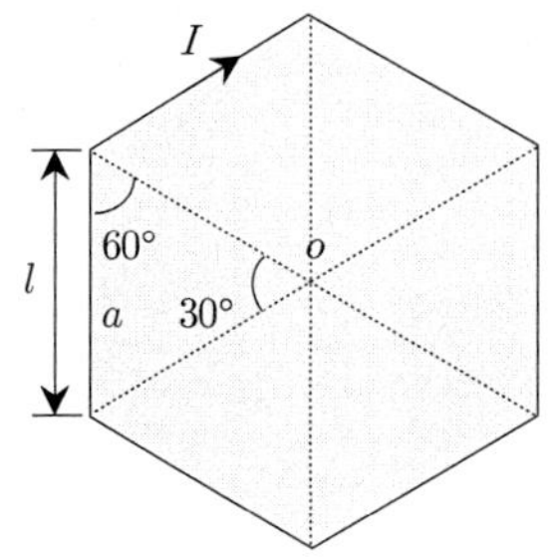

식 (9-28)에서 $H_0 = \dfrac{I}{4\pi a}(\cos\theta_1 + \cos\theta_2)$ 이므로

여기에 $\cos 30° = \dfrac{\sqrt{3}}{2} = \dfrac{a}{l}$ 이므로 $a = \dfrac{\sqrt{3}l}{2}$ 와

$\cos\theta_1 = \cos\theta_2 = \cos 60° = \dfrac{1}{2}$ 을 대입하면

$$H_0 = \frac{I}{4\pi \dfrac{\sqrt{3}l}{2}}\left(\frac{1}{2} + \frac{1}{2}\right) = \frac{I}{2\sqrt{3}\pi l}$$

$$H_0 = 6H_0 = 6\frac{I}{2\sqrt{3}\pi l} = \frac{\sqrt{3}I}{\pi l}[\text{A/m}]$$

[답] ㉰

문제 9-15	82, 93, 13. 기사 / 93, 02, 03, 05. 산업기사

반지름 a[m]의 원형 코일에 전류 I[A]가 흐를 때 코일 중심의 자계의 세기 [AT/m]은?

㉮ $\dfrac{I}{a}$ ㉯ $\dfrac{I}{2a}$

㉰ $\dfrac{I}{3a}$ ㉱ $\dfrac{I}{4a}$

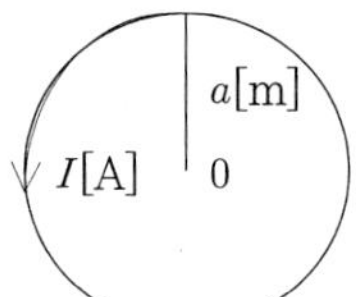

풀이 $H = \dfrac{a^2 I}{2(a^2 + x^2)^{3/2}}$ 에서 0점은 $x = 0$인 경우이다. $H_0 = \dfrac{I}{2a}$ [답] ㉯

문제 9-16	82, 01, 02, 05, 14. 산업기사

반지름 1의 원형 코일에 1[A]의 전류가 흐를 때 중심점의 자계의 세기[AT/m]는?

㉮ $\frac{1}{4}$ ㉯ $\frac{1}{2}$ ㉰ 1 ㉱ 2

풀이 원형 코일 중심의 자계 세기 $H_0 = \frac{I}{2a} = \frac{1}{2}(a=1, I=1$을 대입) **[답]** ㉯

문제 9-17	09. 산업기사

반지름 2[m], 권수 100회인 원형 코일에 전류 1.5[A]가 흐른다면 중심 O의 자계의 세기는 몇 [AT/m]인가?

㉮ 30[AT/m]
㉯ 37[AT/m]
㉰ 37[AT/m]
㉱ 105[AT/m]

풀이 $H = \frac{a^2 I}{2(a^2+x^2)^{3/2}}$, 0점은 $x=0$, $H_0 = \frac{NI}{2a} = \frac{100\times 1.5}{2\times 2} = 37.5$[AT/m] **[답]** ㉯

문제 9-18	10. 산업기사

지름 10[cm]인 원형 코일 중심에서의 자계가 1000[A/m]이다. 원형 코일이 100회 감겨 있을 때, 전류는 몇 [A]인가?

㉮ 1[A] ㉯ 2[A] ㉰ 3[A] ㉱ 4[A]

풀이 N회인 경우 자계 세기 : $H_0 = N\frac{I}{2a}$, $I = \frac{2aH}{N} = \frac{2\times 0.05\times 1000}{100} = 1$[A] **[답]** ㉮

문제 9-19	12. 산업기사

전류의 세기가 I[A], 반지름 r[m]인 원형 선전류 중심에 m[Wb]인 가상 점 자극을 둘 때 원형 선전류가 받는 힘은?

㉮ $\dfrac{mI}{2\pi r}$[N] ㉯ $\dfrac{mI}{2r}$[N] ㉰ $\dfrac{mI^2}{2\pi r}$[N] ㉱ $\dfrac{mI}{2\pi r^2}$[N]

풀이 반지름 r인 원형 선전류 중심의 자계의 세기 $H=\dfrac{I}{2r}$[AT/m],

$F=mH=\dfrac{mI}{2r}$[N] **[답]** ㉯

문제 9-20	02, 13. 산업기사

길이 l[m]인 도선으로 원형코일을 만들어 일정한 전류를 흘릴 때, M회 감았을 때의 중심 자계는 N회 감았을 때의 중심 자계의 몇 배인가?

㉮ $(\dfrac{M}{N})^2$ ㉯ $(\dfrac{N}{M})^2$ ㉰ $\dfrac{N}{M}$ ㉱ $\dfrac{M}{N}$

풀이 전선 길이는 불변이고 원형코일의 권수가 M회에서 N회로 변하면 반지름이 변한다.

M, N회의 반지름을 각각 a, a'라 하면 $l=2\pi aM=2\pi a'N$과 $a=\dfrac{l}{2\pi M}$, $a'=\dfrac{l}{2\pi N}$ 이 성립된다.

반지름이 a이고 권수 1회인 원형 코일 중심의 자계 세기 $H=\dfrac{I}{2a}$로부터

$$H_M=\frac{MI}{2a}=\frac{MI}{2\dfrac{l}{2\pi M}}=\frac{\pi M^2 I}{l},\ H_N=\frac{NI}{2a'}=\frac{NI}{2\dfrac{l}{2\pi N}}=\frac{\pi N^2 I}{l}$$

$$\therefore \frac{H_M}{H_N}=\frac{\dfrac{\pi M^2 I}{l}}{\dfrac{\pi N^2 I}{l}}=(\frac{M}{N})^2$$

[답] ㉮

문제 9-21	12. 기사

그림과 같은 원형 코일이 두 개 있다. A의 권선수는 1회, 반지름 1[m], B의 권선수는 2회, 반지름 1[m]이다. A와 B의 코일 중심을 겹쳐 두면 중심에서의 자속이 A만 있을 때의 2배가 된다. A와 B의 전류비 I_B/I_A는?

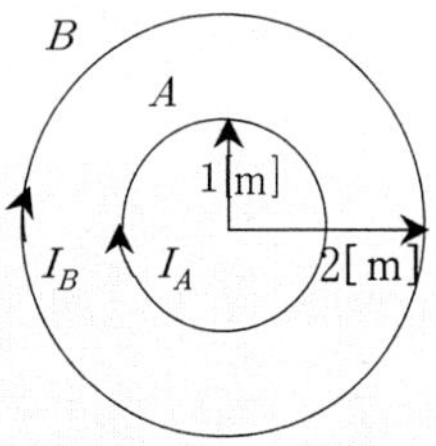

㉮ $\frac{1}{2}$　　㉯ 1　　㉰ 2　　㉱ 4

풀이 A코일의 중심자계 $H_A = \frac{NI_A}{2a} = \frac{1\times I_A}{2\times 1} = \frac{1}{2}I_A$[AT/m]

B코일의 중심자계 $H_B = \frac{NI_B}{2a} = \frac{2\times I_B}{2\times 1} = \frac{1}{2}I_B$[AT/m]

A와 B코일 중심을 겹쳐 두면 중심점에서의 자속이 A만 있을 때의 두 배이므로

$2\times\frac{1}{2}I_A = \frac{1}{2}I_A + \frac{1}{2}I_B$, $\frac{1}{2}I_A = \frac{1}{2}I_B$ $\therefore I_A = I_B$, $\frac{I_B}{I_A} = 1$ **[답]** ㉯

문제 9-22	78, 95, 01. 산업기사

그림과 같이 반지름 a[m]인 원형 코일에 전류 I[A]가 흐르고 있다. 이 도체 중심축 상에 x[m]인 점 P의 자위[AT]는?

㉮ $\frac{I}{2}\left(1-\frac{x}{\sqrt{a^2-x^2}}\right)$

㉯ $\frac{I}{2}\left(1-\frac{a}{\sqrt{a^2+x^2}}\right)$

㉰ $\frac{I}{2}\left(1-\frac{x^2}{(a^2+x^2)^{\frac{3}{2}}}\right)$

㉱ $\frac{I}{2}\left(1-\frac{a^2}{(a^2+x^2)^{\frac{3}{2}}}\right)$

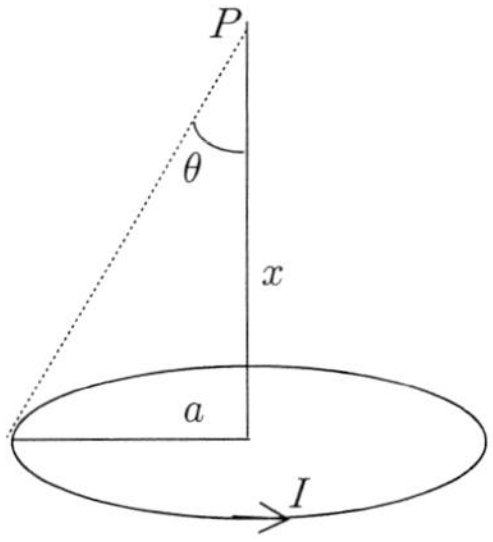

풀이 점 P에서 코일을 바라보는 입체각 $\omega = 2\pi(1-\cos\theta)$이므로 자위 $U_m = \frac{I}{4\pi}\omega$에 대입

하면 $U_m = \frac{I}{4\pi}2\pi(1-\cos\theta) = \frac{I}{2}\left(1-\frac{x}{\sqrt{a^2-x^2}}\right)$ **[답]** ㉮

문제 9-23	91, 05, 13. 기사 / 82. 산업기사

평등 자계 내에 놓여있는 직선 전류 도선이 받는 힘에 대한 설명 중 옳지 않은 것은?

㉮ 힘은 전류에 비례한다.
㉯ 힘은 자장의 세기에 비례한다.
㉰ 힘은 도선의 길이에 반비례한다.
㉱ 힘은 전류의 방향과 자장의 방향과의 사이 각의 정현에 관계된다.

풀이 $F = IBl\sin\theta = \mu_0 IHl\sin\theta$[N]

[답] ㉰

문제 9-24	89, 03. 산업기사

자속밀도 $\boldsymbol{B}$[Wb/m^2] 내에서 전류 $\boldsymbol{I}$[A]가 흐르는 도선이 받는 힘[N]을 바르게 표시한 것은?

㉮ $\boldsymbol{F} = \boldsymbol{I}dl \times \boldsymbol{B}$　㉯ $\boldsymbol{F} = \boldsymbol{B} \times \boldsymbol{I}dl$　㉰ $\boldsymbol{F} = \boldsymbol{I}dl/\boldsymbol{B}$　㉱ $\boldsymbol{F} = \boldsymbol{IB}/dl$

풀이 자속밀도 $\boldsymbol{B}$[Wb/m^2] 내에서 전류 $\boldsymbol{I}$[A]가 흐르는 미소 길이의 도선 dl이 받는 힘은 $d\boldsymbol{F} = \boldsymbol{I}dl \times \boldsymbol{B}$이다.

이 식을 적분식으로 나타내면 $\boldsymbol{F} = \oint_c \boldsymbol{I}dl \times \boldsymbol{B}$이다.

[답] ㉮

문제 9-25	02. 기사

자속밀도 $\boldsymbol{B}$[Wb/m^2]의 자계 내에서 전하량의 크기가 e[C]인 전자가 v[m/s]의 속도로 이동할 때 전자가 받는 힘 $\boldsymbol{F}$[N]는?

㉮ $-ev \cdot \boldsymbol{B}$　㉯ $ev \cdot \boldsymbol{B}$　㉰ $ev \times \boldsymbol{B}$　㉱ $e\boldsymbol{B} \times v$

풀이 $F = ev \times \boldsymbol{B}$[N]

[답] ㉰

문제 9-26	13. 산업기사

자계 내에서 도선에 전류를 흘려보낼 때 도선을 자계에 대해 60도 각도로 놓았을 때 작용하는 힘은 30도 각도로 놓았을 때 작용하는 힘의 몇인가?

㉮ 2　　㉯ $\sqrt{2}$　　㉰ $\sqrt{3}$　　㉱ 4

풀이 $F=IBl\sin\theta$ 이므로 $\frac{F_{60}}{F_{30}}=\frac{IBl\sin60°}{IBl\sin30°}=\frac{\sin60°}{\sin30°}=\frac{\frac{\sqrt{3}}{2}}{\frac{1}{2}}=\sqrt{3}$ [답] ㉰

문제 9-27	95, 01, 13. 산업기사

전하 q[C]이 공기 중의 자계 $\boldsymbol{H}$[AT/m] 내에서 자계와 수직 방향으로 v[m/s]의 속도로 움직일 때 받는 힘은 몇 [N]인가?

㉮ $\mu_0 qvH$　　㉯ $\frac{qvH}{\mu_0}$　　㉰ qvH　　㉱ $\frac{qH}{\mu_0 v}$

풀이 자계 내에 놓인 운동 전하가 받는 힘은 $F=qv\times B=qvB\sin\theta=qv\mu_0 H\sin\theta$[N]이다.

$\theta=90°$이므로 $F=\mu_0 qvH$[N] [답] ㉮

문제 9-28	01. 산업기사

자계 중에 한 코일이 있다. 이 코일에 전류 $I=2$[A]가 흐르면 $F=2$[N]의 힘이 작용한다. 이 코일을 $v=5$[m/s]로 운동시키면 e[V]의 기전력이 발생한다. 기전력[V]은?

㉮ 3　　㉯ 5　　㉰ 7　　㉱ 9

풀이 도체에 작용하는 힘 $f=IBl$[N]에서 $Bl=\frac{f}{I}$이다.

$\therefore e=vBl=\frac{vf}{I}=\frac{2\times5}{2}=5$[V] [답] ㉯

문제 9-29	89. 기사 / 83. 14. 산업기사

속도 v[m/sec]되는 전자가 자속밀도 B[Wb/m^2] 평등자계 중에서 자계와 수직으로 입사했을 때 전자궤도의 반지름 r은 몇 [m]인가?

㉮ $\dfrac{mv}{eB}$ ㉯ $\dfrac{eB}{m}$ ㉰ $\dfrac{2\pi m}{eB}$ ㉱ $\dfrac{eBr}{2\pi m}$

풀이 전자가 자계에 v로 직각으로 입사하면 원운동을 하고 전자는 로렌츠 힘 $\boldsymbol{F}=e(v\times \boldsymbol{B})$을 받는다. 힘의 크기는 $F=qvB\sin\theta$[N]이다. $\theta=90°$이므로 $F=evB$가 된다.

이 힘은 원운동의 원심력과 평행하므로 $F=evB=\dfrac{mv^2}{r}$ $\therefore r=\dfrac{mv}{eB}$ **[답]** ㉮

문제 9-30	00, 09. 기사

서로 같은 방향으로 전류가 흐르고 있는 평행한 두 도선 사이에는 어떤 힘이 작용하는가?

㉮ 서로 미는 힘 ㉯ 서로 당기는 힘
㉰ 회전하는 힘 ㉱ 하나는 밀고 하나는 당기는 힘

[답] ㉯

문제 9-31	83, 00. 기사

평행한 두 도선 간의 전자력은? (단, 두 도선 간의 거리를 r[m]로 한다.)

㉮ r^2에 반비례 ㉯ r^2에 비례 ㉰ r에 반비례 ㉱ r에 비례

풀이 $F=\dfrac{\mu I_1 I_2 l}{2\pi r}l$: 두 전류의 곱에 비례, 도선 간격에 반비례, 전류 방향이 같으면 흡인력. 평행 도선 : 전류 제곱에 비례, $\dfrac{1}{r}$에 비례한다. 반발력이다. **[답]** ㉰

문제 9-32	05, 09. 기사

진공 중에서 2[m] 떨어진 2개의 무한 평행 도선에 단위길이당 10^{-7}[N]의 반발력이 작용할 때 그 도선에 흐르는 전류는?

㉮ 각 도선에 2[A]가 반대 방향으로 흐른다.
㉯ 각 도선에 2[A]가 같은 방향으로 흐른다.
㉰ 각 도선에 1[A]가 반대 방향으로 흐른다.
㉱ 각 도선에 1[A]가 같은 방향으로 흐른다.

풀이 $F=\frac{\mu I_1 I_2 l}{2\pi r}l=\frac{2I^2}{r}l\times 10^{-7}$에서 $F=10^{-7}$[N], $r=2$[m]이므로 $10^{-7}=\frac{2I^2}{2}\times 10^{-7}$

$\therefore I=1$[A]이고 반발력이므로 전류는 서로 반대 방향이다. **[답]** ㉰

문제 9-33	09. 기사 / 07. 산업기사

그림과 같이 진공 중에 d[m] 떨어진 두 평행 도선에 I[A]의 전류가 흐를 때 도선의 단위길이당 작용하는 힘 F[N/m]는?

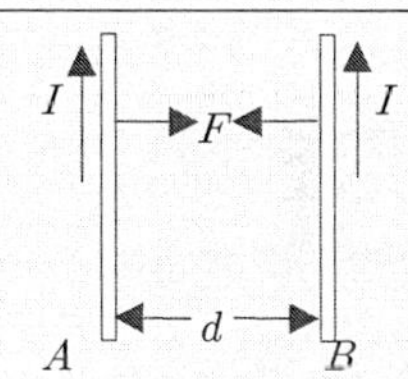

㉮ $\frac{\mu_0 I}{2\pi d}$ ㉯ $\frac{\mu_0 I^2}{2\pi d^2}$ ㉰ $\frac{\mu_0 I^2}{2\pi d}$ ㉱ $\frac{\mu_0 I^2}{2d}$

풀이 B도체는 A도체의 I_1에 의한 지면으로 들어가는 자계 H_1에 놓여있는 경우와 같다.

따라서 H_1에 기인하여 작용하는 전자력 F_2는 $F_2=B_1 I_2 \sin 90°=\mu_0 H_1 I_2=\mu_0 \frac{I_1}{2\pi d} I_2$

에서 $I_1=I_2=I$이므로

$F=\frac{\mu_0 I^2}{2\pi d}$[N/m] **[답]** ㉰

문제 9-34	05. 기사 / 09. 산업기사

그림과 같이 평행한 무한장 직선 도선에 I, $4I$ 인 전류가 흐른다. 두 선 사이의 점 P의 자계의 세기가 0이라고 한다면 a/b는?

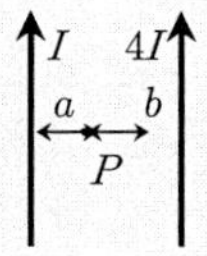

㉮ $\frac{a}{b}=2$　　㉯ $\frac{a}{b}=4$

㉰ $\frac{a}{b}=\frac{1}{2}$　　㉱ $\frac{a}{b}=\frac{1}{4}$

풀이 I와 $4I$도선에 의한 자계의 방향은 서로 반대이므로 자계의 세기가 같으면 $H=0$,

I도선에 의한 자계의 세기 $H_1=\frac{I}{2\pi a}$[AT/m]

$4I$도선에 의한 자계의 세기 $H_2=\frac{4I}{2\pi b}$[AT/m]

$H_1=H_2$이므로 $\frac{I}{2\pi a}=\frac{4I}{2\pi b}$　　$\therefore \frac{a}{b}=\frac{1}{4}$　　**[답]** ㉱

문제 9-35	05. 기사 / 95, 03. 산업기사

평행 도선에 같은 크기의 왕복 전류가 흐를 때 두 도선 사이에 작용하는 힘과 관계되는 것 중 옳은 것은?

㉮ 간격의 제곱에 반비례한다.
㉯ 간격의 제곱에 반비례하고 투자율에 반비례한다.
㉰ 전류의 제곱에 비례한다.
㉱ 주위 매질의 투자율에 반비례한다.

풀이 왕복전류이므로 $I_1=I_2=I$이다. $F=I_1 l B\sin\theta=I_1 l\times\frac{\mu I_2}{2\pi r}=\frac{\mu I_1 I_2 l}{2\pi r}=\frac{\mu I^2 l}{2\pi r}$. $F\propto I^2$

평행 도선 : 전류의 제곱에 비례한다. $\frac{1}{r}$에 비례한다. 반발력이다.　　**[답]** ㉰

문제 9-36	07. 기사

그림과 같은 직류 전원에서 부하에 공급하는 전류는 50[A]이고, 전원 전압은 480[V]이다. 도선이 10[cm] 간격으로 평행하게 배선되어 있다면 1[m]당 두 도선 사이에 작용하는 힘은 몇 [N]이며, 어떻게 작용하는가?

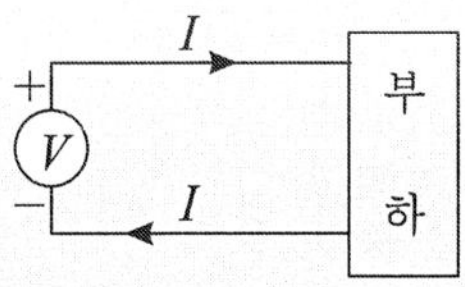

㉮ 5×10^{-3}, 흡인력 ㉯ 5×10^{-3}, 반발력

㉰ 5×10^{-2}, 흡인력 ㉱ 5×10^{-2}, 반발력

풀이 평행한 두 도선에 작용하는 힘 $F=\dfrac{2I_1I_2}{a}l\times10^{-7}$[N]에서

$F=\dfrac{2I_1I_2}{a}l\times10^{-7}=\dfrac{2\times50^2}{0.1}\times1\times10^{-7}=5\times10^{-3}$[N] 전류방향은 반발력이다. **[답]** ㉯

문제 9-37	03, 05, 14. 산업기사

1[m]의 간격을 가진 선간 전압 66000[V]인 2개의 평행 왕복 도선에 10[kA]의 전류가 흐를 때 도선 1[m]마다에 작용하는 힘의 크기는 몇 [N/m]인가?

㉮ 1[N/m] ㉯ 10[N/m] ㉰ 20[N/m] ㉱ 200[N/m]

풀이 $I_1=I_2=I$이므로 $F=\dfrac{\mu_0I^2l}{2\pi r}=\dfrac{2\times(10\times10^3)^2}{1}\times10^{-7}=20$[N/m] : 흡인력 **[답]** ㉰

문제 9-38	10. 산업기사

공기 중에 10[cm] 떨어져 평행으로 놓인 두 개의 무한히 긴 도선에 왕복 전류가 흐를 때 단위길이당 0.04[N]의 힘이 작용한다면 이때 흐르는 전류는 약 몇 [A]인가?

㉮ 58[A] ㉯ 62[A] ㉰ 83[A] ㉱ 141[A]

풀이 $F=\dfrac{2I_1I_2}{r}\times10^{-7}$[N]에서 $I_1=I_2=I$이므로

$I=\sqrt{\dfrac{1}{2}Fr\times10^7}=\sqrt{\dfrac{1}{2}\times0.04\times0.1\times10^7}=\sqrt{2\times10^4}=141.4$[A] **[답]** ㉱

문제 9-39	86, 90, 03. 산업기사

DC 전압을 가하면 전류는 도선 중심 쪽으로 흐르려고 한다. 이러한 현상을 무슨 효과라 하는가?

㉮ skin 효과 ㉯ Pinch 효과 ㉰ 압전기 효과 ㉱ Peltier 효과

풀이 액체 도체에 전류를 흘리며 전류의 방향과 수직 방향으로 원형 자계가 생겨서 전류가 흐르는 액체에는 구심력의 전자력이 작용한다. 그 결과 액체 단면은 수축하여 저항이 커지기 때문에 전류 흐름은 작게 된다.

전류 흐름이 작게 되면 수축력이 감소하여 액체 단면은 원 상태로 복귀하고 다시 전류가 흐르게 되어 수축력이 작용한다. 이러한 현상을 핀치 효과라 한다. **[답]** ㉯

문제 9-40	02, 09. 산기사

전류가 흐르고 있는 도체에 직각 방향으로 자계를 가하면 도체측에는 정부의 전하가 나타나 두 면 간에 전위차가 발생하는 현상은?

㉮ 핀치 효과 ㉯ 톰슨 효과 ㉰ 홀 효과 ㉱ 제벡 효과

풀이 전류가 흐르고 있는 도체에 자계를 가하면 플레밍 왼손법칙에 의해 도체 내부의 전하가 횡 방향 힘을 받아 도체 측면에 (+), (−)의 전하가 나타나는 현상은 홀 효과이다. **[답]** ㉰

문제 9-41	04. 산업기사

반지름 a인 액체 상태의 원통상 도선 내부에 균일하게 전류가 흐를 때 도체 내부에 자장이 생겨 로렌츠의 힘으로 전류가 원통 중심 방향으로 수축하려는 효과는?

㉮ 필테어 효과 ㉯ 톰슨 효과 ㉰ 핀치 효과 ㉱ 제벡 효과

[답] ㉰

문제 9-42	16. 산업기사

자속밀도 0.5[Wb/m2]인 균일한 자장 내에 반지름 10[㎝], 권수 1000회인 원형코일이 매분 1800 회전할 때 이 코일의 저항이 100[Ω]일 경우 이 코일에 흐르는 전류의 최댓값은 약 몇 [A]인가?

㉮ 14.4 ㉯ 23.5 ㉰ 29.6 ㉱ 43.2

[답] ㉰

문제 9-43	16. 산업기사

판자석의 세기가 P[Wb·m]되는 판자석을 보는 입체각 w인 점의 자위는 몇 [A]인가?

㉮ $\frac{P}{2\pi\mu_0\omega}$ ㉯ $\frac{P\omega}{2\pi\mu_0}$ ㉰ $\frac{P}{4\pi\mu_0\omega}$ ㉱ $\frac{P\omega}{4\pi\mu_0}$

[답] ㉱

문제 9-44	16. 산업기사

평등 자계 내에 놓여 있는 전류가 흐르는 직선도선이 받는 힘에 대한 설명으로 <u>틀린</u> 것은?

㉮ 힘은 전류에 비례한다.
㉯ 힘은 자장의 세기에 비례한다.
㉰ 힘은 도선의 길이에 반비례한다.
㉱ 힘은 전류의 방향과 자장의 방향과의 사이각의 정현에 관계된다.

[답] ㉰

문제 9-45	16. 산업기사

대지 중의 두 전극 사이에 있는 어떤 점의 전계의 세기가 6[V/cm], 지면의 도전율이 10^{-4}[℧/㎝]일 때 이 점의 전류밀도는 몇 [A/cm^2]인가?

㉮ 6×10^{-4} ㉯ 6×10^{-3}
㉰ 6×10^{-2} ㉱ 6×10^{-1}

[답] ㉮

문제 9-46	16. 산업기사

환상철심에 감은 코일에 5A의 전류를 흘려 2000AT의 기자력을 발생시키고자 한다면, 코일의 권수는 몇 회로 하면 되는가?

㉮ 100회 ㉯ 200회 ㉰ 300회 ㉱ 400회

[답] ㉱

문제 9-47	16. 산업기사

각종 전기기기에 접지하는 이유로 가장 옳은 것은?

㉮ 편의상 대지는 전위가 영상 전위이기 때문이다.
㉯ 대지는 습기가 있기 때문에 전류가 잘 흐르기 때문이다.
㉰ 영상전하로 생각하여 땅 속은 음(−)전하이기 때문이다.
㉱ 지구의 정전용량이 커서 전위가 거의 일정하기 때문이다.

[답] ㉱

문제 9-48	17. 산업기사

단면적이 같은 자기회로가 있다. 철심의 투자율을 μ라 하고 철심회로의 길이를 l이라 한다. 지금 그 일부에 미소공극 $l0$을 만들었을 때 자기회로의 자기저항은 공극이 없을 때의 약 몇 배인가? (단, $l \gg l0$이다.)

㉮ $1+\frac{\mu l}{\mu_o l_o}$ ㉯ $1+\frac{\mu l_o}{\mu_o l}$ ㉰ $1+\frac{\mu_o l}{\mu l_o}$ ㉱ $1+\frac{\mu_o lo}{\mu l}$

[답] ㉯

문제 9-49	17. 산업기사

1000[AT/m]의 자계 중에 어떤 자극을 놓았을 때 3×102[N]의 힘을 받았다고 한다. 자극의 세기[Wb]는?

㉮ 0.03 ㉯ 0.3 ㉰ 3 ㉱ 30

[답] ㉯

문제 9-50	17. 산업기사

자극의 세기가 8×10^{-6}[Wb]이고, 길이가 30[cm]인 막대자석을 120[AT/m] 평등자계 내에 자력선과 30° 의 각도로 놓았다면 자석이 받는 회전력은 몇 [Nm]인가?

㉮ 1.44×10^{-4} ㉯ 1.44×10^{-5}
㉰ 2.88×10^{-4} ㉱ 2.88×10^{-5}

[답] ㉮

문제 9-51	17. 산업기사

전류가 흐르고 있는 도체에 자계를 가하면 도체 측면에 정•부(+, −)의 전하가 나타나 두 면 간에 전위차가 발생하는 현상은?

㉮ 홀효과　　㉯ 핀치효과

㉰ 톰슨효과　　㉱ 제벡효과

[답] ㉮

문제 9-52	17. 산업기사

자계의 세기가 H인 자계 중에 직각으로 속도 u로 발사된 전하 Q가 그리는 원의 반지름 r은?

㉮ $\dfrac{mv}{QH}$　　㉯ $\dfrac{mv^2}{QH}$

㉰ $\dfrac{mv}{\mu HQ}$　　㉱ $\dfrac{mv^2}{\mu HQ}$

풀이

[답] ㉰

문제 9-53	17. 산업기사

전류에 의한 자계의 방향을 결정하는 법칙은?

㉮ 렌츠의 법칙　　㉯ 플레밍의 왼손 법칙

㉰ 플레밍의 오른손 법칙　　㉱ 암페어의 오른나사 법칙

풀이

[답] ㉱

연 습 문 제

9.1 암페어의 오른나사법칙에 대해 정의하라.

9.2 암페어의 주회적분법칙에 대해 정의하라.

9.3 비오-사바르(Biot-Savart)법칙에 대해 정의하라.

9.4 자계 내에서의 힘에 대해 정의하라.

9.5 핀치효과에 대해 정의하라.

9.6 스트레치 효과(Stretch effect)에 대해 정의하라.

10 CHAPTER 자성체

10.1 자성체(magnetic substance)

그림 10-1과 같이 영구자석(permanent magnet) 가까이에 철편을 놓으면 철편에 흡인력이 작용한다.

자석의 N극에 철편을 가까이 하면 자극 가까운 곳의 철편에는 S극이, 그 반대편에는 N극이 생겨 자석의 N극과 철편의 S극 사이에 쿨롱 법칙에 따른 자기력이 생겨 흡인력이 작용한다.

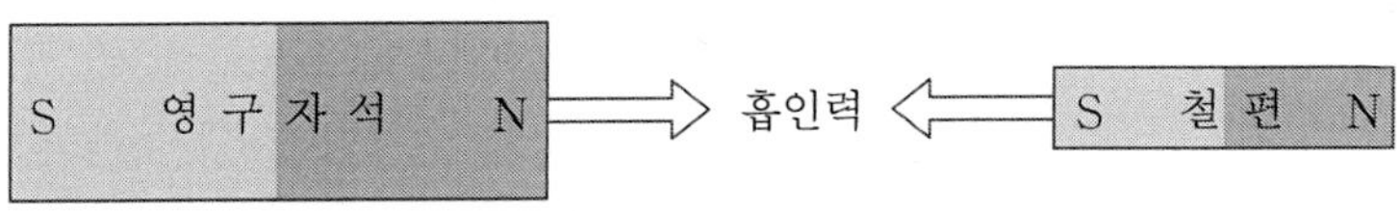

그림 10-1 자석에 의한 흡인력

이와 같이 철편 등의 물체를 자석에 가까이 하면, 즉 자석의 힘이 미치는 자계 속에 놓으면 그 물체에 자기적 성질이 생기는데, 이 현상을 자기유도(magnetic induction)라 하고, 이 때 철편은 '자화(magnetization)되었다.'고 하며 자화가 일어나는 물체를 자성체(magnetic substance)라고 부른다.

10.1.1 자화의 본질

물체를 구성하는 원자는 핵과 핵 주위를 회전하고 있는 전자로 구성되어 있는데 전자의 회전운동은 자전운동(spin)과 궤도운동으로 구분된다.

두 운동 모두가 자기 능률 즉, 자기 모멘트(magnetic moment)를 생기게 하는데 전자의 궤도운동보다 자전운동이 더 큰 자기 모멘트를 생기게 한다.

자기 모멘트가 같은 방향을 갖는 원자나 분자들이 모여 구역을 형성하게 되는데 이 구역을 자구(magnetic domain)라 한다.

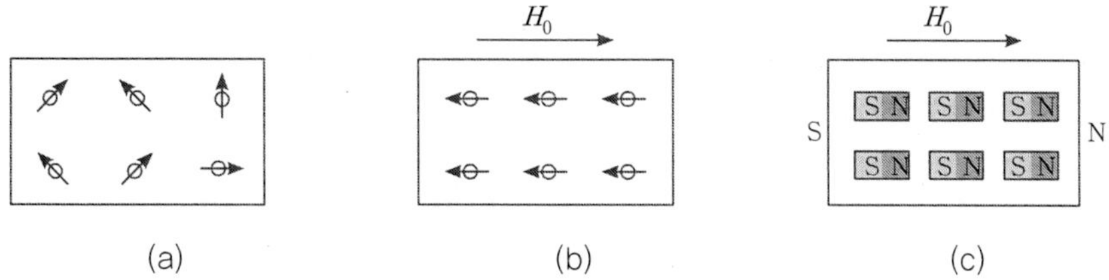

그림 10-2 자성체의 자화

그림 10-2의 (a)와 같이 자구들의 방향이 일정하지 않으면 자성체에 자석의 성질이 나타나지 않지만 (b)와 같이 자성체를 외부 자계 H_0 내에 놓으면 자구가 자계 방향으로 일정하게 정렬되어 자성체가 자석으로 변하는 자화현상이 나타난다. 그리고 (c)는 소자석 형태로 나타낸 그림이다.

자구의 정렬이 끝난 상태를 자기포화(magnetic saturation)라 하며, 자성체의 온도를 높이면 분자의 운동이 활발해져서 자구 배열이 흐트러지기 때문에 원래의 상태로 되면서 자석 성질을 잃어버리므로 자화율은 온도에 반비례한다고 볼 수 있다.

이 온도를 임계 온도, 퀴리(Curie) 온도, 퀴리 점(Curie point)이라 하고, 순수한 철의 경우 770[℃]에서 자성을 잃는다.

10.1.2 자성체의 분류

자성체 분류는 대체로 비투자율과 자화율에 의거하여 표 10-1과 같이 분류된다.

표 10-1 자성체의 분류와 특징

자성체 종류	투자율	비투자율	자기모멘트 배열과 크기	종 류
강자성체	$\mu \gg \mu_0$	$\mu_s \gg 1$	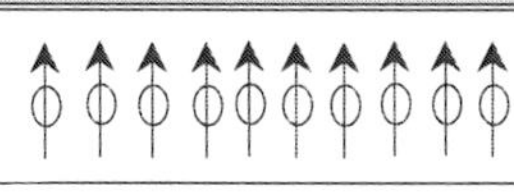	철, 니켈, 코발트
상자성체	$\mu > \mu_0$	$\mu_s > 1$	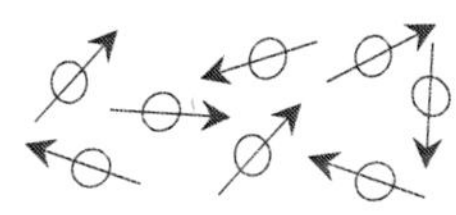	백금(Pt), 알미늄(Al), 산소(O2)
반(역)자성체	$\mu < \mu_0$	$\mu_s < 1$	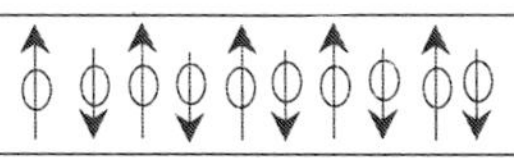	은, 구리, 비스무스, 물
반강자성체			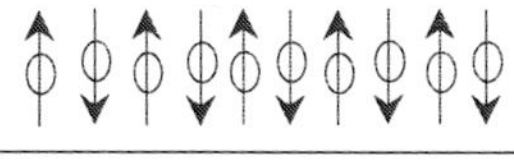	

(1) 강자성체

자석에 달라붙는 성질이 강한 자성체를 말하며, 전자 스핀에 의한 자기 모멘트가 서로 접근하여 원자의 자기 모멘트가 동일한 방향으로 정렬하는 일반적인 자구를 가지고 있는 자성체이며, 자구의 크기는 물질의 종류 및 상태 등에 따라 다르게 나타난다.

특히 강자성체 중에서 비투자율이 큰 물질은 내부 장치 또는 공간을 물질로 포위시켜 외부 자계의 영향을 차폐시키는데 좋은 물질이다.

그리고 외부에서 자계를 가하지 않으면 각 자구의 방향은 무질서하지만 외부 자계를 가하면 자구가 외부 자계 방향으로 회전하여 자기 모멘트가 강하게 나타나므로 강한 자성을 나타내고, 외부 자계 방향으로 자구의 배열이 완료되면 자기포화 현상이 일어난다.

외부 자계를 제거하면 자구는 원래의 위치로 돌아가려 하지만 완전히 되돌아오지 않아 잔류자기(residual magnetism)가 남게 되고, 잔류자기를 가진 자성체는 영구자석(permanent magnet)이 된다.

자기모멘트의 배열 상태에 따라 페로 자성체와 페리 자성체로 분류되며, 페로 자성체는 철, 니켈, 코발트 등이 있고, 페리 자성체는 각종 페라이트(ferrite)라 총칭되는 금속 산화물인데 $MnFe_2O_4$와 같은 금속 산화물이 대표적이다.

(2) 상자성체

상자성체를 세분화하면 상자성체와 반강자성체 두 종류이며, 공통된 성질로는 자성이 매우 약하다는 점이다.

상자성체는 물질의 원자들이 외부 자계의 방향과 일치하려는 자기 모멘트의 배열이 열적 운동으로 흐트러져 외부 자계에 반발하거나 끌리는 정도는 매우 약한 자성체이다.

그리고 반강자성체는 인접 원자 사이에 작용하는 힘에 의하여 원자의 스핀이 서로 반대 방향으로 배열되어 전체 자기 모멘트의 합이 0이 되기 때문에 외부 자계의 영향을 별로 받지 않는 자성체이다.

상자성체는 크롬, 알루미늄, 백금, 공기 등이며 반강자성체에 속하는 물질은 산화물인 일산화망간, 산화크롬, 황화철, 철-망간합금 등이다.

(3) 반자성체

외부 자계를 가하면 자기 모멘트의 배열이 외부 자계와 역 방향으로 배열되므로 부(負, −)의 자화율을 가지는 물질로서 역자성체라 부르는데 창연, 금, 은, 구리, 비스무스, 물 등이 있으며 외부 자기장에 반발한다.

10.2 자화의 세기

자성체를 자계 내에 놓으면 자석의 성질이 생기는데, 이를 자화라 하였다.

그림 10-3과 같이 길이 l[m], 단면적 S[m^2]의 육면체 모양의 자성체를 자계 $\boldsymbol{H}_0$ 속에 놓으면 자성체는 자화되고, 이때 자성체 단면의 단위 면적에 발생된 자기량(=자하량)을 자화의 세기(intensity magnetization) 또는 자화도라 한다.

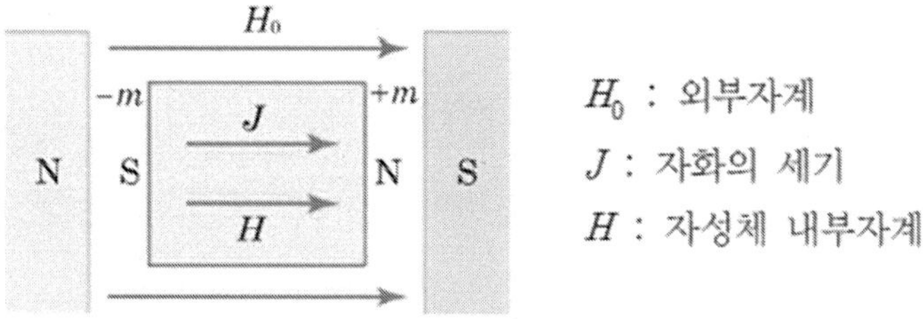

그림 10–3 자성체의 자화와 자계의 세기

길이 l[m], 단면적 S[m^2]인 육면체 모양의 자성체 단면에 발생된 자기량(=자하량)을 m[Wb]라 할 때 자화의 세기 J는

$$J = \frac{m}{S}\,[\mathrm{Wb/m^2}] \tag{10–1}$$

으로 주어지며, 자화의 세기는 유전체에서 전기 분극도와 동일한 의의를 가지고 대응되는 물리량이다. 그리고 자화의 방향은 철편의 S극에서 N극으로 향하는 방향이다.

식 (10-1)의 분자와 분모에 자성체 길이 l[m]를 곱하여 변형시키면

$$J = \frac{m \cdot l}{S \cdot l} = \frac{M}{V}\,[\mathrm{Wb{\cdot}m/m^3}] \tag{10–2}$$

으로 되고, V는 자성체 부피, $\boldsymbol{M}$은 자기 모멘트($\boldsymbol{M} = ml$[Wb·m])이다.

자기 모멘트는 S극과 N극 간의 거리로 위치벡터 l[m]인 벡터량으로 표시되었고, 이에 따라 자화의 세기도 벡터량으로 표시되었다.

그리고 식 (10-1)과 식 (10-2)로부터 자화의 세기는 다음과 같이 정의를 내릴 수 있다.

① 자화된 자성체 자극의 단위 면적당 자기량(=자하량)

② 자화된 자성체의 단위체적당 자기모멘트 수

자화 세기 J는 유전체의 분극의 세기(intensity of polarization) $\boldsymbol{P}$와 정의 방법은 다르지만 어느 쪽이나 내부의 쌍극자를 출발점으로 하고 있기 때문에 동일한 의미를 가지고 있다.

그리고 식 (5-16)처럼 분극의 세기 $\boldsymbol{P}$가 분극율과 유전체내의 전계의 세기에 비례하는 것과 마찬가지로 외부 자계 $\boldsymbol{H}_0$ 중에 자성체 내를 통과하는 자계의 세기를 $\boldsymbol{H}$라 하면 자성체 자화의 세기 J는 $\boldsymbol{H}$에 비례하여

$$J = \chi H[\mathrm{Wb/m^2}] \tag{10–3}$$

으로 놓을 수 있고, 식 (10-3)은 벡터를 사용하여 나타낼 수 있다.

$$\boldsymbol{J} = \chi \boldsymbol{H}[\mathrm{Wb/m^2}] \tag{10–4}$$

여기서 χ는 자성체 종류에 따라 정해지는 비례상수로 자화율(magnetic susceptibility)이라 하고 다음과 같이 정의된다.

$$\left.\begin{aligned} &\chi = \mu - \mu_0 = \mu_0(\mu_s - 1) = \mu_0\chi_s \\ &\mu = \mu_0 + \chi \\ &\mu_s = \frac{\mu}{\mu_0} = 1 + \frac{\chi}{\mu_0} = 1 + \chi_s \end{aligned}\right\} \tag{10–5}$$

이 식에서 μ는 자성체 투자율(permeability), μ_s는 자성체 비투자율(relative permeability)로 단위가 없으며 자성체의 성질에 따라 결정되는 값으로 표 10-2에 제시되어 있다. 비투자율이 클수록 자석에 잘 붙는 물질이다.

그리고 자화율을 진공 투자율(μ_0)로 나눈 것, 즉 $\chi / \mu_0 = \chi_s$를 비자화율(relative magnetic susceptibility)이라 부르며, 이들의 관계는 다음과 같다.

$$\chi_s = \frac{\chi}{\mu_0} = \mu_s - 1 \tag{10–6}$$

또 식 (10-5)의 자화율을 식 (10-4)에 대입하면 자화의 세기 J는

$$\boldsymbol{J} = \chi \boldsymbol{H} = (\mu - \mu_0)\boldsymbol{H} = \mu_0(\mu_s - 1)\boldsymbol{H}[\mathrm{Wb/m^2}] \tag{10–7}$$

이고, 자화의 방향은 자성체 내부를 통과하는 자계 방향과 일치함을 알 수 있다.

표 10-2 각종 자성체의 투자율

자성체	비투자율(μ_s), (투자율$\mu = \mu_0\mu_s$)	
은	0.99983	자석에 붙지 않는다. (상자성체 및 반자성체)
주 석	0.999983	
구 리	0.999991	
진 공	1	
공 기	1.0000004	
알 루 미 늄	1.00002	
코 발 트	250	자석에 붙는다. (강자성체)
니 켈	600	
철(0.2[%] 불순물)	5,000	
규소강(3[%] 규소)	7,000	
순 철	20,000	
퍼 말 로 이	100,000	

유전체내에서 유전체 분극의 세기 $\boldsymbol{P}$와 유전체 내의 전계 세기 $\boldsymbol{E}$ 그리고 전속밀도 $\boldsymbol{D}$와의 관계는 $D = \epsilon_0\boldsymbol{E} + \boldsymbol{P}$가 됨을 알았다.

이러한 관계는 자성체 내에서도 적용이 되는데, 식 (10-7)처럼 자성체 내의 자화의 세기와 자속밀도 관계가 유전체의 경우와 동일한 관계를 가지고 있으며 다음과 같다.

$$\boldsymbol{J} = (\mu - \mu_0)\boldsymbol{H} = \mu\boldsymbol{H} - \mu_0\boldsymbol{H} = \boldsymbol{B} - \mu_0\boldsymbol{H} \quad (10\text{–}8)$$

$$\boldsymbol{B} = \mu_0\boldsymbol{H} + \boldsymbol{J} \quad (10\text{–}9)$$

여기서 $\boldsymbol{B} = \mu\boldsymbol{H}$이고, $\boldsymbol{H}$는 투자율이 μ인 자성체 내를 통과하는 자계이므로 $\boldsymbol{B}$는 자성체 내에서의 자속밀도가 된다.

식 (10-5)에서 $\chi > 0$인 자성체는 자화가 외부 자계와 같은 방향으로 되기 때문에 상자성체라 하고, $\chi < 0$인 자성체는 자화가 외부 자계와 반대 방향으로 되기 때문에 역자성체라 한다.

따라서 비투자율 μ_s가 1보다 크면 상자성체, 1보다 작으면 역자성체가 됨을 식 (10-7)에서 알 수 있다.

보통의 상자성체의 비자화율은 1에 비해 매우 작기 때문에 $\mu = \mu_0$로 취급하여도 큰 지장이 없으므로 강자성체 이외에는 $\mu = \mu_0$라 하여 비자성체(nonmag-netic substance)로 취급한다.

분극의 세기(유전체 내부현상)	자화의 세기(자성체 내부현상)
$P=\chi E$ 분극률 : $\chi=\epsilon-\epsilon_0=\epsilon_0(\epsilon_s-1)$	$J=\chi H$ 자화율 : $\chi=\mu-\mu_0=\mu_0(\mu_s-1)$
$P=(\epsilon-\epsilon_0)E$ $=\epsilon E-\epsilon_0 E\ (D=\epsilon E)$ $=D-\epsilon_0 E$	$J=(\mu-\mu_0)H$ $=\mu H-\mu_0 H\ (B=\mu H)$ $=B-\mu_0 H$
$\therefore\ D=\epsilon_0 E+P$	$\therefore\ B=\mu_0 H+J$

자성체 종류	자화율(비자화율)	비투자율	투자율(온도)	J, H의 방향, 선형 관계($J=\chi H$)
상자성체	$\chi(\chi_s)>0$	$\mu_s>1$	투자율 일정	J와 H가 같은 방향, 선형성
반자성체	$\chi(\chi_s)<0$	$\mu_s<1$	투자율 일정	J와 H가 반대 방향, 선형성
강자성체	$\chi(\chi_s)\gg 0$	$\mu_s\gg 1$	투자율 변화	J와 H가 같은 방향, 비선형성

【예제 10.1】

비투자율 $\mu_s = 1000$인 자성체 내에 있어서 자계의 크기가 $100[AT/m]$이다. 이 점에 있어서의 자속밀도 및 자화의 세기를 구하라.

또 그 자성체의 자화율은 얼마인가?

【풀이】

자성체 내의 자속밀도가 B, 자계의 세기 H, 자화의 세기가 J이면

$$H = \frac{B}{\mu_s} - J \qquad \text{(a)}$$

의 관계가 되므로

$$B = \mu_0 (H + J) = \mu_0 (1 + \chi_s) H = \mu_0 \mu_s H \qquad \text{(b)}$$

가 되므로 $\mu_s = 1000$, $H = 100[AT/m]$을 대입하여 풀면

$$B - 0.1256[T]$$

자화의 세기 J는

$$J = \frac{B}{\mu_s} - H = \chi H = \mu_0 (\mu_s - 1) H\ [T] \qquad \text{(c)}$$

가 된다. 그러므로

$J = 0.1255[T]$ 자화율 $\chi = \mu_0(\mu_s - 1)$가 되어

$\chi = 4\pi \times 10^{-7} \times 999 = 1.255 \times 10^{-3}[H/m]$이다.

10.3 감자력(demagnetizing force)

그림 10-4처럼 평등자계 $\boldsymbol{H}_0$ 내에 자성체를 놓으면 자화 현상으로 생기는 자화의 세기 $\boldsymbol{J}$에 의해 N, S의 자극이 자성체에 유도되어 $\boldsymbol{H}_0$와 반대 방향의 자계 $\boldsymbol{H}'$가 만들어진다.

그림 10-4에서 $\boldsymbol{H}'$방향은 외부 자계 $\boldsymbol{H}_0$와 반대 방향이므로 자성체 내부 자계는 $\boldsymbol{H} = \boldsymbol{H}_0 - \boldsymbol{H}'$로

감소되는 현상을 자기 감자작용(self demagnetizing effect)이라 하고, $\boldsymbol{H}'$를 자기 감자력(self demagnetizing force) 또는 감자력(demagnetizing force)이라 부른다.

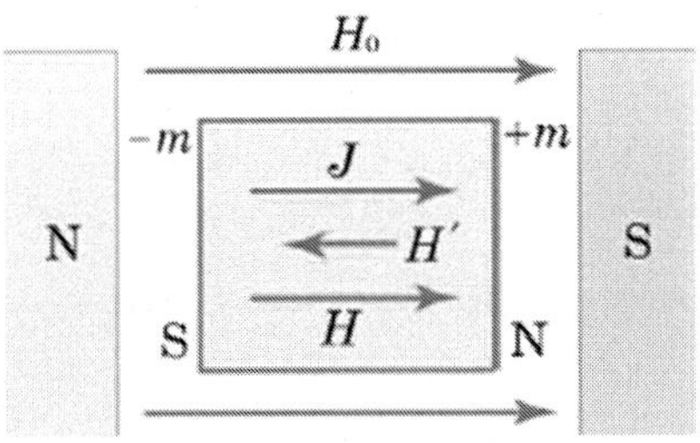

그림 10-4 자성체 내의 자계

상자성체인 경우 내부자계는 $\boldsymbol{H} = \boldsymbol{H}_0 - \boldsymbol{H}'$이고 역자성체인 경우에는 $\boldsymbol{H} = \boldsymbol{H}_0 + \boldsymbol{H}'$가 되는데 여기서는 상자성체인 경우만 취급하기로 한다.

자기 감자력은 자성체의 자화의 세기에 비례하고, 자성체의 형상에 의해 결정되므로 다음과 같이 놓을 수 있다.

$$\boldsymbol{H}' = \frac{N}{\mu_0}\boldsymbol{J} \tag{10-10}$$

이 식에서 비례 상수 N을 감자율(demagnetization factor)이라 하며 $0 \leqq N \leqq 1$의 값을 가진다. 그리고 자화의 세기 $\boldsymbol{J} = \chi\boldsymbol{H}$를 대입하면

$$\boldsymbol{H}' = \frac{\chi N}{\mu_0}\boldsymbol{H} \tag{10-11}$$

가 된다.

그리고 자성체 내부 자계는

$$\boldsymbol{H} = \boldsymbol{H}_0 - \boldsymbol{H}' = \boldsymbol{H}_0 - \frac{\chi N}{\mu_0}\boldsymbol{H} \tag{10-12}$$

이고, $\boldsymbol{H}$에 대해 정리하면

$$\boldsymbol{H} = \frac{\boldsymbol{H}_0}{1 + \dfrac{\chi N}{\mu_0}} = \frac{\boldsymbol{H}_0}{1 + N(\mu_s - 1)} \tag{10-13}$$

이 되며, 여기서 자화율은 $\chi = \mu - \mu_0 = \mu_0(\mu_s - 1)$이다.

또 내부자계 $\boldsymbol{H}$와 외부 평등자계 $\boldsymbol{H}_0$를 알고 있으면 이 식으로부터 감자율 N을 다음과 같이 구할 수 있다.

$$N = \frac{\mu_0}{\chi}\left(\frac{H_0}{H} - 1\right) = \frac{1}{\mu_s - 1}\left(\frac{H_0}{H} - 1\right) \tag{10-14}$$

영구자석은 감자 작용에 의해 자력이 서서히 감소되는데 이를 방지하기 위해 그림 10-5와 같이 철편을 붙여 놓으면 환상 철심이 되어 자극이 없어지기 때문에 $N=0$이 되어 감자 작용이 일어나지 않게 된다.

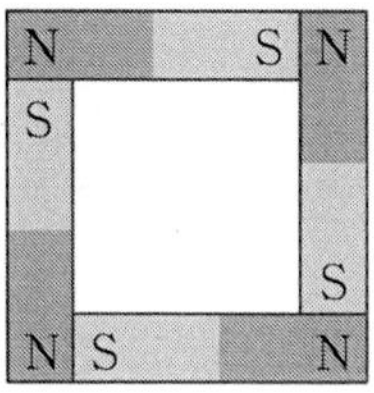

그림 10-5 자석 보존법

그리고 자성체가 가늘고 긴 자성체의 감자율 N은 0에 가깝고, 극이 존재하지 않는 무단 환상 철심인 환상 솔레노이드의 감자율 N은 0이며, 굵고 짧은 것은 1에 가까워진다.

【예제 10.2】

H_0인 자계 내에 있는 비투자율 μ_s, 감자율 A인 자성체의 자화의 세기 J를 구하라.

【풀이】

$H = H_0 - H = H_0 - \dfrac{A}{\mu_0}J,\ \ J = \chi H = \mu_0(\mu_s - 1)H$가 성립되므로

$J\dfrac{1}{\mu_0(\mu_s - 1)} = H_0 - \dfrac{A}{\mu_0}J$의 식에서 자화의 세기를 구할 수 있다.

그러므로

$$J = H_0 \frac{1}{\left[\dfrac{1 + A(\mu_s - 1)}{\mu_0(\mu_s - 1)}\right]} = \frac{\mu_0(\mu_s - 1)}{1 + A(\mu_s - 1)} H_0$$가 된다.

【예제 10.3】

평균자계의 세기 $H_0 = 1$[AT/m]속에 이것과 나란하게 놓인 반지름 $r = 0.5$ cm, 길이 $l = 10$ cm, 비투자율 $\mu_s = 400$의 자성체에 평균자화의 세기와 이 자성체내의 자계의 세기를 구하라. (단, $l/r = 20$일 때 감자율은 0.01719로 한다.)

【풀이】

자성체 내에서의 자계세기 H 는 $H = H_0 - H' = H_0 - \dfrac{\chi HA}{\mu_0}$ 이므로

$$H = \frac{H_0}{1 + \dfrac{A\chi}{\mu_0}}$$

이 된다. 여기서 $1 + \dfrac{A\chi}{\mu_0}$에 $\chi = \mu_0(\mu - 1)$을 대입하면

$$H = \frac{H_0}{1 + \dfrac{A\mu_0(\mu_s - 1)}{\mu_0}} = \frac{H_0}{1 + A(\mu_s - 1)}$$

가 되어 각 상수를 대입하여 풀면 $H = 1.2 \times 10^{-1}$[AT/m]가 된다.

10.4 자성체에서 경계조건

10.4.1 자속 밀도의 경계조건

비투자율이 각각 μ_1, μ_2인 두 자성체가 그림 10-6처럼 경계를 이루면서 접해있을 때 전속과 자계를 투사하면 경계면을 통과하면서 굴절이 일어나며, 이때 θ_1을 입사각, θ_2를 굴절각이라 한다.

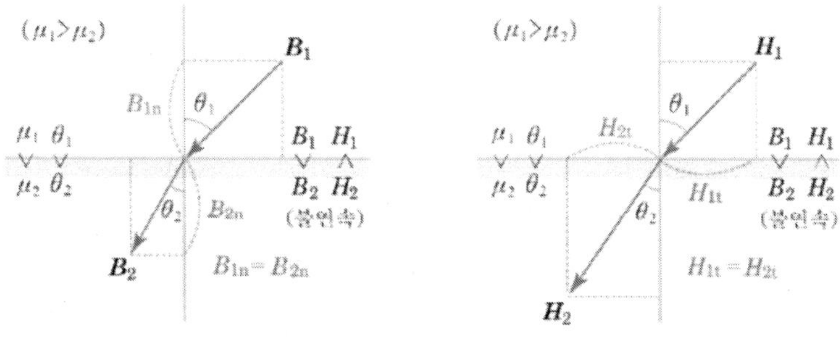

그림 10-6 두 자성체의 경계면에서 자계와 자속의 굴절

경계면에 자하가 없는 경우 그림 10-7과 같이 경계면 양측에 미소 면적 dS를 밑면적으로 하고 측면으로 전속 출입을 무시할 수 있도록 높이가 아주 작은 원통형태의 폐곡면이 있다고 생각하자.

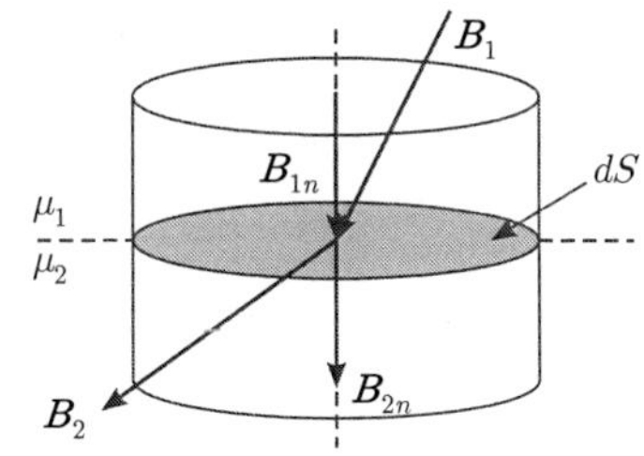

그림 10-7 경계면에서 자속선의 굴절

그리고 두 자성체 경계면에 자하가 존재하지 않고, 경계면을 통과하는 자속밀도를 $\boldsymbol{B}_1$과 $\boldsymbol{B}_2$라 하면

$$\int_s \boldsymbol{B}_1 \cdot d\boldsymbol{S} - \int_s \boldsymbol{B}_2 \cdot d\boldsymbol{S} = 0 \tag{10–15}$$

가 성립되며, 이때 $\int_s \boldsymbol{B}_1 \cdot d\boldsymbol{S}$는 경계면에 입사되는 자속수, $\int_s \boldsymbol{B}_2 \cdot d\boldsymbol{S}$는 경계면에서 굴절되어 나가는 자속수이다. 그리고 0은 자하가 경계면에 존재하지 않은 상태에서 경계면으로 입사되어 들어오는 자속수와 굴절되어 나가는 자속수가 같음을 의미한다.

자속밀도 $\boldsymbol{B}_1$과 $\boldsymbol{B}_2$의 수직성분을 $\boldsymbol{B}_{1n}, \boldsymbol{B}_{2n}$이라 하고, 수평성분을 $\boldsymbol{B}_{1t}, \boldsymbol{B}_{2t}$라 한다면, 식 (10-15)을 다음과 같이 쓸 수 있다.

$$\int_s \boldsymbol{B}_{1n} \cdot d\boldsymbol{S} + \int_s \boldsymbol{B}_{1t} \cdot d\boldsymbol{S} - \left(\int_s \boldsymbol{B}_{2n} \cdot d\boldsymbol{S} + \int_s \boldsymbol{B}_{2t} \cdot d\boldsymbol{S}\right) = 0 \tag{10–16}$$

경계면에서 취한 원통의 측면으로부터 전속 출입을 무시할 수 있을 정도로 원통의 높이가 아주 작으므로 수평 성분 $\boldsymbol{B}_{1t}, \boldsymbol{B}_{2t}$ 를 무시하고 식 (10-16)을 정리하여 적분하면 다음 식이 된다.

$$\left.\begin{aligned} &\int_s \boldsymbol{B}_{1n} \cdot d\boldsymbol{S} - \int_s \boldsymbol{B}_{2n} \cdot d\boldsymbol{S} = 0 \\ &\boldsymbol{B}_{1n} = \boldsymbol{B}_{2n} \end{aligned}\right\} \tag{10–17}$$

이 식으로부터 '경계면에 유입되는 자속밀도와 유출되는 자속밀도의 수직(법선)성분은 서로 같다.'가 성립된다.

10.4.2 자계 세기의 경계 조건

그림 10-8과 같이 비투자율이 각각 μ_{s1}, μ_{s2}인 자성체가 접해있는 경계면을 사이에 두고 사각형을 취하고 사각형의 경로를 $A \rightarrow B \rightarrow C \rightarrow D \rightarrow A$로 자계 $\boldsymbol{H}$를 일주(一週)시켜 적분한다고 생각하자.

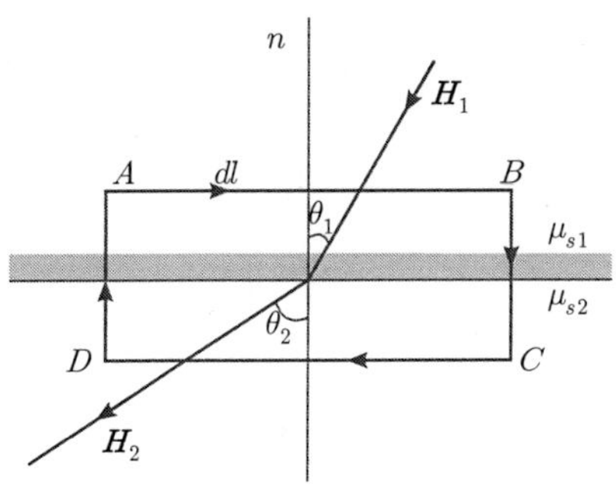

그림 10–8 경계면에서의 적분로

$$\begin{aligned} \int_{ABCDA} \boldsymbol{H} \cdot dl &= \int_A^B \boldsymbol{H} \cdot dl + \int_B^C \boldsymbol{H} \cdot dl - \int_C^D \boldsymbol{H} \cdot dl - \int_D^A \boldsymbol{H} \cdot dl \\ &= \int_A^B \boldsymbol{H} \cdot dl - \int_C^D \boldsymbol{H} \cdot dl = \int \boldsymbol{H}_{1t} \cdot dl - \int \boldsymbol{H}_{2t} \cdot dl \\ &= \int (\boldsymbol{H}_{1t} - \boldsymbol{H}_{2t}) \cdot dl \end{aligned} \tag{10–18}$$

자계 $\boldsymbol{H}$를 일주시켜 적분한 값은 0이 되고, 변 BC와 DA의 길이는 AB, CD보다 아주 작기 때문에 적분 $\int_B^C \boldsymbol{H} \cdot dl$와 $\int_D^A \boldsymbol{H} \cdot dl$는 무시할 수 있고, 이에 따라 수직성분인 $\boldsymbol{H}_{1n}$, $\boldsymbol{H}_{2n}$도 무시

할 수 있다.

이에 따라 자계의 수평성분 $\boldsymbol{H}_{1t}$, $\boldsymbol{H}_{2t}$ 에 대한 적분의 합이 0이 되기 위해서 다음 관계가 성립되어야 한다.

$$\boldsymbol{H}_{1t} = \boldsymbol{H}_{2t} \tag{10-19}$$

즉, '경계면에 유입되는 자계와 유출되는 자계의 수평(접선)성분은 서로 같다.'가 성립된다.

10.4.3 자계와 자속의 굴절법칙

이상 위의 2개 경계조건을 이용하여 그림 10-9에서 자속밀도 및 자계의 상호 관계를 구해보자.

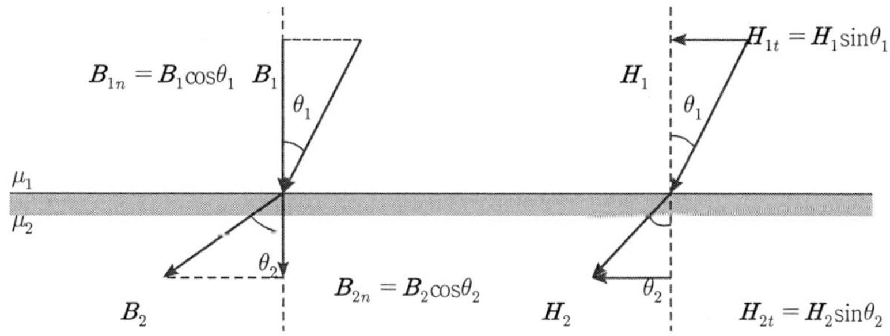

$B_{1n} = B_{2n}$　　　　$H_{1t} = H_{2t}$

그림 10-9 경계면 양측의 자속밀도 및 자계

자성체 내에서 자속밀도와 자계의 관계는 $\boldsymbol{B} = \mu \boldsymbol{H}$이므로 그림 10-9에서 투자율 μ_1, μ_2인 자성체의 자속밀도와 자계 관계는 다음과 같다.

$$\left.\begin{aligned} \boldsymbol{B}_1 &= \mu_1 \boldsymbol{H}_1 \\ \boldsymbol{B}_2 &= \mu_2 \boldsymbol{H}_2 \end{aligned}\right\} \tag{10-20}$$

또 식 (10-17)과 식 (10-19) 그리고 그림 10-9에서

$$\left.\begin{aligned} &B_{1n} = B_{2n} \\ &B_1\cos\theta_1 = B_2\cos\theta_2 \\ &\mu_1 H_1\cos\theta_1 = \mu_2 H_2\cos\theta_2 \end{aligned}\right\} \tag{10-21}$$

$$\left.\begin{aligned} &H_{1t} = H_{2t} \\ &H_1\sin\theta_1 = H_2\sin\theta_2 \end{aligned}\right\} \tag{10-22}$$

의 관계가 성립된다.

식 (10-21)을 식 (10-22)로 나누면 다음의 결과를 얻을 수 있다.

$$\left.\begin{aligned} &\frac{H_1\sin\theta_1}{\mu_1 H_1\cos\theta_1} = \frac{H_2\sin\theta_2}{\mu_2 H_2\cos\theta_2} \\ &\frac{\tan\theta_1}{\tan\theta_2} = \frac{\mu_1}{\mu_2} \end{aligned}\right\} \tag{10-23}$$

이로부터 굴절각은 투자율에 비례함을 알 수 있고, 식 (10-23)에서 $\mu_1 < \mu_2$이므로 $\theta_1 < \theta_2$로 되기 때문에 $B_1 < B_2$의 관계가 성립하여 자속은 투자율이 높은 쪽으로 모인다는 것도 알 수 있다.

10.5 단위체적당 에너지와 단위면적당 흡인력

자속 밀도 B, 자계의 세기 H인 자성체의 단위체적당 보유되는 자계 에너지(자계의 에너지 밀도)를 구하면 다음과 같다.

$$w_m = \frac{1}{2}B \cdot H\,[\text{J/m}^3] \tag{10-24}$$

매질의 투자율을 μ라 하면 $B = \mu H$의 관계에서 자계의 에너지 밀도 w_m는

$$w_m = \frac{1}{2}B \cdot H = \frac{1}{2}\mu H^2 = \frac{B^2}{2\mu}\,[\text{J/m}^3] \tag{10-25}$$

가 되며, 자계가 존재하는 영역의 체적을 V라 할 때 체적 V에 축적되는 자계 에너지는

$$W = w_m V\,[\mathrm{J}] \tag{10–26}$$

이 되는데, 여기서 W를 일로 보면 일은 힘 곱하기 거리(길이)이고, 체적 V는 면적 곱하기 높이(길이)이기 때문에 식 (10-26)은

$$w_m = \frac{W}{V} = \frac{\boldsymbol{F} \cdot l}{\boldsymbol{S} \cdot l} = \frac{\boldsymbol{F}}{\boldsymbol{S}} = f\ [\mathrm{N/m^2}] \tag{10–27}$$

인 단위면적당 작용하는 힘의 관계로 바꿀 수 있다.

따라서 단위체적당 축적되는 자계 에너지인 자계의 에너지 밀도 w_m는 자극의 단위면적당 작용하는 힘, 즉 흡인력 f와 같다.

자극 전체의 면적에 작용하는 힘 F는 자극의 단위면적당 작용하는 힘인 흡인력 f에 면적 $\boldsymbol{S}$를 곱하면 구해지는데, 공기 중에서는 다음의 식과 같으며 자속밀도 B^2에 비례함을 알 수 있다.

$$\boldsymbol{F} = f \cdot \boldsymbol{S} = \frac{B^2}{2\mu_0}\boldsymbol{S} \tag{10–28}$$

10.6 강자성체의 자화

강자성체에서 자속밀도 $\boldsymbol{B}$와 자화 세기 $\boldsymbol{J}$는 자계 $\boldsymbol{H}$에 비례의 관계를 벗어나는 비선형 관계를 나타내고 있고, 자성체에 따라서 투자율 μ와 자화율 χ는 비례 상수의 역할을 하지 않기 때문에 자화 현상은 매우 복잡하다.

10.6.1 자화곡선과 자기포화

그림 10-10은 강자성체의 자화곡선이다.

전혀 자화되지 않은 철, 니켈, 코발트 등의 강자성체를 외부 자계 $\boldsymbol{H}$ 속에 놓고, 외부 자계 $\boldsymbol{H}$를 점차 증가시켜 외부 자계가 $\boldsymbol{H}_a$가 될 때 까지는 자화의 세기 $\boldsymbol{J}$는 비교적 천천히 증가되지만 그 후 외부자계가 어느 한계치 $\boldsymbol{H}_b$까지 증가되는 동안 자화의 세기 $\boldsymbol{J}$도 급격히 증가된다.

하지만 외부 자계를 $\boldsymbol{H}_b$ 이상으로 증가시키면 자화 세기 $\boldsymbol{J}$는 더 이상 증가되지 않고 일정한 값을 유지하는 포화 상태에 도달하며, 이러한 현상을 자기포화(saturation of magnetism)라고 한다.

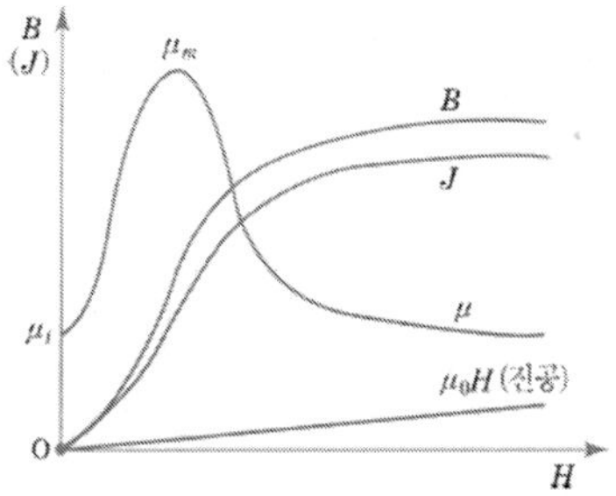

그림 10–10 자화곡선

이와 같은 자화 특성을 나타내는 것은 자화 초기에 자기 모멘트가 자계 방향으로 배열될 때 관성에 의한 저항력을 받기 때문에 자화는 서서히 진행되어 $\boldsymbol{J}$가 $\boldsymbol{H}$에 비례하여 증가되는 직선 모양에 가깝게 된다.

그러나 외부 자계 $\boldsymbol{H}$를 더욱 증가시키면 자화가 급속히 진행되다가 자기 모멘트가 모두 자계 방향으로 배열되면 외부 자계 $\boldsymbol{H}$를 아무리 증가시켜도 더 이상 자화가 일어나지 않고 포화되기 때문이다.

또 자성체의 자속밀도 $\boldsymbol{B}$와 자화 세기 $\boldsymbol{J}$는 $\boldsymbol{B} = \mu_0\boldsymbol{H} + \boldsymbol{J}$의 관계가 있으므로, 자기포화 영역에서 자속밀도 $\boldsymbol{B}$는 $\boldsymbol{J}$가 일정하기 때문에 $\mu_0\boldsymbol{H}$의 증가만큼 영향을 받게 된다.

따라서 그림 10-10에서 보듯이 자속밀도 $\boldsymbol{B}$는 자화의 세기 $\boldsymbol{J}$보다 약간 큰 값을 갖게 된다.

10.6.2 히스테리시스 루프(hysterisis loop)

자화되지 않은 강자성체에 외부에서 자계 세기가 $\boldsymbol{H}$인 자계를 가하면 강자성체 내의 자속밀도 $\boldsymbol{B}$의 변화는 $\boldsymbol{B} = \mu\boldsymbol{H}$와 같은 비례의 관계를 가진다.

비례의 관계는 대체로 그림 10-11과 같은 모형으로 변화된다. 이 곡선에서 비례 상수인 기울기는 투자율이다.

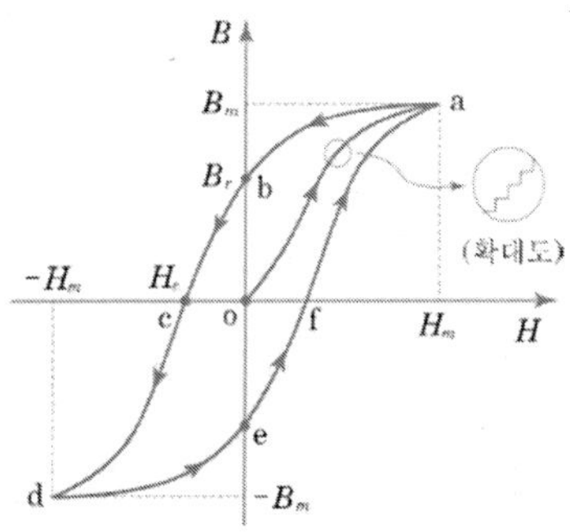

그림 10–11 히스테리시스 루프

외부자계 $\boldsymbol{H}$를 0에서 증가시켜 자속밀도 $\boldsymbol{B}$의 변화가 생기지 않을 때까지 외부자계 $\boldsymbol{H}$를 증가시켰다가 역으로 감소시키면 그림 10-11과 같이 자속밀도 $\boldsymbol{B}$가 ao 곡선의 경로로 감소되지 않고 ab곡선의 경로로 감소된다.

즉, 외부 자계 $\boldsymbol{H}=0$이 되어도 자속밀도 $\boldsymbol{B}$는 0이 되지 않고 B_r만큼 남게 되는데, 이 B_r(종축과 만나는 자속밀도의 크기)을 잔류자기(residual magnetism)라 한다.

또한 외부자계 $\boldsymbol{H}$를 역방향(−방향)으로 가해주면 bc 곡선의 경로로 이동하여 점 c의 H_c값에서 $\boldsymbol{B}=0$이 된다.

이와 같이 자속밀도 $\boldsymbol{B}=0$이 되도록 가한 자계 $\boldsymbol{H}_c$(횡축과 만나는 자계의 크기)를 보지력(coercive force)이라 한다.

외부자계 $\boldsymbol{H}$를 역방향으로 더욱 증가시키면 자속밀도 $\boldsymbol{B}$는 점 d에서 포화되고, 이번에는 $\boldsymbol{H}$를 +방향으로 변화시켜 $H=0$가 되면 자속밀도 $\boldsymbol{B}$는 de 곡선을 따라 변화되고, 외부자계 $\boldsymbol{H}$를 증가시켜 나가면 자속밀도 $\boldsymbol{B}$는 efa의 경로를 따라 변화되어 원래 상태로 되돌아간다.

이와 같이 자계를 +, −의 방향으로 1사이클 변화시키면 $B-H$ 곡선은 폐곡선이 되는데 이것을 히스테리시스 루프라 부르고, 그 모양은 그림 10-12처럼 자성 재료에 따라서 매우 다르며, 이에 따라 자성 재료의 사용 용도도 달라진다.

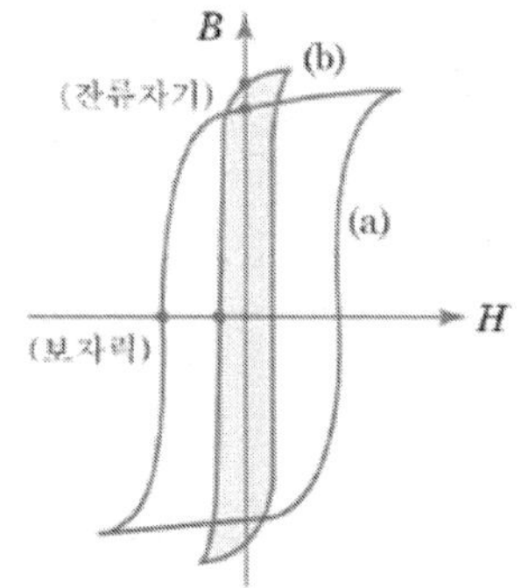

구 분	영구자석재료 그림 (a)	자심재료 그림 (b)
잔류자기 B_r	대	대
보자력 H_c	대	소
히스테리시스면적	대	소
비 고	hard iron (경철)	soft iron (연철)

그림 10-12 자성 재료에 따른 히스테리시스 루프

· 영구자석의 재료 : B_r(잔류자기), H_c(보자력)이 모두 큰 강철, 텅스텐

· 전자석의 철심 재료 : H_c(보자력), 히스테리시스 면적이 모두 적은 연철

10.6.3 히스테리시스 손실(hysterisis loss)

강자성체에 외부자계를 가하여 자화시킬 때, 자화에 필요한 단위체적당 에너지는 히스테리시스 루프의 자화곡선과 자속밀도인 종축 사이에 둘러싸인 면적과 같다.

자화된 자성체의 히스테리시스 곡선을 따라 일주시키면 항상 동일한 경로를 취한다. 히스테리시스 곡선으로 둘러싸인 면적을 단위체적당 에너지라 한다.

순환적으로 변화하는 외부 자계로 강자성체를 자화하는 경우 단위체적에 대하여 히스테리시스 루프의 면적으로 표시되는 에너지가 요구됨을 의미하고 있다.

그리고 한 번 순환 후의 자성체는 원 상태로 복구되어 있으므로 이 에너지는 열이 되어 자성체의 온도를 높이는데 소비된다.

전기기기에서 열은 손실의 일종이므로, 자성체의 온도 상승도 손실로 볼 수 있기 때문에 이 손실을 히스테리시스 손실(hysterisis loss)이라 한다.

만약 외부 자계의 순환 주기를 f [Hz]라 하면 다음 식만큼의 전력이 히스테리시스 손실로 되어 열로 변한다.

$$P = f\,w_h\,[\mathrm{W/m^3}] \tag{10-29}$$

교류용 전기기기에 사용되는 철심은 히스테리시스 손실로 온도 상승을 일으켜 절연 재료의 성능을 열화시키므로 히스테리시스 손실이 기기의 수명을 단축시키는 원인이 된다.

일반적으로 이 에너지 손실은 변압기와 같은 전기기기의 철심에서 발생하므로 철손(iron loss)이라 하고, 교류용 기기의 철심에는 이 손실이 적은, 즉 히스테리시스 곡선의 면적이 작은 강자성 재료인 규소강 또는 퍼멀로이(permalloy) 등이 사용되고 있다.

스타인메츠(Steinmetz)는 단위체적의 히스테리시스 손실 w_h 와 교번 자계에 의하여 자화될 때의 최대 자속밀도 B_m 사이에 다음과 같은 관계가 있음을 실험으로 밝혔다.

$$w_h = \eta {B_m}^{1.6}\,[\mathrm{J/m^3}] \tag{10-30}$$

η 는 자성체에 따라 정해지는 상수로 스타인메츠 상수라 한다.

위의 두 식으로부터 자성체 체적을 v [m³], 교류 자계 주파수를 f [Hz]라 하면 히스테리시스 손실은

$$P_h = f\,v\,\eta {B_m}^{1.6}\,[\mathrm{W}] \tag{10-31}$$

가 되어 최대 자속밀도 B_m 의 1.6승에 비례한다.

10.6.4 소자법

강자성체가 자계를 받으면 자화되어 잔류자기 형태로 항상 자성을 보유하게 된다. 자화에 의한 자성을 제거하여 소실시키는 방법을 소자법이라고 한다.

① 직류법 : 처음에 가한 자계와 같은 정도의 직류자계를 반대 방향으로 가하는 조작을 반복하여 감소시킨다.

② 교류법 : 자화할 때와 같은 정도의 교류자계를 가하고 그 값이 0이 될 때까지 점차로 감소시킨다.

③ 가열법 : 강자성체인 철의 경우 온도를 상승시키면 약 790[℃]에서 자성이 소멸되어 상자성으로 변하면서 강자성을 잃어버리는 온도를 퀴리점(Curie point)이라 한다.

10.7 자기회로

전류가 흐르는 통로를 전기회로라고 부르는 것과 마찬가지로 자속의 통로를 자기회로(magnetic circuit)라 하고 간단히 자로라 한다.

10.7.1 자기저항과 옴(ohm)법칙

그림 10-13과 같이 평균 자로 l[m], 단면적 S[m^2], 투자율 μ인 환상 철심에 코일을 N회 감고 전류 I[A]를 흘리면 환상 철심에 자계 $\boldsymbol{H}$가 발생되어 철심에 자속이 흐르게 된다.

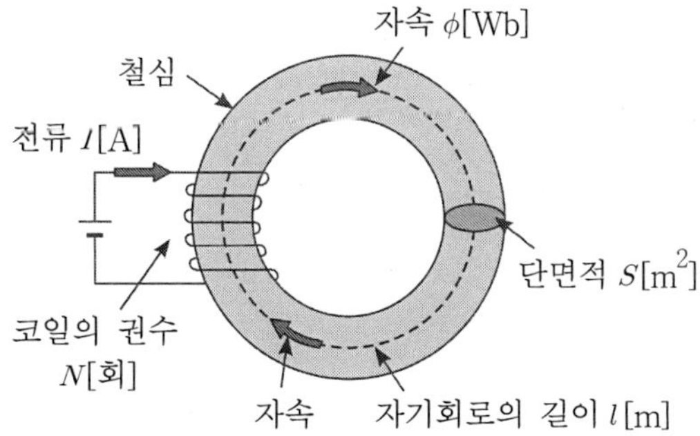

그림 10-13 환상 철심코일의 자기회로

이때 자계의 세기 $\boldsymbol{H}$[AT/m]는 다음 식의 암페어 주회적분 법칙으로 구할 수 있다.

$$\left.\begin{aligned} &\int \boldsymbol{H} \cdot dl = NI \\ &Hl = NI \end{aligned}\right\} \qquad (10\text{–}32)$$

그리고 환상 철심의 단면적을 통과하는 자속수를 ϕ[Wb]라 하면 자계 H와 자속밀도 B 사이에 다음의 관계가 있다.

$$\phi = BS = \mu HS[\text{Wb}] \tag{10–33}$$

그림 10-13의 솔레노이드 코일과 식 (10-32), (10-33)에서 권수 N인 코일과 여기에 흐르는 전류 I의 곱 NI가 환상 철심인 자기회로에 흐르는 자속수 ϕ를 만드는 것을 알 수 있다.

이 때 NI는 자기회로에 자속을 발생시키는 근원적인 힘이므로 기자력(magnet motive force : mmf)이라 부르고 단위는 [AT]이다.

$$F_m = NI[\text{AT}] \tag{10–34}$$

한편 식 (10-32)에 자속수는 (자속밀도) × (자속이 지나가는 곳의 면적)으로 계산되므로 $\phi = BS = \mu HS$인 식 (10-33)의 관계를 적용하면 식 (10-35)가 된다.

$$\left.\begin{aligned} Hl &= \frac{\phi l}{\mu S} = \frac{\phi}{\frac{\mu S}{l}} = \phi R_m \\ R_m &= \frac{l}{\mu S}[\text{AT/Wb}] \end{aligned}\right\} \tag{10–35}$$

이때 R_m을 자기저항(magnetic resistance 또는 reluctance)이라 부르며 기자력과 자속의 관계로부터 전기회로의 옴(Ohm) 법칙과 동일한 모양의 식이 다음과 같이 만들어진다.

$$\left.\begin{aligned} F_m &= \frac{\phi l}{\mu S} = \frac{\phi}{\frac{\mu S}{l}} = \phi R_m[\text{AT}] \\ \phi &= \frac{F_m}{R_m} = \frac{NI}{R_m}[\text{Wb}] \end{aligned}\right\} \tag{10–36}$$

전기회로의 옴 법칙 $V = IR$에서 V는 회로에 전류를 흐르게 하는 기전력(전압), I는 회로에 흐르는 전류 그리고 R은 전기저항으로서 $R = \frac{l}{kS}$이다.

마찬가지로 자기회로에서는 F_m는 회로에 자속을 흐르게 하는 기자력, ϕ는 회로에 흐르는 자속, R_m은 자기저항으로서 $R_m = \frac{l}{\mu S}$이다.

그리고 자기저항의 역수를 퍼미언스(permeance)라 하고, 퍼미언스는 전기저항의 역수인 콘덕턴스에 대응되어 전기회로와 자기회로는 유사하므로 표 10-3과 같은 관계가 성립된다.

표 10-3 전기회로와 자기회로의 대응

전 기 회 로		자 기 회 로	
기 전 력	V[V]	기 자 력	F_m[AT]
전 류	I[A]	자 속	ϕ[Wb]
전 계	E[V/m]	자 계	H[AT/m]
전기저항	R[Ω]	자기저항	R_m[AT/Wb]
도 전 율	σ[℧/m]	투 자 율	μ[H/m]
옴 법칙	$I=\frac{V}{R}$[A]	옴 법칙	$\phi=\frac{\ni}{R_m}$[AT]

10.7.2 미소공극이 있는 자기회로

그림 10-14 (a)와 같이 투자율 μ, 단면적 S[m^2]인 철심부분의 길이는 l_i[m]이고, 미소 공극(air gap) 부분의 길이가 l_g[m]인 자로에 코일을 N회 감고 전류 I[A]를 흘렸을 때 철심부분의 자기저항 R_i와 미소 공극부분의 자기저항 R_g는 각각 다음과 같다.

$$\left.\begin{aligned} R_i &= \frac{l_i}{\mu S} \\ R_g &= \frac{l_g}{\mu_0 S} \end{aligned}\right\} \tag{10-37}$$

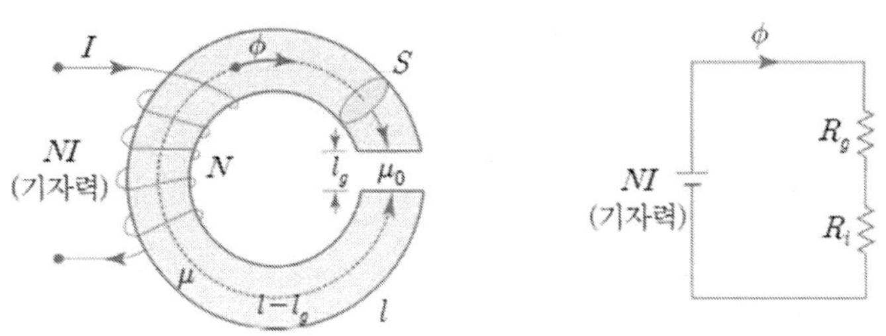

(a) 자기회로(공극) (b) 등가 자기회로

그림 10-14 공극이 있는 자기회로

그림 10-14 (b)의 등가회로에서 각 부분의 자기저항은 직렬로 접속되어 있으므로 합성 자기저항 R_m은 다음과 같이 된다.

$$R_m = R_i + R_g = \frac{l_i}{\mu S} + \frac{l_g}{\mu_0 S} = \frac{l_i}{\mu S}\left(1 + \frac{l_g}{l_i}\mu_s\right) \tag{10-38}$$

따라서 자속 ϕ는 식 (10-39)와 같다.

$$\phi = \frac{NI}{R_m} = \frac{NI}{\frac{l_i}{\mu S}\left(1 + \frac{l_g}{l_i}\mu_s\right)} \text{[Wb]} \tag{10-39}$$

만일 미소 공극이 없다면 $l_g = 0,\ l_i = l$ 이므로 자기저항 R은

$$R = \frac{l_i}{\mu S}\left(1 + \frac{l_g}{l_i}\right) = \frac{l_i + l_g}{\mu S} = \frac{l}{\mu S} \text{[AT/Wb]} \tag{10-40}$$

로 되고, 공극이 없는 경우 환상 철심의 길이 l 은 미소 공극(air gap)부의 길이 l_g 보다 아주 크기 때문에, 즉 $l \gg l_g$ 이어서 $l - l_g = l_i \fallingdotseq l$ 로 되어 식 (10-38)의 합성 자기저항은 식 (10-41)로 구해진다.

$$\begin{aligned} R_m &= R_i + R_g = \frac{l - l_g}{\mu S} + \frac{l_g}{\mu_0 S} = \frac{l}{\mu S} + \frac{l_g}{\mu_0 S} \\ &= \frac{l}{\mu S}\left(1 + \frac{l_g}{l}\mu_s\right) \text{[AT/Wb]} \end{aligned} \tag{10-41}$$

따라서 미소 공극이 있으면 자기저항은 $\left(1 + \frac{l_g}{l}\mu_s\right)$배 증가함을 알 수 있다.

기사시험 기출문제

문제 10-1	95, 96, 01, 06, 12. 기사 / 01, 05, 06 산업기사

물질의 자화 현상은?

㉮ 전자의 이동 ㉯ 전자의 공전 ㉰ 전자의 자전 ㉱ 분자의 공동

[답] ㉰

문제 10-2	89, 01, 14. 기사

내부 장치 또는 공간을 물질로 포위시켜 외부 자계의 영향을 차폐시키는 방식을 자기 차폐라 한다. 자기 차폐에 좋은 물질은?

㉮ 강자성체 중에서 비투자율이 큰 물질
㉯ 강자성체 중에서 비투자율이 작은 물질
㉰ 비투자율이 1보다 작은 역자성체
㉱ 비투자율에 관계없이 물질의 두께에만 관계되므로 되도록 두꺼운 물질

[답] ㉮

문제 10-3	91, 97, 01, 06. 기사

아래 그림들은 전자의 자기 모멘트의 크기와 배열 상태를 그 차이에 따라 배열한 것인데 강자성체에 속하는 것은?

㉮

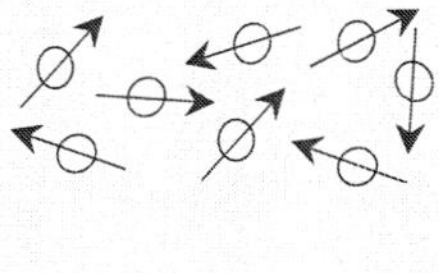

㉯

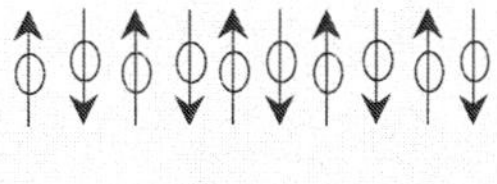

㉰

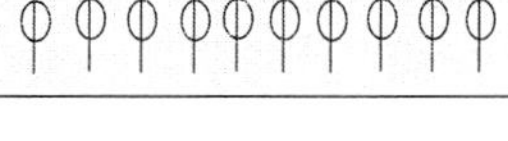

㉱

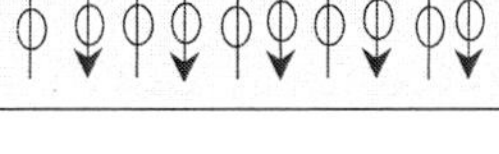

[답] ㉰

문제 10-4	90, 95, 00, 12. 기사

강자성체의 세 가지 특성에 포함되지 않는 것은?

㉮ 와전류 특성 ㉯ 히스테리시스 특성
㉰ 고투자율 특성 ㉱ 포화 특성

풀이 강자성체의 세 가지 특성은 ① 자구가 존재한다. ② 자기포화 및 히스테리시스 현상이 있다. ③ 투자율이 높다. **[답]** ㉮

문제 10-5	89, 95, 99. 기사

비투자율 μ_s는 역자성체에서 다음 어느 값을 갖는가?

㉮ $\mu_s = 1$ ㉯ $\mu_s < 1$ ㉰ $\mu_s > 1$ ㉱ $\mu_s = 0$

[답] ㉯

문제 10-6	01, 06, 07. 산업기사

길이 l[m], 단면적의 지름 d[m]인 원통이 길이 방향으로 균일하게 자화되어 자화의 세기가 J[Wb/m^2]인 경우 원통 양단에서의 자극의 세기 m은 몇 [Wb]인가?

㉮ $\pi d^2 J$ ㉯ πdJ ㉰ $\frac{4J}{\pi d^2}$ ㉱ $\frac{\pi d^2 J}{4}$

풀이 $J = \frac{m}{S}$에서 $m = J \cdot S = J \cdot \pi(\frac{d}{2})^2 = J \cdot \frac{\pi d^2}{4}$[Wb] **[답]** ㉱

문제 10-7	01, 02. 산업기사

자화율 χ와 비투자율 μ_s의 관계에서 상자성체로 판단할 수 있는 것은?

㉮ $\chi > 0,\ \mu_s > 1$ ㉯ $\chi < 0,\ \mu_s > 1$ ㉰ $\chi > 0,\ \mu_s < 1$ ㉱ $\chi < 0,\ \mu_s < 1$

[답] ㉮

문제 10-8	02. 산업기사

자계에 있어서의 자화의 세기 J[Wb/m^2]는 유전체에서의 무엇과 동일한 의의를 가지고 대응하는가?

㉮ 전속 밀도 ㉯ 전계의 세기 ㉰ 전기 분극도 ㉱ 전위

[답] ㉰

문제 10-9	97. 기사 / 14. 산업기사

길이 20[cm], 단면적의 반지름 10[cm]인 원통이 길이 방향으로 균일하게 자화되어 자화의 세기가 200[Wb/m^2]인 경우 원통 양단에서의 자극의 세기는 몇 [Wb]인가?

㉮ π ㉯ 2π ㉰ 3π ㉱ 4π

풀이 $J=\dfrac{m}{S}$에서 $m=J\cdot S=J(\pi r^2)=200\times\pi\times(10\times10^{-2})^2=2\pi$[Wb] [답] ㉯

문제 10-10	85. 기사 / 92, 01, 06 산업기사

다음의 관계식 중 성립할 수 없는 것은? (단, μ는 투자율, χ는 자화율, μ_0는 진공의 투자율, J는 자화의 세기이다.)

㉮ $\mu=\mu_0+\chi$ ㉯ $B=\mu H$ ㉰ $\mu=1+\dfrac{\chi}{\mu_0}$ ㉱ $J=\chi B$

풀이 $J=\chi H$[Wb/m^2], $B=\mu_0 H+J=\mu_0 H+\chi H=(\mu_0+\chi)H=\mu_0\mu_s H$[Wb/m^2]

$\mu=\mu_0+\chi$[H/m], $\mu_s=\dfrac{\mu}{\mu_0}=1+\chi$, $B=\mu H$[Wb/m^2],

$\mu_s=\dfrac{\mu}{\mu_0}=\dfrac{\mu_0+\chi}{\mu_0}=1+\dfrac{\chi}{\mu_0}$ [답] ㉱

문제 10-11	97, 00, 10. 산업기사

자계의 세기가 800[AT/m]이고, 자속밀도가 0.2[Wb/m^2]인 재질의 투자율은 몇 [H/m]인가?

㉮ 2.5×10^{-3} ㉯ 4×10^{-3} ㉰ 2.5×10^{-4} ㉱ 4×10^{-4}

풀이 $B=\mu H$에서 $\mu=\dfrac{B}{H}=\dfrac{0.2}{800}=2.5\times10^{-4}$[H/m] **[답]** ㉰

문제 10-12	06. 기사

단면적 4[cm^2]의 철심에 6×10^{-4}[Wb/m^2]의 자속을 통하게 하려면 2800 [AT/m]의 자계가 필요하다. 이 철심의 비투자율은?

㉮ 약 357 ㉯ 약 375 ㉰ 약 407 ㉱ 약 426

풀이 $\phi=BS=\mu_0\mu_s HS$에서 $\mu_s=\dfrac{B}{\mu_0 HS}=\dfrac{6\times10^{-4}}{4\pi\times10^{-7}\times2800\times4\times10^{-4}}\fallingdotseq426$ **[답]** ㉱

문제 10-13	00, 11. 기사 / 80, 85. 산업기사

비투자율 400인 환상 철심 중의 평균 자계의 세기가 300[AT/m]일 때, 철심 중의 자화의 세기는 몇 [Wb/m^2]인가?

㉮ 0.1 ㉯ 0.15 ㉰ 0.2 ㉱ 0.25

풀이 자화율과 (비)투자율의 관계식 $\chi=\mu_0(\mu_s-1)$에서 자화율은

$\chi=\mu_0(\mu_s-1)=4\pi\times10^{-7}\times(400-1)=5\times10^{-4}$[H/m]이고

$J=\chi H=5\times10^{-4}\times300=0.15$[Wb/m^2] **[답]** ㉯

문제 10-14	07. 산업기사

비투자율 50인 자성체의 자속밀도가 0.05[Wb/m^2]일 때 자성체의 자화의 세기는?

㉮ 0.049[Wb/m^2] ㉯ 0.05[Wb/m^2] ㉰ 0.055[Wb/m^2] ㉱ 0.06[Wb/m^2]

풀이 $J=\chi H=\frac{\chi B}{\mu}=\frac{\mu_0(\mu_s-1)B}{\mu_0\mu_s}=(\mu_s-1)\frac{B}{\mu_s}=(50-1)\times\frac{0.05}{50}$

$=0.049[Wb/m^2]$ **[답]** ㉮

문제 10-15	91. 기사 / 77, 00. 산업기사

평균 길이 1[m]인 환상 철심이 있다. 이 철심에 500회의 코일을 감고 2[A]의 전류를 흘려 철 중의 자속밀도를 1.5[Wb/m^2]으로 할 때의 철심에 대한 자화의 세기[Wb/m^2]를 구하면?

㉮ 2.0 ㉯ 1.5 ㉰ 1.0 ㉱ 0.5

풀이 $NI=\int_l H\cdot dl=H\int_l dl=Hl=\frac{B}{\mu_0\mu_s}l$ 에 $N=500$, $I=1$, $B=1.5$를 대입.

비투자율 $\mu_s=\frac{Bl}{\mu_0 NI}=\frac{1.5\times1}{4\pi\times10^{-7}\times500\times2}\fallingdotseq1{,}193$

자화율 $\chi=\mu-\mu_0=\mu_0(\mu_s-1)=4\pi\times10^{-7}\times(1{,}193-1)=1.5\times10^{-3}[H/m]$

자화의 세기 $J=\chi H=\frac{\chi B}{\mu_0\mu_s}=\frac{1.5\times10^{-3}\times1.5}{4\pi\times10^{-7}\times1{,}193}=1.5[Wb/m^2]$ **[답]** ㉯

문제 10-16	92, 99, 03, 04, 05. 산업기사

다음 중 감자율이 0인 것은?

㉮ 가늘고 짧은 막대 자성체 ㉯ 굵고 짧은 막대 자성체

㉰ 가늘고 긴 막대 자성체 ㉱ 환상 솔레노이드

풀이 환상 철심은 자극이 없으므로 감자작용이 없기 때문에 $N=0$이다. **[답]** ㉱

문제 10-17	88. 95. 06. 기사 / 89. 산업기사

투자율이 다른 두 자성체가 평면으로 접하고 있는 경계면에서 전류밀도가 0일 때 성립하는 경계 조건은?

㉮ $\mu_2 \tan\theta_1 = \mu_1 \tan\theta_2$ ㉯ $\mu_1 \cos\theta_1 = \mu_2 \cos\theta_2$

㉰ $\boldsymbol{B}_1 \sin\theta_1 = \boldsymbol{B}_2 \sin\theta_2$ ㉱ $\mu_1 \tan\theta_1 = \mu_2 \tan\theta_2$

풀이 $\dfrac{\tan\theta_1}{\tan\theta_2} = \dfrac{\mu_1}{\mu_2}$ 에서 $\mu_2 \tan\theta_1 = \mu_1 \tan\theta_2$ **[답]** ㉮

문제 10-18	05, 08. 기사

반지름 3[cm]의 원형 단면을 가진 환상의 연철심에 감은 코일에 전류를 흘려서 철심 중의 자계의 세기가 400[AT/m] 되도록 여자할 때 자속밀도는 얼마인가? (단, 철심의 비투자율은 400이다.)

㉮ 0.2[Wb/m^2] ㉯ 2.0[Wb/m^2] ㉰ 0.02[Wb/m^2] ㉱ 2.2[Wb/m^2]

풀이 $B = \mu \boldsymbol{H} = \mu_0 \mu_s \boldsymbol{H} = 4\pi \times 10^{-7} \times 400 \times 400 = 0.2[\text{Wb/m}^2]$ **[답]** ㉮

문제 10-19	93, 13. 기사

자성체의 경계면에 전류가 없을 때의 경계 조건으로 틀린 것은?

㉮ 자계 $\boldsymbol{H}$의 접선 성분 $\boldsymbol{H}_{1t} = \boldsymbol{H}_{2t}$

㉯ 자속밀도 $\boldsymbol{B}$의 법선성분 $\boldsymbol{B}_{1n} = \boldsymbol{B}_{2n}$

㉰ 전속밀도 $\boldsymbol{D}$의 법선성분 $\boldsymbol{D}_{1n} = \boldsymbol{D}_{2n} = \dfrac{\mu_2}{\mu_1}$

㉱ 경계면에서의 자력선의 굴절 $\dfrac{\tan\theta_1}{\tan\theta_2} = \dfrac{\mu_1}{\mu_2}$

풀이 ① 자계 세기의 접선 성분의 연속성 : $\boldsymbol{H}_1 \sin\theta_1 = \boldsymbol{H}_2 \sin\theta_2 \rightarrow \boldsymbol{H}_{1t} = \boldsymbol{H}_{2t}$

② 자속밀도의 법선 성분의 연속성 : $\boldsymbol{B}_1 \cos\theta_1 = \boldsymbol{B}_2 \cos\theta_2 \rightarrow \boldsymbol{B}_{1n} = \boldsymbol{B}_{2n}$

③ 굴절각 : $\dfrac{\tan\theta_1}{\tan\theta_2} = \dfrac{\mu_1}{\mu_2}$

④ 전속밀도의 법선 성분의 연속성 : $\boldsymbol{D}_1 \cos\theta_1 = \boldsymbol{D}_2 \cos\theta_2 \rightarrow \boldsymbol{D}_{1n} = \boldsymbol{D}_{2n}$ **[답]** ㉰

문제 10-20	02, 05. 기사

자기 감자력(self demagnetizing force)이 평등 자화되는 자성체에서의 관계가 옳은 것은?

㉮ 투자율에 비례한다. ㉯ 자화의 세기에 비례한다.
㉰ 감자율에 반비례한다. ㉱ 자계에 반비례한다.

풀이 감자력 $\boldsymbol{H}'$는 $\boldsymbol{H}' = \frac{N}{\mu_0}\boldsymbol{J}$이므로 자화의 세기 $\boldsymbol{J}$에 비례한다. **[답]** ㉯

문제 10-21	83. 04. 11. 기사 / 93, 95, 01, 04, 11. 산업기사

투자율이 μ이고, 감자율 N인 자성체를 외부 평등자계 $\boldsymbol{H}_0$ 중에 놓았을 때 자성체의 자화의 세기 $\boldsymbol{J}$를 구하면?

㉮ $\frac{\mu_0(\mu_s+1)}{1+N(\mu_s+1)}\boldsymbol{H}_0$ ㉯ $\frac{\mu_0\mu_s}{1+N(\mu_s+1)}\boldsymbol{H}_0$
㉰ $\frac{\mu_0\mu_s}{1+N(\mu_s-1)}\boldsymbol{H}_0$ ㉱ $\frac{\mu_0(\mu_s-1)}{1+N(\mu_s-1)}\boldsymbol{H}_0$

풀이 자화율 $J = \chi H[\mathrm{Wb/m^2}]$에 내부 자계를 나타낸 식 (10-13)을 대입하여 정리하면

$\boldsymbol{J} = \frac{\chi \boldsymbol{H}_0}{1+N(\mu_s-1)}$가 된다. 여기에 $\chi = \mu_0(\mu_s-1)$을 대입하면

$\boldsymbol{J} = \frac{\mu_0(\mu_s-1)}{1+N(\mu_s-1)}\boldsymbol{H}_0[\mathrm{Wb/m^2}]$ **[답]** ㉱

문제 10-22	95, 96, 98, 05, 10. 산업기사

투자율이 다른 두 자성체 경계면에서의 굴절각은?

㉮ 투자율에 비례한다. ㉯ 투자율에 반비례한다.
㉰ 자속에 비례한다. ㉱ 투자율에 관계없이 일정하다.

풀이 $\frac{\tan\theta_1}{\tan\theta_2} = \frac{\mu_1}{\mu_2}$에서 굴절각은 투자율에 비례한다. **[답]** ㉮

문제 10-23	76. 기사 / 87, 96, 99, 03, 09, 11. 산업기사

전자석의 흡인력은 자속밀도를 B라 할 때 어떻게 되는가?

㉮ B에 비례 ㉯ $B^{\frac{3}{2}}$에 비례 ㉰ $B^{1.6}$에 비례 ㉱ B^2에 비례

풀이 자극 흡인력은 단위면적당 작용하는 힘(f)=자극 전체 면적에 작용하는 힘(F) ÷면적(S)=$\frac{B^2}{2\mu_0}$이므로 B^2에 비례한다.

[답] ㉱

문제 10-24	99. 01. 기사 / 95. 산업기사

그림과 같이 공극의 면적이 $S=100[\text{cm}^2]$인 전자석에 자속밀도 $B=0.5[\text{Wb/m}^2]$의 자속이 생기고 있을 때 철편을 흡인하는 힘은 약 몇 [N]인가?

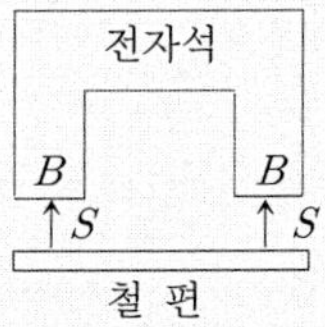

㉮ 1000 ㉯ 2000 ㉰ 3000 ㉱ 4000

풀이 단위면적당 자극의 흡인력 $f=\frac{B^2}{2\mu_0}[\text{N/m}^2]$이고, 면적 $2S$(공극이 2곳이므로)인 경우

전체 흡인력은 $F=f\cdot 2S=\frac{B^2}{2\mu_0}(2S)=\frac{0.5^2\times 2\times 100\times 10^{-4}}{2\times 4\pi\times 10^{-7}}\fallingdotseq 2{,}000[\text{N}]$

[답] ㉯

문제 10-25	83, 93, 04, 13. 산업기사

그림과 같이 진공 중에 자극 면적이 $2[\text{cm}^2]$, 간격이 $0.1[\text{cm}]$인 자성체 내에서 포화 자속밀도가 $2[\text{Wb/m}^2]$일 때 두 자극면 사이에 작용하는 힘의 크기[N]는?

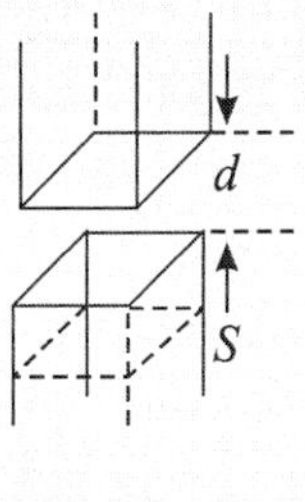

㉮ 0.318 ㉯ 3.18

㉰ 31.8 ㉱ 318

풀이 $F=\frac{B^2}{2\mu_0}(S)=\frac{2^2\times 2\times 10^{-4}}{2\times 4\pi\times 10^{-7}}\fallingdotseq 318.47[\text{N}]$

[답] ㉱

문제 10-26	05. 기사 / 01, 03, 05, 06, 07, 12, 13. 산업기사

강자성체의 자속밀도 B의 크기와 자화의 세기 J의 크기 사이에는 어떤 관계가 있는가?

㉮ J는 B와 같다. ㉯ J는 B보다 약간 작다.
㉰ J는 B보다 대단히 크다. ㉱ J는 B보다 약간 크다.

풀이 강자성체 $\mu_s \gg 1$이고, $J = \dfrac{\mu_s - 1}{\mu_s} B$에서 $\dfrac{\mu_s - 1}{\mu_s}$은 1보다 약간 작으므로 J도 B보다 약간 작다.

[답] ㉯

문제 10-27	05, 13. 산업기사

자기이력곡선(Hysterisis loop)에 대한 설명 중 틀린 것은?

㉮ 자화의 경력이 있을 때나 없을 때나 곡선은 항상 같다.
㉯ Y축은 자속밀도이다.
㉰ 자화력이 0일 때 남아있는 자기가 잔류자기이다.
㉱ 잔류자기를 상쇄시키려면 역방향의 자화력을 가해야 한다.

[답] ㉮

문제 10-28	09. 기사

히스테리시스 곡선의 기울기는 다음의 어떤 값에 해당되는가?

㉮ 투자율 ㉯ 유전율 ㉰ 자화율 ㉱ 감자율

풀이 히스테리시스 곡선은 $B-H$곡선이고, 곡선의 식은 $B = \mu H$에 따른다. [답] ㉮

문제 10-29	93, 95, 00, 03. 기사 / 79, 95, 05, 07, 11. 산업기사

영구자석에 재료로서 적당한 것은?

㉮ 잔류 자기(B_r)가 크고 보자력(H_c)이 작아야 한다.
㉯ 잔류 자기(B_r)가 작고 보자력(H_c)이 커야 한다.
㉰ 잔류 자기(B_r)와 보자력(H_c)이 모두 작아야 한다.
㉱ 잔류 자기(B_r)와 보자력(H_c)이 모두 커야 한다.

[답] ㉱

문제 10-30	13. 기사

비투자율 $\mu_s = 800$, 원형 단면적이 $S = 10[\text{cm}^2]$, 평균 자로 길이 $l = 8\pi \times 10^{-2}[\text{m}]$의 환상 철심에 600회의 코일을 감고 이것에 1[A]의 전류를 흘리면 내부의 자속은 몇 [Wb]인가?

㉮ 1.2×10^{-3} ㉯ 1.2×10^{-5} ㉰ 2.4×10^{-3} ㉱ 2.4×10^{-5}

풀이 $\phi = BS = \mu HS = \mu \frac{\ni}{l} S = \mu_0 \mu_s \frac{\ni}{2\pi r} S$ 이며

평균자로의 길이 $2\pi r = l = 8\pi \times 10^{-2}$ [m]이다.

$$\phi = \mu_0 \mu_s \frac{NI}{2\pi r} S = 4\pi \times 10^{-7} \times 800 \times \frac{600 \times 1 \times 10 \times 10^{-4}}{8\pi \times 10^{-2}} = 2.4 \times 10^{-3}[\text{Wb}]$$

[답] ㉰

문제 10-31	11. 산업기사

히스테리시스 손실은 주파수 및 최대 자속밀도와 어떤 관계가 있는가?

㉮ 주파수와 최대 자속밀도에 비례한다.
㉯ 주파수에 비례하고 최대 자속밀도의 1.6승에 비례한다.
㉰ 주파수와 최대 자속밀도에 반비례한다.
㉱ 주파수에 반비례하고 최대 자속밀도의 1.6승에 비례한다.

풀이 히스테리시스 손실은 $P_h = f v \eta B_m^{1.6}$[W]

[답] ㉯

문제 10-32	99. 기사 / 03. 산업기사

철심이 든 환상 솔레노이드에서 1000[AT]의 기자력에 의하여 철심 내에 5×10^{-5}[Wb]의 자속이 통하면 이 철심 내의 자기저항은 몇 [AT/Wb]가 되겠는가?

㉮ 5×10^{2} ㉯ 2×10^{7} ㉰ 5×10^{-2} ㉱ 2×10^{-7}

풀이 $R_m=\dfrac{F}{\phi}=\dfrac{NI}{\phi}=\dfrac{1000}{5\times10^{-5}}=200\times10^{5}=2\times10^{7}$[AT/Wb] **[답]** ㉯

문제 10-33	96. 기사 / 77, 87, 07. 산업기사

비투자율 1000의 철심이 든 환상 솔레노이드의 권수는 600회, 평균 지름은 20[cm], 철심의 단면적은 10[cm^2]이다. 이 솔레노이드에 2[A]의 전류를 흘릴 때 철심 내의 자속은 몇 [Wb]가 되는가?

㉮ 2×10^{5} ㉯ 2.4×10^{-3} ㉰ 1.2×10^{-5} ㉱ 1.2×10^{-3}

풀이 $\phi=BS=\mu HS=\mu_0\mu_s\dfrac{\ni}{\pi d}S=\dfrac{4\pi\times10^{-7}\times1000\times600\times2\times10\times10^{-4}}{20\pi\times10^{-2}}$

$=2.4\times10^{-3}$[Wb] **[답]** ㉯

문제 10-34	06. 14. 기사 / 00. 산업기사

단면적 4[cm^2]의 철심에 6×10^{-4}[Wb]의 자속을 통하게 하려면 2800[AT/m]의 자계가 필요하다. 이 철심의 비투자율은?

㉮ 43 ㉯ 75 ㉰ 324 ㉱ 426

풀이 $\phi=BS=\mu_0\mu_s HS$에서 $\mu_s=\dfrac{\phi}{\mu_0 HS}=\dfrac{6\times10^{-4}}{4\pi\times10^{-7}\times2800\times4\times10^{-4}}\fallingdotseq 43$ **[답]** ㉮

문제 10-35	13. 기사 / 75, 89, 99, 02, 13. 산업기사

환상 철심에 감은 코일에 5[A]의 전류를 흘리면 2000[AT]의 기자력이 생기는 것으로 한다면 코일의 권수는 얼마로 하여야 하는가?

㉮ 10^4　　㉯ 5×10^2　　㉰ 4×10^2　　㉱ 2.5×10^2

풀이 기자력은 $F_m = \ni$ [AT], $N = \dfrac{F_m}{I} = \dfrac{2{,}000}{5} = 400$[회]　　**[답]** ㉰

문제 10-36	11. 산업기사

비투자율 μ_s, 길이 l 인 철심에 권수 N 인 환상 솔레노이드 코일이 있다. 이 철심에 길이 l_1인 미소 공극을 만들었을 때 공극 자계 세기 H_A와 철심 자계 세기 H_F의 비$\left(\dfrac{H_F}{H_A}\right)$는?

㉮ μ_s　　㉯ $\dfrac{1}{\mu_s}$　　㉰ $\dfrac{\mu_s(l-l_1)}{l_1}$　　㉱ $\dfrac{l_1}{\mu_s(l-l_1)}$

풀이 공극 내에서 자속의 퍼짐이 없으면 철심 내부와 공극 부분의 자속밀도가 같게 되므로

$$H_F = \frac{B}{\mu} = \frac{B}{\mu_0\mu_s},\quad H_A = \frac{B}{\mu_0} = \mu_s H_F \quad \therefore \frac{H_F}{H_A} = \frac{1}{\mu_s}$$

[답] ㉯

문제 10-37	07. 기사 / 01. 산업기사

어떤 막대 철심이 있다. 단면적이 0.5[m^2]이고, 길이가 1.6[m], 비투자율이 20이다. 이 철심의 자기저항은 몇 [AT/Wb]인가?

㉮ 7.8×10^4　　㉯ 1.3×10^5　　㉰ 3.8×10^4　　㉱ 9.7×10^5

풀이 $R_m = \dfrac{l}{\mu_0\mu_s S} = \dfrac{1.6}{4\pi\times10^{-7}\times20\times0.5} = 1.27\times10^5$[AT/Wb]　　**[답]** ㉯

문제 10-38	14. 산업기사

자기회로의 자기저항에 대한 설명으로 옳지 않은 것은?

㉮ 자기회로의 단면적에 반비례한다.
㉯ 자기회로의 길이에 반비례한다.
㉰ 자성체의 비투자율에 반비례한다.
㉱ 단위는 [AT/Wb]이다.

풀이 위의 문제에 풀이의 자기저항 $R_m = \frac{l}{\mu_0 \mu_s S}$[AT/Wb]이므로 길이에 비례한다. **[답]** ㉯

문제 10-39	98. 산업기사

전기회로와 비교할 때 자기회로의 특성이 아닌 것은?

㉮ 기자력과 자속은 변화가 비직선성이다.
㉯ 공기에 대한 누설 자속이 많다.
㉰ 전기회로의 정진용량과 같은 회로 요소는 없다.
㉱ 자속의 변화에 따른 자기저항 내의 줄 손실이 생긴다.

풀이 전기회로에서는 전류에 의해 I^2R의 줄열이 발생하여 줄손실(동손)이 생기지만 자기회로에서는 자속이 흐르므로 자속에 의한 줄손실은 없고 철손이 있다. **[답]** ㉱

문제 10-40	02, 04. 기사 / 01, 14. 산업기사

코일로 감겨진 자기회로에서 철심의 투자율을 μ[H/m]라 하고 회로의 길이를 l [m]이라 할 때 그 회로의 일부에 미소 공극 l_g[m]를 만들면 회로의 자기저항은 처음의 몇 배가 되는가? (단, $l \gg l_g$이다.)

㉮ $1+\frac{\mu l}{\mu_0 l_g}$ ㉯ $1+\frac{\mu_0 l_g}{\mu l}$ ㉰ $1+\frac{\mu_0 l}{\mu l_g}$ ㉱ $1+\frac{\mu l_g}{\mu_0 l}$

풀이 공극이 없을 때 자기저항 $R=\frac{l}{\mu S}$[AT/Wb], 공극이 있을 때 자기저항이 R_m이면,

$$R_m = R_i + R_g = \frac{l-l_g}{\mu S}+\frac{l_g}{\mu_0 S}=\frac{l}{\mu S}\left(1+\frac{l_g}{l}\mu_s\right)= R\left(1+\frac{l_g}{l}\mu_s\right)\text{[AT/Wb]}$$이다.

$\mu=\mu_0\mu_s$를 대입하면 $(1+\frac{\mu l_g}{\mu_0 l})$배 **[답]** ㉱

문제 10-41	16. 산업기사

전자 e[C]이 공기 중의 자계 H[AT/m] 내를 H에 수직방향으로 v[m/s]의 속도로 돌입하였을 때 받는 힘은 몇 [N]인가?

㉮ $\mu_0 e VH$ ㉯ $e VH$ ㉰ $eH/E_o\mu_0$ ㉱ $E_oH/\mu_0 V$

풀이

[답] ㉯

문제 10-42	16. 산업기사

두 자성체 경계면에서 정자계가 만족하는 것은?

㉮ 자계의 법선성분이 같다.
㉯ 자속밀도의 접선성분이 같다.
㉰ 자속은 투자율이 작은 자성체에 모인다.
㉱ 양측 경계면상의 두 점 간의 자위치가 같다.

풀이

[답] ㉯

문제 10-43	82, 83, 98, 05, 07. 기사

길이 1[m]의 철심($\mu_r = 1000$) 자기회로에 1[mm]의 공극이 생겼다면 전체의 자기저항은 약 몇 배로 증가되는가? (단, 각 부의 단면적은 일정하다.)

㉮ 1.5 ㉯ 2 ㉰ 2.5 ㉱ 3

풀이 공극이 없을 때 자기저항 $R = \dfrac{l}{\mu S}$[AT/Wb], 공극이 있을 때 자기저항이 R_m이면,

$$R_m = R_i + R_g = \frac{l - l_g}{\mu S} + \frac{l_g}{\mu_0 S} = \frac{l}{\mu S}\left(1 + \frac{l_g}{l}\mu_s\right) = R\left(1 + \frac{l_g}{l}\mu_s\right) \text{이다.}$$

$$\frac{R_m}{R} = 1 + \frac{1000 \times 1 \times 10^{-3}}{1} = 2$$

[답] ㉯

문제 10-44	13. 기사 / 05. 산업기사

공극을 가진 환상 솔레노이드에서 총 권수는 N회, 철심의 비투자율 μ_s, 단면적 A, 길이 l이고 공극이 δ일 때, 공극부에 자속밀도 B를 얻기 위해서는 얼마의 전류를 흘려야 하는가?

㉮ $\dfrac{10^7 B}{2\pi N}(\dfrac{l}{\mu_s}+\delta)$ ㉯ $\dfrac{10^7 B}{2\pi N}(\dfrac{\delta}{\mu_s}+l)$

㉰ $\dfrac{10^7 B}{4\pi N}(\dfrac{l}{\mu_s}+\delta)$ ㉱ $\dfrac{10^7 B}{4\pi N}(\dfrac{\delta}{\mu_s}+l)$

풀이 공극 있는 회로의 합성 자기저항 R_m은 $R_m = R_i + R_g = \dfrac{l}{\mu_0 \mu_r A} + \dfrac{\delta}{\mu_0 A} = \dfrac{1}{\mu_0 A}(\dfrac{1}{\mu_s}+\delta)$

자기회로의 옴 법칙 : $\phi = \dfrac{NI}{R_m}$이므로

$I = \dfrac{\phi R_m}{N} = \dfrac{BA}{N}\dfrac{1}{\mu_0 A}(\dfrac{1}{\mu_s}+\delta) = \dfrac{B}{\mu_0 N}(\dfrac{1}{\mu_s}+\delta) = \dfrac{10^7 B}{4\pi N}(\dfrac{l}{\mu_s}+\delta)$ [답] ㉰

문제 10-45	16. 산업기사

자속밀도가 B인 곳에 전하 Q, 질량 m인 물체가 자속밀도 방향과 수직으로 입사한다. 속도를 2배로 증가시키면, 원운동의 주기는 몇 배가 되는가?

㉮ 1/2 ㉯ 1 ㉰ 2 ㉱ 4

풀이 [답] ㉯

문제 10-46	16. 산업기사

그림과 같이 도선에 전류 I[A]를 흘릴 때 도선의 바로 밑에 자침이 이 도선과 나란히 놓여 있다고 하면 자침의 N극의 회전력의 방향은?

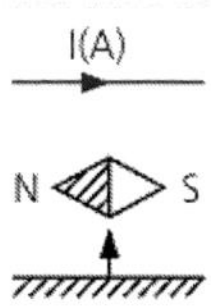

㉮ 지면을 뚫고 나오는 방향이다.

㉯ 지면을 뚫고 들어가는 방향이다.

㉰ 좌측에서 우측으로 향하는 방향이다.

㉱ 우측에서 좌측으로 향하는 방향이다.

풀이 [답] ㉯

문제 10-47	17. 산업기사

자화의 세기 Jm[C/m^2]을 자속밀도 B[WB/m^2]와 비투자율 μT로 나타내면?

㉮ $J_m = (1-\mu_r)B$ ㉯ $J_m = (\mu_r - 1)B$

㉰ $J_m = (1-\frac{1}{\mu_r})B$ ㉱ $J_m = (\frac{1}{\mu_r}-1)B$

풀이

[답] ㉰

문제 10-48	17. 산업기사

반자성체가 아닌 것은?

㉮ 은(Ag) ㉯ 구리(Cu) ㉰ 니켈(Ni) ㉱ 비스무스(Bi)

풀이

[답] ㉰

문제 10-49	17. 산업기사

전자석의 재료로 가장 적당한 것은?

㉮ 잔류자기와 보자력이 모두 커야 한다.

㉯ 잔류자기는 작고, 보자력은 커야 한다.

㉰ 잔류자기와 보자력이 모두 작아야 한다.

㉱ 잔류자기는 크고, 보자력은 작아야 한다.

풀이

[답] ㉱

문제 10-50	18. 산업기사

균등하게 자화된 구(球)자성체가 자화될 때의 감자율은?

㉮ 1/2 ㉯ 1/3 ㉰ 2/3 ㉱ 3/4

풀이

[답] ㉯

문제 10-51	18. 산업기사

강자성체가 <u>아닌</u> 것은?

㉮ 철(Fe) ㉯ 니켈(Ni) ㉰ 백금(Pt) ㉱ 코발트(Co)

풀이

[답] ㉰

연 습 문 제

10.1 자성체에 대해 정의하라.

10.2 자화의 본질에 대해 정의하라.

10.3 자화의 세기에 대해 정의하라.

10.4 감자력에 대해 정의하라.

10.5 자성체의 경계조건에 대해 정의하라.

10.6 자성체의 굴절법칙에 대해 정의하라.

10.7 자화곡선에 대해 정의하라.

10.8 히스테리시스 손실(Hysterisis Loss)에 대해 정의하라.

10.9 자기저항에 대해 정의하라.

10.10 자기회로에서의 옴의 법칙에 대해 설명하라.

11
CHAPTER
전자유도

11.1 전자유도

1820년에 외르스테드(Oersted)는 전류가 흐르는 도선 주변에 자기가 만들어지는 사실을 발견하였으며, 이에 따라 자기로부터 전기를 만드는 가능성이 대두되었다.

그림 11-1의 장치를 이용하여 1831년 패러데이(Faraday), 헨리(Henry)는 코일(coil)에 단순히 자석을 넣었다 뺐다함으로써, 즉 그림과 같이 코일 속으로 자석의 운동 방향을 상, 하로 변화시키면 코일에 연결된 검류계 바늘이 좌우로 흔들려 전류가 흐르는 것이 관측하였다.

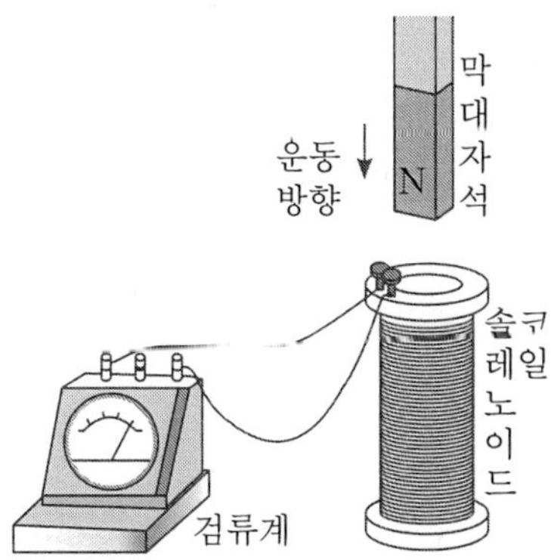

그림 11-1 전자유도현상

그리고 자석이 정지하고 있다면 코일과 쇄교하는 자속수의 변화가 없어 코일에 연결된 검류계에 전류가 흐르지 않는 것도 알게 되었다.

이로부터 자석의 운동 방향을 바꾸면 코일과 마주치는(쇄교하는) 자속수(자력선 수)가 변화되어 도선에 전류가 흐른다는 사실을 발견하였다.

일반적으로 전기회로에서 공급된 전압에 의해서 회로에 전류가 흐른다. 그러므로 그림에서 자석의 운동 방향 변화는 코일에 전압을 유도하고, 이 전압이 코일에 전류를 흐르게 한다.

이처럼 코일과 쇄교하는 자속수를 변화시켜 코일에 전압이 유도되는 현상을 전자기유도라 부르고, 유도된 전압을 유도기전력(Induced motive force)이라 한다.

자석의 운동에 따라 유도되는 유도기전력의 크기와 방향은 표 11-1과 같다.

표 11-1 자석 운동과 유도기전력

자석 운동	쇄교 자속수의 변화	유도기전력
정지	변화 없음	유도되지 않음
아래로	쇄교 자속수 증가	자속수의 변화와 반대 방향으로 유도됨
위로	쇄교 자속수 감소	
빠르게	쇄교 자속수 변화 빠르게	커 짐
느리게	쇄교 자속수 변화 느리게	작아짐

11.2 렌츠의 법칙

표에서처럼 전자유도에 의하여 생기는 전류의 방향은 자속의 변화를 방해하는 방향이다. 이것을 렌츠의 법칙(Lenz's law)이라 한다.

그림 11-2에서 N극을 코일에 접근시키면 코일과 쇄교하는 자속수가 증가하므로 코일에 전류가 유도되고, 유도전류에 의해서 코일에서 발생되는 새로운 자기력선의 방향은 그림의 자석 N극에서 나오는 자기력선의 방향과 반대이다(코일의 A 부분이 N극으로 된다).

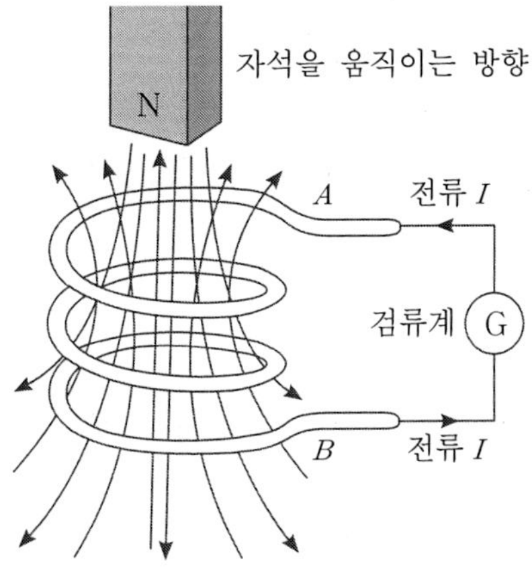

그림 11-2 렌츠의 법칙

반대로 N극을 코일에서 멀리하면 코일을 지나는 자기력선이 감소되므로 앞의 경우와 반대 현상이 일어난다(코일의 B 부분이 N극으로 된다.).

11.3 패러데이의 전자유도법칙

1845년 독일의 노이만(F. E. Neumann)은 각종 실험을 통하여 전자유도에 의해서 유도되는 기전력의 크기를 다음과 같이 정의를 내렸다. '하나의 회로(코일)와 쇄교하는 자속수의 변화로 코일에 유도되는 기전력 크기는 코일과 쇄교하는 자속의 시간적인 변화율에 비례한다.' 이 정의를 식으로 나타내면 다음과 같다.

$$e = -\frac{d\phi}{dt}[\mathrm{V}] \tag{11-1}$$

이것을 패러데이-노이만 법칙(Faraday-Neumann's law) 또는 패러데이 법칙이라 한다. 이 식에서 −부호는 쇄교 자속 변화를 방해하는 방향으로 기전력이 유도되는 렌츠의 법칙을 적용한 것이다.

그리고 식 (11-1)의 각 항의 의미는 다음과 같다.

e : 유도기전력

$d\phi$: 코일과의 쇄교 자속수 변화량(최종 쇄교 자속수−최초 쇄교 자속수)

dt : 쇄교하는 시간의 변화량(쇄교 자속수 변화 완료 시간−변화 시작 시간)

$\frac{d\phi}{dt}$: 쇄교하는 자속수의 시간적 변화율(쇄교 자속수 ϕ의 단위 : [Wb])

만약, 자속이 감은 회수가 N회인 코일을 통과할 때 유도 기전력은 코일 1개일 때의 유도 기전력을 N배하면 된다.

$$e = -N\frac{d\phi}{dt}[\mathrm{V}] \tag{11-2}$$

전자유도 현상은 발전기, 변압기, 적산전력계 등 응용 분야가 매우 다양하다.

【예제 11.1】

권수 10[회]의 코일에 4[wb]의 자속이 쇄교하고 있을 때 10^{-2}[S]사이에 자속이 0으로 변했다면 이때 코일에 유도되는 기전력[V]은 얼마인가?

【풀이】

유도기전력 $e = -N\frac{d\phi}{dt}[\mathrm{V}]$

$$e = -10 \times \frac{(0-4)}{10^{-2}} = 4 \times 10^{3}\,[\mathrm{V}]$$

【예제 11.2】

자속밀도 $0.5[\text{wb/m}^2]$인 균일한 자계 내에 반지름 10[cm], 권수 100[회]인 원형 코일이 매분 1,200으로 회전할 때 이 코일에 저항이 $120[\Omega]$일 경우 이 코일에 흐르는 전류의 최대값[A]을 계산하라.

【풀이】

옴의 법칙 $I=\dfrac{V}{R}$을 이용한다.

$V=-N\dfrac{d\phi}{dt}=-n\dfrac{d}{dt}(\phi_m \sin\omega t) = -N\omega BS\cos\omega t =- V_m \cos\omega t$ 이다.

그러므로 $V_m = N\omega\, BS = N(2\pi f)B \cdot \pi r^2$ 이다.

여기서 $f = \dfrac{1200}{60} = 20[\text{Hz}]$

$\therefore\ V_m = N(2\pi f)B \cdot \pi r^2 = 500\times 2\pi\times 20\times 0.5\times \pi\times 0.1^2 = 987[\text{V}]$

$\therefore\ I_m = \dfrac{V_m}{R} = \dfrac{987}{120} = 8.2[\text{A}]$

11.4 패러데이 법칙의 미분형

코일의 감은 회수가 1회이고, 자속이 지나가는 코일의 단면적을 $S[\text{m}^2]$라 할 때, 코일과 쇄교하는 자속수(ϕ)는 자속밀도(B)와 자속이 지나가는 단면적(S)의 곱임을 공부하였다. 자속밀도 B와 단면적 S는 방향에 따라 크기가 달라지는 벡터량이므로

$$\phi = \int_s B\cdot dS \tag{11-3}$$

와 같이 벡터를 사용한 식으로 표기하여야 한다.

이 식을 식 (11-1)에 대입하면 식 (11-4)의 유도되는 기전력이 구해진다.

$$e = -\frac{d}{dt}\int_S B\cdot dS[\text{V}] \tag{11-4}$$

그리고 기전력 크기는 전위 크기이므로 전위경도 식에서 −부호를 생략한 전계의 세기를 선적분하면 구해지므로 유도기전력의 크기는

$$e = V = \int_l \boldsymbol{E} \cdot dl \tag{11–5}$$

로 나타낼 수 있다. 식 (11-4)와 식 (11-5)에서 식 (11-6)의 관계를 얻을 수 있다.

$$\int_l \boldsymbol{E} \cdot dl = -\frac{d}{dt}\int_s \boldsymbol{B} \cdot d\boldsymbol{S} \tag{11–6}$$

여기에 스톡스의 정리를 적용하여 좌변을 면적분으로 변환시키고, 또 자속밀도는 벡터이므로 벡터의 각 방향 성분을 고려한 편미분으로 바꾸면 식 (11-6)은

$$\int_s rot\,\boldsymbol{E} \cdot d\boldsymbol{S} = -\int_s \frac{\partial \boldsymbol{B}}{\partial t} \cdot d\boldsymbol{S} \tag{11–7}$$

로 된다. 이때 식 (11-7)에서 양변의 적분을 소거하면

$$rot\boldsymbol{E} = \nabla \times \boldsymbol{E} = -\frac{\partial \boldsymbol{B}}{\partial t} \tag{11–8}$$

가 되며, 이것을 식 (11-1)의 패러데이 법칙의 미분형이라 한다. 또한 이는 '자속밀도 B가 시간적으로 변화를 하면, 전계의 회전은 변화를 방해하는 방향으로 일어난다.'는 물리적 현상을 의미하며, 그곳에 폐회로인 도체가 있으면 유도 기전력이 발생한다는 것을 나타낸다.

11.5 자계 내에서 운동 도체에서의 유도기전력

앞에서 코일을 움직이지 않고 자석을 움직여 자속(B)이 시간적으로 변화하는 경우에 유도되는 기전력을 취급하였다.

이번에는 크기가 일정하고 고정된 자계(자속) 내에서 폐회로(코일)가 움직이는 경우에 유도되는 기전력, 다시 말하면 자기장 속에서 움직이는 직선 도선에 생기는 유도기전력을 다루려고 한다.

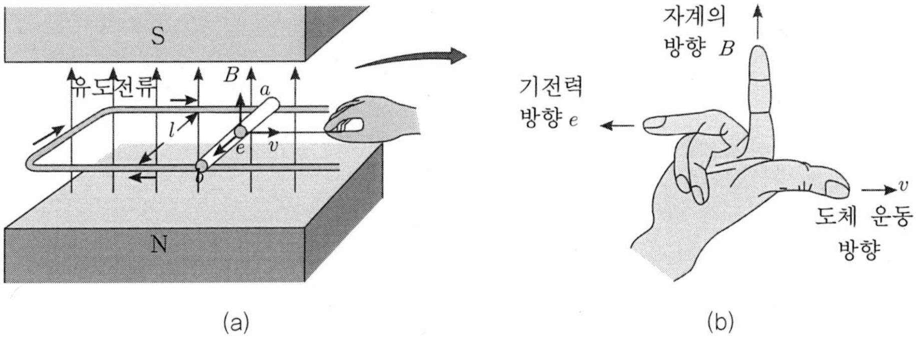

그림 11-3 자기장 속에서 움직이는 직선 도선에 생기는 유도 기전력

그림 11-3은 평등 자계 B에 수직으로 놓인 네모 코일 위에 놓인 길이 l인 도체 ab를 속도 v로 당기는 그림이다.

도체 ab가 짧은 시간 dt 동안에 짧은 거리 dy만큼 이동하면$\left(v = \dfrac{dy}{dt}\right)$, 자속과 쇄교하는 면적의 변화($dS = l\,dy = l\,vdt$)로 인한 자속의 변화량은

$$d\phi = BdS = Bldy\,[\text{Wb}] \tag{11-9}$$

가 된다.

식 (11-1)에 위의 식을 대입한 유도기전력의 크기는 다음과 같다.

$$e = \frac{d\phi}{dt} = Bl\frac{dy}{dt} = Blv\,[\text{V}] \tag{11-10}$$

이때 자속의 증가를 방해하는 a에서 b방향으로 기전력이 유도된다.

v, B, e의 관계를 벡터 식으로 나타내면 다음과 같이 쓸 수 있다.

$$\boldsymbol{e} = (\boldsymbol{v} \times \boldsymbol{B})l\,[\text{V}] \tag{11-11}$$

자속밀도 B, 도체의 운동 속도 v와 유도기전력 e의 관계는 그림 11-3 (b)와 같이 플레밍의 오른손 법칙(Fleming's right hand rule)이 적용된다.

오른손의 엄지, 검지, 중지를 서로 직각으로 굽히고 엄지와 검지가 v와 B의 방향으로 가리킬 때, 중지의 방향이 기전력 e의 방향이 된다.

$$e = Blv\sin\theta\,[\text{V}] \tag{11-12}$$

도선이 자속 방향으로 이동할 때($\theta = 0°$)에는 기전력이 생기지 않고, 자속과 수직 방향($\theta = 90°$)일 때 식 (11-12)에 의해 최대의 기전력이 유도된다.

【예제 11.3】

자속밀도 $2.5[\mathrm{wb/m^2}]$ 되는 자계안에서 길이 $60[\mathrm{cm}]$의 도체를 자계방향에 수직으로 놓고 이 도체를 $10[\mathrm{cm/s}]$의 속도로 자계에 대하여 $30°$ 의 방향으로 움직일 때 이에 유기되는 기전력$[\mathrm{V}]$은 얼마인가?

【풀이】

플레밍의 오른손 법칙을 이용하면

$$e = Blv\sin\theta = 2.5 \times 0.6 \times 10 \times 10^{-2} \times \sin 30°$$
$$= 7.5 \times 10^{-2}[\mathrm{V}]$$

【예제 11.4】

길이 50[cm]의 직선상 도체봉을 자속밀도 $0.1[\mathrm{wb/m^2}]$의 평등자계 중에 자계와 수직으로 놓고 이것을 50[m/s]의 속도로 자계와 $60°$ 의 각으로 움직였을 때의 유도기전력 $e[\mathrm{V}]$를 구하라.

【풀이】

$$e = Blv\sin\theta = 0.1 \times 0.5 \times 50 \times \frac{\sqrt{3}}{2} = 2.17[\mathrm{V}]$$

【예제 11.5】

철도 궤도 간 거리가 1.8[m]이며 궤도는 서로 절연되어 있다. 열차가 매시 300[km/h]의 속도로 달리면서 자축이 지구 자계의 수직분력 $B = 0.15 \times 10^{-4}$ $[\mathrm{Wb/m^2}]$을 절단할 때 두 궤도 사이에 발생하는 기전력 $e[\mathrm{V}]$는 얼마인가?

【풀이】

$e = Blv\sin\theta$를 이용하여 구할 수 있다.

$$e = \frac{0.15 \times 10^{-4} \times 1.8 \times 300 \times 10^3}{3{,}600} = 2.25 \times 10^{-4}[\mathrm{V}]$$

기사시험 기출문제

문제 11-1	98, 00. 산업기사

전자유도에 의하여 회로에 발생되는 기전력은 자속 쇄교수의 시간에 대한 감소 비율에 비례한다는 (①) 법칙에 따르고, 특히 유도된 기전력의 방향은 (②) 법칙에 따른다. ①, ②에 알맞은 것은?

㉮ ① 패러데이 ② 플레밍의 왼손　　㉯ ① 패러데이 ② 렌츠
㉰ ① 렌츠 ② 패러데이　　㉱ ① 플레밍의 왼손 ② 패러데이

[답] ㉯

문제 11-2	07. 산업기사

10[V]의 기전력을 유기시키려면 5초간 몇 [Wb]의 자속을 끊어야 하는가?

㉮ 2　　㉯ 10　　㉰ 25　　㉱ 50

풀이 $e=\frac{d\phi}{dt}$에서 $10=\frac{d\phi}{5}$, $d\phi=10\times5=50[\text{Wb}]$

[답] ㉱

문제 11-3	91, 97, 03, 09. 기사 / 09. 산업기사

저항 24[Ω]의 코일을 지나는 자속이 $0.3\cos 800t$[Wb]일 때 코일에 흐르는 전류의 최댓값은?

㉮ 10[A]　　㉯ 20[A]　　㉰ 30[A]　　㉱ 40[A]

풀이 $e=\frac{d\phi}{dt}=\frac{d(0.3\cos 800t)}{dt}=0.3\times800\sin 800t$, $E_m=0.3\times800=240[\text{V}]$이고,

$I_m=\frac{E_m}{R}=\frac{240}{24}=10[\text{A}]$

[답] ㉮

문제 11-4	14. 산업기사

다음 중 전자유도현상의 응용이 <u>아닌</u> 것은?

㉮ 발전기 ㉯ 전동기 ㉰ 전자석 ㉱ 변압기

[답] ㉰

문제 11-5	96, 00. 기사 / 01, 02, 08, 14. 산업기사

자속수 ϕ[Wb]가 주파수 f[Hz]로 정현파 모양의 변화를 할 때, 즉 $\phi = \phi_m \sin 2\pi ft$ [Wb]일 때, 이 자속과 쇄교하는 회로에 발생하는 기전력은 몇 [V]인가? (단, N은 코일의 권 회수이다.)

㉮ $-\pi f N\phi_m \cos 2\pi ft$ ㉯ $-2\pi f N\phi_m \cos 2\pi ft$

㉰ $-\pi f N\phi_m \sin 2\pi ft$ ㉱ $-2\pi f N\phi_m \sin 2\pi ft$

풀이 $e = -N\frac{d\phi}{dt} = -N\frac{d}{dt}(\phi_m \sin 2\pi f) = -2\pi f N\phi_m \cos 2\pi ft$ [답] ㉯

문제 11-6	08. 산업기사

코일을 지나는 자속이 $\cos\omega t$에 따라 변화할 때 코일에 유도되는 유도기전력의 최대치는 주파수와 어떤 관계가 있는가?

㉮ 주파수에 반비례한다. ㉯ 주파수에 비례한다.

㉰ 주파수의 제곱에 반비례한다. ㉱ 주파수의 제곱에 비례한다.

풀이 자속 $\phi = \phi_m \cos\omega t$,

기전력 $e = -N\frac{d\phi}{dt} = -N\frac{d}{dt}(\phi_m \cos\omega t) = N\phi_m \omega \sin\omega t = N\phi_m 2\pi f \sin\omega t$ [V]

따라서 $e \propto \omega \propto f$의 관계가 성립된다. [답] ㉯

문제 11-7	91, 03. 기사

100회 감은 코일과 쇄교하는 자속이 $\frac{1}{10}$초 동안 0.5[Wb]에서 0.3[Wb]로 감소했다. 이때 유기되는 기전력은 몇 [V]인가?

㉮ 20 ㉯ 200 ㉰ 80 ㉱ 800

풀이 $e = -N\frac{d\phi}{dt} = -100 \times \frac{(0.3-0.5)}{\frac{1}{10}} = 200[\mathrm{V}]$ **[답]** ㉯

문제 11-8	77, 82, 95, 04, 12. 산업기사

정현파 자속의 주파수를 4배로 높이면 유기 기전력의 최댓값은?

㉮ 4배로 감소한다. ㉯ 4배로 증가한다.
㉰ 2배로 감소한다. ㉱ 2배로 증가한다.

풀이 $e = -N\frac{d\phi}{dt} = -N\frac{d}{dt}(\phi_m \sin 2\pi f) = -2\pi f N\phi_m \cos 2\pi ft$에서, $e_m \propto f$ **[답]** ㉯

문제 11-9	00, 01, 04, 05. 기사

자계 중에 이것과 직각으로 놓인 도선에 I[A]의 전류를 흘릴 때 F[N]의 힘이 작용하였다. 이 도선을 v[m/s]의 속도로 자계와 직각으로 운동시키면 기전력은 몇 [V]인가?

㉮ $\frac{Iv}{F}$ ㉯ $\frac{F^2v}{I}$ ㉰ $\frac{Fv}{I}$ ㉱ $\frac{Fv^2}{I}$

풀이 도체가 받는 힘 $F = IBl$[N]에서 $Bl = \frac{F}{I}$이므로 유기 기전력 e는

$e = Blv = \frac{Fv}{I}$ **[답]** ㉰

문제 11-10	01. 산업기사

자속밀도 $B[\text{Wb/m}^2]$인 자계 내를 속도 $v[\text{m/s}]$로 운동하는 길이 $dl[\text{m}]$의 도선에 유기되는 기전력[V]은?

㉮ $v \times \boldsymbol{B}$　㉯ $(v \times \boldsymbol{B}) \cdot dl$　㉰ $v \cdot \boldsymbol{B}$　㉱ $(v \cdot \boldsymbol{B}) \times dl$

풀이 플레밍의 오른손 법칙 $e = (v \times \boldsymbol{B}) \cdot dl$ [V]　**[답]** ㉯

문제 11-11	82, 01. 산업기사

자계 중에 한 코일이 있다. 이 코일에 전류 $I=2[\text{A}]$가 흐르면 $F=2[\text{N}]$의 힘이 작용한다. 또 이 코일을 $v=5[\text{m/s}]$로 운동시키면 $e[\text{V}]$의 기전력이 발생한다. 최대 기전력[V]은?

㉮ 3　㉯ 5　㉰ 7　㉱ 9

풀이 $F = IBl[\text{N}]$에서 $Bl = \dfrac{F}{I}$이므로 유도기전력 e는

$$e = Blv = \frac{Fv}{I} = \frac{2 \times 5}{2} = 5$$

[답] ㉯

문제 11-12	06. 산업기사

길이 $l[\text{m}]$인 도체 ab가 속도 $v[\text{m/s}]$로 자계 속을 운동할 때 도체에서는 a에서 b방향으로 유도기전력이 생기게 된다. 이때 속도와 자속밀도가 평행이 되면 기전력은 얼마인가?

㉮ 0　㉯ 3.14　㉰ $vl\sin\theta$　㉱ $vBl\sin\theta$

풀이 쇄교 자속의 시간적 변화에 의해 기전력이 발생한다.

그러나 도체의 속도와 자속밀도가 평행이 된다면 쇄교 자속은 일정하게 되므로 유도기전력은 $e = \dfrac{d\phi}{dt} = 0$

[답] ㉮

문제 11-13	91, 09, 14. 기사 / 97, 02, 10. 산업기사

$2[Wb/m^2]$인 평등 자계 속에 자계와 직각 방향으로 놓인 길이 30[cm]의 도선을 자계와 30° 각의 방향으로 30[m/s]의 속도로 이동할 때, 도체 양단에 유기되는 기전력은 몇 [V]인가?

㉮ 3[V] ㉯ 9[V] ㉰ 30[V] ㉱ 90[V]

풀이 $e = Blv\sin\theta = 2 \times 0.3 \times 30 \times \sin 30° = 9[V]$

[답] ㉯

문제 11-14	01. 산업기사

자속밀도 $B[Wb/m^2]$인 자계 내를 속도 v[m/s]로 운동하는 길이 dl[m]의 도선에 유기되는 기전력[V]은?

㉮ $\boldsymbol{v} \times \boldsymbol{B}$ ㉯ $(\boldsymbol{v} \times \boldsymbol{B}) \cdot dl$ ㉰ $\boldsymbol{v} \cdot \boldsymbol{B}$ ㉱ $(\boldsymbol{v} \cdot \boldsymbol{B}) \times dl$

풀이 플레밍의 오른손법칙 $e = (\boldsymbol{v} \times \boldsymbol{B}) \cdot dl$ [V]

[답] ㉯

문제 11-15	16. 산업기사

코일의 면적을 2배로 하고 자속밀도의 주파수를 2배로 높이면 유기기전력의 최댓값은 어떻게 되는가?

㉮ 1/4로 된다. ㉯ 1/2로 된다. ㉰ 2배로 된다. ㉱ 4배로 된다.

풀이

[답] ㉱

문제 11-16	18. 산업기사

자속밀도 $B[Wb/m^2]$가 도체 중에서 f[Hz]로 변화할 때 도체 중에 유기되는 기전력 e는 무엇에 비례하는가?

㉮ $e \propto Bf$ ㉯ $e \propto B/f$ ㉰ $e \propto B^2/f$ ㉱ $e \propto f/B$

풀이

[답] ㉮

문제 11-17	16, 17. 산업기사

다음 내용은 어떤 법칙을 설명한 것인가?

> 유도 기전력의 크기는 코일 속을 쇄교하는 자속의 시간적 변화율에 비례한다.

㉮ 쿨롱의 법칙 ㉯ 가우스의 법칙
㉰ 맥스웰의 법칙 ㉱ 패러데이의 법칙

풀이

[답] ㉱

문제 11-18	18. 산업기사

전자유도작용에서 벡터퍼텐셜을 A[Wb/m]라 할 때 유도 전계 E[V/m]는?

㉮ $\frac{\partial A}{\partial t}$ ㉯ $\int A\,dt$
㉰ $-\frac{\partial A}{\partial t}$ ㉱ $-\int A\,dt$

풀이

[답] ㉰

문제 11-19	18. 산업기사

비투자율 μ s, 자속밀도 B[Wb/m^2]인 자계 중에 있는 m[Wb]의 점자극이 받는 힘[N]은?

㉮ $\frac{mB}{\mu_0}$ ㉯ $\frac{mB}{\mu_0\mu_s}$
㉰ $\frac{mB}{\mu_s}$ ㉱ $\frac{\mu_0\mu_s}{mB}$

풀이

[답] ㉯

연 습 문 제

11.1 전자유도에 대해 정의하라.

11.2 렌츠의 법칙에 대해 정의하라.

11.3 패러데이의 전자유도법칙에 대해 정의하라.

11.4 유도기전력에 대해 정의하라.

12 CHAPTER

인덕턴스

12.1 자기 인덕턴스(Self Inductance)

도선에 전류 I를 흘리면 도선 주변에 자계 H가 발생한다.
자계 H, 자속밀도 B, 자속수 ϕ 사이의 관계는 다음과 같다.

$$H = \frac{I}{l},\ B = \mu H,\ \phi = BS \qquad (12\text{–}1)$$

이 관계로부터 코일에 전류가 흐르면 코일과 쇄교하는 자속이 발생되고 이 자속의 수는 전류와 비례함을 알 수 있다.

그림 12-1은 한 개 코일에 스위치를 닫아 전압을 인가하는 순간 전류 I [A]가 흐르고, 자속이 발생되어 코일과 쇄교함을 보여주고 있다.

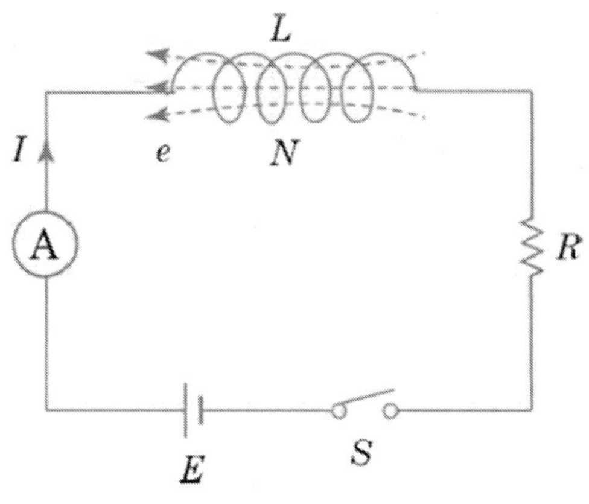

그림 12–1 전류 I[A]에 의한 자속 발생

자속은 전류의 세기에 비례하여 발생되기 때문에 비례의 정도를 나타내는 비례상수를 L이라 하고 자기 인덕턴스라 부른다.

만약 권수 N[회]인 코일에 전류 I를 흘리면 $N\phi$[개]의 자속이 발생될 것이므로

$$N\phi = LI \tag{12-2}$$

가 된다. 이때 ϕ는 코일면을 지나가는 쇄교 자속이다.

스위치가 닫히는 아주 짧은 시간 내에 전류가 0[A] ~I [A]로 변하므로 식 (12-2)을 시간 t로 미분하면 패러데이 전자유도법칙이 만들어진다.

$$\left.\begin{aligned} e &= -N\frac{d\phi}{dt} = -L\frac{dI}{dt} \\ \therefore\ e &= -L\frac{dI}{dt} \end{aligned}\right\} \tag{12-3}$$

비례상수 L을 자기유도계수 또는 자기 인덕턴스(self inductance)라고 한다.

식 (12-3)의 −부호는 회로의 전류가 시간적으로 변하면 쇄교자속도 변하므로 전자유도작용이 일어나고, 이 때 발생되는 기전력이 전류 변화를 방해하는 방향의 역기전력이라는 의미이다.

자기 인덕턴스 L은 회로에 전류가 흐를 때 자속을 발생시킬 수 있는 능력으로서 코일의 권수, 철심의 형상 및 재질에 의해 결정된다.

자기 인덕턴스의 단위는 헨리(Henry)이고, 전류 1[A]에 대한 쇄교 자속수가 1[Wb]일 때 1[H]로 정한다.

【예제 12.1】

어떤 코일에 흐르는 전류가 0.01[sec] 사이에 일정하게 50[A]로부터 10[A]로 변할 때 20[V]의 기전력이 발생한다고 하면 자기인덕턴스는 얼마인가?

【풀이】

$e = L\dfrac{dI}{dt}$에 의하여 L을 구할 수 있다.

그러므로 $L = e\dfrac{dt}{dI} = 20 \times \dfrac{0.01}{40} = 5[\mathrm{mH}]$가 된다.

【예제 12.2】

자기인덕턴스 0.5[H]인 회로가 매초 50[A]의 비율로 증가할 때 자기유도 기전력을 구하라.

【풀이】

$e = L\dfrac{dI}{dt}$에서 $e = 0.5 \times \dfrac{50}{1} = 25[\mathrm{V}]$

12.2 상호 인덕턴스(Mutual Inductance)

12.2.1 상호 인덕턴스

그림 12-2와 같이 환상 철심에 각각 권수 N_1, N_2회인 1차 코일과 2차 코일을 감고, 1차 코일에 전류 I_1을 흘리면 이 전류에 의해 자속 ϕ_1이 발생한다.

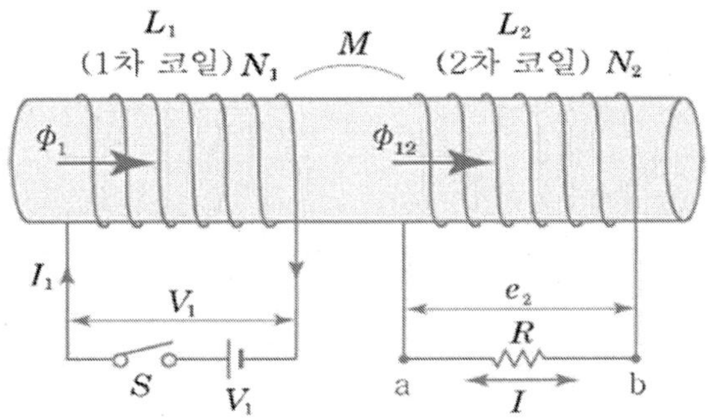

그림 12-2 철심에 감긴 코일의 인덕턴스

이 경우, 1차 코일과 쇄교하는 자속수는 자속 ϕ_1에 1차 코일 권수 N_1을 곱한 $N_1\phi_1$이 되고, 이 자속수는 1차 코일에 흐르는 전류와 비례하므로

$$N_1\phi_1 = L_1 I_1 \tag{12–4}$$

이 된다. 1차 코일의 자기 인덕턴스인 L_1에 대해 식 (12-4)을 정리하면 식 (12-5)가 된다.

$$L_1 = \frac{N_1\phi_1}{I_1}[\mathrm{H}] \tag{12–5}$$

한편 누설 자속이 없고, 1차 코일에 흐르는 전류 I_1에 의해서 생긴 자속 ϕ_1이 모두 2차 코일과 쇄교한다면, 2차 코일과 쇄교하는 자속수는 자속 ϕ_1에 2차 코일 권수 N_2를 곱한 $N_2\phi_1$이 되므로 1차 코일에 흐르는 전류와 비례한다.

이러한 관계는 다음의 식으로 나타내진다.

$$\left.\begin{aligned} N_2\phi_1 &= M_{12}I_1 \\ M_{12} &= \frac{N_2\phi_1}{I_1}[\mathrm{H}] \end{aligned}\right\} \tag{12–6}$$

여기서 M_{12}는 1차 코일에 흐르는 전류 I_1에 의해 만들어진 자속 ϕ_1이 2차 코일과 쇄교하는 정도를 나타내는 비례상수로서 상호유도계수 또는 상호 인덕턴스(mutual Inductance)라 부른다.

다음에 그림 12-2의 (b)와 같이 2차 코일에 I_2의 전류가 흐를 때 생기는 자속수를 ϕ_2라 하면, 누설자속이 없는 경우에 2차 코일의 자기 인덕턴스 L_2와 상호 인덕턴스 M_{21}은 위의 설명과 동일한 방법으로 정리할 수 있다.

$$\left.\begin{aligned} L_2 &= \frac{N_2\phi_2}{I_2}[\mathrm{H}] \\ M_{21} &= \frac{N_1\phi_2}{I_2}[\mathrm{H}] \end{aligned}\right\} \qquad (12-7)$$

【예제 12.3】
두 코일에 있어서 한 코일의 전류가 120[a]로 변화할 때 다른 코일에 24[V]의 기전력이 발생하였다면 두 코일의 상호인덕턴스를 구하라.

【풀이】
$e_1 = M\frac{dI_2}{dt}$를 이용하여 상호인덕턴스를 구할 수 있다. 그러므로

$M = \frac{e_1}{\frac{dI_2}{dt}} = \frac{24}{120} = 0.2[\mathrm{H}]$가 된다.

12.2.2 자기 인덕턴스와 상호 인덕턴스의 관계

누설자속이 없으므로 1차 코일에 전류를 흘렸을 때의 상호 인덕턴스와 2차 코일에 전류를 흘렸을 때의 상호 인덕턴스는 같다. 즉, $M_{12} = M_{21} = M$이므로 상호 인덕턴스를 나타내는 식 (12-6)과 식 (12-7)의 양변을 곱하면 아래와 같다.

$$M \times M = \frac{N_2\phi_1}{I_I} \times \frac{N_1\phi_2}{I_2} = \frac{N_1\phi_1}{I_I} \times \frac{N_2\phi_2}{I_2} = L_1 \times L_2 \qquad (12-8)$$

$$M^2 = L_1 L_2 \qquad (12-9)$$

이로부터 누설 자속이 없는 경우에 자기 인덕턴스와 상호 인덕턴스의 관계는 다음 식과 같다.

$$M = \sqrt{L_1 L_2}\,[\mathrm{H}] \tag{12-10}$$

일반적으로 자기회로에서는 누설 자속이 있기 때문에 그림 12-2에서 자속의 누설이 있는 경우, 1차 코일의 전류 I_1에 의해 만들어진 자속 ϕ_1와 2차 코일과 쇄교하는 자속을 ϕ_{12}라 하면 ϕ_{12}는 ϕ_1보다 작게 된다.

마찬가지로 2차 코일의 전류 I_2가 만든 자속 ϕ_2가 1차 코일과 쇄교하는 자속 ϕ_{12}은 ϕ_2보다 적다. 즉 $\phi_1 > \phi_{12}$, $\phi_2 > \phi_{21}$이므로

$$\frac{N_2\phi_{12}}{I_I} \times \frac{N_1\phi_{21}}{I_2} < \frac{N_2\phi_1}{I_I} \times \frac{N_1\phi_2}{I_2} \tag{12-11}$$

이 되어 상호 인덕턴스 M은

$$M < \sqrt{L_1 L_2}\,[\mathrm{H}] \tag{12-12}$$

으로 표현될 수 있다. 그리고 위 식은 일반적으로

$$M = k\sqrt{L_1 L_2}\,[\mathrm{H}] \tag{12-13}$$

로 쓸 수 있으며, k를 결합계수(coupling factor)라 하며, 결합계수의 값은 $0 \leqq k \leqq 1$이고, k의 값에 따라 다음과 같은 성질이 있다.

$$\begin{cases} k = 0 : \text{자기적 결합이 전혀 되지 않음}(M = 0) \\ 0 < k < 1 : \text{일반적인 자기 결합 상태}(M = k\sqrt{L_1 L_2}) \\ k = 1 : \text{완전결합}(M = \sqrt{L_1 L_2}) \end{cases}$$

【예제 12.4】

그림과 같은 철심 토로이드에 $N_1 = 2{,}000[\text{회}]$, $N_1 = 500[\text{회}]$의 두 코일이 감겨져있다. $L_1 = 200[\text{mH}]$일 때 N_1, N_2 사이의 상호인덕턴스는?

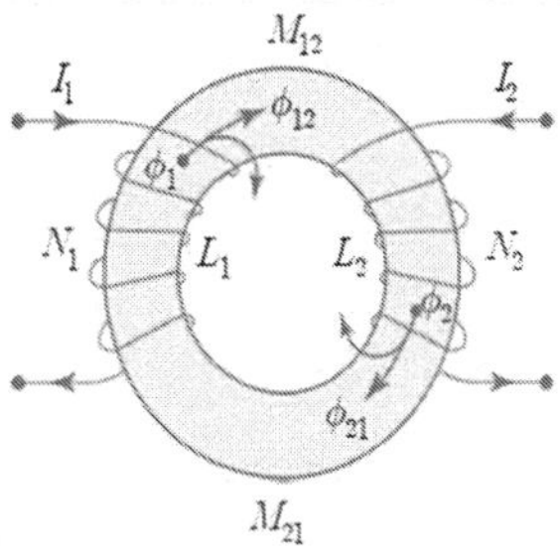

【풀이】

1차측 코일에 의한 자기인덕턴스 $L_1 = \dfrac{\mu S}{l} N_1^2$ (a)

2차측 코일에 의한 자기인덕턴스 $L_2 = \dfrac{\mu S}{l} N_2^2$ (b)이 된다.

또 상호인덕턴스 M은 $M = \dfrac{\mu S}{l} N_2 N_1$ (c)이 된다.

그러므로 구하려는 상호덕턴스 M은

$$M = \frac{N_2}{N_1} L = \frac{500}{2{,}000} \times 200 \times 10^{-3} = 50[\text{mH}]$$

【예제 12.5】

철심이든 환상코일이 있다. 1차 코일의 권수 $N_1 = 100[\text{회}]$일 때 $L_1 = 0.01[H]$이다. 이 철심에 2차코일 $N_2 = 200[\text{회}]$를 감았을 때 상호인덕턴스 M과 L_2를 구하라.

【풀이】

$L_1 = \dfrac{\mu S}{l} N_1^2$에서 $\dfrac{\mu S}{l}$를 구하면 $\dfrac{\mu S}{l} = \dfrac{L_1}{N_1^2} = \dfrac{0.01}{100^2} = 10^{-6}$

그래서 $L_2 = \dfrac{\mu S}{l} N_2^2 = 10^{-6} \times 200^2 = 0.04[\text{mH}]$,

$M = \dfrac{N_2}{N_1} L = 2 \times 0.01 = 0.02[\text{mH}]$이 된다.

12.3 인덕턴스의 접속

12.3.1 직렬접속

자기 인덕턴스 L_1, L_2인 코일을 상호유도작용이 일어나지 않도록 그림 12-3과 같이 직렬로 접속한 후, 전류 I를 흘렸을 때, 각 코일에 유도되는 기전력은 다음과 같다.

$$\left.\begin{aligned} e_1 &= L_1 \frac{dI}{dt} \\ e_2 &= L_2 \frac{dI}{dt} \end{aligned}\right\} \tag{12-15}$$

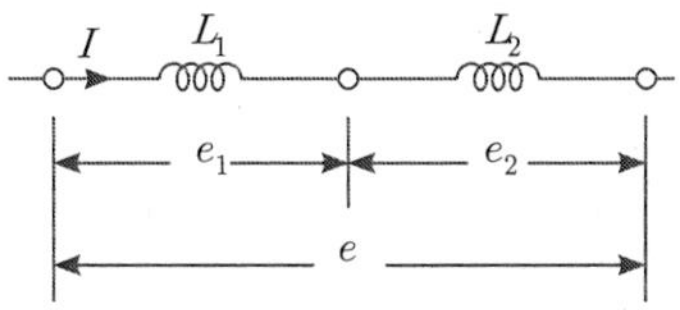

그림 12-3 직렬연결

그림의 회로는 저항 회로의 직렬연결과 같기 때문에 옴 법칙에 따라 합성 기전력은

$$e = e_1 + e_2 = -(L_1 + L_2)\frac{dI}{dt} = -L\frac{dI}{dt} \tag{12-16}$$

로 계산된다.

그리고 식 (12-16)에서 L은 각 인덕턴스의 합과 같으므로 합성(合成) 인덕턴스라 부르고

$$L = L_1 + L_2 [\text{H}] \tag{12-17}$$

이 되므로 이들 두 식에서 합성 인덕턴스는 저항 직렬접속의 합성저항을 구하는 방법과 같음을 알 수 있다.

12.3.2 병렬접속

자기 인덕턴스 L_1, L_2인 코일을 상호유도작용이 일어나지 않도록 그림 12-4와 같이 병렬로 접속하고 회로에 전류 I를 흘렸을 때, 각 인덕턴스에 I_1, I_2의 전류가 흐르고 있음을 알 수 있다.

이로부터 전체 전류는 각 인덕턴스에 흐르는 전류의 합이 됨을 알 수 있다.

$$I = I_1 + I_2 \text{[A]} \tag{12-18}$$

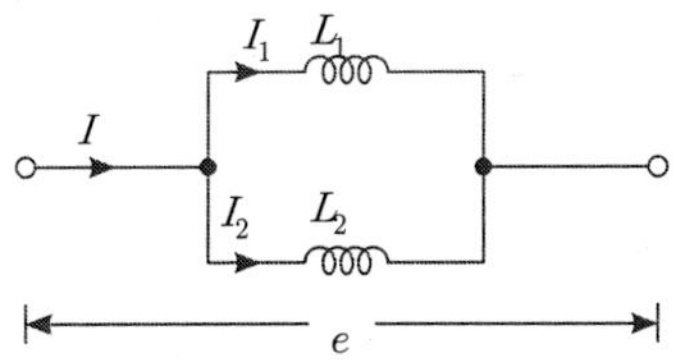

그림 12-4 병렬연결

또, 각 코일은 병렬접속이므로 각 코일에 유도되는 기전력은 모두 같다. 따라서

$$e = -L_1 \frac{dI_1}{dt} = -L_2 \frac{dI_2}{dt} \text{[V]} \tag{12-19}$$

$$\frac{dI_1}{dt} = -\frac{e}{L_1}, \frac{dI_2}{dt} = -\frac{e}{L_2} \tag{12-20}$$

가 된다. 합성 인덕턴스를 L이라 하면 기전력은

$$e = -L\frac{dI}{dt} = -L\left(\frac{dI_1}{dt} + \frac{dI_2}{dt}\right) \tag{12-21}$$

이고, 식 (12-20)과 식 (12-21)에서 합성 인덕턴스는

$$\left.\begin{aligned} -\frac{e}{L} &= -\left(\frac{e}{L_1} + \frac{e}{L_2}\right) \\ \frac{1}{L} &= \frac{1}{L_1} + \frac{1}{L_2} = \frac{L_1 + L_2}{L_1 L_2} \\ \therefore\ L &= \frac{L_1 L_2}{L_1 + L_2} \end{aligned}\right\} \tag{12-22}$$

의 관계가 얻어지는데, 이 관계식도 저항의 병렬접속과 동일한 관계를 가진다.

【예제 12.6】

자기인덕턴스가 각각 90[mH], 490[mH]인 두 코일 간의 상호인덕턴스를 72[mH]라 할 때 결합계수 k를 구하고 직렬 및 병렬 연결하였을 때의 합성인덕턴스를 구하라.

【풀이】

결합계수 $k = \dfrac{M}{\sqrt{L_1 L_2}}$로 구할 수 있다.

각 값을 대입하여 구하면 $k = 0.343$이 된다.

1) 인덕턴스를 직렬 연결하였을 때

$L = L_1 + L_2 \pm 2M$ 에 각 값을 대입하여 구하자.

$L = 90 + 490 \pm 144 = 724 \text{ or } 436[\text{mH}]$

2) 인덕턴스를 병렬 연결하였을 때

$L = \dfrac{L_1 L_2 - M^2}{L_1 + L_2 \pm 2M}$에 각 값을 대입하여 풀면

$L = \dfrac{90 \times 490 - 72^2}{90 + 490 \pm 144} = 89.3 \text{ or } 53.8[\text{mH}]$=89.3[mH], 53.8[mH]

【예제 12.7】

서로 결합하고 있는 두개의 코일 A, B의 자기인덕턴스를 각각 30mH, 50mH라 한다. 자속이 서로 상쇄하도록 할 때의 합성인덕턴스는 서로 가해지도록 연결할 때의 60%이다. 두 코일의 상호인덕턴스를 구하라.

【풀이】

$L = L_1 + L_2 \pm 2M$ 으로부터 $L_1 + L_2 - 2M = 0.6(L_1 + L_2 + 2M)$이 된다. 그래서 $80 - 2M = 0.6(80 + 2M)$, $3.2M = 32$ $\therefore M = 10[\text{mH}]$

12.4 자기적 결합을 갖는 인덕턴스의 직렬접속

자기적 결합을 갖는(상호유도작용이 있는) 두 코일을 직렬로 접속하는 방법은 두 가지가 있다. 한 가지는 가극성으로서 두 코일에서 발생한 자속의 방향을 같게 하여 상호 자속이 합쳐지도록 접속하는 방법이고, 다른 하나는 감극성으로 자속의 방향이 반대가 되도록 접속하여 상호 자속이 상쇄되는 방법이다.

12.4.1 상호 자속의 합(가극성)

그림 12-5와 같이 두 코일을 직렬로 접속하고, 코일에 전류방향이 반대가 되도록 흘리면 두 코일에서 만들어지는 자속은 같은 방향이 되어 합해진다.

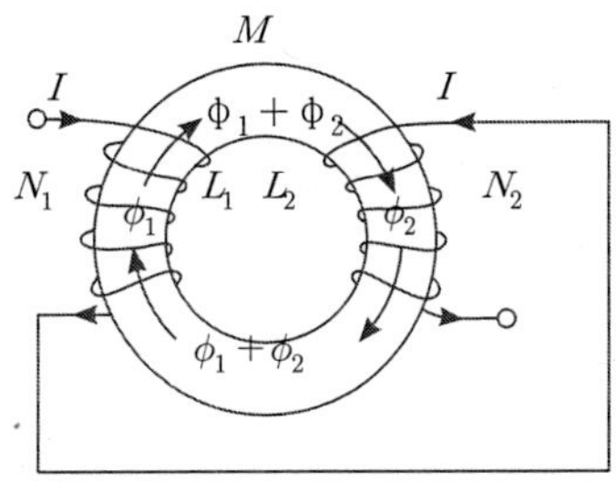

그림 12-5 두 코일에서 발생한 자속이 동일한 방향인 경우

회로에 전류 I를 흘렸을 때, 두 코일에서 만드는 자속은 ϕ_1, ϕ_2이므로 자기 인덕턴스 L_1, L_2는 각각

$$L_1 = \frac{N_1 \phi_1}{I},\ L_2 = \frac{N_2 \phi_2}{I} \tag{12-23}$$

가 된다.

그리고 두 코일에서 생긴 자속은 같은 방향이 되기 때문에 두 자속의 합인 $\phi_1 + \phi_2$가 권수 N_1코일과 권수 N_2인 코일 모두와 쇄교하게 된다.

이에 따라 자기 인덕턴스 L_1, L_2도 다음과 같이 L_1', L_2'로 바뀐다.

$$\left.\begin{aligned} L_1' &= \frac{N_1(\phi_1 + \phi_2)}{I} = \frac{N_1\phi_1}{I} + \frac{N_1\phi_2}{I} = L_1 + M \\ L_2' &= \frac{N_2(\phi_1 + \phi_2)}{I} = \frac{N_2\phi_1}{I} + \frac{N_2\phi_2}{I} = L_2 + M \end{aligned}\right\} \tag{12-24}$$

따라서 합성 인덕턴스 L은 다음과 같다.

$$L = L_1' + L_2' = L_1 + L_2 + 2M \tag{12-25}$$

12.4.2 상호 자속의 차

그림 12-6과 같이 두 코일을 직렬로 접속하고, 여기에 전류를 흘리면, 두 코일에서 만들어지는 자속은 서로 반대 방향이 되어 자속이 감소하게 되며, 합성 인덕턴스는 위와 동일한 방법으로 구한다.

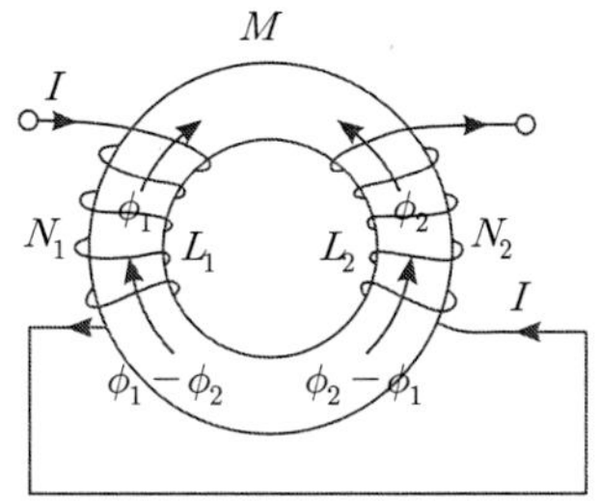

그림 12-6 두 코일에서 발생한 자속이 반대 방향인 경우

전류 I를 흘렸을 때 자기 인덕턴스는 식 (12-23)과 같지만, 두 코일에서 생긴 자속은 방향이 반대이기 때문에 두 자속의 차인 $\phi_1-\phi_2$가 각각 권수 N_1 코일 및 권수 N_2인 코일과 쇄교한다.

이에 따라 자기 인덕턴스 L_1, L_2도 다음과 같이 L_1', L_2'로 바뀐다.

$$\left.\begin{aligned} L_1' &= \frac{N_1(\phi_1-\phi_2)}{I} = \frac{N_1\phi_1}{I} - \frac{N_1\phi_2}{I} = L_1 - M \\ L_2' &= \frac{N_2(\phi_2-\phi_1)}{I} = \frac{N_2\phi_2}{I} - \frac{N_2\phi_1}{I} = L_2 - M \end{aligned}\right\} \tag{12-26}$$

따라서 합성 인덕턴스 L은 다음과 같다.

$$L = L_1' + L_2' = L_1 + L_2 - 2M \tag{12-27}$$

이상으로부터 상호유도작용이 일어나는 자기적 결합을 갖는 두 코일을 직렬접속한 회로에서 접속 방법에 따른 합성 인덕턴스 L을 한 개의 식으로 요약하면 다음과 같다.

$$L = L_1 + L_2 \pm 2M \tag{12-28}$$

12.5 인덕턴스에 축적 에너지(전류에 의한 자계 에너지)

자기 인덕턴스 및 상호 인덕턴스를 갖는 회로에 흐르는 전류를 변화시키면 전자유도에 의해 역기전력이 발생하여 전류의 변화를 방해하려고 하므로 이것을 이겨낼 수 있는 일(에너지)을 전원에서 공급하여야만 한다. 이때 이 에너지는 인덕턴스에 자계 에너지로 축적되며, 이와 같은 에너지를 전자에너지(electromagnetic energy) 혹은 자계에너지(magnetic energy)라고 한다.

자기 인덕턴스 L에 I [A]의 전류가 흐르면 전류 변화에 의한 자기 인덕턴스에 유도되는 역기전력 e은

$$e = -L\frac{dI}{dt} \tag{12-29}$$

이므로 이 유도 기전력과 반대 방향으로 대항하여 미소 전하 dq를 운반하는데 필요한 일(에너지) dW는

$$dW = -edq = -\left(-L\frac{dI}{dt}\right)dq = L\frac{dq}{dt}dI \tag{12-30}$$

가 된다. 전류가 $I = \frac{dq}{dt}$ 이므로 식 (12-30)은 식 (12-31)로 바꿀 수 있다.

$$dW = LIdI \tag{12-31}$$

따라서 자기 인덕턴스 L에 흐르는 전류를 0[A]에서 I[A]까지 증가시키는데 필요한 일 W는 식 (12-31) 양변을 적분하면 구해진다.

$$W = \int dW = \int_0^I LIdI = \frac{1}{2}LI^2 \text{[J]} \tag{12-32}$$

이 일이 인덕턴스에 흐르는 전류에 의해 인덕턴스 내에 축적되는 자계 에너지이다. W와 L과 I는 2차 함수의 관계이므로 포물선 모양을 취한다.

식 (12-32)로부터 단위체적당 축적되는 자계 에너지, 즉 자계 에너지 밀도 w를 구해보기로 한다.

솔레노이드 코일의 자기 인덕턴스 L은

$$L = \frac{\mu SN^2}{l} \text{[H]} \tag{12-33}$$

이고, 이 L를 식 (12-32)에 대입하여 체적 $S \cdot l$[m³]으로 나누면

$$W = \frac{1}{2}LI^2 = \frac{1}{2}\frac{\mu SN^2}{l}I^2 = \frac{1}{2}\frac{\mu SN^2I^2}{l}[\text{J}] \tag{12-34}$$

$$\frac{W}{Sl} = w = \frac{1}{2}\frac{\mu SN^2}{l}\frac{I^2}{Sl} = \frac{1}{2}\frac{\mu N^2I^2}{l^2} = \frac{1}{2}\mu H^2 = \frac{1}{2}\frac{B^2}{\mu}[\text{J/m}^3] \tag{12-35}$$

인 에너지 밀도가 구해지고, $B = \mu_0 H$인 관계를 대입하면 자계 에너지 밀도는 다음과 같다.

$$w = \frac{1}{2}\frac{B^2}{\mu_0} = \frac{1}{2}\mu_0 H^2 = \frac{1}{2}BH[\text{J/m}^3] \tag{12-36}$$

자계 에너지를 쇄교 자속과의 관계로 나타내기 위해 $\Phi = N\phi = LI$를 식 (12-32)에 대입하면

$$W = \frac{1}{2}LI^2 = \frac{1}{2}(LI)I = \frac{1}{2}\Phi I[\text{J}] \tag{12-37}$$

의 관계가 성립된다.
표 12-1은 지금까지 공부한 전계와 자계의 에너지를 비교한 것이다.

표 12-1 전계와 자계의 에너지 비교

구 분	에너지 밀도	에너지	에너지 축적 소자	에너지 공급원
정전계	$\frac{1}{2}ED$[J/m³]	$\frac{1}{2}CV^2$[J]	콘덴서 : C(유전체)	전압
정자계	$\frac{1}{2}HB$[J/m³]	$\frac{1}{2}LI^2$[J]	인덕터 : L(자성체)	전류

【예제 12.8】

30[A]의 전류가 흐르고 있는 도선이 0.1[sec] 동안에 쇄교자속수 0.5[Wb]이면 전자력이 단위시간에 한 일을 구하라.

【풀이】

$W = \frac{1}{2}LI^2 = \frac{1}{2}\phi I = \frac{1}{2} \times 0.5 \times 30 = 7.5[\text{J}]$이고

단위시간에 한 일은

$p = \frac{W}{t} = \frac{7.5}{0.1} = 75[\text{W}]$

12.6 인덕턴스 계산의 예

12.6.1 직선 솔레노이드의 인덕턴스

그림 12-7에서 반지름이 a[m], 길이가 l[m], 권수 N[회]인 원통 직선형 솔레노이드(단, $l \gg a$)의 내부 자계의 세기 H는 식 (9-16)에서 다음과 같다.

$$H = nI = \frac{NI}{l} \text{[AT/m]} \tag{12-38}$$

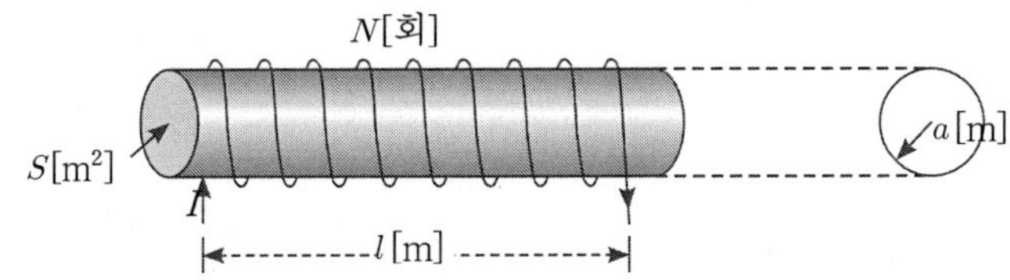

그림 12-7 원통 직선형 솔레노이드

솔레노이드의 내부 자속(ϕ =자속밀도×자속이 지나가는 곳의 면적)은

$$\phi = BS = \mu HS = \frac{\mu SNI}{l} \text{[Wb]} \tag{12-39}$$

가 되므로 식 (12-2)로 부터 인덕턴스 L은

$$L = \frac{N\phi}{I} = \frac{\mu SN^2}{l} \text{[H]} \tag{12-40}$$

가 된다.

그리고 솔레노이드의 반지름이 a[m]이므로 자속이 지나가는 곳의 면적 $S = \pi a^2$를 대입하면 인덕턴스는 식 (12-41)로 된다.

$$L = \frac{\mu \pi a^2 N^2}{l} \text{[H]} \tag{12-41}$$

12.6.2 환상 솔레노이드의 인덕턴스

그림 12-8과 같이 평균 반지름 $2\pi r$[m](평균 길이가 l[m]), 단면적 S[m^2], 투자율 μ인 환상 철심에 권수 N의 코일이 감긴 환상 솔레노이드에 전류 I[A]를 흘렸을 때 철심을 통과하는 자속 ϕ는 식 (12-38)의 유도 과정과 마찬가지로

$$\phi = BS = \mu HS = \mu \frac{NI}{l} S = \frac{\mu SNI}{l} [\text{Wb}] \tag{12-42}$$

이므로, 이 자속을 $N\phi = LI$의 관계식에 대입하면 환상 솔레노이드의 자기 인덕턴스 L은 다음 식과 같이 권수 N^2에 비례한다.

$$L = \frac{N\phi}{I} = \frac{\mu SN^2}{l} = \frac{\mu SN^2}{2\pi r} [\text{H}] \tag{12-43}$$

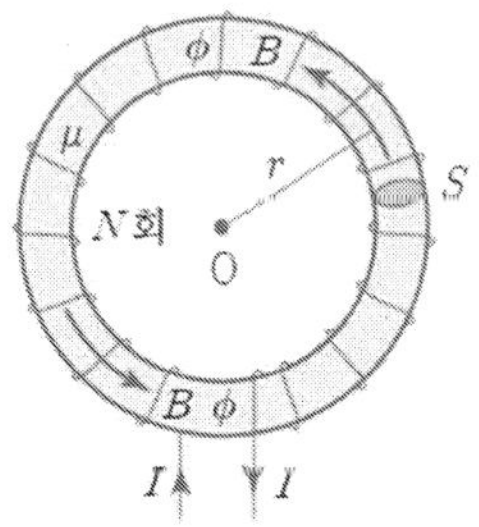

그림 12-8 환상 솔레노이드

위의 식으로부터 환상 솔레노이드(트로이드 코일)의 권선수를 N배하면 인덕턴스는 N^2배가 됨을 알 수 있다.

12.6.3 원형 코일의 인덕턴스

반경 a[m], 권수 N회인 원형 코일에 I[A]의 전류가 흐를 때 중심점의 자계 세기 H는 권수가 1회인 원형 코일의 중심점의 자계 세기를 나타낸 식 (9-33)에 N을 곱하면

$$H = \frac{NI}{2a} [\text{AT/m}] \tag{12-44}$$

가 되고, 자속밀도와 자속, 자계와 자속밀도의 관계로부터 원형 코일을 통과하는 자속수 ϕ를

구한 식 (12-45)로부터 유도한 식 (12-46)이 원형 코일 중심부 자기 인덕턴스이다.

$$\phi = BS = \mu HS = \frac{\mu NI}{2a}\pi a^2 = \frac{\pi a \mu NI}{2}[\mathrm{Wb}] \qquad (12-45)$$

$$L = \frac{N\phi}{I} = \frac{\pi a \mu N^2}{2}[\mathrm{H}] \qquad (12-46)$$

이상의 결과로부터 솔레노이드의 자기 인덕턴스 L은 투자율 μ와 코일의 권수 N^2에 비례하고 있으며, 일반 코일에서는 누설 자속이 있기 때문에 실제의 값은 위의 계산 값보다 작아진다.

12.6.4 전류가 균일하게 흐르는 원통형 도선의 내부 인덕턴스

반경 a[m]인 원통형 도선에 전류 I[A]가 흐를 때 생긴 자속은 도선 내부에서는 전류의 일부와 쇄교하지만, 외부에서는 전(全)전류 I[A]와 쇄교한다.

따라서 자기 인덕턴스 중에서 전류가 도선 내의 자속과 쇄교에 의해 나타나는 인덕턴스를 내부 인덕턴스, 도선 외부의 자속과 쇄교에 의한 것을 외부 인덕턴스라고 한다.

(1) 내부 인덕턴스

그림 12-9의 도선 중심에서 내부의 한 점까지 거리가 $r\,(r<a)$인 점에서의 자계의 세기는 원통 도선 내부 자계의 세기를 나타내는 식 (9-13)과 같다.

$$H = \frac{r}{2\pi a^2} I\,[\mathrm{AT/m}] \qquad (12-47)$$

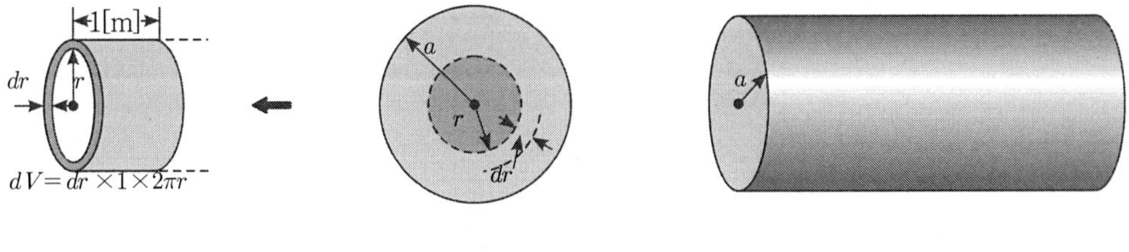

그림 12-9 원통형 도선의 인덕턴스

이때 도체의 투자율을 μ라 하고, 식 (10-24)의 에너지 밀도를 단위길이당 체적에 대해 적분을 하면 단위길이에 대한 자계 에너지 W가 다음과 같이 구해진다.

$$W = \frac{1}{2}\int_V BHdV = \frac{1}{2}\int_V \mu H^2 dV = \frac{1}{2}\int_V \mu H^2 dV$$

$$= \frac{1}{2}\int_0^a \mu\left(\frac{r}{2\pi a^2}I\right)^2 2\pi r dr = \frac{\mu I^2}{16\pi}[\text{J/m}] \quad (12\text{–}48)$$

따라서 원통 도선의 단위길이당 내부 인덕턴스 L_i는 $W = \frac{1}{2}LI^2$에서 $L = \frac{2W}{I^2}$의 관계로부터 다음과 같이 된다.

$$L_i = \frac{2W}{I^2} = \frac{2}{I^2} \times \frac{\mu I^2}{16\pi} = \frac{\mu}{8\pi}[\text{H/m}] \quad (12\text{–}49)$$

(2) 외부 인덕턴스

외부 인덕턴스 L_e는 도체의 외부에서 쇄교 자속밀도(B)와 자속이 지나가는 면적(S)으로부터 자속수(ϕ)를 구하여 유도할 수 있다.

즉, 도체의 중심에서 거리 $r\,(r > a)$인 점의 자계의 세기 $H = \frac{I}{2\pi r}$를 자속밀도(B)로 바꾸어 적분하면 r 지점의 자속(ϕ)이 구해진다.

$$\phi = \int_S B \cdot ds = \int_a^b \mu_0 \frac{I}{2\pi r} dr = \frac{\mu_0 I}{2\pi} ln\frac{b}{a}[\text{Wb}] \quad (12\text{–}50)$$

이때 적분구간은 도체 단면의 반경을 a에서 도체 외부의 반경 b까지이므로 외부 인덕턴스 L_e는 식 (12-51)이 된다.

$$L_e = \frac{\phi}{I} = \frac{\mu_0}{2\pi}\ln\frac{b}{a}[\text{H/m}] \quad (12\text{–}51)$$

그리고 원주형 도선의 전체 인덕턴스 L은 외부 인덕턴스 L_e와 내부 인덕턴스 L_i의 합이므로

$$L = L_e + L_i = \frac{\mu_0}{2}\ln\frac{b}{a} + \frac{\mu}{8\pi}[\text{H/m}] \quad (12\text{–}52)$$

로 된다.

12.6.5 평행 왕복 도선의 인덕턴스

그림 12-10과 같이 원형 단면의 반지름 a[m]인 원주형 도선이 선간 거리 d[m]로 놓인 평행 왕복 도선에서 단위길이에 대한 자기 인덕턴스는 다음과 같이 구할 수 있다.

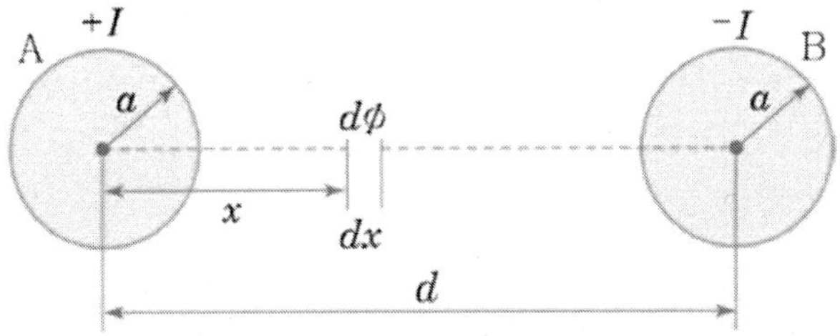

그림 12-10 평행 왕복 도선

점 P에 대한 자계의 세기(H)는 각각의 도선에 암페어 주회적분 법칙을 적용시켜 구한 자계의 세기를 합하면 식 (12-53)이 된다.

$$H = \frac{I}{2\pi x} + \frac{-I}{2\pi(d-x)} \text{[AT/m]} \tag{12–53}$$

점 P에서 폭 dx, 길이 1[m]의 미소 면적을 취했을 때 이 면적을 지나는 자속은 다음 식과 같이 구해진다.

$$d\phi = BdS = B(dx \times 1) = \mu H dx \tag{12–54}$$

따라서 왕복 도선과 쇄교하는 단위길이당의 자속은 식 (12-55)와 같다.

$$\begin{aligned} \phi &= \int_a^{d-a} d\phi = \frac{\mu_0 I}{2\pi} \int_a^{d-a} \left[\frac{I}{x} - \frac{I}{(d-x)} \right] dx \\ &= \frac{\mu_0 I}{2\pi} [\ln x - \ln(d-x)]_a^{d-a} = \frac{\mu_0 I}{\pi} ln \frac{d-a}{a} \fallingdotseq \frac{\mu_0 I}{\pi} ln \frac{d}{a} \text{[Wb/m]} \end{aligned} \tag{12–55}$$

대부분의 송전선로에서 $d \gg a$이므로 식 (12-55)의 마지막 근사 값을 취한 송전선로의 선간 자기 인덕턴스는 다음과 같다.

$$L = \frac{\phi}{I} = \frac{\mu_0}{\pi} \ln \frac{b}{a} \text{[AT/m]} \tag{12–56}$$

또 각 도선의 내부에도 $\mu / 8\pi$ [H/m]의 자기 인덕턴스가 존재하므로 평행 왕복 도선의 전체 인덕턴스는

$$L=\frac{\mu_0}{\pi}ln\frac{d}{a}+\left(2\times\frac{\mu}{8\pi}\right)=\frac{\mu_0}{\pi}ln\frac{d}{a}+\frac{\mu}{4\pi}[\mathrm{H/m}] \tag{12-57}$$

가 된다.

송전 선로에서 사용되는 경동선의 비투자율은 $\mu_s≒1$이므로 왕복 도선의 송전 선로에서 단위길이당 전 인덕턴스는

$$L=\frac{\mu_0}{4\pi}\left(\ln\frac{d}{a}+1\right)=\left(4\ln\frac{d}{a}+1\right)\times 10^{-7}[\mathrm{H/m}] \tag{12-58}$$

가 된다.

12.6.6 환상 솔레노이드에서의 상호 인덕턴스

그림 12-11과 같이 단면적 $S[\mathrm{m}^2]$, 자로의 평균 길이 $l\,[\mathrm{m}]$, 투자율 μ인 환상 철심에 권수 N_1, N_2코일을 감고 전류 I_1, I_2를 흘리고 있다.

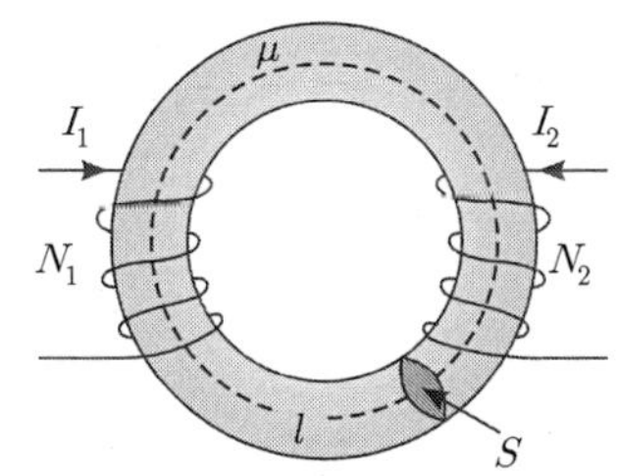

그림 12-11 상호 인덕턴스

1차 코일에 I_1[A]의 전류가 흐르면 철심에서의 자속은 다음과 같다.

$$\phi_1=\frac{N_1I_1}{R_m}=\frac{N_1I_1}{\frac{l}{\mu S}}=\frac{\mu SN_1I_1}{l}[\mathrm{Wb}] \tag{12-59}$$

이로부터 2차 코일과 쇄교하는 자속수 $N_2\phi_1$와 상호 인덕턴스 M_{21}는 식 (12-60)이 된다.

$$\left.\begin{aligned} N_2\phi_1 &= \frac{\mu S N_1 N_2 I_1}{l}[\text{Wb}] \\ M_{21} &= \frac{N_2\phi_1}{I_1} = \frac{\mu S N_1 N_2}{l} = \frac{4\pi\mu_s N_1 N_2 S}{l}\times 10^{-7}[\text{H}] \end{aligned}\right\} \tag{12-60}$$

자속의 누설이 없다면 상호 인덕턴스는 $M = M_{21} = M_{21}$ 이다. 그리고 이 회로의 자기 인덕턴스는 식 (12-43)에 의하여 각각 식 (12-61)과 같이 된다.

$$\left.\begin{aligned} L_1 &= \frac{N_1\phi_1}{I_1} = \frac{\mu S {N_1}^2}{l}[\text{H}] \\ L_2 &= \frac{N_2\phi_2}{I_2} = \frac{\mu S {N_2}^2}{l}[\text{H}] \end{aligned}\right\} \tag{12-61}$$

누설 자속이 없다면 결합계수 $k = 1$ 이므로 상호 인덕턴스는

$$M = k\sqrt{L_1 L_2} = 1\times\sqrt{L_1 L_2} = \frac{\mu S N_1 N_2}{l}[\text{H}] \tag{12-62}$$

로 구해지는데 그 결과는 앞에서 구한 것과 동일하다.

12.7 와전류와 표피효과

12.7.1 와전류(eddy current)

그림 12-12와 같은 자속과 도체가 상대적으로 운동하여 도체 내의 자속이 시간적인 변화를 일으키면, 이 변화를 막기 위하여 도체 내에 부분적으로 자속 주위를 맴도는 맴돌이 형태의 와전류(eddy current)가 유도되어 흐른다.

도체 저항에 의해 와전류가 흐르면 줄(Joul)열이 발생되어 도체의 온도를 상승시켜 전력 손실이 생기는데, 이 전력 손실을 와류손(渦流損, eddy current loss)이라 한다.

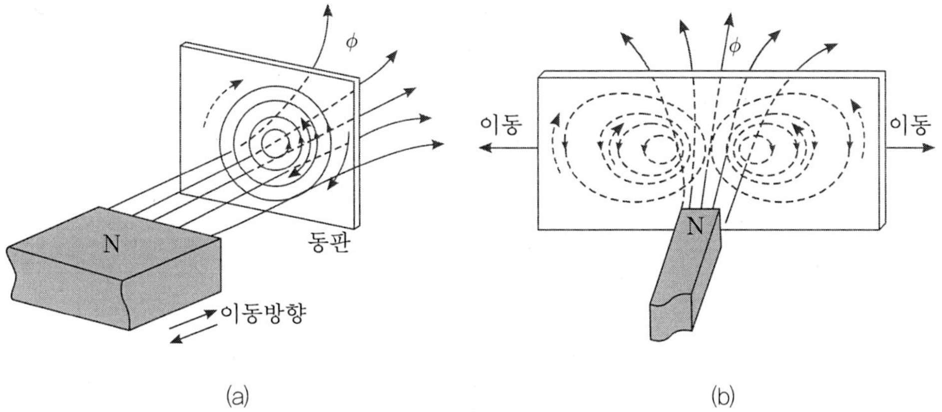

그림 12-12 자속변화와 와전류

와전류가 흐르는 철심의 도전율을 σ 라 할 때에 와류손 p_e[W]는 식 (12-63)처럼 자속이 시간적으로 변화하는 교번 자속의 변화 주파수와 최대 자속밀도의 제곱에 비례한다.

$$P_e = A\sigma f^2 B_m{}^2 t^2 [\mathrm{W}] \tag{12-63}$$

와류손은 교류 기기의 철심에서 발생하는 손실이므로 히스테리시스 손실처럼 철손에 속한다.

변압기, 전동기 및 발전기 등의 교류기기는 와전류가 매우 크기 때문에 이 와류손의 저감대책으로는 얇은 철판을 겹쳐 놓은 성층철심(laminated core)을 사용한다.

그러나 와전류 현상을 이용한 유도 전동기나 사기 브레이크, 고주파가열로 등의 전기기기도 있다.

12.7.2 표피효과(skin effect)

그림 12-13은 도체에 직류 전류가 흐르면 도체의 단면적에 전류가 균일하게 분포되고, 교류 전류가 흐르면 전류 분포는 도체 중심부에서 작아지고 표면으로 갈수록 커지는 현상을 보여주고 있다.

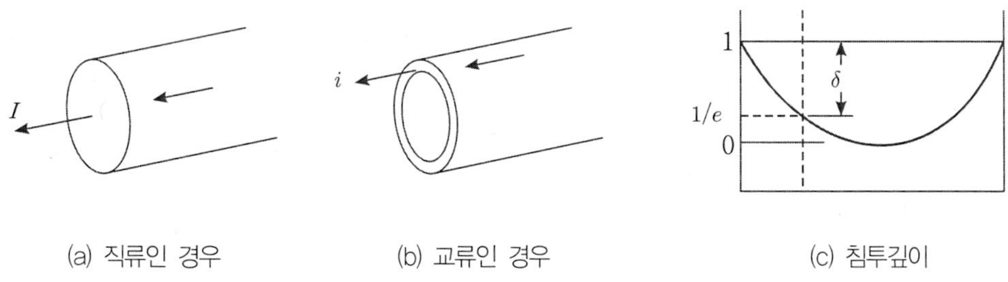

그림 12-13 도체의 표피효과

이 현상은 교류 전류가 흐르면 자계가 시간적으로 변화하여 유도 기전력을 발생시키고, 이것이 도체 내에서 전류의 흐름을 방해한다. 즉, 도체 단면에서 중심부로 가까워질수록 전류와 쇄교하는 자속수가 많아져서 유입 전류와 반대 방향으로 생기는 유도 기전력이 커지므로 중심 부분의 전류가 감소되기 때문이다.

이와 같이 전류 밀도가 도체 중심부에서 작아지고 표면으로 갈수록 커지는 현상을 표피효과(skin effect)라 한다.

고주파, 도전율 및 투자율이 클수록 표피 효과가 크게 되어 도체 중심부보다 도체 표면부에 많은 전류가 흐르게 된다.

도체의 도전율 $\sigma\left[\dfrac{1}{\text{ohm}\cdot\text{m}}\right]\left(=\dfrac{1}{\rho} : 1/\text{고유저항}\right)$, 투자율 μ 및 교류 전류를 주파수 f라 할 때, 표면 전류값의 $1/e = 0.368$배로 감소되는 깊이를 δ라 하면

$$\delta = \sqrt{\frac{2}{\omega\sigma\mu}} = \frac{1}{\sqrt{\pi f \sigma\mu}} = \sqrt{\frac{\rho}{\pi f \mu}}\ [\text{m}] \tag{12-64}$$

가 되고, 이것을 표피 두께(skin depth) 또는 침투깊이라고 한다.

$\omega(=2\pi f)$, σ, μ 중 어느 것이든 값이 크면 침투깊이 δ가 작아지게 되어 표면으로 흐르는 전류가 커져서 표피효과가 크지만, 실제의 도체에서는 도전율 및 투자율이 거의 일정하기 때문에 교류 전류의 주파수 f가 크면 표피효과도 커진다.

표피효과에 의해 전계, 자계가 도체 내부에까지 들어가지 못하는 현상을 이용한 것이 전자차폐(electromagnetic shielding)이다.

기사시험 기출문제

문제 12-1	82, 83, 92, 06, 10. 산업기사

권수 200회이고, 자기 인덕턴스 20[mH]의 코일에 2[A]의 전류를 흘릴 때, 쇄교 자속은 몇 [Wb]인가?

㉮ 0.04　　㉯ 0.01　　㉰ 4×10^{-4}　　㉱ 2×10^{-4}

풀이 전체 쇄교 자속 $N\phi=LI$에서 $\phi=\frac{LI}{N}=\frac{20\times10^{-3}}{200}\times2=2\times10^{-4}$[Wb]　　[답] ㉱

문제 12-2	12. 산업기사

어느 철심에 도선을 250회 감고, 여기에 2[A]의 전류를 흘릴 때 자속이 0.02 [Wb]이었다. 이 코일의 자기 인덕턴스는 몇 [H]인가?

㉮ 1.05　　㉯ 1.25　　㉰ 2.5　　㉱ $\sqrt{2}\pi$

풀이 $L=\frac{N\phi}{I}=\frac{250\times0.02}{2}=2.5$[H]　　[답] ㉰

문제 12-3	02. 기사

환상 철심에 권수 100회인 A코일과 권수 300회인 B코일이 있을 때 A의 자기 인덕턴스가 400[mH]라면 두 코일의 상호 인덕턴스는 몇 [H]인가? (단, 누설 자속은 무시한다.)

㉮ 0.133　　㉯ 0.75　　㉰ 1.0　　㉱ 1.2

풀이 $\frac{N_1}{N_2}=\frac{L_1}{M}$, $M=\frac{L_1N_2}{N_1}=\frac{0.4\times300}{100}=1.2$[H]　　[답] ㉱

문제 12-4	11. 기사 / 08. 산업기사

인덕턴스가 20[mH]인 코일에 흐르는 전류가 0.2[s] 동안에 6[A]가 변했다면 코일에 유기되는 기전력은 몇 [V]인가?

㉮ 0.6 ㉯ 1 ㉰ 6 ㉱ 30

풀이 $e = -L\frac{dI}{dt} = 20 \times 10^{-3} \times \frac{6}{0.2} = 0.6[V]$ **[답] ㉮**

문제 12-5	83, 91. 기사 / 11. 산업기사

어느 코일에 흐르는 전류가 0.01[s] 동안에 1[A] 변화하여 60[V]의 기전력이 유기되었다. 이 코일의 자기 인덕턴스[H]는?

㉮ 0.4 ㉯ 0.6 ㉰ 1.0 ㉱ 1.2

풀이 $e = -L\frac{dI}{dt}$에서 $L = e\frac{dt}{dI} = 60 \times \frac{0.01}{1} = 0.6[H]$ **[답] ㉯**

문제 12-6	77, 84, 98. 산업기사

자기 인덕턴스가 각각 L_1, L_2인 A, B 두 코일이 있다. 이때, 상호 인덕턴스 $M = \sqrt{L_1 L_2}$라면 다음 중 옳지 <u>않은</u> 것은?

㉮ A코일이 만든 자속은 전부 B코일과 쇄교된다.
㉯ 두 코일이 만든 자속은 항상 같은 방향이다.
㉰ A코일에 1초 동안 1[A]의 전류 변화를 주면 B코일에 1[V]가 유기된다.
㉱ L_1, L_2는 (−)값을 가질 수 없다.

풀이 $M = \sqrt{L_1 L_2}$는 결합계수 $k = 1$임을 뜻하고 $L_1 > 0$, $L_2 > 0$임을 말한다. 그러나 $M = 1$이란 것은 아니다. **[답] ㉰**

문제 12-7	03. 산업기사

그림 (a)의 인덕턴스에 전류가 그림 (b)와 같이 흐를 때 2초에서 6초 사이의 인덕턴스 전압 V_L[V]은?

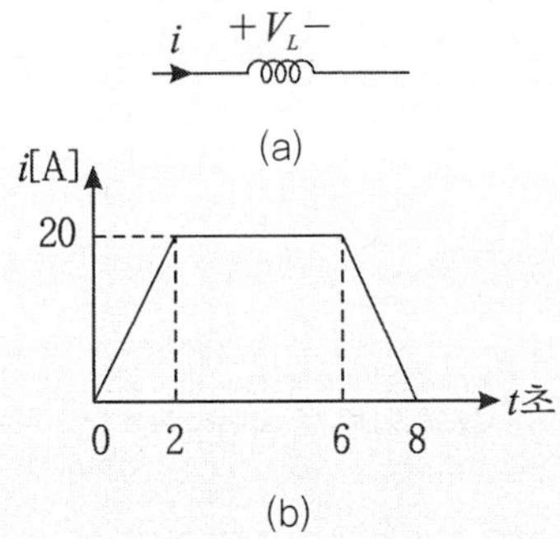

㉮ 0　　㉯ 5
㉰ 10　　㉱ −5

풀이 $V_L = -L\frac{dI}{dt}$에서 $V_L = -L\frac{dI}{dt} = -L\frac{20-20}{6-2} = 0$　　**[답] ㉮**

문제 12-8	90, 96. 산업기사

환상 철심에 권수 20의 A코일과 권수 80의 B코일이 있을 때 A코일의 자기 인덕턴스가 5[mH]라면 두 코일의 상호 인덕턴스는 몇 [mH]인가?

㉮ 20　　㉯ 1.25　　㉰ 0.8　　㉱ 0.05

풀이 $M = \frac{L_1 N_2}{N_1} = \frac{5 \times 80}{20} = 20$[mH]　　**[납] ㉮**

문제 12-9	90, 99, 01, 02, 03, 14. 기사 / 75, 77, 07. 산업기사

자기 인덕턴스 L_1, L_2와 상호 인덕턴스 M과의 결합계수는 어떻게 표시되는가? (단, 단위는 [H]이다.)

㉮ $\sqrt{L_1 L_2}/M$　　㉯ $M/\sqrt{L_1 L_2}$　　㉰ $M/L_1 L_2$　　㉱ $L_1 L_2/M$

[답] ㉯

문제 12-10	95, 06, 07. 산업기사

자기 인덕턴스가 L_1, L_2이고 상호 인덕턴스가 M인 두 회로의 결합계수가 1이면 다음 중 옳은 것은?

㉮ $L_1L_2 = M$　㉯ $L_1L_2 < M$　㉰ $L_1L_2 > M$　㉱ $L_1L_2 = M^2$

풀이 $M = k\sqrt{L_1L_2}$ 에서 $k=1$인 경우 $M^2 = L_1L_2$ **[답]** ㉱

문제 12-11	77, 85, 01. 산업기사

원형 단면을 가진 비자성 재료에 균일하게 감긴 권수 $N_1 = 1000$회인 환상 솔레노이드의 자기 인덕턴스가 $L_1 = 2$[mH]이다. 그 위에 $N_2 = 1200$회의 코일을 감으면 상호 인덕턴스[mH]는? (단, 누설자속은 없는 것으로 본다.)

㉮ 2.0　㉯ 2.4　㉰ 3.6　㉱ 4.5

풀이 $L \propto N^2$이므로, $L_2 = L_1(\frac{N_2}{N_1})^2 = 2\times10^{-3}\times(\frac{1200}{1000})^2 = 2.88$[mH],

자속 누설이 없으므로 $k=1$,

$\therefore M = k\sqrt{L_1L_2} = 1\times\sqrt{2\times2.88\times10^{-6}} = 2.4$[mH] **[답]** ㉯

문제 12-12	97. 산업기사

두 개의 코일이 있다. 각각의 자기 인덕턴스가 0.4[H], 0.9[H]이고, 상호 인덕턴스가 0.36[H]일 때 결합계수를 구하라.

㉮ 0.5　㉯ 0.6　㉰ 0.7　㉱ 0.8

풀이 $k = \frac{M}{\sqrt{L_1L_2}} = \frac{0.36}{\sqrt{0.4\times0.9}} = 0.6$ **[답]** ㉯

문제 12-13	98, 05, 13. 산업기사

자기 인덕턴스가 각각 L_1, L_2인 두 코일을 서로 간섭이 없도록 병렬로 연결했을 때의 그 합성 인덕턴스는? (단, L_1과 L_2의 단위는 [H]로 모두 같다.)

㉮ $L = L_1 + L_2 - 2M$ ㉯ $L = L_1 + L_2 + 2M$

㉰ $L = \dfrac{L_1 L_2}{L_1 + L_2}$ ㉱ $L = L_1 + L_2$

풀이 두 개의 인덕턴스 병렬접속시 가극성인 경우 합성 인덕턴스는 $L = \dfrac{L_1 L_2 - M^2}{L_1 + L_2 - 2M}$,

감극성 합성 인덕턴스 $L = \dfrac{L_1 L_2 - M^2}{L_1 + L_2 + 2M}$이고 $M=0$이면 $L = \dfrac{L_1 L_2}{L_1 + L_2}$ **[답]** ㉰

문제 12-14	83, 89, 99. 산업기사

두 코일이 있다. 한 코일의 전류가 매초 120[A]의 비율로 변화할 때 다른 코일에는 15[V]의 기전력이 발생하였다면 두 코일의 상호 인덕턴스[H]는?

㉮ 0.125 ㉯ 0.255 ㉰ 0.515 ㉱ 0.615

풀이 120[A]의 전류(I_1)가 흐르는 코일을 1차 코일이라 할 때 상호유도작용에 의하여

2차 코일에 유기되는 기전력(e_2)은 $e_2 = M\dfrac{dI_1}{dt}$이므로, 상호 인덕턴스 M은

$M = e_2 \dfrac{dt}{dI_1} = 15 \times \dfrac{1}{120} = 0.125[\text{H}]$이다. **[답]** ㉮

문제 12-15	09. 산업기사

송전선의 전류가 0.01초간에 10[kA] 변화할 때 송전선과 평행한 통신선에 유도되는 전압은? (단, 송전선과 통신선 간의 상호 유도계수는 0.3[mH]이다.)

㉮ 3[V] ㉯ 300[V] ㉰ 3000[V] ㉱ 30000[V]

풀이 $e = -M\dfrac{dI}{dt} = 0.3 \times 10^{-3} \times \dfrac{10 \times 10^3}{0.01} = 300[\text{V}]$ **[답]** ㉯

문제 12-16	12. 산업기사

자기 인덕턴스 L_1, L_2이고, 상호 인덕턴스가 M인 두 코일을 직렬로 연결하여 합성 인덕턴스 L을 얻었을 때, 다음 중 항상 양의 값을 갖는 것만 골라 묶은 것은?

㉮ L_1, L_2, M ㉯ L_1, L_2, L

㉰ M, L ㉱ 항상 양의 값을 갖는 것은 없다.

풀이 합성 인덕턴스 $L = L_1 + L_2 \pm 2M$(상호 인덕턴스 $M = k\sqrt{L_1 L_2}$, $0 \le k \le 1$이므로, 합성 인덕턴스도 항상 양의 값을 갖는다.) **[답]** ㉯

문제 12-17	01, 03. 기사 / 05. 산업기사

자계의 세기 H[AT/m], 자속밀도 B[Wb/m^2], 투자율 μ[H/m]인 곳의 자계의 에너지 밀도[J/m^3]는?

㉮ BH ㉯ $\frac{1}{2\mu}H^2$ ㉰ $\frac{1}{2}\mu H$ ㉱ $\frac{1}{2}BH$

풀이 자성체 단위체적당 저장되는 에너지, 즉 에너지 밀도는

$w = \frac{1}{2}\frac{B^2}{\mu_0} = \frac{1}{2}\mu_0 H^2 = \frac{1}{2}BH$[J/m^3]이다. **[답]** ㉱

문제 12-18	83, 92. 산업기사

자기 인덕턴스가 20[mH]인 코일에 전류를 흘려주었을 때 코일과의 쇄교 자속수가 0.2[Wb]이었다. 이때 코일에 축적되는 자기 에너지는?

㉮ 0.5 ㉯ 1 ㉰ 2 ㉱ 4

풀이 쇄교 자속수 $N\phi$가 0.2[Wb]이므로 $N\phi = LI$, $I = \frac{N\phi}{L} = \frac{0.2}{20 \times 10^{-3}} = 10$[A]

$\therefore W = \frac{1}{2}LI^2 = \frac{1}{2} \times 20 \times 10^{-3} \times 10^2 = 1$[J] **[답]** ㉯

문제 12-19	12. 기사

인덕턴스의 단위와 같지 않은 것은?

㉮ $[\frac{J}{A} \cdot \frac{1}{S}]$　㉯ $[\frac{V}{A} \cdot S]$　㉰ $[\frac{Wb}{A}]$　㉱ $[\frac{J}{A^2}]$

풀이 ① $e = L\frac{di}{dt}$ 관계에서 $L = e\frac{dt}{di}$ 이고, L은 인덕턴스 e는 유도기전력(전압)이므로

헨리[H]는 $[H] = [\frac{\sec \cdot V}{A}] = [\frac{V}{A} \cdot S]$

② $L = \frac{N\phi}{I}[Wb/A]$, ③ $W = \frac{1}{2}LI^2$에서 $L = \frac{2W}{I^2}[J/A^2]$ **[답]** ㉮

문제 12-20	05, 10. 산업기사

자체 인덕턴스가 100[mH]인 코일에 전류를 흘려 20[J]의 에너지가 축적되었다. 이때 흐르는 전류는 몇 [A]인가?

㉮ 2　㉯ 10　㉰ 20　㉱ 100

풀이 $W = \frac{1}{2}LI^2[J]$에서 $I = \sqrt{\frac{2W}{L}} = \sqrt{\frac{2 \times 20}{100 \times 10^{-3}}} = 20[A]$ **[답]** ㉯

문제 12-21	99, 02, 06. 산업기사

자기 인덕턴스 L_1[H], L_2[H], 상호 인덕턴스 M[H]인 두 회로에 자속을 돕는 방향으로 각각 I_1, I_2[A]의 전류가 흘렀을 때 저장되는 자계의 에너지는 몇 [J]인가?

㉮ $\frac{1}{2}(L_1I_1^2 + L_2I_2^2)$　㉯ $\frac{1}{2}(L_1I_1 + L_2I_2)^2$

㉰ $\frac{1}{2}(L_1I_1^2 + L_2I_2^2 + 2M_1I_2)$　㉱ $\frac{1}{2}(L_1I_1^2 + L_2I_2^2 + M_1I_2)$

풀이 전체 축적 에너지 $W = W_1 + W_2 + 2 \times W_{12} = \frac{1}{2}L_1I_1^2 + \frac{1}{2}L_2I_2^2 + MI_1I_2$ **[답]** ㉰

문제 12-22	13. 산업기사

코일에 있어서 자기 인덕턴스는 다음 중 어떤 매질의 상수에 비례하는가?

㉮ 저항률　　㉯ 유전율　　㉰ 투자율　　㉱ 도전율

풀이 $L = \dfrac{N\phi}{I} = \dfrac{\mu S N^2}{l} \propto \mu$

[답] ㉰

문제 12-23	96, 08, 13. 산업기사

길이 10[cm], 반지름 1[cm]인 원형 단면을 갖는 공심 솔레노이드의 자기 인덕턴스를 1[mH]로 하기 위해서는 솔레노이드의 권선수를 몇 회 정도로 해야 하는가? (단, $\mu_s = 1$이다.)

㉮ 250　　㉯ 500　　㉰ 750　　㉱ 900

풀이 직선 솔레노이드 인덕턴스 $L = \dfrac{\mu \pi a^2 N^2}{l}$[H]을 권수 N에 대해 정리한 후

$\mu = \mu_0 \mu_s$, $\mu_0 = 4\pi \times 10^{-7}$, $l = 10[\text{cm}] = 0.1[\text{m}]$, $a = 1[\text{cm}] = 1 \times 10^{-2}[\text{m}]$을 대입하여 계산하면

$$N = \sqrt{\frac{Ll}{\mu S}} = \sqrt{\frac{1 \times 10^{-3} \times 0.1}{4\pi \times 10^{-7} \times 1 \times \pi \times (1 \times 10^{-2})^2}} = 500[\text{회}]\text{이다.}$$

[답] ㉯

문제 12-24	83, 12. 산업기사

전원에 연결한 코일에 10[A]가 흐르고 있다. 지금 순간적으로 전원을 분리하고 코일에 저항을 연결하였을 때 저항에서 24[cal]의 열량이 발생했다. 코일의 자기 인덕턴스는 몇 [H]인가?

㉮ 0.1[H]　　㉯ 0.5[H]　　㉰ 2[H]　　㉱ 24[H]

풀이 $W = \dfrac{1}{2} L I^2[\text{J}] = \dfrac{1}{2} L I^2 \times \dfrac{1}{4.2}[\text{cal}] = \dfrac{1}{8.4} L I^2$, $L = \dfrac{8.4\,W}{I^2} = \dfrac{8.4 \times 24}{10^2} = 2[\text{H}]$

[답] ㉰

문제 12-25	11. 산업기사

권수 600, 단면적 100[cm^2]의 공심 코일에 전류 1[A]를 흘릴 때 자계가 1.28[AT/m]이었다. 자기 인덕턴스는 몇 [H]인가?

㉮ 9.65×10^{-6}　　㉯ 8.05×10^{-6}　　㉰ 6.28×10^{-8}　　㉱ 0.64×10^{-8}

풀이 $L=\dfrac{N\phi}{I}=\dfrac{NBS}{I}=\dfrac{N\mu_0 HS}{I}=\dfrac{600\times4\pi\times10^{-7}\times1.28\times100\times10^{-4}}{1}$

$=9.65\times10^{-6}$[H]

[답] ㉮

문제 12-26	09. 산업기사

지름 40[mm]인 원형 종이관에 일정하게 2000회의 코일이 감겨있는 솔레노이드의 인덕턴스는 몇 [mH]인가? (단, 솔레노이드의 길이는 50[cm], 투자율은 μ_0라고 한다.)

㉮ 1.26[mH]　　㉯ 12.6[mH]　　㉰ 126[mH]　　㉱ 1260[mH]

풀이 $L=\dfrac{N\phi}{I}=\dfrac{N}{I}\dfrac{\mu SNI}{l}=\dfrac{\mu S(N)^2}{l}=\mu(\pi a^2)\dfrac{(nl)^2}{l}=\mu(\pi a^2)n^2 l$

$=4\pi\times10^{-7}\times\pi\times4000\times(20\times10^{-3})\times0.5\fallingdotseq0.0126=12.6$[mH]

[답] ㉯

문제 12-27	09. 산업기사

환상 솔레노이드 코일에 흐르는 전류가 2[A]일 때 자로의 자속이 3×10^{-2}[Wb]이었다고 한다. 코일의 권수를 500회라 하면, 이 코일의 자기 인덕턴스는 몇 [H]인가? (단, 코일의 전류와 자로의 자속 관계는 정비례한다.)

㉮ 3.0[H]　　㉯ 5.5[H]　　㉰ 6.0[H]　　㉱ 7.5[H]

풀이 환상 코일의 자기 인덕턴스 $L=\dfrac{N\phi}{I}=\dfrac{500\times3\times10^{-2}}{2}=7.5$[H]

[답] ㉱

문제 12-28	02. 산업기사

권수 3000회인 공심 코일의 자기 인덕턴스가 0.06[mH]이다. 자기 인덕턴스를 0.135[mH]로 하면 권수는 몇 회로 하면 되는가?

㉮ 3500 ㉯ 4500 ㉰ 5500 ㉱ 6750

풀이 $L=\dfrac{N^2}{R_m}$[H]에서 $L\propto N^2$, $N'=\sqrt{\dfrac{L'}{L}}N=\sqrt{\dfrac{0.135}{0.06}}\times 3000=4500$[회] **[답]** ㉯

문제 12-29	98, 04, 07, 09, 11. 기사 / 79, 92. 산업기사

N회 감긴 환상 코일의 단면적이 S[m^2]이고 평균 길이가 l[m]이다. 이 코일의 권수를 반으로 줄이고 인덕턴스를 일정하게 하려면?

㉮ 길이를 $\dfrac{1}{4}$배로 한다. ㉯ 단면적을 2배로 한다.

㉰ 전류의 세기를 2배로 한다. ㉱ 전류의 세기를 4배로 한다.

풀이 환상 코일의 자기 인덕턴스 $L=\dfrac{N\phi}{I}=\dfrac{\mu SN^2}{l}=\dfrac{\mu SN^2}{2\pi r}$[H]이므로 권수를 $\dfrac{1}{2}$로 하면

L은 $\left(\dfrac{1}{2}\right)^2=\dfrac{1}{4}$배로 되므로 S가 4배 또는 l이 $\dfrac{1}{4}$배이면 L은 일정하게 된다. **[답]** ㉮

문제 12-30	83, 96, 05. 산업기사

평균 반지름 a[m], 단면적 S[m^2]인 원환 철심(투자율 μ)에 권선수 N인 코일을 감았을 때 자기 인덕턴스는?

㉮ μSN^2a ㉯ $\dfrac{\mu SN^2}{\pi a}$ ㉰ $\dfrac{\mu SN^2}{2\pi a}$ ㉱ $2\pi a\mu SN^2$

풀이 $L=\dfrac{N\phi}{I}=\dfrac{N^2}{R_m}=\dfrac{\mu SN^2}{l}=\dfrac{\mu SN^2}{2\pi a}$ **[답]** ㉰

문제 12-31	86, 96, 99, 01, 12. 산업기사

코일의 권수를 2배로 하면 인덕턴스의 값은 몇 배가 되는가?

㉮ $\frac{1}{2}$배 ㉯ $\frac{1}{4}$배 ㉰ 2배 ㉱ 4배

풀이 권수 N^2에 비례하므로 $2^2 = 4$배

[답] ㉱

문제 12-32	89, 96, 98. 기사, 79. 82. 03. 14. 산업기사

단면적 $S[\text{m}^2]$, 자로의 길이 l[m], 투자율 μ[H/m]의 환상 철심에 1[m]당 N회 균등하게 감았을 때 자기 인덕턴스[H]는?

㉮ $\mu N^2 lS$ ㉯ $\frac{\mu N^2 l}{S}$ ㉰ $\mu N^2 lS$ ㉱ $\frac{\mu N^2 S}{l}$

풀이 1[m]당 N회 감았으므로 총 감은 회수 $N_T = Nl$회이다.

$$\therefore L = \frac{N_T \phi}{I} = \frac{\mu S(Nl)^2}{l} = \mu N^2 lS$$

[답] ㉮

문제 12-33	96. 기사 / 08. 산업기사

어느 철심에 25회의 권선을 감고 1[A]의 전류를 통했을 때 0.01[Wb]의 자속이 발생하였다. 같은 철심을 사용하여 자기 인덕턴스를 1[H]로 하려면 도선의 권수는?

㉮ 25 ㉯ 50 ㉰ 75 ㉱ 100

풀이 직선 솔레노이드 인덕턴스 $L \propto N^2$한다. 그리고 $L = \frac{N\phi}{I} = \frac{25 \times 0.01}{1} = 0.25$[H]이므로

$0.25 : 25^2 = 1 : N'^2$가 되고 $N' = \sqrt{\frac{25^2}{0.25}} = 50$

[답] ㉯

문제 12-34	88, 01. 기사 / 04. 산업기사

반지름 2[mm], 길이 25[m]인 동선의 내부 인덕턴스[mH/km]는?

㉮ 25　　㉯ 5.0　　㉰ 25　　㉱ 1.25

풀이 원통 도선 내부 인덕턴스는 $L_i = \frac{\mu}{8\pi}l$[H]이고, 동선의 경우 $\mu \fallingdotseq \mu_0$이므로

$$L_i = \frac{\mu_0}{8\pi}l = \frac{4\pi \times 10^{-7}}{8\pi} \times 25 = 12.5 \times 10^{-7} = 1.25[\text{mH/km}]$$

[답] ㉱

문제 12-35	79, 83, 87, 88, 98, 99, 02, 07. 산업기사

반지름 r의 직선상 도체에 전류 I가 고르게 흐를 때 도체 내의 전자 에너지와 관계없는 것은?

㉮ 투자율　　㉯ 도체의 단면적　　㉰ 도체의 길이　　㉱ 전류의 크기

풀이 길이 1[m]당 에너지는 $W = \frac{1}{2}L_i I^2 l = \frac{1}{2}\frac{\mu l}{8\pi}I^2 = \frac{\mu l}{16\pi}I^2$[J]으로서 반지름 r과 무관하고, 도체의 단면적과도 무관하다.

[답] ㉯

문제 12-36	08, 13. 산업기사

일반적으로 도체를 관통하는 자속이 변화하거나 자속과 도체가 상대적으로 운동하여 도체 내의 자속이 시간적으로 변화를 일으키면, 이 변화를 막기 위하여 도체 내부에 국부적으로 형성되는 임의의 폐회로를 따라 전류가 유기된다. 이때 이 전류를 무엇이라 하는가?

㉮ 변위전류　　㉯ 도전전류　　㉰ 대칭전류　　㉱ 와전류

[답] ㉱

문제 12-37	99, 12, 13. 기사 / 90, 96. 산업기사

환상 철심에 권수 3000회의 A코일과 권수 200회의 B코일이 있다. A코일은 자기 인덕턴스가 360[mH]일 때 A, B 두 코일의 상호 인덕턴스[mH]는? (단, 결합계수는 1이다.)

㉮ 16[mH] ㉯ 24[mH] ㉰ 36[mH] ㉱ 72[mH]

풀이 자기저항 R_m과 자기 인덕턴스는 $L_1=\frac{N_1^{\ 2}}{R_m}$, $L_2=\frac{N_2^{\ 2}}{R_m}$,

상호 인덕턴스는 $M=\frac{N_1 N_2}{R_m}$

$L_1=\frac{N_1^{\ 2}}{R_m}$에서 $R_m=\frac{N_1^{\ 2}}{L_1}$이고, $\frac{1}{R_m}=\frac{L_1}{N_1^{\ 2}}$을 $M=\frac{N_1 N_2}{R_m}$에 대입하면

$M=N_1 N_2 \frac{L_1}{N_1^{\ 2}}=\frac{N_2}{N_1}L_1=\frac{200}{3000}\times 360=24[\mathrm{mH}]$ **[답]** ㉯

문제 12-38	14. 기사

와전류에 대한 설명으로 틀린 것은?

㉮ 도체 내부를 통하는 자속이 없으면 와전류가 생기지 않는다.
㉯ 도체 내부를 통하는 자속이 변화하지 않아도 전류의 회전이 발생하여 전류 밀도가 균일하지 않다.
㉰ 패러데이의 전자유도 법칙에 의해 철심이 교번 자속을 통할 때 줄열 손실이 크다.
㉱ 교류기기는 와전류가 매우 크기 때문에 저감 대책으로 얇은 철판(규소강판)을 겹쳐서 사용한다.

풀이 와전류는 도체 내에 국부적으로 흐르는 맴돌이 전류로 $\mathrm{rot}\,i=-K\frac{\partial B}{\partial t}$로 자속의 변화를 방해하기 위한 반대 방향의 자속을 만드는 전류이다. **[답]** ㉯

문제 12-39	05. 기사

주파수의 증가에 대하여 가장 급속히 증가하는 것은?

㉮ 표피효과의 두께의 역수　　㉯ 히스테리시스 손실

㉰ 교번 자속에 의한 기전력　　㉱ 와전류 손실

풀이 ㉮ 표피효과의 두께 : $\delta = \sqrt{\dfrac{2}{\omega\sigma\mu}} \rightarrow \delta^{-1} \propto \dfrac{1}{\sqrt{f}}$

㉯ 히스테리시스 손실 : $w_h = \eta f B_m{}^{1.6} \rightarrow w_h \propto f$

㉰ 교번 자속에 의한 기전력 : $e = N\phi(2\pi f)\cos\omega t \rightarrow e \propto f$

㉱ 와전류 손실 : $P_e = A\sigma f^2 B_m{}^2 t^2 \rightarrow P_e \propto f^2$

[답] ㉱

문제 12-40	06. 산업기사

고주파를 취급할 경우 큰 단면적을 갖는 한 개의 도선을 사용하지 않고 전체로서는 같은 단면적이라도 가는 선을 모은 도체를 사용하는 주된 이유는?

㉮ 히스테리시스 손실을 감소하기 위하여

㉯ 철손을 감소시키기 위하여

㉰ 과전류에 대한 영향을 감소시키기 위하여

㉱ 표피효과에 대한 영향을 감소시키기 위하여

[답] ㉱

문제 12-41	08. 기사 / 13. 산업기사

도체에 교류가 흐르는 경우 표피효과에 대한 설명으로 가장 알맞은 것은?

㉮ 도체 표면의 전류밀도가 커지고 중심이 될수록 전류밀도가 작아지는 현상

㉯ 도체 표면의 전류밀도가 작아지고 중심이 될수록 전류밀도가 커지는 현상

㉰ 도체 표면의 전류밀도가 커지고 중심이 될수록 전류밀도가 더욱 커지는 현상

㉱ 도체 표면의 전류밀도가 작아지고 중심이 될수록 전류밀도가 더욱 작아지는 현상

[답] ㉮

문제 12-42	10. 산업기사

표피효과에 관한 설명으로 옳지 않은 것은?

㉮ 도체에 교류가 흐르면 표면으로부터 중심으로 들어 갈수록 전류밀도가 작아진다.

㉯ 고주파일수록, 도체의 전도도 및 투자율이 클수록 심하다.

㉰ 도체 내부는 전류의 전도에 거의 관여하지 않으므로 전기저항이 증가하는 요인이 된다.

㉱ 도체 내의 전류 또는 자속 분포는 표면에서 깊이에 대하여 지수 함수적으로 증가된다.

[답] ㉱

연 습 문 제

12.1 자기인덕턴스에 대해 정의하라.

12.2 상호인덕턴스에 대해 정의하라.

12.3 인덕턴스의 접속에 대해 정의하라.

12.4 상호 자속의 합과 차에 대해 정의하라.

12.5 인덕턴스에 축적에너지에 대해 정의하라.

12.6 와전류에 대해 정의하라.

12.7 표피효과에 대해 정의하라.

13 CHAPTER 전자계

13.1 변위 전류(Displacement current)

전류는 전선 내에서 단위시간 동안 전하의 이동이라 정의하였다. 이 전류를 전도전류(conduction current)라 부르고 자유전자의 이동에 의한 전류이다.

그러나 회로 내에 콘덴서가 있다면 콘덴서의 전극으로 유입되는 전도전류는 있지만, 전극 사이를 흐르는 전류는 전도전류만으로 해석이 불가능하다.

따라서 맥스웰(Maxwell)은 콘덴서의 전극 사이에 흐르는 전류를 설명하기 위하여 변위전류(displacement current) 개념을 도입하였다.

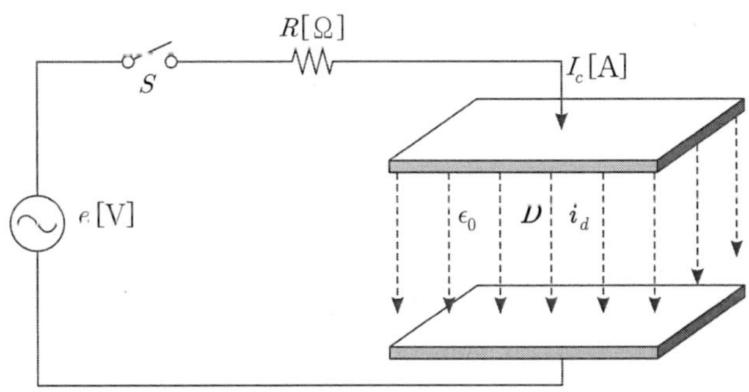

그림 13-1 평행 평판 콘덴서에 흐르는 전류

그림 13-1은 전극 사이가 공기이고 전극 면적이 S[m^2]인 평행 평판 콘덴서에 교류전압을 인가하면 자유전자인 전하의 이동으로 전도전류 I_c[A]가 흐르는 그림이다.

도선을 따라 이동한 전하 Q[C]은 콘덴서의 전극 판을 대전시키기 때문에 전극 판의 전하는 변하지만 전극 판 사이에 전하의 흐름이 없으므로 전도전류 I_c[A]의 흐름은 없다.

이때 전극 판 표면 전하밀도와 전속밀도를 각각 σ[C/m^2]와 D라 하면 이들 사이에는 다음 식과 같은 관계가 있다.

$$Q = \sigma S = DS \tag{13-1}$$

콘덴서 전극 판 사이는 절연체(유전체)가 들어가 있어 전류가 흐를 수는 없다.

그러나 전극 판 양단에 인가된 교류전압에 의해 전속밀도의 시간적 변화가 생겨 실제로 전류가 흐르는 것과 같이 취급하였고, 이 전류를 변위 전류(I_d)라 부르고 다음 식으로 정의하였다.

$$I_d = \frac{dQ}{dt} = S\frac{dD}{dt} \text{[A]} \tag{13–2}$$

그리고 전속밀도가 전극 사이의 공간에서 변화하므로 x 방향, y 방향, z 방향에 대한 시간적인 변화를 계산하기 위해서는 편미분으로 표현하였고, 식의 양변을 전극 면적 S[m^2]로 나누면 전류밀도 i_d가 구해진다.

$$\left.\begin{aligned} i_d &= \frac{\partial D}{\partial t}\,[\text{A/m}^2] : \text{스칼라} \\ \boldsymbol{i}_d &= \frac{\partial \boldsymbol{D}}{\partial t}\,[\text{A/m}^2] : \text{벡터} \end{aligned}\right\} \tag{13–3}$$

i_d를 변위전류밀도(displacement current density)라 부르고, 변위전류밀도는 전속밀도의 각 방향 성분 변화량을 시간의 변화량으로 나눈 것임을 알 수 있다.

전속밀도 D를 진기변위(electric displacement)라 하였기 때문에 변위전류도 전도전류와 마찬가지로 자계를 발생시키며 크기와 방향은 비오-사바르 법칙이나 암페어의 주회 적분 법칙을 따른다.

또 $\boldsymbol{D} = \epsilon_0 \boldsymbol{E}$의 관계로부터 식 (13-3)은 다음과 같이 변형될 수 있다.

$$\boldsymbol{i}_d = \frac{\partial \boldsymbol{D}}{\partial t} = \epsilon_0 \frac{\partial \boldsymbol{E}}{\partial t} \tag{13–4}$$

【예제 13.1】

주파수가 710kHz인 KBS 라디오 방송에 의한 점 P의 전계강도가 0.02 [V/m]일 때의 변위전류를 구하라.

【풀이】

점 P의 전계를

$E = E_m \sin \omega t$ (a) 에서

$\omega = 2\pi f = 2\pi \times 7.1 \times 10^5 = 4.46 \times 10^6$ [rad/sec] (b)

$D = \epsilon_0 E = 8.85 \times 10^{-12} \times 0.02 \times \sin(4.46 \times 10^6 t)[C/m^2]$ (C) 가 되어

변위전류밀도는

$$J_d = \frac{\partial D}{\partial t} = \frac{\partial}{\partial t} 8.8.5 \times 10^{-12} \times 0.02 \times \sin(4.46 \times 10^6 t)$$

$$= 0.789 \cos(4.46 \times 10^6 t)[A/m^2]$$

변위전류밀도의 실효값은 $J_{d(eff)} = \frac{J_d}{\sqrt{2}} = 0.558[A/m^2]$이다.

【예제 13.2】

공기 중에서 $\sigma = 3[C/m], \epsilon_s = 7, \mu = \mu_0$인 유전체에 교류전압을 가할 때 변위전류 = 전도전류가 되는 주파수는 얼마인가?

【풀이】

변위전류 밀도 $I_d = I_c$일 때, 주파수 $f_c = \frac{\sigma}{2\pi\epsilon}$

$$\therefore f_c = \frac{\sigma}{2\pi\epsilon_o\epsilon_s} = \frac{3}{2\pi \times 8.85 \times 10^{-12} \times 7}$$

$$= 7.7 \times 10^9 [Hz]$$

【예제 13.3】

정전용량이 $5[\mu F]$이고 극판 간 거리가 3[cm]이며, 전극판의 면적이 40[cm²] 되는 편행판 공기 콘덴서 양단에 $v = 50\sin 600\pi t$의 교류전압이 가해질 때 변위전류의 최댓값은 얼마인가?

【풀이】

변위전류 $I_d = J_d \cdot S = \dfrac{\partial D}{\partial t} \cdot S$

변위전류밀도 $J_d = \dfrac{\partial D}{\partial t} = \epsilon_0 \dfrac{\partial E}{\partial t} = \dfrac{\epsilon_0}{d} \cdot \dfrac{\partial V}{\partial t} = \dfrac{\epsilon_o}{d}\dfrac{\partial}{\partial t}(50\sin 600\pi t)$

$= \dfrac{50\epsilon_o}{d} \times 600\pi\cos 600\pi t = \dfrac{50\times 600\pi\times\epsilon_o}{0.03} cos\, 600\pi t$

정전용량 $C = \epsilon_o \dfrac{S}{d}$ 에서 $S = \dfrac{dC}{\epsilon_o} = \dfrac{0.03\times 5\times 10^{-6}}{\epsilon_o}$

$\therefore I_d = J_d \cdot S = \dfrac{\partial D}{\partial t} \cdot S = \dfrac{30\times 10^3\pi\epsilon_o}{0.03} cos\, 600\pi t$

$= 0.5\cos 600\pi t[\mathrm{A}]$

변위전류 최대값 $= 0.5[\mathrm{A}]$

13.2 맥스웰의 전자방정식

1865년 맥스웰은 변위전류 개념을 전기회로에 적용시켜 패러데이(Faraday) 전자유도 법칙 및 암페어(Ampere) 주회적분 법칙, 가우스 법칙으로부터 일반화된 4개의 전자계 방정식을 조합하였다.

13.2.1 패러데이 법칙에서 유도된 전자방정식(제1방정식)

패러데이(Faraday)의 전자유도 법칙에서 유도되는 기전력은

$$e = -\frac{d}{dt}\int_S \boldsymbol{B} \cdot d\boldsymbol{S}\ [\mathrm{V}] \tag{13-5}$$

이었다.

그리고 식 (2-40)의 전위는 유도기전력과 같이 취급할 수 있고, 전위의 크기는 −부호를 생략한

전계의 세기를 선적분하면 구해지므로 유도 기전력의 크기는 다음과 같다.

$$e = V = \int_l \boldsymbol{E} \cdot dl \tag{13-6}$$

식 (13-5)와 식 (13-6)으로부터

$$\int_l \boldsymbol{E} \cdot dl = -\frac{\partial}{\partial t}\int_s \boldsymbol{B} \cdot d\boldsymbol{S} \tag{13-7}$$

의 관계가 얻어진다.

식 (13-7) 좌변을 스톡스(Stoke's)의 정리에 따라서 선적분을 면적분으로 변형하면

$$\int_s \mathrm{rotE} \cdot \mathrm{dS} = -\int_s \frac{\partial \mathrm{B}}{\partial \mathrm{t}} \cdot \mathrm{dS} \tag{13-8}$$

로 된다.

이 식의 양변을 면적에 대해 미분하면 양변의 적분이 소거되어 맥스웰 제1방정식이 다음과 같이 구해진다.

$$\mathrm{rotE} = \nabla \times \mathrm{E} = -\frac{\partial \mathrm{B}}{\partial \mathrm{t}} \tag{13-9}$$

여기서 자속밀도의 시간적인 변화는 공간에서 변하므로 각 방향 성분을 고려한 편미분으로 바뀌었다.

이 식을 식 (13-6)의 패러데이 법칙 미분형이라 하고, '자속밀도 B가 시간적으로 변화를 하면 이 변화를 방해하는 방향(자속밀도와 직각)으로 전계의 회전이 생긴다.'는 물리적 현상을 의미한다.

13.2.2 암페어 주회적분 법칙에서 유도된 전자방정식(제2방정식)

암페어의 주회적분 법칙은 $\int_l \boldsymbol{H} \cdot dl = I$이고, 이때 전류 I는 전도전류 I_c와 변위전류 I_d의 합이므로 $I = I_c + I_d$로 표현되고

$$\int_l \boldsymbol{H} \cdot dl = I_c + I_d = \int_s i_c \cdot d\boldsymbol{S} + \int_s i_d \cdot d\boldsymbol{S} = \int_s i_c \cdot d\boldsymbol{S} + \int_s \frac{\partial \boldsymbol{D}}{\partial t} \cdot dS \tag{13-10}$$

가 성립된다.

여기서 I_c와 i_c는 전도전류와 전도전류밀도이고 I_d와 i_d는 변위전류 및 변위전류밀도이다.

식 (13-10)의 좌변을 스톡스(Stoke's)의 정리에 따라서 선적분을 면적분으로 변형하면

$$\int_l \boldsymbol{H} \cdot dl = \int_s \mathrm{rot}\boldsymbol{H} \cdot d\boldsymbol{S}$$가 되므로

$$\int_s \mathrm{rotH} \cdot \mathrm{dS} = \int_s \mathrm{i}_c \cdot \mathrm{dS} + \int_s \frac{\partial \mathrm{D}}{\partial \mathrm{t}} \cdot \mathrm{dS} \tag{13-11}$$

로 식 (13-10)을 바꿀 수 있다.

이 식의 양변을 면적에 대해 미분하면 양변의 적분이 소거되어 맥스웰 제2방정식이 다음과 같이 구해진다.

$$\mathrm{rotH} = \nabla \times \mathrm{H} = \mathrm{i}_c + \frac{\partial \mathrm{D}}{\partial \mathrm{t}} \tag{13-12}$$

이 식은 암페어 주회적분을 미분하여 구한 것이기에 암페어 주회적분의 미분형이라고 부르기도 한다.

이 식에는 전도전류밀도와 변위전류밀도의 합이 자계의 회전으로 나타난다는 물리적 의미가 내포되어 있으므로 콘덴서 전극 사이에 흐르는 변위전류도 자계를 만든다는 것이 증명되고 있다.

다시 말하면 전하의 이동이 없는 자유공간에서는 전속밀도의 시간적 변화가 자계를 발생시킨다는 것을 의미한다.

13.2.3 전계의 가우스 정리에서 유도된 전자방정식(제3방정식)

정전계에서 가우스(Gauss)의 정리인 식 (2-23)는 다음과 같다.

$$\int_s \boldsymbol{E} \cdot d\boldsymbol{S} = \frac{Q}{\epsilon_0} \tag{13-13}$$

면적분인 식 (13-13)을 발산의 정리에 적용시키면 체적분으로 바꿀 수 있고 전계와 전속밀도의 관계를 대입하면

$$\left.\begin{aligned}\int_s \boldsymbol{E}\cdot d\boldsymbol{S} = \int_V div\mathrm{E}\,\mathrm{dV} = \int_{\mathrm{V}} \nabla\cdot\mathrm{E}\,\mathrm{dV} = \frac{\mathrm{Q}}{\epsilon_0} \\ \int_s \boldsymbol{D}\cdot d\boldsymbol{S} = \int_V div\mathrm{D}\,\mathrm{dV} = \int_{\mathrm{V}} \nabla\cdot\mathrm{D}\,\mathrm{dV} = \mathrm{Q}\end{aligned}\right\} \qquad (13\text{–}14)$$

가 유도된다.

전하가 들어가 있는 폐곡면의 체적을 $V[\mathrm{m}^3]$이라 한다면, 체적 V에 대한 적분 $\int_V dV$의 값은 당연히 체적 V가 되기 때문에

$$\left.\begin{aligned}\int_V div\mathrm{E}\,\mathrm{dv} = \mathrm{div\,E\,V} = \frac{\mathrm{Q}}{\epsilon_0} \\ \int_V \mathrm{divD\,dV} = \mathrm{divD\,V} = \mathrm{Q}\end{aligned}\right\} \qquad (13\text{–}15)$$

이며, $\mathrm{div}\boldsymbol{E}$와 $\mathrm{div}\boldsymbol{D}$는 전계, 전속의 발산이라 한다. 체적 V로 나누면

$$\left.\begin{aligned}\mathrm{divE} = \nabla\cdot\mathrm{E} = \frac{1}{\epsilon_0}\frac{\mathrm{Q}}{\mathrm{V}} = \frac{1}{\epsilon_0}\rho \\ \mathrm{divD} = \nabla\cdot\mathrm{D} = \frac{\mathrm{Q}}{\mathrm{V}} = \rho\end{aligned}\right\} \qquad (13\text{–}16)$$

가 된다. 이때 $\rho = \frac{Q}{V}[\mathrm{C/m^3}]$이고, 체적전하밀도(공간전하밀도, 단위체적당 전하량)라 부른다.

식 (13-16)은 어떤 전하 Q가 폐곡면 내에 존재할 때 폐곡면 외부로 나가는 전속의 발산량은 단위체적 내에 포함되는 체적 전하밀도(공간전하밀도)와 같음을 의미하며, 특히 식 (13-16)의 두 번째 식을 가우스 정리에서 유도된 전자 방정식이라 한다.

바꾸어 말하면 전하는 전기력선을 만드는 근원이고, 전기력선은 $+Q$[C]에서 Q/ϵ_0개가 나오고 $-Q$[C]에서 Q/ϵ_0개가 들어간다고 하였다.

한 공간을 완전히 감싸는 폐곡면 내로 들어가는 전기력선수(전속수)가, 나오는 수보다 많으면 폐곡면 내에는 + 전하가 있고, 나오는 수보다 적으면 폐곡면 내에 − 전하가 있으며, 들어가고 전기력선수(전속수)가 같으면 폐곡면 내에 전하가 없다는 의미를 내포하고 있다.

따라서 어떤 체적 속에 전하가 존재할 때 전하를 둘러싼 체적의 표면을 통과하는 전기력선의 합은 체적내의 전하량과 같다는 뜻이다.

13.2.4 자계의 가우스 정리에서 유도된 전자방정식(제4방정식)

자계에 대한 가우스(Gauss)정리의 미분형으로서 맥스웰 제2방정식에서 유도된다.

식 (13-9)의 양변에 발산을 취하면, 즉 양변에 div(= ∇ ·)를 곱하면 $\nabla \cdot \nabla \times \boldsymbol{A} = 0$인 벡터공식에 따라 $\nabla \cdot \nabla \times \boldsymbol{E} = 0$가 되므로

$$\mathrm{div\,rot\,E} = \nabla \cdot \nabla \times \mathrm{E} = -\frac{\partial}{\partial t}(\mathrm{div B}) = 0 \qquad (13\text{–}17)$$

으로 되고, 식 (13-17)이 성립되기 위해서

$$\left.\begin{aligned} &\mathrm{divB} = 0 \\ &\nabla \cdot \boldsymbol{B} = 0 \end{aligned}\right\} \qquad (13\text{–}18)$$

이어야 한다. 이것이 자계의 가우스 정리에서 유도된 전자방정식이다.

숫자는 변화가 없는 일정한 값이고, 수학에서 숫자를 상수라 부르며, 상수를 미분하면 0이 됨을 배웠다.

이 식에서 자속밀도의 각 방향 성분을 미분한 값이 0이므로 자속밀도는 시간에 관계없이 변하지 않는 일정 값을 취하므로 폐곡면으로 들어온 자속수와 나가는 자속의 수는 같다는 의미이다. 따라서 $\mathrm{div}\boldsymbol{B} = 0$는 자속의 연속성을 나타낸다.

다시 말하면 전하의 움직임으로 전류가 흐르고, 전류가 흐르면 자기력선(자속)이 발생된다. 자기력선이 통과하는 폐곡면 내에 전하가 존재하지 않는다면 새로운 자기력선이 발생되지 않기 때문에 항상 폐곡면 내로 들어가는 자기력선수(자속수)와 나가는 자기력선수(자속수)는 같다.

이러한 견지에서 자기력선은 항상 폐곡선을 형성하여야 하고, 폐곡선이 되기 위해서 자기력선은 N극에서 나와서 S극으로 들어가야 하므로 N극이나 S극 한 개만 있는 단극(monopole) 자석은 존재할 수 없다.

13.2.5 맥스웰 전자방정식의 구성

맥스웰은 시간적으로 변하는 전계와 자계 및 이들의 상호 관계를 4개의 간단한 수식으로 표현하였다.

즉 스칼라 개념으로 설명한 전기 회로의 전압과 전류에 벡터 개념을 도입한 전계와 자계에 대한 가우스(Gauss) 정리, 패러데이(Faraday)의 전자유도 법칙, 변위 전류를 추가한 암페어(Ampere) 주회적분 법칙으로부터 4개의 방정식을 조합하였으며, 이들 구성에 대한 수학의 형태에 따른 구분은 다음과 같다.

표 13-1 맥스웰 전자방정식의 구분

적분형식	관련 법칙	미분형식
$\int_l E \cdot dl = -\frac{d}{dt}\int_s B \cdot dS$	패러데이 전자 유도법칙	$\mathrm{rotE} = -\frac{\partial \mathrm{B}}{\partial \mathrm{t}}$
$\int_l H \cdot dl = \int_s i_c \cdot dS + \int \frac{\partial D}{\partial t} \cdot dS$	암페어 주회적분법칙	$\mathrm{rotH} = \nabla \times \mathrm{H} = \mathrm{i}_c + \frac{\partial \mathrm{D}}{\partial \mathrm{t}}$
$\int_s D \cdot dS = \rho$	전계 가우스 발산정리	$\mathrm{divE} = \nabla \cdot \mathrm{E} = \frac{1}{\epsilon_0}\frac{\mathrm{Q}}{\mathrm{V}} = \frac{1}{\epsilon_0}\rho$
$\int_s B \cdot dS = 0$	자계 가우스 발산정리	$\mathrm{divB} = \nabla \cdot \mathrm{B} = 0$

13.2.6 맥스웰 전자방정식의 물리적 의미

맥스웰의 전자방정식에 대한 물리적 의미는 이미 설명하였지만, 진공 중으로 전파하는 과정을 변위전류의 개념을 도입하여 설명하기로 한다.

유전율 ϵ_0, 투자율 μ_0인 공기 내에 콘덴서 구조와 동일한 안테나만 연결된 회로에 흐르는 전류가 변화하고 있을 때 전계 및 자계는 다음과 같다.

$$D = \epsilon_0 E,\ B = \mu_0 H \tag{13-19}$$

콘덴서만 있는 회로이므로 전도전류 $i = 0$이므로 이것을 식 (13-9)와 식 (13-12)에 대입하면 전계와 자계의 회전이 구해진다.

$$\mathrm{rotE} = -\mu_0 \frac{\partial \mathrm{H}}{\partial \mathrm{t}} \tag{13-20}$$

$$\mathrm{rotH} = \epsilon_0 \frac{\partial \mathrm{E}}{\partial \mathrm{t}} \tag{13-21}$$

시간에 따라 변하는 전류에 의하여 발생한 자계가 변하므로 그 주위를 회전하는 전계를 식 (13-20)으로 구할 수 있고, 그 전계도 변화하고 있기 때문에 식 (13-21)에 의해 그 주위에 회전하는 자계도 계산할 수 있다.

이로 인하여 전계는 자계를 자계는 전계를 공기 중에서 순차적으로 그 주위에 만들어 가기 때문에 전계와 자계가 차례로 공기 중을 전파해 가는 전자파가 생성된다.

만약 변위전류가 없다면 식 (13-21)의 우변은 0이 되어 전계가 변해도 그 주위에 자계가 발생되지 않기 때문에 더 이상 전파할 수 없고 변위 전류가 있으면 이것이 순차적으로 반복되어 파동으로 전파해 갈 수 있다.

이상으로부터 맥스웰 방정식은 전자파의 물리적 현상을 설명한 것임을 알 수 있고, 이후 독일의 헤르츠(Heinrich R. Hertz)가 실험적으로 증명하였다.

13.3 파동방정식(wave equation)

매질 정수 ϵ, μ가 어느 곳이나 일정하고 또 전하를 포함하지 않는 공간을 자유공간(free space)이라고 한다.

이와 같은 공간의 비도전성 균질 매질(ϵ_0, μ_0, $\sigma=0$, $i_c=0$)에서 전계와 자계의 회전은 식 (13-20), (13-21)과 동일한 식이지만 편의상 한 번 더 표기한다.

$$\nabla\times\boldsymbol{E}=-\mu_0\frac{\partial\boldsymbol{H}}{\partial t} \tag{13–22}$$

$$\nabla\times\boldsymbol{H}=\epsilon_0\frac{\partial\boldsymbol{E}}{\partial t} \tag{13–23}$$

식 (13-22)의 양변에 rot$(=\nabla\times)$을 취하고, 벡터 공식에 따라 변환하면 다음과 같다.

$$\nabla\times\nabla\times\boldsymbol{E}=\nabla(\nabla\cdot\boldsymbol{E})-\nabla^2\boldsymbol{E}=-\mu_0\frac{\partial}{\partial t}(\mathrm{rot}\boldsymbol{H}) \tag{13–24}$$

공기 중에 전하 분포가 없다면 $\nabla\cdot\boldsymbol{E}=\rho/\epsilon_0=0$이고, $\mathrm{rotH}=\epsilon_0\frac{\partial\mathrm{E}}{\partial\mathrm{t}}$이므로 식 (13-22)는

$$\nabla^2\boldsymbol{E}=\epsilon_0\mu_0\frac{\partial^2\boldsymbol{E}}{\partial t^2} \tag{13–25}$$

로 된다.

마찬가지의 방법으로 식 (13-23)의 양변에 rot$(=\nabla\times)$를 곱해서 유도하면 자계를 만족하는 동일한 형식의 방정식 (13-26)이 얻어진다.

$$\nabla^2\boldsymbol{H}=\epsilon_0\mu_0\frac{\partial^2\boldsymbol{H}}{\partial t^2} \tag{13–26}$$

식 (13-25)와 (13-26)을 전계 및 자계의 파동방정식(electromagnetic wave equation) 또는 달랑베르 방정식(D'alembrt equation)이라 한다.

13.4 전자파(electromagnetic wave)

전계와 자계의 파동방정식에서 매질 내에서 균일한 평면파의 성질을 간략하게 검토하기로 한다.
전계의 파동방정식 (13-25)에서 전계의 x 성분은

$$\frac{\partial^2 E_x}{\partial z^2} = \epsilon\mu \frac{\partial^2 E_x}{\partial t^2} \tag{13-27}$$

로 나타내진다.
일반적으로 파동함수가 $\phi = f(x, y, z, t)$인 파동방정식은

$$\nabla^2 \phi = \frac{\partial^2 \phi}{v^2 \partial t^2} \tag{13-28}$$

의 형태를 취한다.
식 (13-27)에서 $\epsilon\mu - \frac{1}{v^2}$ 로 놓으면 식 (13-27)은 다음 식과 같이 파동방정식 형태가 된다.

$$\frac{\partial^2 E_x}{\partial z^2} = \frac{\partial^2 E_x}{v^2 \partial t^2} \tag{13-29}$$

식 (13-28)과 식 (13-29)는 동일한 유형의 파동방정식이므로 전계와 자계의 파동방정식 일반해도 식 (13-30)과 같이 동일한 형태를 취한다.

$$\left.\begin{aligned} E_x(z, t) &= f_{x1}(z - vt) + f_{x2}(z + vt) \\ H_y(z, t) &= f_{y1}(z - vt) + f_{y2}(z + vt) \end{aligned}\right\} \tag{13-30}$$

여기서 $f_1(z - vt)$는 속도 v로 z축의 정(正) 방향으로 진행하는 전진파로서 진행파라 하고, $f_2(z + vt)$는 속도 v로 z축의 부(負) 방향으로 진행하는 후진파 또는 반사파라 부른다.
v는 전자파의 전파속도(propagation velocity)이다.

전자파는 그림 13-2에서 보는 것처럼 전기파 $E_x(z, t)$와 자기파 $H_y(z, t)$가 서로 수직이고, 이들의 파면도 z축에 대하여 항상 수직인 면상으로 된 평면파이다.

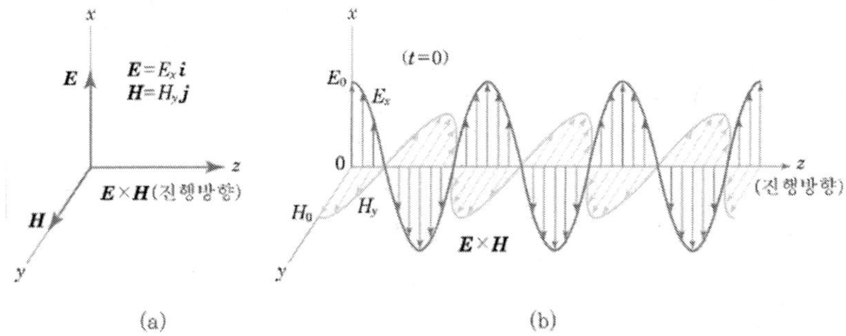

그림 13-2 평면파의 전기파와 자기파

또, 파동의 진행 방향에 대해서 직각으로 전기파와 자기파가 진동하면서 나아가기 때문에 전자파를 횡파(transverse wave) 또는 TEM파(transverse electromagnetic wave)라고 한다.

그리고 식 (13-27)을 식 (13-28)로 변환하는 과정에서 매질 중의 전자파 전파 속도는 다음과 같이 구해진다.

$$v = \frac{1}{\sqrt{\mu\epsilon}} = \frac{1}{\sqrt{\mu_0 \mu_s \epsilon_o \epsilon_s}} = \frac{1}{\sqrt{\mu_o \epsilon_o}} \cdot \frac{1}{\sqrt{\mu_s \epsilon_s}} = \frac{C}{\sqrt{\mu_s \epsilon_s}} [\text{m/s}] \qquad (13\text{–}31)$$

진공(공기)의 유전율과 투자율을 대입하면 공기 중의 전자파 전파속도는

$$v_o = \frac{1}{\sqrt{\mu_o \epsilon_o}} = \frac{1}{\sqrt{8.85 \times 10^{-12} \times 4\pi \times 10^{-7}}} = 3 \times 10^8 [\text{m/s}] = C \qquad (13\text{–}32)$$

로 진공 중의 빛의 속도와 같기 때문에 빛도 전자파의 일종이다. 따라서 $\frac{1}{\sqrt{\epsilon\mu}}$의 단위는 빛의 속도인 [m/s]이다.

【예제 13.4】

전자파의 전계가 $E = E_m sin(\omega t - \theta)$로 표시될 때 수중에서의 전파속도를 구하여라. (단, 물의 비유전율은 80, 비투자율은 1로 한다.)

【풀이】

$$v = \frac{1}{\sqrt{\mu\epsilon}} = \frac{1}{\sqrt{\mu_s \mu_o \epsilon_s \epsilon_o}} = \frac{1}{\sqrt{\mu_s \epsilon_s}} \times \frac{1}{\sqrt{\mu_o \epsilon_o}}$$

$$= \frac{C}{\sqrt{80 \times 1}} = \frac{3 \times 10^8}{\sqrt{80}} = 3.35 \times 10^7 [\mathrm{m/s}]$$

【예제 13.5】

라디오 방송의 주파수가 $f = 10[\mathrm{kHz}]$라 할 때 아파트의 콘크리트 벽을 지날 때 전파속도를 구하라. (단, 콘크리트의 비유전율은 5이고 비투자율은 1이다.)

【풀이】

$$v = \frac{1}{\sqrt{\mu\epsilon}} = \frac{1}{\sqrt{\mu_s \mu_o \epsilon_s \epsilon_o}} = \frac{1}{\sqrt{\mu_s \epsilon_s}} \times \frac{1}{\sqrt{\mu_o \epsilon_o}}$$

$$= C \times \frac{1}{\sqrt{\mu_o \epsilon_o}} = \frac{3 \times 10^8}{\sqrt{5 \times 1}} = 1.3 \times 10^8 [\mathrm{m/s}]$$

13.5 파동 임피던스(wave impedance)

공기 중에서 식 (13-30)의 두 식에서 어떤 순간의 전계와 자계 크기의 비는 다음과 같다.

$$Z_0 = \frac{E_0}{H_0} = \sqrt{\frac{\mu_0}{\epsilon_0}} = 120\pi \fallingdotseq 377[\Omega] \qquad (13\text{–}33)$$

이 비 E_0 / H_0를 자유공간의 파동 임피던스(wave impedance) 또는 고유 임피던스(intrinsic impedance), 특성 임피던스라 한다.

그리고 식 (13-34)를 일반 매질의 파동 임피던스(wave impedance) 또는 고유 임피던스(intrinsic impedance), 특성 임피던스라 한다.

$$Z = \frac{E}{H} = \sqrt{\frac{\mu}{\epsilon}} = \sqrt{\frac{\mu_0}{\epsilon_0}}\sqrt{\frac{\mu_s}{\epsilon_s}} = 120\pi\sqrt{\frac{\mu_s}{\epsilon_s}} \quad (13\text{–}34)$$

13.6 포인팅 정리(Poynting's theorem)

전계만 존재하는 매질 내에는 단위체적당

$$W_e = \frac{1}{2}\boldsymbol{E} \cdot \boldsymbol{D} = \frac{1}{2}\epsilon E^2 [\mathrm{J/m^3}] \quad (13\text{–}35)$$

의 에너지가 축적되고 자계만이 존재하는 매질 내에서는

$$W_m = \frac{1}{2}\boldsymbol{B} \cdot \boldsymbol{H} = \frac{1}{2}\mu H^2 [\mathrm{J/m^3}] \quad (13\text{–}36)$$

의 에너지가 축적된다.

전자파는 전계(또는 자계)가 존재하면 이것에 의하여 자계(또는 전계)가 발생하므로 매질 내에는 자신의 전계(또는 자계)에너지와 함께 변화에 의해서 생기는 자계(또는 전계)에너지도 존재한다.

이에 따라 전자계의 전체 에너지 밀도 W는 식 (13-35)와 (13-36)을 더하면 구할 수 있다.

$$W = W_e + W_m = \frac{1}{2}\epsilon \boldsymbol{E}^2 + \frac{1}{2}\mu \boldsymbol{H}^2 = \frac{1}{2}(\epsilon \boldsymbol{E}^2 + \mu \boldsymbol{H}^2)[\mathrm{J/m^3}] \quad (13\text{–}37)$$

그런데 전자파의 파동 임피던스를 나타내는 식 (13-34)로부터 전계 E와 자계 H 사이에는

$$H = \sqrt{\frac{\epsilon}{\mu}}E \quad (13\text{–}38)$$

의 관계가 성립하므로 이것을 식 (13-37)에 대입하여 전자파의 에너지 밀도를 구하면 식 (13-39)가 된다.

$$W = \frac{1}{2}\left(\epsilon\sqrt{\frac{\mu}{\epsilon}}\boldsymbol{EH} + \mu\sqrt{\frac{\epsilon}{\mu}}\boldsymbol{EH}\right) = \sqrt{\epsilon\mu}\,\boldsymbol{EH}[\mathrm{J/m^3}] \quad (13\text{–}39)$$

전자파는 앞에서 설명한 바와 같이 전계와 자계의 진동 방향에 대하여 수직인 방향으로 속도

$v=1/\sqrt{\epsilon\mu}$ [m/s]로 전파하기 때문에, 파면의 진행 방향에 수직인 단위면적을 단위시간에 통과하는 에너지의 흐름은

$$P=Wv=\sqrt{\epsilon\mu}\,EH[\mathrm{J/m^3}]\times\frac{1}{\sqrt{\epsilon\mu}}[\mathrm{m/s}]=EH[\mathrm{W/m^2}] \tag{13–40}$$

이다.

전자파에서 벡터 $\boldsymbol{E}$와 벡터 $\boldsymbol{H}$는 수직이므로 식 (13-40)을 벡터의 벡터 곱으로 표시하면

$$\boldsymbol{P}=\boldsymbol{E}\times\boldsymbol{H}[\mathrm{W/m^2}] \tag{13–41}$$

이고, 벡터 $\boldsymbol{P}$의 방향은 전자파가 진행하는 방향이고 크기는 EH(단위면적당 에너지)이다.

즉, 벡터 $\boldsymbol{P}$는 전자계 내의 단위 면적을 통과하는 전자파 에너지의 크기와 이동방향을 표시하는 벡터이고, 벡터 $\boldsymbol{P}$를 포인팅 벡터(Poynting vector) 또는 방사 벡터(radiation vector)라 한다.

따라서 면 S를 통하여 매초 지나가는 전체 에너지, 즉 방사전력은 식 (13-42)로 구할 수 있으며, 이 관계를 포인팅의 정리(Poynting's theorem)라 한다.

$$p=\int_s \boldsymbol{P}\cdot \boldsymbol{n}dS=\int_s(\boldsymbol{E}\times\boldsymbol{H})\cdot \boldsymbol{n}dS[\mathrm{W}]=EHS[\mathrm{W}]=PS[\mathrm{W}] \tag{13–42}$$

여기서 $\boldsymbol{n}$은 단위면벡터이다.

기사시험 기출문제

문제 13-1	07. 산업기사

자유공간에서 변위 전류는 무엇에 의해서 발생하는가?

㉮ 전압에 의해서　　㉯ 자계에 의해서
㉰ 전속밀도에 의해서　　㉱ 자속밀도에 의해서

풀이 변위 전류 밀도는 전속 밀도 D의 시간적 변화율, 즉 $i_d = \frac{\partial D}{\partial t}$ [답] ㉰

문제 13-2	08. 산업기사

변위전류의 개념 도입은 다음 중 누구의 기여에 의한 것인가?

㉮ 패러데이　　㉯ 렌츠　　㉰ 맥스웰　　㉱ 로렌츠

풀이 맥스웰이 도입한 변위전류의 개념은 $I_d = \frac{dQ}{dt} = S\frac{dD}{dt} = S\frac{d(\epsilon E)}{dt}$ 이다. [답] ㉰

문제 13-3	00, 04, 06. 산업기사

전도 전자나 구속 전자의 이동에 의하지 않는 전류는?

㉮ 전도전류　　㉯ 대류전류　　㉰ 분극전류　　㉱ 변위전류

풀이
· 전도전류 : 도체 내에서 전계의 작용으로 자유전자의 이동으로 생기는 것
· 대류전류 : 진공 내에서 전자, 전해액 중의 이온 등과 같은 하전 입자의 운동에 의한 것
· 변위전류 : 전속밀도의 시간적 변화에 의한 것으로 하전체에 의하지 않는 전류
· 분극전류 : 분극전하의 시간적 변화에 의한 것 [답] ㉱

문제 13-4	06. 기사 / 14. 산업기사

변위전류 또는 변위전류밀도에 대한 설명 중 틀린 것은?

㉮ 변위전류밀도는 전속밀도의 시간적 변화율이다.
㉯ 자유공간에서 변위전류가 만드는 것은 자계이다.
㉰ 변위전류는 주파수와 관계가 있다.
㉱ 시간적으로 변하지 않는 자계에서도 변위전류는 흐른다.

풀이 변위전류는 전속밀도의 시간적 변화에 의해서 발생된다. 즉, $i_d = \frac{\partial D}{\partial t}$ [답] ㉱

문제 13-5	09. 산업기사

다음 중 변위전류에 대한 설명으로 옳은 것은?

㉮ 자석 내에 자장의 변화에 의하여 생긴 전류
㉯ 도체 중에 전자의 이동에 의하여 생긴 전류
㉰ 초전도 중에 자장을 방해하는 전류
㉱ 유전체 중에 전속밀도의 시간적 변화에 의한 전류

풀이 변위전류 : 전속밀도의 시간적 변화에 의한 것 [답] ㉱

문제 13-6	96, 00, 08. 산업기사

맥스웰은 전극간의 유도체를 통하여 흐르는 전류를 (ㄱ) 전류라 하고 이것도 (ㄴ)를 발생한다고 가정하였다. 각 ( ) 안에 알맞은 것은?

㉮ (ㄱ) 전도 (ㄴ) 자계 ㉯ (ㄱ) 변위 (ㄴ) 자계
㉰ (ㄱ) 전도 (ㄴ) 전계 ㉱ (ㄱ) 변위 (ㄴ) 전계

풀이 · 변위전류 : 유전체[공기]에 전속밀도의 시간적 변화에 의한 전류 $i_d = \frac{\partial D}{\partial t}$

· 전도전류 : 도체에 전장[기전력]을 가할 때 흐르는 전류 $j_c = \sigma E$

전도 및 변위전류도 자장을 발생시킨다. [답] ㉯

문제 13-7	01, 12. 산업기사

공기 중에서 E[V/m]의 전계를 i_d[A/m^2]의 변위전류로 흐르게 하려면 주파수 [Hz]는 얼마가 되어야 하는가?

㉮ $f = \dfrac{i_d}{2\pi\epsilon E}$ ㉯ $f = \dfrac{i_d}{4\pi\epsilon E}$ ㉰ $f = \dfrac{\epsilon i_d}{2\pi^2 E}$ ㉱ $f = \dfrac{i_d E}{4\pi^2\epsilon}$

풀이 정현전압 $E = E_m \sin\omega t$를 복소수 형태로 나타내면 $E = E_m e^{j\omega t}$이다.

$$i_d = \frac{\partial \boldsymbol{D}}{\partial t} = \epsilon\frac{\partial \boldsymbol{E}}{\partial t} = \epsilon\frac{\partial}{\partial t}E_m e^{j\omega t} = j\omega\epsilon E_m e^{j\omega t} = j\omega\epsilon E\text{[A/m}^2\text{]}$$가 된다.

$\omega = 2\pi f$ [rad/s]를 윗 식에 대입하고 i_d의 크기만 생각하면 j는 무시할 수 있기 때문에 $i_d = 2\pi f\epsilon E$[A/m^2]가 되므로 $f = \dfrac{i_d}{2\pi\epsilon E}$[Hz]

[답] ㉮

문제 13-8	90, 95, 09, 13. 기사 / 83. 산업기사

간격 d[m]인 두 개의 평행판 전극 사이에 유전율 ϵ[F/m]의 유전체가 있을 때, 선극 사이에 전압 $V_m \sin\omega t$[V]를 기하면 변위전류는 몇 [A]가 되겠는가? (단, 여기서 극판의 면적은 S[m^2]이고 콘덴서 정전 용량은 C[F]라 한다.)

㉮ $\dfrac{V_m}{\omega C}\sin(\omega t + \pi/2)$ ㉯ $\omega C V_m \sin\omega t$

㉰ $\omega C V_m \sin(\omega t + \pi/2)$ ㉱ $-\omega C V_m \cos\omega t$

풀이 변위전류밀도

$$i_d = \frac{\partial \boldsymbol{D}}{\partial t} = \epsilon\frac{\partial \boldsymbol{E}}{\partial t} = \epsilon\frac{\partial}{\partial t}\left(\frac{V}{d}\right) = \frac{\epsilon}{d}\frac{\partial}{\partial t}(V_m \sin\omega t)$$

$$= \frac{\epsilon}{d}\omega V_m \cos\omega t = \frac{\omega\epsilon}{d}V_m \sin\left(\omega t + \frac{\pi}{2}\right)$$

또 전극 면적을 S라 하면 변위전류는

$$I_d = i_d S = \frac{\omega\epsilon}{d}SV_m\cos\omega t = \omega\frac{\epsilon S}{d}V_m\cos\omega t = \omega C V_m \cos\omega t = \omega C V_m \sin\left(\omega t + \frac{\pi}{2}\right)\text{[A]}$$

이때 변위전류는 전압 v보다 위상이 90°앞선다.

[답] ㉰

문제 13-9	09, 12. 산업기사

변위전류밀도를 나타내는 식은? (단, Φ는 자속, D는 전속, $N\Phi$는 자속 쇄교 수이다.)

㉮ $i = \dfrac{\partial(N\Phi)}{\partial t}$ ㉯ $i = \dfrac{\partial \Phi}{\partial t}$ ㉰ $i = \dfrac{\partial \boldsymbol{D}}{\partial t}$ ㉱ $i = \dfrac{\partial \boldsymbol{B}}{\partial t}$

풀이 변위전류를 면적으로 나눈 것, $I_d = \dfrac{dQ}{dt} = S\dfrac{dD}{dt}$, $i = \dfrac{I_d}{S} = \dfrac{\partial D}{\partial t}$ **[답]** ㉰

문제 13-10	02, 08, 13. 산업기사

공기 중에서 1[V/m]의 전계를 1[A/m^2]의 변위전류로 흐르게 하려면 주파수는 약 몇 [MHz]가 되어야 하는가?

㉮ 1500[MHz] ㉯ 1800[MHz] ㉰ 15000[MHz] ㉱ 18000[MHz]

풀이 $i_d = \dfrac{\partial \boldsymbol{D}}{\partial t} = \epsilon \dfrac{\partial \boldsymbol{E}}{\partial t} = \epsilon \dfrac{\partial}{\partial t} E_m e^{j\omega t} = j\omega\epsilon E_m e^{j\omega t} = j\omega\epsilon E$[A/m^2]가 된다.

$\omega = 2\pi f$ [rad/s]를 대입하고 i_d의 크기만 생각하면 j는 무시할 수 있으므로

$i_d = 2\pi f \epsilon E$[A/m^2]가 되므로

$$f = \frac{i_d}{2\pi\epsilon E} = \frac{1}{2\pi \times 8.85 \times 10^{-12} \times 1 \times 1} = 18 \times 10^9 = 18000[\text{MHz}]$$ **[답]** ㉱

문제 13-11	95. 기사 / 91, 01, 05, 07. 산업기사

자유 공간에 있어서 변위전류가 만드는 것은?

㉮ 전계 ㉯ 전속 ㉰ 자계 ㉱ 자속

풀이 변위전류밀도 $i_d = \dfrac{\partial D}{\partial t}$이고 $\text{rot}\boldsymbol{H} = \boldsymbol{J} + \dfrac{\partial \boldsymbol{D}}{\partial t}$ **[답]** ㉰

문제 13-12	02, 05, 07. 기사

미분 방정식 형태로 나타낸 맥스웰의 전자계 기초 방정식에 해당되는 것은?

㉮ $\text{rot}E = -\frac{\partial B}{\partial t}$, $\text{rot}\boldsymbol{H} = \frac{\partial \boldsymbol{D}}{\partial t}$, $\text{div}\boldsymbol{D} = 0$, $\text{div}\boldsymbol{B} = 0$

㉯ $\text{rot}E = -\frac{\partial B}{\partial t}$, $\text{rot}\boldsymbol{H} = i + \frac{\partial \boldsymbol{D}}{\partial t}$, $\text{div}\boldsymbol{D} = \rho$, $\text{div}\boldsymbol{B} = 0$

㉰ $\text{rot}E = -\frac{\partial B}{\partial t}$, $\text{rot}\boldsymbol{H} = i + \frac{\partial \boldsymbol{D}}{\partial t}$, $\text{div}\boldsymbol{D} = \rho$, $\text{div}\boldsymbol{B} = \boldsymbol{H}$

㉱ $\text{rot}E = -\frac{\partial B}{\partial t}$, $\text{rot}\boldsymbol{H} = i$, $\text{div}\boldsymbol{D} = 0$, $\text{div}\boldsymbol{B} = 0$

풀이 $\nabla \times \boldsymbol{E} = \text{rot}\boldsymbol{E} = -\frac{\partial \boldsymbol{B}}{\partial t}$, $\nabla \times \boldsymbol{H} = \text{rot}\boldsymbol{H} = i + \frac{\partial \boldsymbol{D}}{\partial t}$,

$\nabla \cdot \boldsymbol{D} = \text{div}\boldsymbol{D} = \rho$, $\nabla \cdot \boldsymbol{B} = \text{div}\boldsymbol{B} = 0$

[답] ㉯

문제 13-13	01, 05, 07, 09, 11. 기사

다음과 같은 맥스웰(Maxwell)의 미분형 방정식에서 의미하는 법칙은?

$$\nabla \times \boldsymbol{E} = -\frac{\partial \boldsymbol{B}}{\partial t}$$

㉮ 패러데이 법칙 ㉯ 암페어의 주회적분 법칙

㉰ 가우스의 법칙 ㉱ 비오-사바르법칙

풀이 $\nabla \times \boldsymbol{E} = \text{rot}\boldsymbol{E} = -\frac{\partial \boldsymbol{B}}{\partial t}$: 패러데이 법칙

$\nabla \times \boldsymbol{H} = \text{rot}\boldsymbol{H} = i + \frac{\partial \boldsymbol{D}}{\partial t}$: 암페어 주회적분 법칙

$\nabla \cdot \boldsymbol{D} = \text{div}\boldsymbol{D} = \rho$: 가우스의 법칙

$\nabla \cdot \boldsymbol{B} = \text{div}\boldsymbol{B} = 0$: 고립된 자하는 없다.

[답] ㉮

문제 13-14	01, 05, 07, 09. 기사

맥스웰 전자 방정식 중 패러데이 법칙에서 유도된 식은? (단, D : 전속밀도, B : 자속밀도, E : 전계의세기, J : 전류밀도, H : 자계의 세기)

㉮ $\mathrm{div}\boldsymbol{D} = \rho$
㉯ $\mathrm{div}\boldsymbol{B} = 0$
㉰ $\mathrm{rot}\boldsymbol{H} = \boldsymbol{J} + \frac{\partial \boldsymbol{D}}{\partial t}$
㉱ $\mathrm{rot}\boldsymbol{E} = -\frac{\partial \boldsymbol{B}}{\partial t}$

풀이 $\mathrm{rot}\boldsymbol{E} = -\frac{\partial B}{\partial t}$ **[답]** ㉱

문제 13-15	14. 기사 / 97, 00, 04, 07, 11, 12, 13. 산업기사

전자계에 대한 맥스웰(Maxwell)의 기본 이론으로 옳지 않은 것은?

㉮ 고립된 자극은 존재한다.
㉯ 전하에서 전속선이 발산된다.
㉰ 전도전류와 변위전류는 자계의 회전을 발생시킨다.
㉱ 자속밀도의 시간적 변화에 따라 전계의 회전이 생긴다.

풀이 단극 자극은 존재하지 않는다($\nabla \cdot \boldsymbol{B} = \mathrm{div}\boldsymbol{B} = 0$).
변위전류도 자계를 발생시키며 자계는 회전된다. **[답]** ㉮

문제 13-16	12. 기사

맥스웰의 전자 방정식에 대한 의미를 설명한 것으로 잘못된 것은?

㉮ 자계의 회전은 전류 밀도와 같다.
㉯ 전계의 회전은 자속밀도의 시간적 감소율과 같다.
㉰ 단위체적당 발산 전속수는 단위체적당 공간전하밀도와 같다.
㉱ 자계는 발산하며, 자극은 단독으로 존재한다.

풀이 단극 자극은 존재하지 않는다($\nabla \cdot \boldsymbol{B} = \mathrm{div}\boldsymbol{B} = 0$). **[답]** ㉱

문제 13-17	14. 산업기사

다음 식에서 관계없는 것은?

$$\oint_c H dl = \int_s J dl = \int_s (\nabla \times H) ds = I$$

㉮ 맥스웰의 방정식 ㉯ 암페어의 주회적분 법칙

㉰ 스톡스의 정리 ㉱ 패러데이 법칙

[답] ㉱

문제 13-18	96, 06. 기사 / 06, 09, 13. 산업기사

자속의 연속성을 나타내는 식은?

㉮ $\mathrm{div}\boldsymbol{B} = \rho$ ㉯ $\mathrm{div}\boldsymbol{B} = 0$

㉰ $\boldsymbol{B} = \mu\boldsymbol{H}$ ㉱ $\mathrm{div}\boldsymbol{B} = \mu\boldsymbol{H}$

풀이 $\mathrm{div}\boldsymbol{B} = 0$ [답] ㉰

문제 13-19	03, 05, 06. 산업기사

공간 도체 내에서 자속이 시간적으로 변화할 때 성립되는 식은?

㉮ $\mathrm{rot}\boldsymbol{E} = \frac{\partial \boldsymbol{H}}{\partial t}$ ㉯ $\mathrm{rot}\boldsymbol{E} = -\frac{\partial \boldsymbol{B}}{\partial t}$

㉰ $\mathrm{div}\boldsymbol{E} = -\frac{\partial \boldsymbol{B}}{\partial t}$ ㉱ $\mathrm{div}\boldsymbol{E} = \frac{\partial \boldsymbol{H}}{\partial t}$

풀이 $\mathrm{rot}\boldsymbol{E} = \mathrm{Curl}\mathrm{E} = \nabla \times \mathrm{E} = -\frac{\partial \mathrm{B}}{\partial \mathrm{t}}$ (맥스웰의 제2기본방정식) [답] ㉯

문제 13-20	08, 12. 기사

매질이 완전 유전체인 경우의 전자 파동방정식을 표시하는 것은?

㉮ $\nabla^2 \boldsymbol{E} = \epsilon\mu \dfrac{\partial \boldsymbol{E}}{\partial t}$, $\nabla^2 \boldsymbol{H} = k\mu \dfrac{\partial \boldsymbol{H}}{\partial t}$

㉯ $\nabla^2 \boldsymbol{E} = \epsilon\mu \dfrac{\partial^2 \boldsymbol{E}}{\partial t^2}$, $\nabla^2 \boldsymbol{H} = \epsilon\mu \dfrac{\partial^2 \boldsymbol{H}}{\partial t^2}$

㉰ $\nabla^2 \boldsymbol{E} = \epsilon\mu \dfrac{\partial^2 \boldsymbol{E}}{\partial t^2}$, $\nabla^2 \boldsymbol{H} = k\mu \dfrac{\partial^2 \boldsymbol{H}}{\partial t^2}$

㉱ $\nabla^2 \boldsymbol{E} = \epsilon\mu \dfrac{\partial \boldsymbol{E}}{\partial t}$, $\nabla^2 \boldsymbol{H} = \epsilon\mu \dfrac{\partial \boldsymbol{H}}{\partial t}$

풀이 전계의 파동방정식 : $\nabla^2 E = \epsilon\mu \dfrac{\partial^2 E}{\partial t^2}$

자계의 파동방정식 : $\nabla^2 H = \epsilon\mu \dfrac{\partial^2 H}{\partial t^2}$ [답] ㉯

문제 13-21	08. 산업기사

시변 전자파에 대한 설명 중 옳지 않은 것은?

㉮ 전자파는 전계와 자계가 동시에 존재한다.

㉯ 횡 전자파(transverse electromagnetic wave)에서는 전파의 진행 방향으로 전계와 자계가 존재한다.

㉰ 포인팅 벡터의 방향은 전자파의 진행 방향과 같다.

㉱ 수직 편파는 대지에 대해서 전계가 수직면에 있는 전자파이다.

풀이 전자파의 성질

① 전자파는 전계와 자계가 동시에 존재한다.

② TEM파(횡 전자파)에서는 전계와 자계가 진행 방향과 수직으로 존재한다.

③ 포인팅 벡터의 방향은 전자파의 진행 방향과 같다.

④ 수평 편파는 대지에 대해 전계가 수평면에 있는 전자파

⑤ 수직 편파는 대지에 대해 전계가 수직면에 있는 전자파 [답] ㉯

문제 13-22	06. 기사

전자기파의 기본성질이 아닌 것은?

㉮ 횡파이며 속도는 매질에 따라 다르다.
㉯ 반사, 굴절 현상이 있다.
㉰ 자계의 방향과 전계의 방향은 서로 수직이다.
㉱ 완전 도체 표면에서 전부 흡수된다.

풀이 전자파는 도체표면에서 반사된다. **[답]** ㉱

문제 13-23	08, 10. 산업기사

전자파의 진행 방향은?

㉮ 전계 E의 방향과 같다.
㉯ 자계 H의 방향과 같다.
㉰ $E \times H$의 방향과 같다.
㉱ $\nabla \times E$의 방향과 같다.

풀이 전계와 자계의 벡터의 외적($E \times H$)이 전자파의 진행(에너지 전달) 방향이다.

[답] ㉰

문제 13-24	01, 08, 12. 기사

변위전류에 의하여 전자파가 발생되었을 때 전자파의 위상은?

㉮ 변위전류보다 90° 늦다.
㉯ 변위전류보다 90° 빠르다.
㉰ 변위전류보다 30° 빠르다.
㉱ 변위전류보다 30° 늦다.

풀이 $i_d = \frac{\partial \boldsymbol{D}}{\partial t} = \epsilon \frac{\partial \boldsymbol{E}}{\partial t} = \epsilon \frac{\partial}{\partial t}(E_m \sin \omega t) = \omega \epsilon_m E_m \cos \omega t = \omega \epsilon_m E_m \sin(\omega t + 90^\circ)$이다. 전파(전계)와 자파(자계)는 동상이므로 전자파 위상은 변위전류보다 90° 늦다.

[답] ㉮

문제 13-25	90, 96, 10. 기사 / 76, 90. 산업기사

수평 전파는?

㉮ 대지에 대해서 전계가 수직면에 있는 전자파
㉯ 대지에 대해서 전계가 수평면에 있는 전자파
㉰ 대지에 대해서 자계가 수직면에 있는 전자파
㉱ 대지에 대해서 자계가 수평면에 있는 전자파

풀이 수평 전파 : 전계가 대지에 대해서 수평면[입사면에 수직인]에 있는 전자파.
수직 전파 : 전계가 대지에 대해서 수직면[입사면에 수평인]에 있는 전자파.

[답] ㉯

문제 13-26	02. 산업기사

자유공간에서 z방향으로 진행하는 평면 전자파로 옳지 않은 것은?

㉮ 전파 및 자파의 z성분은 없다.$(E_z = 0,\ H_z = 0)$
㉯ x에 대한 전파의 1차 도함수가 영이다.$\left(\frac{E}{x}=0\right)$
㉰ y에 대한 자파의 1차 도함수가 영이다.$\left(\frac{H}{y}=0\right)$
㉱ z에 대한 자파의 1차 도함수가 영이다.$\left(\frac{E}{z}=0\right)$

[답] ㉱

문제 13-27	06. 기사

전자파의 특성에 대한 설명으로 틀린 것은?

㉮ 전파 E_s를 특성 임피던스로 나누면 자파 H_g가 된다.
㉯ 매질이 도전성을 갖지 않으면 전파 E_s와 자파 H_g는 동위상이 된다.
㉰ 전파 E_s와 자파 H_g의 진동 방향은 진행 방향에 수평인 종파이다.
㉱ 전자파의 속도는 주파수에 무관하다.

풀이 전계와 자계의 벡터의 외적$(E\times H)$이므로 서로 직교하며 동상이다. [답] ㉰

문제 13-28	10. 기사 / 10. 산업기사

자유공간 내의 전자파의 진행에서 전계와 자계의 시간적인 위상 관계는?

㉮ 위상이 서로 같다. ㉯ 전계가 자계보다 90° 빠르다.
㉰ 전계가 자계보다 90° 늦다. ㉱ 전계가 자계보다 45° 빠르다.

풀이 전계와 자계의 벡터의 외적($E\times H$)이므로 서로 직교하며 동상이다. **[답]** ㉮

문제 13-29	08, 10. 산업기사

전자계에서 전파의 속도와 <u>관계없는</u> 것은?

㉮ 도전율 ㉯ 유전율 ㉰ 비투자율 ㉱ 주파수

풀이 전파속도 $v=\dfrac{1}{\sqrt{\mu\epsilon}}=\dfrac{1}{\sqrt{\mu_o\epsilon_o}}\cdot\dfrac{1}{\sqrt{\mu_s\,\epsilon_s}}$(유전율과 투자율 곱의 제곱근에 반비례한다.)

$v=\lambda f$(주파수, 파장에 비례) **[답]** ㉮

문제 13-30	12. 기사 / 01, 06. 산업기사

비유전율 ϵ_s인 매질 내의 전자파의 전파 속도는?

㉮ ϵ_s에 반비례한다. ㉯ ϵ_s^2에 반비례한다.
㉰ ϵ_s에 비례한다. ㉱ $\sqrt{\epsilon_s}$ 에 반비례한다.

풀이 전파속도 $v=\dfrac{1}{\sqrt{\mu\epsilon}}=\dfrac{1}{\sqrt{\mu_0\mu_s\epsilon_o\epsilon_s}}=\dfrac{1}{\sqrt{\mu_o\epsilon_o}}\cdot\dfrac{1}{\sqrt{\mu_s\,\epsilon_s}}=\dfrac{C}{\sqrt{\mu_s}\,\sqrt{\epsilon_s}}$이므로 유전율과 투자율 곱의 제곱근에 반비례한다. $\sqrt{\epsilon_s}$ 에 반비례한다. **[답]** ㉱

문제 13-31	11. 기사

진공 중에서 빛의 속도와 일치하는 전자파의 전파속도를 얻기 위한 조건으로 옳은 것은?

㉮ $\epsilon_s = 0,\ \mu_s = 0$　　㉯ $\epsilon_s = 0,\ \mu_s = 1$

㉰ $\epsilon_s = 1,\ \mu_s = 0$　　㉱ $\epsilon_s = 1,\ \mu_s = 1$

풀이 $v = \dfrac{1}{\sqrt{\epsilon\mu}} = \dfrac{1}{\sqrt{\epsilon_0\mu_0}} \cdot \dfrac{1}{\sqrt{\epsilon_s\mu_s}} = c\dfrac{1}{\sqrt{\epsilon_s\mu_s}} = \dfrac{3\times10^8}{\sqrt{\epsilon_s\,\mu_s}}[\text{m/s}]$

$\therefore \epsilon_s = 1,\ \mu_s = 1$

[답] ㉱

문제 13-32	95. 기사 / 08, 09. 산업기사

100[mHz]의 전자파의 파장은 몇 [m]인가?

㉮ 0.3[m]　　㉯ 0.6[m]　　㉰ 3[m]　　㉱ 6[m]

풀이 $\lambda = \dfrac{v}{f} \equiv \dfrac{3\times10^8}{100\times10^6} = 3[\text{m}]$

[답] ㉰

문제 13-33	04. 기사

비유전율 4, 비투자율 4인 매질 내에서의 전자파의 전파속도는 자유공간에서의 빛의 속도의 몇 배인가?

㉮ $\dfrac{1}{3}$　　㉯ $\dfrac{1}{4}$　　㉰ $\dfrac{1}{9}$　　㉱ $\dfrac{1}{16}$

풀이 $v = \dfrac{1}{\sqrt{\epsilon\mu}} = \dfrac{1}{\sqrt{\epsilon_0\mu_0}} \cdot \dfrac{1}{\sqrt{\epsilon_r\mu_r}} = \dfrac{C}{\sqrt{\epsilon_r\mu_r}} = \dfrac{C}{\sqrt{4\times4}} = \dfrac{C}{4}[\text{m/sec}]$

[답] ㉯

문제 13-34	91. 기사 / 11. 산업기사

어떤 TV 방송의 전자파의 주파수를 190[MHz]의 평면파로 보고 $\mu_s = 1$, $\epsilon_s = 4$ 인 물 속에서의 전파속도[m/s]와 파장[m]을 구하면?

㉮ $v = 0.375 \times 10^8$, $\lambda = 0.19$
㉯ $v = 2.33 \times 10^8$, $\lambda = 0.21$
㉰ $v = 0.87 \times 10^8$, $\lambda = 0.17$
㉱ $v = 0.425 \times 10^8$, $\lambda = 1.2$

풀이 $v = \dfrac{1}{\sqrt{\epsilon\mu}} = \dfrac{1}{\sqrt{\epsilon_0\mu_0}} \cdot \dfrac{1}{\sqrt{\epsilon_s\mu_s}} = C\dfrac{1}{\sqrt{\epsilon_s\mu_s}} = \dfrac{3\times10^8}{\sqrt{4\times1}} = 0.375\times10^8[\text{m/sec}]$

$\lambda = \dfrac{v}{f} = \dfrac{\frac{1}{\sqrt{\epsilon\mu}}}{f} = \dfrac{0.375\times10^8}{190\times10^6} = 0.19[\text{m}]$ **[답]** ㉮

문제 13-35	05. 기사 / 98. 산업기사

라디오 방송의 평면파 주파수를 710[kHz]라 할 때 이 평면파가 콘크리트 벽 ($\epsilon_s = 5$, $\mu_s = 1$) 속을 지날 때 전파 속도[m/s]는?

㉮ 2.54×10^8[m/s]
㉯ 4.38×10^8[m/s]
㉰ 1.34×10^8[m/s]
㉱ 4.86×10^8[m/s]

풀이 $v = \dfrac{1}{\sqrt{\epsilon\mu}} = \dfrac{1}{\sqrt{\epsilon_0\mu_0}} \cdot \dfrac{1}{\sqrt{\epsilon_s\mu_s}} = C\dfrac{1}{\sqrt{\epsilon_s\mu_s}} = \dfrac{3\times10^8}{\sqrt{5\times1}} = 1.34\times10^8[\text{m/s}]$ **[답]** ㉰

문제 13-36	14. 산업기사

평면 전자파의 전계 E와 자계 H와의 관계식으로 알맞은 것은?

㉮ $H = \sqrt{\dfrac{\epsilon}{\mu}}E$
㉯ $H = \sqrt{\dfrac{\mu}{\epsilon}}E$
㉰ $H = \dfrac{\epsilon}{\mu}E$
㉱ $H = \dfrac{\mu}{\epsilon}E$

풀이 $Z = \dfrac{E}{H} = \sqrt{\dfrac{\mu}{\epsilon}} = \dfrac{\sqrt{\mu}}{\sqrt{\epsilon}}$에서 $H = \sqrt{\dfrac{\epsilon}{\mu}}E$이다. **[답]** ㉮

문제 13-37	91. 기사 / 10. 산업기사

주파수가 100[MHz]인 전자파가 비투자율 $\mu_s = 1$, 비유전율 $\epsilon_r = 36$인 물질 속에서 전파할 경우 파장[m]은? (단, 감쇄 정수 $\alpha = 0$이다.)

㉮ 0.5[m] ㉯ 1[m] ㉰ 1.5[m] ㉱ 2[m]

풀이 $v = \frac{1}{\sqrt{\epsilon\mu}} = \frac{1}{\sqrt{\epsilon_0\mu_0}} \cdot \frac{1}{\sqrt{\epsilon_s\mu_s}} = C\frac{1}{\sqrt{\epsilon_s\mu_s}} = \frac{3\times10^8}{\sqrt{1\times36}} = 0.5\times10^8[\text{m/s}]$

$\lambda = \frac{v}{f} = \frac{0.5\times10^8}{100\times10^6} = 0.5[\text{m}]$

[답] ㉮

문제 13-38	03, 07. 산업기사

전계 E[V/m] 및 자계 H[AT/m]의 전자계가 평면파를 이루고 공기중을 3×10^8[m/s]의 속도로 전파될 때 단위시간당 단위면적을 지나는 에너지는 몇 [W/m^2]인가?

㉮ $\sqrt{\epsilon\mu}EH$ ㉯ EH

㉰ $\frac{EH}{\sqrt{\epsilon\mu}}$ ㉱ $\frac{1}{2}(\epsilon E^2 + \mu H)$

풀이 E와 H가 공존하는 경우이므로 단위체적에 대하여 $w = \frac{1}{2}(\epsilon E^2 + \mu H^2)$[J/m^3]의 에너지가 존재한다. E와 H가 전자계를 이루고 c[m/s]의 속도로 전파된다면 진행 방향에 수직되는 단위면적당 단위시간에 통과하는 에너지 P는 $P = \frac{1}{2}(\epsilon E^2 + \mu H^2)\cdot c$ [W/m^2]이다.

$c = \frac{1}{\sqrt{\epsilon\mu}}$, $E = \sqrt{\frac{\mu}{\epsilon}}H$ 또는 $H = \sqrt{\frac{\epsilon}{\mu}}E$이므로

$$P = \frac{1}{\sqrt{\epsilon\mu}}\left\{\frac{1}{2}(\epsilon E^2 + \mu H^2)\right\} = \frac{1}{\sqrt{\epsilon\mu}}\left\{\frac{1}{2}\left(\epsilon\sqrt{\frac{\mu}{\epsilon}}EH + \mu\sqrt{\frac{\epsilon}{\mu}}EH\right)\right\}$$

$= \frac{1}{\sqrt{\epsilon\mu}}\sqrt{\epsilon\mu}EH = EH$[J/m^3]이 된다.

[답] ㉯

문제 13-39	07. 산업기사

안테나에서 파장 40[cm]의 평면파가 자유공간에 방사될 때 발신 주파수는 몇 [MHz]인가?

㉮ 650　　㉯ 700　　㉰ 750　　㉱ 800

풀이 파장, 주파수, 속도의 관계는 $\lambda = \frac{v}{f}$이다. 전자파 속도 $v = 3\times10^{-8}$, 파장 $\lambda = 0.4$이므로, 주파수 $f = \frac{v}{\lambda} = \frac{3\times10^8}{0.4} = 750\times10^6 = 750[\text{MHz}]$ **[답]** ㉰

문제 13-40	12. 산업기사

전계 E[V/m] 및 자계 H[AT/m]의 에너지가 자유 공간을 v[m/s]의 속도로 전파될 때 단위시간에 단위면적을 지나는 에너지는?

㉮ $P = \frac{1}{2}EH[\text{W/m}^2]$　　㉯ $P = EH[\text{W/m}^2]$

㉰ $P = 377EH[\text{W/m}^2]$　　㉱ $P = \frac{EH}{377}[\text{W/m}^2]$

풀이 전파의 진행 방향에 수직한 단위면적을 단위시간에 통과하는 에너지를 포인팅 벡터 또는 방사 벡터라 하며 $\boldsymbol{P} = \boldsymbol{E}\times\boldsymbol{H} = EH\sin\theta[\text{W/m}^2]$로 표현된다.
$\boldsymbol{E}$와 $\boldsymbol{H}$가 수직이므로 $P = EH[\text{W/m}^2]$이다. **[답]** ㉯

문제 13-41	16. 산업기사

전자장에 대한 설명으로 틀린 것은?

㉮ 대전된 입자에서 전기력선이 발산 또는 흡수한다.

㉯ 전류(전하이동)는 순환형의 자기장을 이루고 있다.

㉰ 자석은 독립적으로 존재하지 않는다.

㉱ 운동하는 전자는 자기장으로부터 힘을 받지 않는다.

풀이 **[답]** ㉱

문제 13-42	01, 08, 12. 기사 / 04. 산업기사

전계 $e=\sqrt{2}E_e\sin\omega\left(t-\frac{x}{c}\right)$[V/m]인 평면 전자파가 있다. 진공 중에서 자계의 실효값은 몇 [A/m]인가?

㉮ $0.707\times10^{-3}E_e$ ㉯ $1.44\times10^{-3}E_e$

㉰ $2.65\times10^{-3}E_e$ ㉱ $5.37\times10^{-3}E_e$

풀이 정현 전압에서 실효값 $=\frac{\text{최대값}}{\sqrt{2}}=\frac{\sqrt{2}E_e}{\sqrt{2}}=E_e$이다.

자유 공간내의 특성 임피던스 $Z_0=\frac{E_0}{H_0}=\sqrt{\frac{\mu_0}{\epsilon_0}}=120\pi=377[\Omega]$에서 자계 실효값

$H_e=\sqrt{\frac{\epsilon_0}{\mu_0}}E_e=\frac{1}{120\pi}E_e=2.65\times10^{-3}E_e$ [A/m] **[답]** ㉰

문제 13-43	07. 기사

최대 전계 $E_m=6$[V/m]인 평면 전자파가 수중을 전파할 때 자계의 최대치는 약 몇 [A/m]인가? (단, 물의 비유전율 $\epsilon_s=80$, 비투자율 $\mu_s=1$이다.)

㉮ 0.071 ㉯ 0.142 ㉰ 0.248 ㉱ 0.426

풀이 $Z=\frac{E}{H}=\sqrt{\frac{\mu}{\epsilon}}=\sqrt{\frac{\mu_0}{\epsilon_0}}\sqrt{\frac{\mu_s}{\epsilon_s}}=377\sqrt{\frac{\mu_s}{\epsilon_s}}=377\sqrt{\frac{1}{80}}$ [Ω]에서 전계와 자계의 최대치로 나타내면 $\frac{E_m}{H_m}=\frac{377}{\sqrt{80}}$이다.

$\therefore H_m=\frac{\sqrt{80}}{377}E_m=\frac{\sqrt{80}}{377}\times6=0.142$ [A/m] **[답]** ㉯

연 습 문 제

13.1 변위전류에 대해 정의하라.

13.2 도전전류의 본질에 대해 정의하라.

13.3 맥스웰 전자방정식의 물리적 의미에 대해 정의하라.

13.4 파동방정식에 대해 정의하라.

13.5 파동임피던스에 대해 정의하라.

13.6 포인팅 정리에 대해 정의하라.

13.7 비유전율 $\epsilon_s = 4$, 비투자율 $\mu_s = 1$인 고안에서 전자파의 전파속도[m/s]를 구하라.

13.8 라디오방송의 평면파 주파수를 710[kHz]라 할 때, 이 평면파가 콘크리트 벽 ($\epsilon_s = 3$) 속을 지날 때의 전파속도[m/s]를 구하라. (단, 공기 중에서의 유전율 ϵ_o, 비투자율 $\mu_s = 1$로 한다.)

13.9 어떤 TV방송의 전자파의 주파수를 100[MHz]의 평면파로 보고, $\mu_s = 1$, $\epsilon_s = 64$인 물속에서의 전파속도[m/s]와 파장[m]을 구하라.

13.10 진공 중에서 전자파 진행속도[m/s]를 구하라.

14
CHAPTER
부록

1. 물리량 및 정수

양	기호	국제단위(SI)
길이	l, d, r	[m]
질량	m	[kg]
시간	s	[s]
속도	v	[m/s]
힘	F	[N]
일, 에너지	W	[J](줄)
전력	P	[W](와트)
전하	Q	[C](쿨롱)
전속	Φ	[C], [개]
전속 밀도	D	[C/m^2]
전류	I	[A]
전류 밀도	J	[A/m^2]
전압, 기전력, 전위	V	[V]
전계	E	[V/m]
저항	R	[Ω]
저항률	ρ	[Ω/m]
인덕턴스	L, M	[H](헨리)
정전용량	C	[F](패럿)
투자율	μ	[H/m]
유전율	ϵ	[F/m]

양	기 호	국제단위(SI)
분극의 세기	P	$[C/m^2]$
자계의 세기	H	[A/m]
자극의 세기	m	[Wb](웨버)
자속	ϕ	Wb
자속 밀도	B	$[Wb/m^2]$
자화의 세기	J	$[Wb/m^2]$
기자력, 자위	U	A 또는 AT
자기 저항	R_m	[A/Wb], [AT/Wb]
주파수	f	[Hz]

2. 주요 상수

전자의 전하 $e = 1.602 \times 10^{-19}[C]$

전자의 질량 $m_e = 9.10939 \times 10^{-31}[kg]$

양자의 질량 $m_p = 1.67262 \times 10^{-27}[kg]$

빛(光)의 속도 $c = 2.99792 \times 10^{8}[m/s]$

진공 유전율 $\epsilon_0 = 8.85419 \times 10^{-12}[F/m]$

진공 투자율 $\mu_0 = 4\pi \times 10^{-7}[H/m]$

3. 단위의 승수

기 호	명 칭	승 수	기 호	명 칭	승 수
c	centi(센티)	10^{-2}	k	killo(킬로)	10^{3}
m	milli(밀리)	10^{-3}	M	mega(메가)	10^{6}
μ	micro(마이크로)	10^{-6}	G	giga(기가)	10^{9}
n	nano(나노)	10^{-9}	T	tera(테라)	10^{12}
p	pico(피코)	10^{-12}	P	peta(페타)	10^{15}
f	femto(펨토)	10^{-15}	E	exa(엑사)	10^{18}
a	atto(아토)	10^{-18}			

4. 그리스 문자

Α	α	알 파	Ν	ν	뉴
Β	β	베 타	Ξ	ξ	크사이
Γ	γ	감 마	Ο	ο	오미크론
Δ	δ	델 타	Π	π	파 이
Ε	ε	입실론	Ρ	ρ	로 우
Ζ	ζ	제 타	Σ	σ	시그마
Η	η	에 타	Τ	τ	타 우
Θ	θ	세 타	Υ	υ	읍시론
Ι	ι	이오타	Φ	φ	프아이
Κ	κ	카 파	Χ	χ	카 이
Λ	λ	람 다	Ψ	ψ	프사이
Μ	μ	뮤	Ω	ω	오메가

5. 기초 수학 공식

(1) 대수이항(移項)

① $A+B=C$이면 $A=C-B$, $B=C-A$, $A+B-C=0$	② $\frac{A}{B}=\frac{C}{D}$이면 $A\cdot D=B\cdot C$, $A=\frac{B\cdot C}{D}$, $B=\frac{A\cdot D}{C}$	③ $A=\frac{B}{C}$이면 $B=AC$, $C=\frac{B}{A}$

(2) 지수법칙

① $\left(\frac{b}{a}\right)^x=\frac{b^x}{a^x}$ ② $a^x a^y=a^{x+y}$ ③ $\frac{a^x}{a^y}=a^{x-y}$

④ $(a^x)^y=a^{xy}$ ⑤ $a^{-x}=\frac{1}{a^x}$ ⑥ $(a\cdot b)^x=a^x\cdot b^x$

⑦ $a^0=1$ ⑧ $\sqrt[y]{a^x}=(\sqrt[y]{a^x})$ ⑨ $\sqrt[x]{a}\cdot\sqrt[x]{b}=\sqrt[x]{a\cdot b}$

(3) 대수법칙

① $\log_{10} x = \log x$: 상용로그라 부르며 10을 밑으로 하지만 10을 생략하고 사용한다.

② $\log_e x = \ln x$: 자연 로그라 부르며 e를 생략하면 상용로그와 구분할 수 없으므로 $\ln x$로 표기한다.

③ $\log xy = \log x + \log y$

④ $\log \frac{x}{y} = \log x - \log y$

⑤ $\log x^n = n \log x$

⑥ $\log \frac{1}{x^n} = \log x^{-n} = -n \log x$

⑦ $\log(10^n) = n$

⑧ $\log 10^{-n} = -n$

⑨ $\log 10 = 1 (\log 10^{10} = 1)$

⑩ $\log 1 = 0$

⑪ $\log 2 = 0.301$

⑫ $\log 3 = 0.4771$

⑬ $\log_e x = x \log e = 2.3x$

⑭ $\ln e = 1$

⑮ $\ln 100 = 2.3 \log_{10} 2 = 2.3 \times 2 = 4.6$

(4) 삼각함수

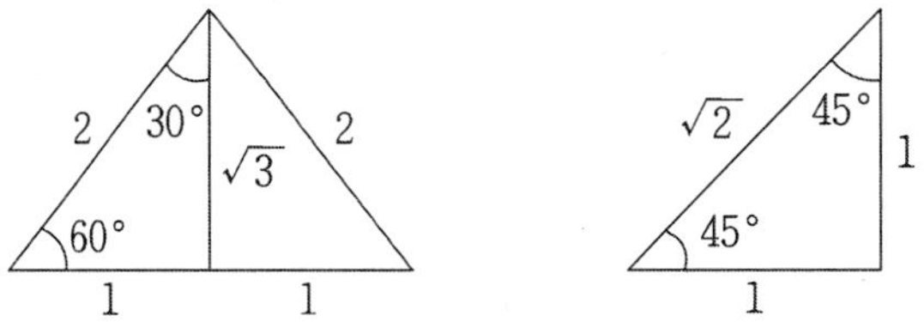

	$\theta=0°$	$\theta=30°$	$\theta=45°$	$\theta=60°$	$\theta=90°$
$\sin\theta$	0	$\frac{1}{2}$	$\frac{1}{\sqrt{2}}$	$\frac{\sqrt{3}}{2}$	1
$\cos\theta$	1	$\frac{\sqrt{3}}{2}$	$\frac{1}{\sqrt{2}}$	$\frac{1}{2}$	0
$\tan\theta$	0	$\frac{1}{\sqrt{3}}$	1	$\sqrt{3}$	∞

✤ 삼각함수의 상호 관계

$\sin\theta = \dfrac{1}{\mathrm{cosec}\theta}$, $\cos\theta = \dfrac{1}{\sec\theta}$, $\tan\theta = \dfrac{1}{\cot\theta} = \dfrac{\sin\theta}{\cos\theta}$

$\sin 2\theta + \cos 2\theta = 1$, $1 + \tan 2\theta = \sec 2\theta$, $1 + \cot 2\theta = \mathrm{cosec} 2\theta$

$\sin(A \pm B) = \sin A \cos B \pm \cos A \sin B$

$\cos(A \pm B) = \cos A \cos B \mp \sin A \sin B$

$\tan(A \pm B) = \dfrac{\tan A \mp \tan B}{1 \mp \tan A \cdot \tan B}$

$\sin 2\alpha = 2\sin\alpha\cos\alpha$, $\cos 2\alpha = 2\cos\alpha - 1 = 1 - 2\sin 2\alpha = \cos 2\alpha - \sin 2\alpha$

$\sin\dfrac{\alpha}{2} = \sqrt{\dfrac{1-\cos\alpha}{2}}$, $\cos\dfrac{\alpha}{2} = \sqrt{\dfrac{1+\cos\alpha}{2}}$, $\tan\dfrac{\alpha}{2} = \sqrt{\dfrac{1-\cos\alpha}{1+\cos\alpha}}$,

$\sin\alpha = \dfrac{e^{j\alpha} - e^{-j\alpha}}{2j}$, $\cos\alpha = \dfrac{e^{j\alpha} + e^{-j\alpha}}{2}$

(5) 미분 공식

① $y = x^n \quad y' = nx^{n-1}$

② $y = c = cx^0 \quad y' = 0$ (c : 상수)

③ $y = \dfrac{1}{x} \quad y' = -\dfrac{1}{x^2}$

④ $y = e^x \quad y' = e^x$

⑤ $y = e^{mx} \quad y' = me^{mx}$

⑥ $y = \sin x \quad y' = \cos x$

⑦ $y = \sin mx \quad y' = m\cos mx$

⑧ $y = \cos x \quad y' = -\sin x$

⑨ $y = \cos mx \quad y' = -m\sin mx$

⑩ $y = \tan x \quad y' = \sec^2 x$

⑪ $y = \cot x \quad y' = -\mathrm{cosec}^2 x$

⑫ $y = \ln x \quad y' = \dfrac{1}{x}$

(6) 부정 적분 공식

① $x^n (n \neq 1)$: $\displaystyle\int x^n dx = \frac{1}{n+1}x^{n+1} + C$ (C: 적분 상수)

② $1 (= x^0)$: $\displaystyle\int dx = \int x^0 dx = x + c$

③ $\dfrac{1}{x}$: $\displaystyle\int \frac{1}{x} dx = \ln x + C$

④ $\dfrac{1}{x^2}$: $\displaystyle\int \frac{1}{x^2} dx = -\frac{1}{x} + C$

⑤ e^{ax} : $\displaystyle\int e^{ax} dx = \frac{1}{a}e^{ax} + C$

⑥ a^x : $\int a^x dx = \frac{a^x}{\ln a} + C$

⑦ $\ln x$: $\int \ln x\, dx = x(\ln x - 1) + C$

⑧ $\sin x$: $\int \sin x\, dx = -\cos x + C$

⑨ $\sin ax$: $\int \sin ax\, dx = -\frac{1}{a}\cos ax + C$

⑩ $\cos x$: $\int \cos x\, dx = \sin x + C$

⑪ $\cos ax$: $\int \cos ax\, dx = \frac{1}{a}\sin ax + C$

⑫ $\tan x$: $\int \tan x\, dx = -\ln \cos x + C$

(7) 벡터 공식

① $\boldsymbol{A} \times \boldsymbol{B} \cdot \boldsymbol{C} = \boldsymbol{B} \times \boldsymbol{C} \cdot \boldsymbol{A} = \boldsymbol{C} \times \boldsymbol{A} \cdot \boldsymbol{B}$

② $\boldsymbol{A} \times \boldsymbol{B} \times \boldsymbol{C} = (\boldsymbol{A} \cdot \boldsymbol{C})\boldsymbol{B} - (\boldsymbol{A} \cdot \boldsymbol{B})\boldsymbol{C}$

③ $\nabla(\phi + \psi) = \nabla\phi + \nabla\psi$

④ $\nabla(\phi\psi) = \phi\nabla\psi + \psi\nabla\phi$

⑤ $\nabla \cdot (\boldsymbol{A} + \boldsymbol{B}) = \nabla \cdot \boldsymbol{A} + \nabla \cdot \boldsymbol{B}$

⑥ $\nabla \cdot (\phi\boldsymbol{A}) = \boldsymbol{A} \cdot \nabla\phi + \phi\nabla \cdot A$

⑦ $\nabla(\boldsymbol{A} \cdot \boldsymbol{B}) = (\boldsymbol{A} \cdot \nabla)\boldsymbol{B} - (\boldsymbol{B} \cdot \nabla)\boldsymbol{A} - \boldsymbol{A} \times (\nabla \times \boldsymbol{B}) + \boldsymbol{B} \times (\nabla \times \boldsymbol{A})$

⑧ $\nabla \cdot [\boldsymbol{A} \times \boldsymbol{B}] = \boldsymbol{B} \cdot [\nabla \times \boldsymbol{A}] - \boldsymbol{A} \cdot [\nabla \times \boldsymbol{B}]$

⑨ $\nabla \times [\boldsymbol{A} \times \boldsymbol{B}] = \boldsymbol{A}\nabla \cdot \boldsymbol{B} - \boldsymbol{B}\nabla \cdot \boldsymbol{A} - (\boldsymbol{B} \cdot \nabla)\boldsymbol{A} - (\boldsymbol{A} \cdot \nabla)\boldsymbol{B}$

⑩ $\nabla \cdot \nabla\phi = \mathrm{div\,grad}\,\phi = \nabla^2\phi$

⑪ $\nabla \times \nabla\phi = \mathrm{rot\,grad}\,\phi = 0$

⑫ $\nabla\nabla \cdot \boldsymbol{A} = \mathrm{grad\,div}\,\boldsymbol{A} = \nabla^2\boldsymbol{A}$

⑬ $\nabla \cdot \nabla \times \boldsymbol{A} = \mathrm{div\,rot}\,\boldsymbol{A} = 0$

⑭ $\nabla \times \nabla \times \boldsymbol{A} = \nabla(\nabla \cdot \boldsymbol{A}) - \nabla^2\boldsymbol{A}$

저지와의
협의에 의해
인지 생략

기사 • 산업기사 기출문제 수록

전자기학의 이해

1판 5쇄 2025년 9월 1일

저 자 박주태
발행인 송광헌
발행처 **복두(더)**
주 소 서울특별시 영등포구 경인로82길 3-4
센터플러스 807호 (우) 07371
전 화 02-2164-2580
FAX 02-2164-2584
등 록 1993. 11. 22. 제 10-902 호

정가 : 25,000원

ISBN : 979-11-5906-615-3 93560

한국과학기술출판협회 회원사